Bioagroquímicos
para una Agricultura Sostenible

Bioagroquímicos para una Agricultura Sostenible

Gabriel Pérez-Lucas
Ginés Navarro
Simón Navarro

Mundi-Prensa

© 2026, Ediciones Mundi-Prensa, un sello del Grupo Paraninfo

C/ Sierra de Guadarrama 35. Naves 2, 3, 4 y 5
Polígono Industrial San Fernando II,
28830 San Fernando de Henares, Madrid
Teléfono: 914 463 350
clientes@paraninfo.es / www.paraninfo.es

© 2026, Gabriel Pérez-Lucas, Ginés Navarro, Simón Navarro

Impresión: Liberdigital (Casarrubuelos, Madrid)
ISBN: 9788419934543
Depósito legal: M-3454-2026

Impreso en España

A la memoria del Prof. Ginés Navarro†,
verdadero artífice y promotor de esta obra.

Agradecimientos

Los autores quieren expresar su más sincero agradecimiento al doctor Carlos García Izquierdo, Profesor de Investigación *Ad Honorem* (Grupo de Enzimología y Biorremediación de Suelos y Residuos Orgánicos) del Centro de Edafología y Biología Aplicada del Segura (CEBAS-CSIC) por su inestimable colaboración en la revisión de esta obra.

Invitación a la lectura

El modelo agrícola convencional, basado en ocasiones por un uso intensivo de insumos químicos y en la maximización del rendimiento a corto plazo, ha permitido avances en términos de productividad y abastecimiento alimentario global. Sin embargo, este modelo ha generado a lo largo del tiempo efectos colaterales de gran calado sobre los ecosistemas, los recursos naturales y la salud humana. El agotamiento del suelo, la contaminación de aguas subterráneas, la pérdida de biodiversidad, la emisión de gases de efecto invernadero o la aparición de resistencias en organismos plaga son solo algunas de las consecuencias más visibles de esta estrategia productiva.

A ello se suma el contexto actual de cambio climático, que impone a los sistemas agrarios una doble presión: adaptarse a condiciones cada vez más inestables y extremas, y al mismo tiempo reducir su propia huella ambiental. En paralelo, surgen nuevas exigencias sociales y normativas que reclaman modelos agroalimentarios más sostenibles, tanto desde el punto de vista ambiental, como social y económico. En este marco, se hace indispensable avanzar hacia una agricultura sostenible e inteligente, entendida como aquella que integra criterios de sostenibilidad, eficiencia tecnológica, resiliencia climática y equidad social.

En este contexto de transformación, el libro *BIOAGROQUÍMICOS PARA UNA AGRICULTURA SOSTENIBLE* se presenta como una contribución oportuna y relevante, que aborda el papel de los bioinsumos agrícolas en la construcción de sistemas productivos más equilibrados y sostenibles. Los autores han estructurado el mencionado libro en tres capítulos que abordan, de manera rigurosa y complementaria, los fundamentos, aplicaciones y potencial de los bioagroquímicos en la agricultura actual y futura.

El primer capítulo ofrece una visión panorámica y generalista sobre la agricultura sostenible, sus fundamentos y sus implicaciones prácticas. La lectura de dicho capítulo da pie a una reflexión coherente sobre las limitaciones del modelo agrícola tradicional y se exploran alternativas basadas en principios más agroecológicos y más racionales sobre el uso racional de los recursos naturales y en el respeto a los ciclos ecológicos. Además, se contextualiza y alinea la transición sostenible que se propone con el marco de las políticas internacionales más recientes, como el Pacto Verde Europeo, la Estrategia "De la Granja a la Mesa" o los Objetivos de Desarrollo Sostenible (ODS), subrayando el papel estratégico del sector agrario en la consecución de metas ambientales, económicas y sociales.

El segundo capítulo se dedica a los bioestimulantes, un grupo creciente de productos que, sin actuar directamente sobre plagas o enfermedades, promueven el crecimiento vegetal, aumentan la eficiencia en el uso de nutrientes y mejoran la tolerancia de las plantas a situaciones de estrés abiótico, como la sequía, la salinidad o las altas temperaturas. Se analizan tanto los componentes más comunes de estos bioinsumos (extractos vegetales, microorganismos beneficiosos, aminoácidos, etc.) como sus mecanismos fisiológicos de acción. Asimismo, se discuten los avances en investigación y desarrollo, los retos normativos y las perspectivas de uso en distintos modelos agrícolas, destacando su potencial como alternativa o complemento a los fertilizantes sintéticos.

El tercer capítulo se centra en los bioplaguicidas, productos de origen natural (microorganismos, extractos botánicos, feromonas o compuestos bioactivos), que permiten el control de plagas, enfermedades y malas hierbas con un impacto ambiental significativamente menor que los plaguicidas de síntesis química. Este apartado revisa los principales tipos de bioplaguicidas, su modo de acción, las condiciones de eficacia en campo y las dificultades asociadas a su escalado comercial y registro regulatorio. Se enfatiza el valor estratégico de estos productos dentro de los programas de Manejo Integrado de Plagas (MIP) y su papel en la reducción de residuos químicos en la cadena agroalimentaria.

Una de las principales virtudes de esta obra reside en su enfoque integral, que combina una sólida base científica con una perspectiva aplicada, orientada a la transferencia de conocimiento hacia los actores del sector. La claridad expositiva, la actualidad de los contenidos y el tratamiento multidisciplinar convierten este libro en una herramienta valiosa tanto para investigadores y estudiantes universitarios como para técnicos agrícolas, asesores y responsables de políticas públicas.

En definitiva, *BIOAGROQUÍMICOS PARA UNA AGRICULTURA SOSTENIBLE* no solo proporciona un compendio actualizado sobre el uso de bioinsumos en el ámbito agrario, sino que invita a reflexionar sobre el papel de la ciencia y la innovación en la transformación de los sistemas agroalimentarios. Su lectura permite comprender mejor los desafíos y oportunidades de una agricultura que, además de ser productiva, debe ser ecológicamente responsable, económicamente viable y socialmente justa.

Deseo concluir esta presentación con un recuerdo sentido y merecido al profesor Ginés Navarro García, catedrático de Química Agrícola de la Universidad de Murcia, recientemente fallecido. Su legado científico, su compromiso con la docencia y su temprana apuesta por los enfoques sostenibles en la nutrición vegetal y el manejo agroambiental marcaron un camino pionero que hoy continúa vigente. Muchos de los conceptos y principios que vertebran esta obra fueron anticipados y cultivados por él desde la investigación y la formación de nuevas generaciones de agrónomos. Este libro, en cierto modo, también rinde homenaje a su visión, su pasión y su extraordinaria contribución al progreso de una agricultura más responsable y científica.

Dr. Carlos García Izquierdo
Profesor de Investigación *AD HONOREM*
Consejo Superior de Investigaciones
Científicas (CSIC)

Prólogo

El objetivo de la *Química Sostenible* es la reducción del impacto de las sustancias químicas sobre la salud humana y el medio ambiente a través de la implementación de programas de prevención específicos y sostenibles. Por su parte, la *Agricultura Sostenible* contribuye a los cuatro pilares básicos de la *Seguridad Alimentaria* (disponibilidad, acceso, estabilidad e inocuidad de los alimentos) y a las tres dimensiones de la *Sostenibilidad* (ambiental, social y económica). Por lo tanto, la *Química* y la *Agricultura* no pueden entenderse como una disciplina y una actividad sin conexión, sino como la sinergia de dos herramientas fundamentales para conseguir el ansiado *Desarrollo Sostenible* y proteger el adecuado progreso de las generaciones venideras.

Por ello, con la redacción de esta obra, los autores, todos ellos profesores del Dpto. de Química Agrícola de la Universidad de Murcia, han pretendido poner en valor el papel fundamental que los bioagroquímicos (bioestimulantes y bioplaguicidas, B&B) ejercen en la *Agricultura Sostenible*. Así, en un primer capítulo, se analiza la sostenibilidad como base del modelo agrario actual europeo, cuyo objetivo es crear un plan de acción global, donde la Agricultura se desarrolle en un contexto económicamente viable, pero a la vez, socialmente aceptable y que asegure el respeto por el medio ambiente y su destacada influencia para alcanzar los Objetivos de *Desarrollo Sostenible* previstos en la Agenda 2030. Además, se resumen las principales prácticas que se emplean en el modelo de *Agricultura Sostenible*. A continuación, en el segundo capítulo, se introduce el concepto de bioestimulante (*material con capacidad de modificar los procesos fisiológicos de las plantas de tal manera que proporciona beneficios potenciales para el crecimiento, desarrollo y/o respuestas al estrés*) y se describen las características de los principales grupos (sustancias húmicas, hidrolizados de proteínas, extractos de algas, elementos químicos beneficiosos y microorganismos), especificando las fuentes de obtención, métodos de aplicación y sus efectos en la producción agrícola sostenible. Finalmente, en el tercer y último capítulo, se introduce el concepto de bioplaguicida (*compuesto derivado de animales, plantas, minera-*

les y/o microrganismos con actividad biocida), caracterizando los principales grupos (compuestos de bajo riesgo toxicológico y riesgo mínimo, sustancias básicas y de origen microbiano) y haciendo referencia a las principales legislaciones de carácter internacional responsables de su utilización.

Esperamos y confiamos que la presente obra contribuya, aunque de manera modesta, a desvelar el equilibrio existente entre *Química* y *Agricultura* y pueda contribuir a la formación de estudiantes en Química, Biología, Ingeniería Agronómica, Biotecnología, Bioquímica, y/o Ciencias Ambientales, entre otras disciplinas, además de servir como manual de referencia para técnicos y profesionales del sector agrícola, en un momento como el actual, donde el respeto al medio ambiente y a la salud humana es de vital importancia para lograr el correcto desarrollo de una población en continuo crecimiento y en donde la agricultura constituye la base de la alimentación mundial.

Los autores

Abreviaturas

AA	Aminoácidos
ADN	Ácido desoxirribonucleico
AE	Aceites esenciales
AEFA	Asociación Española de Fabricantes de Agronutrientes (Valencia, España)
AEMA	Agencia Europea del Medio Ambiente
AF	Ácidos fúlvicos
AH	Ácidos húmicos
AI	Artificial Intelligence
AIA	Ácido indolacético
AMF	Arbuscular Mycorrhizal Fungi
AP	Agricultura de precisión
APD	Ácido pidólico
APVMA	Australian Pesticides and Veterinary Medicines Authority (Canberra, Australia)
ARN	Ácido ribonucleico
AS	Agricultura sostenible
ATP	Adenosín trifosfato
BADH	Betaín aldehido monooxigenasa
BD	Big Data
BE	Bioestimulante
BEM	Bioestimulantes microbianos
BF	Biofertilizantes
BP	Bioplaguicidas
BPIA	Biological Products Industrial Alliance (Oakton, VI, EE UU)
BPM	Bioplaguicidas microbianos
BPPD	Biopesticide and Pollution Prevention Division (Madison, WI, EE UU)
BS	Biodiversity Strategy
Bt	*Bacillus thuringiensis*
B&B	Bioestimulantes y bioplaguicidas
CAGR	Compound Annual Growth Rate
CE	Comisión Europea
CFP	Categorías funcionales de Productos
CMC	Categorías de materiales componentes
CMO	Colina monooxigenasa

COP	Compuestos orgánicos persistentes
COS	Chito-OligoSaccharides
CSU	Cobertura sanitaria universal
DDT	Diclorodifeniltricloroetano
DOUE	Diario Oficial de la UE (Luxemburgo)
DP	Dustable Powder
DS	Desarrollo sostenible
EA	Eficiencia de absorción
EAD	Electroantennogram Detection
EAM	Extractos de algas marinas
EBIC	European Biostimulants Industry Council (Bruselas, Bélgica)
EC	Emulsifiable Concentrate
ECHA	European Chemicals Agency (Helsinki, Finlandia)
EFSA	European Food Safety Authority (Parma, Italia)
EGBP	Expert Group on Biopesticides (París, OECD)
EIL	Economic Injury Level
EM	Exudados microbianos
EPA	Environmental Protection Agency (Washington DC, EE UU)
ET	Economic Treshold
EU	European Union (Bruselas, Bélgica)
EU	Eficiencia de utilización
EUN	Eficiencia en el uso de nutrientes
F2F	The Farm to Fork
FAO	Food Agricultural Organization (Roma, Italia)
FBN	Fijación Biológica de Nitrógeno
FDA	Food and Drug Administration (Maryland, EE UU)
FID	Flame Ionization Detection
FIFRA	Federal Insecticide, Fungicide and Rodenticide Act (Washington DC, EE UU)
FM	Fitomelatonina
GB	Glicina-betaína
GC	Gas Chromatography
GD	Green Deal
GPS	Geographical Positioning System
GV	Granulovirus
H	Humina
HIOMT	Hidroxiindol-O-metiltransferasa
HJ	Hormona juvenil
HP	Hidrolizados de proteínas
HSE	Health and Safety Executice (Meresyde, GB)
I+D	Investigación y desarrollo
IBMA	International Biocontrol Manufacturers Association (Bruselas, Bélgica)
IGR	Insect Growth Regulator
IoT	Internet of the Things
ISO	International Standardization Organization (Ginebra, Suiza)
IUPAC	International Union of Pure and Applied Chemistry (Zúrich, Suiza)
KMB	Potassium-mobilizing Biofertilizer

KSB	Potassium-solubilizing Bacteria
LC	Liquid Chromatography
LTRVA	Long Term for EU Rural Areas
MAPA	Ministerio de Agricultura, Pesca y Alimentación (Madrid, España)
ME	Microorganismos endófitos
MIP	Manejo integrado de plagas
ML	Machine Learning
MO	Materia orgánica
ms	Materia seca
MS	Mass Spectrometry
NDE	Nivel de equilibrio
NFB	Nitrogen-fixing Biofertilizer
NGE	Nivel general de equilibrio
NGS	Next Generation Sequencing
NMR	Nuclear Magnetic Resonance
NPF	Non-pathogenic Fungi
NPV	Nucleopolihedrovirus
ODM	Objetivos del milenio
ODS	Objetivos de Desarrollo Sostenible
OECD	Organization for Economic Cooperation and Development (París, Francia)
OGA	Oligo-Galacturonic Acid
OMG	Organismos Modificados Genéticamente
OMS	Organización Mundial de la Salud (NY, EE UU)
ONU	Organización de Naciones Unidas (NY, EE UU)
PAC	Política Agraria Común (UE)
PGPR	Plant Growth Promoting Rhizobacteria
PGR	Plant Growth Regulator
Phi	Fosfito
Pi	Fosfato
PIP	Protectores incorporados a las plantas
PL	Prolina
PMB	Phosphorus-mobilizing Biofertilizer
PMRA	Pest Management Regulatory Agency (Ottawa, Canadá)
PNUMAAA	Programa de Naciones Unidas para el Medio Ambiente
PRM	Plaguicidas de riesgo mínimo
PSB	Phosphorus-solubilizing Bacteria
P5CR	Pirrolin-5-carboxilato reductasa
P5CS	Pirrolin-5-carboxilato sintetasa
Q	Quitosano
REACH	Registration, Evaluation, Authorization and Restriction of Chemicals (EU)
RAI	Radioinmunoassay
ROS	Reactive Oxygen Species
RSA	Resistencia sistémica adquirida
SABRT	Sustancias activas de bajo riesgo toxicológico
SANTE	Health and Food Safety (Bruselas, EU)
SAUR	Small Auxin Up-Regulated RNA

SB	Sustancias básicas
SCLPS	Straight Chain Lepidopteran Pheromones
SDG	Sustainable Development Goals
SF	Smart Farming
SH	Sustancias húmicas
SINP	Sistema integrado den de las plantas
SL	Soluble Liquid
SNAT	Serotonina N-acetiltransferasa
SOB	Sulfur-oxidizing Bacteria
SS	Soil Strategy
TDC	Triptófano descarboxilasa
T5H	Triptófano 5-hidroxilasa
UE	Umbral económico
USDA	United States Department of Agriculture (Davis, CA, EE UU)
UV	Ultravioleta
VOC	Volatile Organic Compounds
WP	Wettable Powders
WDG	Water Dispersible Granules
WoS	Web of Science (GB, EE UU)

Índice

CAPÍTULO 1

Agricultura, alimentación y desarrollo sostenible

1.1. Introducción

Desde el comienzo de la civilización humana, la agricultura ha servido potencialmente como medio de supervivencia para los seres vivos que habitan este planeta. Aunque la práctica de la agricultura existe desde hace mucho tiempo, el término en sí surgió mucho más tarde. La historia de la agricultura básica ha sido un criterio de desarrollo en el avance de la civilización humana (Vasey, 2002).

El crecimiento y desarrollo de las naciones está muy ligado al papel fundamental que juega la agricultura, ya que la cantidad y calidad de productos que de ella se obtienen es un factor fundamental para alimentar a la población y mantener su economía. Durante las últimas décadas, los avances en tecnología agrícola han supuesto un salto cualitativo y cuantitativo en la producción de alimentos, motivados por la exigencia de cubrir las necesidades alimentarias de una población mundial en continuo crecimiento, en torno a un 2% anual. La población mundial actual supera en más de tres veces a la de mediados del siglo xx, habiendo alcanzado los 8.000 millones a mediados de noviembre de 2022. Se estima que la población mundial aumentará casi 2.000 millones de personas en los próximos 30 años, pasando de los 8.200 millones actuales a los 9.700 millones en 2050, pudiendo llegar a los 10.400 millones en 2080 (Hertog *et al.*, 2024).

Un estudio publicado en 2020 en la prestigiosa revista *The Lancet* contradijo directamente las previsiones de la Organización de las Naciones Unidas (ONU) sobre el crecimiento de la población mundial. En aquel momento, la ONU estimaba que para el año 2100 habría 11.200 millones de personas en el planeta. Por su parte, *The Lancet* planteó que la población mundial alcanzaría su pico máximo en 2060 y luego disminuiría a 8.800 millones en 2100, gracias a los avances en la educación de las mujeres y a un mejor acceso a métodos anticonceptivos. Cuatro años después, la ONU revisó sus proyecciones, alineándose parcialmente con las estimaciones de *The Lancet*. En su informe *Perspectivas de la población mundial 2024*, publicado en julio de ese año, la ONU predijo que la población mundial alcanzaría su máximo a mediados de la década de 2080. Según estas nuevas proyecciones, se espera un crecimiento de la población mundial desde los 8.200 millones registrados en 2024 hasta unos 10.300 millones para mediados de la década de 2080, seguido de un ligero descenso a 10.200 millones en 2100 (Figura 1.1).

Sin embargo, a menudo el progreso ha venido acompañado de consecuencias sociales y medioambientales negativas, como la escasez de agua, la degradación del suelo, las presiones sobre los ecosistemas, la pérdida de biodiversidad, la disminución de la población de peces y de la superficie forestal y unos altos niveles de emisiones de gases de efecto invernadero (CO_2, N_2O, CH_4 y gases fluorados). El potencial productivo de nuestra base de recursos naturales ha sufrido daños en muchos lugares del mundo y esto ha puesto en entredicho la fertilidad del planeta.

Hoy en día, más de 800 millones de personas padecen hambre y una de cada tres, malnutrición, lo que refleja el desequilibrio del sistema alimentario, responsable de la producción, elaboración, distribución y consumo de los productos alimenticios procedentes de la agricultura, la silvicultura o la pesca, y de los entornos económicos, sociales y naturales más amplios en los que está inmerso. El sistema alimentario se compone de subsistemas (agrícola, de gestión de residuos, de suministro de insumos, etc.) e interactúa con otros sistemas clave (energético, comercial, sanitario, etc.). Por lo tanto, un cambio estructural en el sistema alimentario puede originarse a partir de un cambio en otro sistema. Un sistema alimentario sostenible es aquel que genera seguridad alimentaria y nutrición para todos,

Figura 1.1. Perspectivas sobre la evolución de la población mundial en el siglo XXI (UN, 2024).

de tal manera que las bases económicas, sociales y ambientales para conseguir dicho objetivo para las generaciones futuras no se vean comprometidas (UNEP, 2016).

Las migraciones por necesidad han aumentado hasta niveles sin precedentes en las últimas décadas debido a que la cohesión social y las tradiciones culturales de las poblaciones rurales se ven amenazadas por una combinación de factores, entre los que cabe destacar un acceso limitado a la tierra y a los recursos y el creciente número de crisis, conflictos y desastres naturales, muchos de ellos consecuencia del *cambio climático* (un cambio a largo plazo en los patrones climáticos medios que determinan el clima local, regional y global de la Tierra). Si miramos hacia el futuro, el camino hacia una prosperidad inclusiva está claramente marcado por la Agenda 2030 para el Desarrollo Sostenible (DS). Superar los complejos desafíos a los que se enfrenta el mundo requiere de una acción transformadora, adoptar los principios de la sostenibilidad y abordar las causas fundamentales de la pobreza y del hambre para no dejar a nadie atrás.

Con una buena alimentación, los niños pueden estudiar y aprender, las personas pueden llevar una vida sana y productiva y las sociedades pueden prosperar. Si nutrimos nuestra tierra y apostamos por una agricultura sostenible (AS), tanto las generaciones presentes como las futuras serán capaces de alimentar a una población creciente. La agricultura, además de la ganadería, la acuicultura, la pesca y la silvicultura, constituye el sector que más personas emplea en el mundo, el mayor sector

económico en muchos países y, además, es la fuente principal de alimentos y de ingresos de aquellos que viven en pobreza extrema.

Por todo ello, el DS constituye uno de los mayores desafíos en la actualidad. El desarrollo será sostenible si se logra el equilibrio entre los distintos factores que influyen en la calidad de vida en base a una explotación racional de los recursos, satisfaciendo las necesidades de las sociedades actuales sin comprometer las necesidades de las futuras. Así, el objetivo principal del DS es el incremento de la producción de alimentos, pero haciendo un uso racional de los recursos naturales.

Según la Organización de las Naciones Unidas para la Alimentación y la Agricultura (FAO), el DS se puede definir como:

> El manejo y conservación de la base de recursos naturales y la orientación del cambio tecnológico e institucional de tal manera que se asegure la continua satisfacción de las necesidades humanas para las generaciones presentes y futuras. Este DS (en los sectores agrícola, forestal y pesquero) conserva la tierra, el agua y los recursos genéticos vegetales y animales, no degrada el medio ambiente y es técnicamente apropiado, económicamente viable y socialmente aceptable (FAO, 2018).

La sostenibilidad es la base del modelo agrario actual europeo, cuyo objetivo es crear un plan de acción global, donde la agricultura se desarrolle en un contexto económicamente viable, pero a la vez socialmente aceptable y que asegure el respeto por el medio ambiente. El Comité Técnico Asesor de la FAO, ya en 1978, definió la AS como:

> Aquella que maneja o utiliza con éxito los recursos disponibles, para que la producción satisfaga las necesidades de la población humana al tiempo que mantiene o mejora la calidad del medio ambiente y conserva los recursos naturales.

La AS incluye diversas variantes de agricultura no convencional que a menudo se denominan orgánica, alternativa, regenerativa, ecológica o de bajos insumos. Sin embargo, el hecho de que una explotación agrícola sea orgánica o alternativa no significa que sea sostenible. Para que una explotación sea sostenible, debe producir cantidades adecuadas de alimentos de alta calidad, proteger sus recursos, ser segura para el medio ambiente y rentable. En lugar de depender de los materiales adquiridos, como los agroquímicos, una actividad sostenible se basa tanto como sea posible en procesos naturales beneficiosos y recursos renovables extraídos de la propia explotación. Para ello, la agricultura debe satisfacer las necesidades de las generaciones presentes y futuras, y al mismo tiempo garantizar la rentabilidad, la salud ambiental, y la equidad social y económica. La alimentación y la agricultura sostenibles contribuyen a los cuatro pilares de la seguridad alimentaria (disponibilidad, acceso, estabilidad e inocuidad) y a las tres dimensiones de la sostenibilidad (ambiental, social y económica). La FAO promueve una alimentación y una agricultura sostenibles con el fin de ayudar a países de todo el mundo a lograr el Hambre Cero y los Objetivos de Desarrollo Sostenible (ODS).

En 2015, 197 países de la ONU convirtieron su visión del DS en un plan para alcanzarlo: la Agenda 2030. Sus 17 ODS, con ambiciosas metas para 2030, abarcan las tres dimensiones del desarrollo sostenible: i) la economía, ii) el desarrollo social y iii) el medio ambiente (Figura 1.2). Pero, a medio camino de la fecha límite de 2030, la crisis climática, una economía mundial débil, los conflictos y los efectos persistentes de la COVID-19 han puesto en peligro los objetivos. Sin embargo, no es demasiado tarde para restablecer las iniciativas para alcanzarlos. Para avanzar en la agenda del DS, los gobiernos están incorporando sus objetivos dentro de los planes nacionales, aunque es necesario un cambio profundo para que el mundo mejore y, cuando quedan cinco años para alcanzar la Agenda 2030, es necesario hacerlo ya.

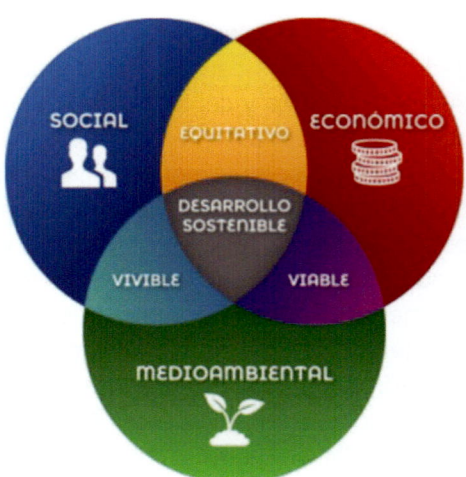

Figura 1.2. Condiciones que permiten alcanzar un estado de equilibrio entre economía, sociedad y medio ambiente.

Los ODS 2030 constituyen el camino a seguir para llegar a la citada fecha con un mundo mejor que el actual. Los ODS imponen una mirada integral a los problemas que hay que resolver, evitando que los gobiernos y las empresas se enfoquen únicamente en el crecimiento económico. Previo a los ODS 2030, en el año 2000 se había firmado la *Declaración del Milenio* de las Naciones Unidas, en donde se establecieron de forma similar los Objetivos del Milenio (ODM), vigentes entre 2000 y 2015.

Según la Organización Mundial de la Salud (OMS), lo que diferencia a los ODS 2030 de los ODM es: i) los ODS se basan en una agenda global, en lugar de limitarse a los países en vías de desarrollo, como fue el caso de los ODM), ii) los ODS se basan en valores como la equidad y el respeto de los derechos humanos, iii) los ODS 2030 están orientados a enfoques como la financiación sostenible, la investigación científica y la innovación, iv) los ODS requieren una nueva forma de trabajar, que implica la actuación intersectorial de múltiples partes interesadas y v) los ODS pretenden reforzar los sistemas sanitarios con vistas a la cobertura sanitaria universal (CSU).

Con los 17 ODS se buscó involucrar a gobiernos, empresas, sociedad civil y también a las personas a título individual. Dentro de cada objetivo se trazan diferentes metas y cada una de ellas cuenta con sus propios indicadores que sirven para determinar si el objetivo se cumple o no. A diferencia de sus predecesores, los ODS se fueron perfilando con aportaciones multidisciplinares en todos los ámbitos, mediante una consulta global a científicos, acadé-

micos, sector privado y ciudadanía. Su desarrollo comenzó en la Conferencia sobre Desarrollo Sostenible Río+20 (2012) y entraron en vigor oficialmente el 1 de enero de 2016. Cada uno de los ODS 2030 está compuesto por una serie de metas e indicadores, los cuales permiten establecer objetivos numéricos a nivel nacional y monitorear su progreso en un marco global. En total, existen 17 Objetivos de Desarrollo Sostenible, que incluyen 169 metas y más de 232 indicadores establecidos para cuantificar el progreso de cada uno de ellos[1]. Los indicadores de los ODS deben desglosarse, siempre que sea posible, por ingresos, sexo, edad, raza, origen étnico, estatus migratorio, discapacidad, ubicación geográfica y otras características, de conformidad con los *Principios fundamentales de las estadísticas oficiales*[2].

El objetivo final de los ODS es orientar al mundo en la senda del DS. De esta forma, sus objetivos finales son: erradicar la pobreza, mejorar las condiciones de vida de la población y lograr una transición justa a una economía baja en emisiones y resiliente al cambio climático. Todos estos objetivos se retroalimentan mutuamente, con lo cual se trata de una estrategia integral e interconectada para conseguir el an-

---

[1] Marco de indicadores mundiales para los Objetivos de Desarrollo Sostenible y metas de la Agenda 2030 para el Desarrollo Sostenible (https://unstats.un.org/sdgs/indicators/Global%20 Indicator %20Framework%20after%202020%20 review_Spa. pdf).

[2] Resolución aprobada por la Asamblea General de la ONU el 29 de enero de 2014 (https:// documents.un.org/doc/undoc/gen/n13/455/14/pdf/ n1345514.pdf)

siado DS dentro de una economía globalizada. La gestión de los ODS 2030 debe estar coordinada por los gobiernos, mediante flujos financieros sostenibles e inversiones en tecnología para intentar alcanzar las metas propuestas. El cumplimiento de los ODS garantizará una mejora en la calidad de vida de las personas, el ejercicio de sus derechos humanos y la armonía con el medio natural. En la Figura 1.3 se muestran los 17 ODS y una breve descripción de cada uno de ellos.

Como consecuencia del trabajo de la FAO en el fomento de la sostenibilidad en los sistemas de producción, esta visión común se ha traducido en un enfoque que apoya y acelera la transición hacia unos sistemas de alimentación y agricultura más sostenibles. El enfoque se basa en cinco principios que equilibran las dimensiones sociales, económicas y medioambientales de la sostenibilidad y conforma la base para elaborar políticas, estrategias, regulaciones e incentivos que se adapten a las necesidades.

Principio 1: Aumentar la productividad, el empleo y el valor añadido en los sistemas de alimentación

Este principio constituye el motor de la transformación. En el futuro, se necesitarán nuevos aumentos de productividad para garantizar un suministro suficiente de alimentos y otros productos agrícolas y, al mismo tiempo, se deberá limitar la expansión de la tierra agrícola y contener su avance hacia los ecosistemas naturales. Sin embargo, si bien en el pasado la eficacia se ha expresado generalmente en términos de rendi-

Figura 1.3. Descripción de los Objetivos de Desarrollo Sostenible (Agenda 2030).

miento (kg ha^{-1} de producción), ahora el aumento de la productividad futura deberá tener en cuenta otras dimensiones. Los sistemas inteligentes de producción de agua y energía serán cada vez más importantes a medida que la escasez de agua aumente y que la agricultura tenga que buscar formas de reducir las emisiones de gases de efecto invernadero. Esto repercutirá en la utilización de fertilizantes, fitosanitarios y otros insumos agrícolas.

Principio 2: Proteger e impulsar los recursos naturales

La producción agrícola depende de los recursos naturales y, por ende, la sostenibilidad de la producción depende de la de los propios recursos naturales. Aunque la intensificación tiene efectos positivos en el medio ambiente a través de la reducción de la expansión agrícola y, por consiguiente, de la limitación de su avance hacia los ecosistemas naturales, también tiene repercusiones potencialmente negativas en el medio ambiente. El modelo de intensificación agrícola más difundido supone el uso intensivo de insumos agrícolas, como agua, fertilizantes y plaguicidas. Lo mismo vale para la producción animal y la acuicultura, con la consiguiente contaminación de las aguas y la destrucción de los hábitats de agua dulce y de las propiedades del suelo. La intensificación también ha provocado la drástica reducción de la biodiversidad de cultivos y animales. Estas tendencias de la intensificación agrícola no son compatibles con una AS y representan una amenaza para la producción futura.

Principio 3: Mejorar los medios de subsistencia y fomentar el crecimiento económico sostenible

Hay que asegurar que los productores tengan un acceso y control adecuado de la productividad de sus recursos. Hacer frente a la brecha de género puede contribuir significativamente a reducir la pobreza y la inseguridad alimentaria en zonas rurales. De todas las actividades económicas, la agricultura es la que tiene el coeficiente de mano de obra más elevado. Directa o indirectamente, constituye un medio de vida para los 500 millones de personas que componen la población rural. Sin embargo, la pobreza está excesivamente asociada con la agricultura y esta figura entre los tipos de actividad más peligrosos. La agricultura será sostenible solo si ofrece condiciones de empleo decentes a los que la practican, en un entorno económica y físicamente seguro y saludable.

Principio 4: Potenciar la resiliencia de las personas, de las comunidades y de los ecosistemas

Los fenómenos meteorológicos extremos, la volatilidad de los mercados o los conflictos civiles debilitan la estabilidad de la agricultura. Las políticas, tecnologías y prácticas que generan resiliencia en los productores ante estas amenazas contribuyen a su sostenibilidad. En el curso de los últimos años, varias señales han mostrado los riesgos que las perturbaciones pueden representar para las actividades agrícolas, forestales y pesqueras. La mayor variabilidad climática, asociada o no al cambio climático, repercute en los agricultores y su producción. Por otro lado, la mayor volatilidad de los precios de los alimentos repercute en productores y consumidores, que no disponen necesariamente de los medios para hacerle frente. En lugar de reducir estas perturbaciones, es probable que el aumento de la globalización haya favorecido su rápida transmisión a través del mundo, con consecuencias cada vez más imprevisibles sobre los sistemas de producción. Por tanto, la resiliencia es crucial para la transición hacia una AS y ha de responder a la vez a las dimensiones naturales y humanas.

Principio 5: Adaptar la gobernanza a los nuevos retos

La transición hacia una producción sostenible solo puede darse allá donde exista un justo equilibrio entre iniciativas del sector privado y del sector público, y cuando se cumplen los requisitos de rendición de cuentas, equidad, transparencia y Estado de derecho. Incorporar la sostenibilidad en los sistemas alimentarios y agrícolas implica añadir una dimensión de bien público a una empresa económica. La agricultura es y seguirá siendo una actividad económica impulsada por la necesidad de los que la ejercen de obtener beneficios y asegurarse una vida decente a partir de ella. Los agricultores, pescadores y silvicultores necesitan recibir los incentivos adecuados que favorezcan la adopción de prácticas apropiadas sobre el terreno.

De acuerdo con estos cinco principios, la FAO propone 20 áreas de acción que describen enfoques, prácticas,

políticas y herramientas que interrelacionan varios ODS (FAO, 2018) e integran las tres dimensiones del desarrollo sostenible, el crecimiento económico, la inclusión social y la protección del medio ambiente, y que implican la participación y las alianzas entre los distintos actores (Figura 1.4).

Se trata de acciones específicas para cada contexto, pero universalmente relevantes, diseñadas para ofrecer apoyo a los países a la hora de seleccionar y priorizar recursos para acelerar el progreso. Identifican aquellas sinergias del sector que pueden ser un catalizador para lograr los objetivos nacionales y alcanzar resultados que abarquen varios objetivos y metas de la Agenda 2030. Estas 20 acciones ofrecen a los países un hilo conductor que relaciona los diversos sectores de la agricultura y el desarrollo rural con un programa más amplio de desarrollo de cada país, que abarca la erradicación de la pobreza, la creación de empleo, el crecimiento nacional, la regeneración urbana y la riqueza en recursos naturales.

Se calcula que en 2050 la población del planeta se aproximará a los 10.000 millones de personas. Para alimentarlas a todas habrá que ir más allá de producir más con menos. La calidad y la diversidad serán la piedra angular que permitirá vincular la productividad y la sostenibilidad, y paliar las necesidades de la población. Una premisa fundamental para lograr una alimentación y una agricultura sostenibles es la creación de un entorno de políticas favorables y la necesidad de que los organismos sectoriales cambien su forma de trabajar y coordinen las políticas gubernamentales. Esta transición hacia un

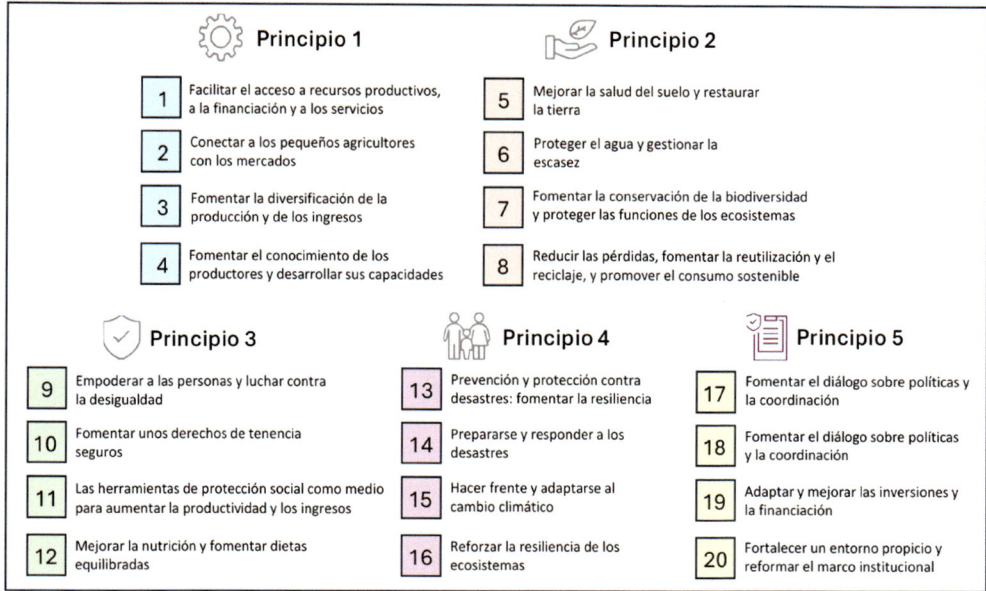

Figura 1.4. Acciones encuadradas en cada principio.

sistema agrícola y alimentario más sostenible requiere la creación de alianzas y coaliciones políticas con distintos agentes que vayan más allá de la alimentación y la agricultura. En la línea de la Agenda 2030, que aboga por una transformación, se proponen varios enfoques intersectoriales que dependen de la colaboración a nivel gubernamental y de un diálogo entre las partes implicadas. Precisan que los responsables políticos reconozcan la necesidad de gestionar las compensaciones recíprocas y aplicar medidas específicas para armonizar mejor los objetivos con las estructuras de incentivos. Estos enfoques fomentan la creación de marcos legales que reconozcan y garanticen el acceso a los pequeños agricultores y a las comunidades locales, y favorezcan

políticas que alienten al sector privado a comprometerse con unas actividades comerciales sostenibles. Gracias a mecanismos con múltiples partes interesadas y a las nuevas formas de estructuras de gobernanza participativa, hay una mayor identificación con las políticas, lo cual ayuda a movilizar las capacidades, la información, la tecnología y el acceso a los recursos financieros y productivos. Estas 20 acciones, integradas e interconectadas, aúnan las múltiples dimensiones de la agricultura y el desarrollo rural con los programas de desarrollo a gran escala de un país, y constituyen la base para una sociedad resiliente y sostenible. En la Figura 1.5 se muestra la contribución de las distintas acciones para la consecución de los ODS.

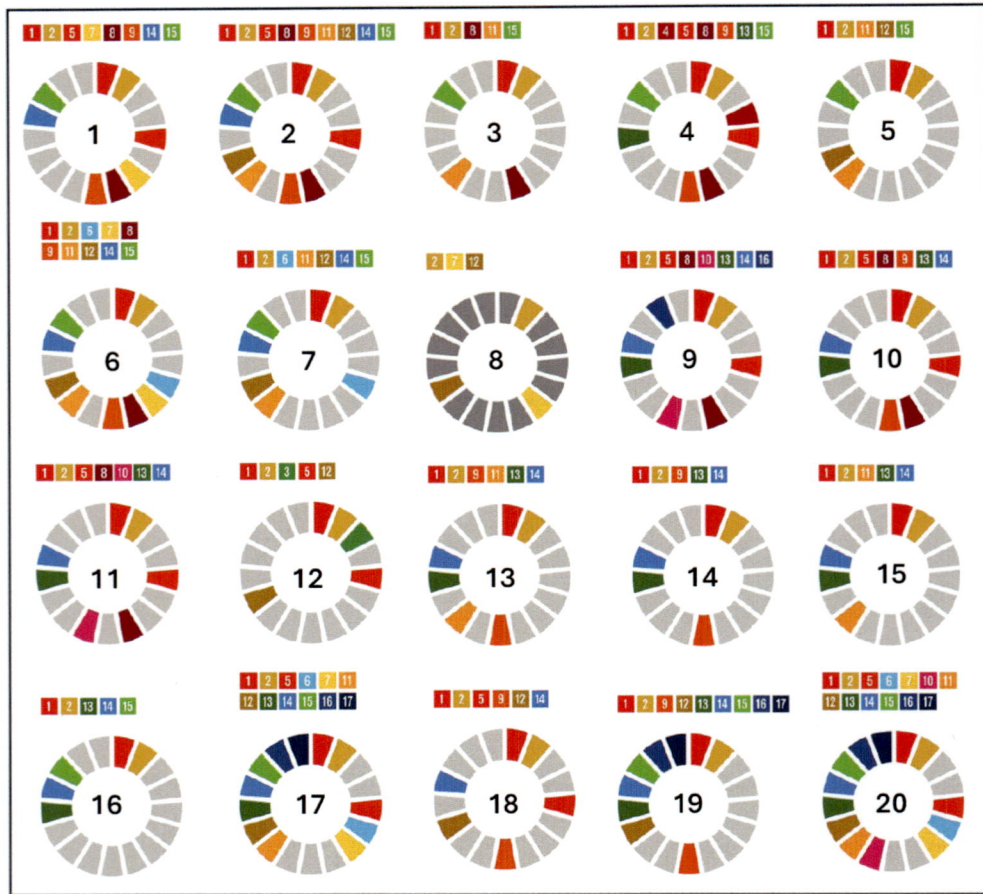

Figura 1.5. Contribución de las acciones propuestas por FAO para la consecución de los distintos ODS.

1.2. Política europea en materia de agricultura sostenible

La estrategia "De la granja a la mesa[3]" (*The Farm to Fork, F2F*) tiene como objetivo promover una transición hacia una

[3] Comunicación de la Comisión al Parlamento Europeo, al Consejo, al Comité Económico y Social Europeo y al Comité de las Regiones. Estrategia «de la granja a la mesa» para un sistema alimentario justo, saludable y respetuoso con el medio ambiente, DOUE., 429, 268-275.

forma de agricultura más ecológica basada en la premisa de que existe una necesidad urgente de reducir la dependencia de los plaguicidas, los antimicrobianos y los fertilizantes, mejorar el bienestar animal y revertir la pérdida de biodiversidad. Propone alcanzar un mínimo del 25% de agricultura ecológica en Europa, reducir el uso de plaguicidas en un 50% y el de fertilizantes en un 20%, todo ello antes de 2030. Esta estrategia propone cuatro vías principales de transición para lograr sus objetivos: (i) el uso sostenible de los plaguicidas, (ii) controlar la reducción del uso de fertilizantes, iii) un plan de acción para la agricultura ecológica, e iv) la inclusión de medidas específicas en los planes estratégicos nacionales de la Política Agraria Común (*Common Agriculture Policy,* CAP). Las medidas de la PAC de la UE abarcan diversos ámbitos en materia de medio ambiente, cambio climático y bienestar animal, y se pueden concretar en los siguientes:

- *Adaptación y mitigación ante el cambio climático*, incluyendo la reducción de las emisiones de gases de efecto invernadero derivadas de las prácticas agrícolas, así como el mantenimiento de las reservas de carbono existentes y la mejora del secuestro de carbono.
- *Protección y mejora de la calidad del agua*, reduciendo la presión sobre los recursos hídricos.
- *Prevención de la degradación del suelo*, mediante la restauración del mismo, la mejora de su fertilidad y una adecuada gestión de nutrientes.
- *Protección de la biodiversidad*, conservando y restaurando hábitats o especies, incluido el mantenimiento y la creación de elementos paisajísticos o áreas no productivas.
- *Utilización sostenible de productos fitosanitarios*, mediante la reducción del número de plaguicidas a emplear y su aplicación.
- *Mejora del bienestar animal*, optimizando la resistencia a los antimicrobianos.

En las cuatro vías de transición, la PAC (2023-27) es un instrumento clave para vincular los objetivos de la estrategia F2F a la acción sobre el terreno por parte de los agricultores y los gestores de tierras[4]. La nueva PAC se centra en diez objetivos vinculados directamente al Pacto Verde[5] (*Green Deal*, GD) y a los objetivos de sostenibilidad de la UE en materia de agricultura y zonas rurales. En la Tabla 1.1 se resumen los principales objetivos perseguidos por el Pacto Verde.

La idea es que la nueva PAC funcione como incentivo y empoderamiento de los agricultores europeos para contribuir de manera más decisiva a la lucha contra el cambio climático, la protección del medio ambiente y la transición hacia sistemas alimentarios más sostenibles y resilientes. La nueva PAC se implementará a nivel nacional con planes estratégicos nacionales y herramientas centradas en alcanzar los mismos objetivos medioambientales y climáticos que contribuyen al Pacto Verde Europeo (Nadeu *et al.*, 2023). Además, para ajustarse al mismo, la reforma de la PAC incluye la adopción de los resultados de la investigación y la innovación por parte de los agricultores y el suministro de información tecnológica y científica actualizada para asesorarlos, lo que puede entenderse como una promoción de los servicios de extensión agraria. En adición a la estrategia F2F, hay otras que son relevantes para la

_____

[4] Planes estratégicos de la PAC. Comisión Europea. https://agriculture.ec.europa.eu/cap-my-country/cap-strategic-plans_es.

[5] Working with Parliament and Council to make the CAP reform fit for the European Green Deal. https://www.arc2020.eu/wp-content/uploads/2020/12/FACTSHEET_GreenDeal_CAP_rev04.pdf

Tabla 1.1. Principales objetivos del Pacto Verde europeo para 2030

	Disminuir en un 50% el uso y el riesgo generado por los plaguicidas tradicionales y reducir en un 50% el número de plaguicidas más peligrosos.
	Lograr que al menos el 25% de las tierras agrícolas de la UE se dediquen a la agricultura ecológica con un aumento significativo de la acuicultura ecológica.
	Reducir las ventas de antimicrobianos para ganadería y acuicultura en un 50%.
	Reducir las pérdidas de nutrientes en al menos un 50%, al tiempo que se garantiza que no se deteriore la fertilidad del suelo, lo que reducirá el uso de fertilizantes en torno 20%.

transición hacia una AS en la EU, aunque cada una de ellas con un enfoque diferente: i) la Visión a largo plazo para las zonas rurales de la UE[6] (*Long-Term Vision for EU Rural Areas,* LTVRA), ii) la Estrategia de biodiversidad[7] (*Biodiversity Strategy,* BS), y iii) la Estrategia del suelo[8] (*Soil Strategy,* SS). La LTVRA forma parte de las prioridades políticas

---

6 Comunicación de la Comisión al Parlamento Europeo, al Consejo, al Comité Económico y Social Europeo y al Comité de las Regiones. Una Visión a largo plazo para las zonas rurales de la UE. https://eur-lex.europa.eu/legal-content/ES/TXT/HTML/?uri=CELEX:52021DC0345

7 Comunicación de la Comisión al Parlamento Europeo, al Consejo, al Comité Económico y Social Europeo y al Comité de las Regiones. Estrategia de la UE sobre la biodiversidad de aquí a 2030. Reintegrar la naturaleza en nuestras vidas. https://eur-lex.europa.eu/legal-content/ES/TXT/HTML/?uri=CELEX:52020DC0380

8 Comunicación de la Comisión al Parlamento Europeo, al Consejo, al Comité Económico y Social Europeo y al Comité de las Regiones. Estrategia de la UE para la Protección del Suelo para 2030. Aprovechar los beneficios de unos suelos sanos para las personas, los alimentos, la naturaleza y el clima. https://eur-lex.europa.eu/legal-content/ES/TXT/PDF/?uri=CELEX:52021DC0699

de la Comisión junto con la transición digital, la transición ecológica (Pacto Verde) y el plan de recuperación europeo tras la pandemia de COVID-19, y se centra en los aspectos sociales y económicos y en la identidad de las zonas rurales. Se trata de una estrategia a medio plazo (2040) que busca recuperar el papel y la importancia de las zonas rurales mediante el refuerzo de su identidad basada en la diversidad del paisaje, la cultura y el patrimonio. La LTVRA reconoce que el 40% de las zonas rurales se utilizan para la agricultura y son clave para mantener la seguridad alimentaria.

En toda Europa, la agricultura representa el 12% de todos los puestos de trabajo y el 4% del valor añadido bruto. Las zonas rurales son responsables de la producción de alimentos y la gestión de los recursos naturales y de la protección de los paisajes naturales y culturales. Esto hace que el desarrollo rural sea fundamental para el éxito de las otras dos estrategias, F2F y SS. La SS se centra en la salud del suelo y está directamente vinculada al Pacto Verde y a la estrategia F2F, al tiempo que apoya los objetivos de la BS. La salud del suelo ha sido definida por Doran y Zeiss (2000) como:

> La capacidad de un suelo para funcionar como un sistema vivo vital dentro de los límites del ecosistema y el uso de la tierra para sostener la producción vegetal y animal, mantener o mejorar la calidad del agua y el aire, y promover la salud vegetal y animal.

Establece un marco que incluye medidas concretas para proteger y restaurar los suelos y garantizar que se utilicen de forma sostenible, protegiendo la biodiversidad. La SS establece objetivos para lograr suelos sanos para 2050, con acciones concretas para 2030, incluido el desarrollo de una Ley de Salud del Suelo para garantizar la protección del medio ambiente y la salud. La misión de la UE titulada *Un Pacto por el suelo para Europa* apoya a la SS a través de la investigación y la innovación, identificando una agricultura más sostenible y apoyando modelos de negocio. Un suelo sano actúa como un sistema vivo dinámico que ofrece múltiples servicios ecosistémicos, como mantener la calidad del agua y la productividad de las plantas, controlar la descomposición y el reciclaje de nutrientes del suelo y eliminar los gases de efecto invernadero de la atmósfera. La salud del suelo está estrechamente relacionada con la AS, ya que la diversidad y la actividad de los microorganismos del suelo influyen de manera directa en la misma (Tahat *et al.*, 2020; Cárceles-Rodríguez *et al.*, 2022). El objetivo del Pacto es liderar la transición para restaurar y prote-

ger los suelos de aquí a 2030, dirigiendo los esfuerzos a la restauración de hábitats ricos en carbono y hacia una agricultura respetuosa con el clima. Su enfoque se basa en la biodiversidad y el capital natural. Confirma que la pérdida de biodiversidad amenaza nuestro sistema alimentario y que la biodiversidad mejora la productividad agrícola. La BS tiene como objetivo devolver la naturaleza a las tierras agrícolas y reconoce el papel vital de los agricultores en la preservación de la biodiversidad. El concepto de AS es fundamental para que las cuatro estrategias alcancen sus objetivos, aunque se menciona de diferentes maneras (por ejemplo, prácticas agrícolas plenamente sostenibles, producción sostenible de alimentos o gestión sostenible del suelo). Las cuatro estrategias están alineadas con los tres pilares de la sostenibilidad, tal y como se muestra en la Figura 1.6.

1.3. Prácticas para la agricultura sostenible

La AS incide en la necesidad de desarrollar conocimientos, habilidades, valores sociales y culturales, tecnologías y prácticas que sean accesibles, eficaces y que aumenten la capacidad de los agricultores sin comprometer los bienes y servicios ambientales en la productividad alimentaria. Una cuestión fundamental que conecta muchos de estos enfoques es la diversificación de las prácticas agrícolas sostenibles. Los sistemas agrícolas sostenibles utilizan las últimas innovaciones científicas para lograr la mayor productividad posible, dis-

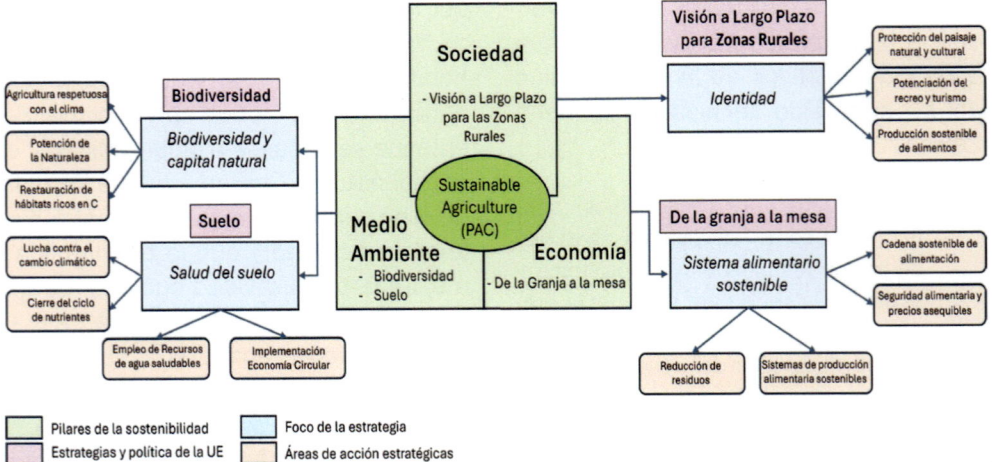

Figura 1.6. Esquema de cómo las cuatro principales estrategias europeas relacionadas con el Pacto Verde apoyan la transición hacia una agricultura más sostenible y su vinculación con los tres pilares de la sostenibilidad.

minuyendo la degradación ambiental. La diversificación de las prácticas agrícolas sostenibles es un tema clave hoy en día. A lo largo de décadas de ciencia y práctica, se han propuesto distintas prácticas agrícolas sostenibles importantes y que se resumen a continuación (Pooniyan et al., 2023; CE, 2024).

Permacultura

La permacultura, contracción de los términos "agricultura" y "permanente", promueve la creatividad y la innovación agrícola. Es un sistema de diseño de principios naturales para el desarrollo de asentamientos de personas y que permite a la humanidad vivir en armonía con el mundo natural. Los principios y la ética de la permacultura se pueden aplicar a casi todos los ámbitos, entre ellos la economía local, los sistemas de energía, el suministro de agua, los sistemas de vivienda y la producción de alimentos. La permacultura tiene como

objetivo crear una cultura eficiente e integrada de plantas, animales, personas y estructuras e integrar diferentes escalas, desde huertos familiares hasta grandes granjas. Como ejemplo, el diseño de un jardín donde el agua de un estanque de peces se utiliza para regar las plantas, y donde los desechos vegetales, a su vez, alimentan a los peces.

Agricultura biodinámica

Esta técnica combina la ecología y las prácticas generales de crecimiento basadas en las bases científico-espirituales de la antroposofía[9]. Los agricultores están motivados para gestionar sus explotaciones como un único organismo vivo, en el que la agricultura está entrelazada y se apoya mutuamente.

_____

[9] Sistema de pensamiento originado a principios del siglo xx y basado en las ideas de Rudolf Steiner, que postula la existencia de un mundo espiritual objetivo, intelectualmente comprensible, accesible a la experiencia humana.

En términos biodinámicos, los cultivos, los animales y los insectos son extremadamente diversos. El propósito de la biodinámica es minimizar el uso de insumos externos mediante la creación de la calidad y fertilidad del suelo requeridas para la producción de cultivos. Este objetivo se logra mediante la implementación de prácticas como la distribución de estiércol de corral, el compostaje, la cobertura de cultivos o la rotación de cultivos. Sus prácticas se pueden aplicar en campos, jardines, viñedos, y otros usos de la agricultura que manejen diferentes productos.

Agrosilvicultura

Es un sistema sostenible de gestión de la tierra que conecta progresivamente los cultivos agrícolas, los árboles, las plantas forestales y los animales y mejora la producción general. La agrosilvicultura es un sistema multifuncional en el que los árboles o arbustos crecen alrededor o entre cultivos o pastizales. También incluye prácticas de gestión aplicadas que son compatibles con el modelo cultural de la población local. La agrosilvicultura es una herramienta poderosa para los agricultores sensibles a la desertificación en las regiones áridas. Además, la agrosilvicultura se alinea bien con la regulación de la deforestación de la UE, lo que garantiza que la agricultura no contribuya a la deforestación, sino que desempeñe un papel en la conservación de los bosques.

Hidroponía y acuaponía

Los sistemas hidropónicos se centran únicamente en el crecimiento de las plantas, mientras que los acuapónicos intentan lograr un equilibrio saludable entre plantas y peces. La hidroponía cultiva plantas en soluciones nutritivas para proporcionar soporte mecánico. La acuaponía, por su parte, es un método sostenible para el cultivo de peces y vegetales. Es un sistema de cultivo de plantas en agua con el que se han cultivado organismos acuáticos.

Integración de cultivos y ganadería

La agricultura industrial tiende a separar la producción animal de la agrícola. Sin embargo, hay indicios fehacientes de que la integración inteligente de la producción animal y vegetal puede ser la receta perfecta para que las granjas aumenten la eficiencia y la rentabilidad.

Cría natural de animales

Los criadores sostenibles utilizan varias prácticas beneficiosas para el ser humano, los animales, así como para las necesidades ambientales y nutricionales. Los animales criados en pastizales o en un entorno favorito son menos estresantes y están más cerca de su estilo de vida natural. El corazón de la producción animal sostenible son los bosques y los pastizales, donde los animales puedan moverse y pastar libremente. Este enfoque garantiza el bienestar del ganado, reduce el impacto ambiental y produce productos más saludables, como, por ejemplo, el pastoreo de ganado en pastizales rotativos, lo que permite que los suelos se recuperen, haciéndolos más saludables y reduciendo las emisiones de metano (CH_4).

Manejo del suelo y los nutrientes

Un suelo sano es una parte esencial de la AS porque, junto con el agua y los nutrientes, produce plantas sanas que son menos susceptibles a las plagas y enfermedades. Los métodos para proteger la salud del suelo incluyen el uso de cultivos de cobertura, el compostaje, la reducción del cultivo y el mantenimiento de la humedad del suelo a través del mantillo orgánico. Estos métodos también aumentan la capacidad de mantener el agua del suelo.

Labranza de conservación

La intensificación de la agricultura tradicional conduce a la degradación del suelo, la pérdida de materia orgánica, la reducción de los organismos del suelo y la reducción de la actividad biológica del mismo, lo que conduce a una disminución de la producción agrícola. Este método minimiza la alteración del suelo, reduciendo su erosión y reteniendo el agua. Permite que los residuos de los cultivos, los nutrientes del suelo y la materia orgánica permanezcan en el campo. La agricultura sin labranza, un subconjunto de la labranza de conservación deja intactos los residuos de cultivos anteriores, lo que fomenta la descomposición natural y mejora la calidad del suelo. Así, por ejemplo, la siembra directa de semillas de trigo en suelo sin arar mantiene sus capas y organismos naturales.

Cultivo en terrazas

La construcción de terrazas constituye un método eficaz para controlar la erosión de los taludes. Los escalones horizontales de la terraza reducen la velocidad del agua impidiendo que fluya montaña abajo. Las terrazas mueven el agua de forma casi paralela a la pendiente del sitio y la conducen a una zanja de drenaje segura y estable. Al ralentizar el flujo de agua, aumenta el tiempo para que penetre en el suelo.

Cultivos de cobertura

El empleo de cultivos específicos, no destinados a la cosecha, como alfalfa, veza, tréboles y otras plantas, protege el suelo, mejora su salud, aumenta la fertilidad y controla las plagas. Así, la plantación de trébol fuera de temporada previene la erosión del suelo, suprime las malas hierbas y enriquece el suelo con nutrientes esenciales. Cuando el suelo se deja desnudo, se puede cultivar fuera de temporada, lo cual puede ser beneficioso. Los cultivos de cobertura pueden fortalecer y proteger la salud del suelo al complementar los nutrientes del suelo, prevenir la erosión del mismo, prevenir el crecimiento de malezas y reducir la necesidad de tratamientos herbicidas futuros.

Rotación y policultivo

La rotación de cultivos ayuda a eliminar plagas y a controlar malezas, a la vez que genera un suelo saludable. Algunos de los métodos de diversidad de plantas que se pueden utilizar incluyen la rotación de cultivos perennes y los cultivos intermedios complejos. Es muy útil para sembrar cultivos de leguminosas rotativas, porque las leguminosas aumentan el nivel de nitrógeno (N) en el suelo y reducen la necesidad de fertilizantes químicos nitrogenados. Por ejemplo, la rotación maíz/soja es típica en muchas áreas y ayuda en el control de plagas como los gusanos de la raíz del maíz, al tiempo que se beneficia de la capacidad de la soja para fijar N. Al implantar varios cultivos simultáneamente en el mismo espacio (policultivo), se maximiza el uso del suelo, se reducen los problemas de plagas y se promueve un ecosistema equilibrado. Así, por ejemplo, cultivando juntos frijoles, maíz y calabaza, los frijoles fijan N en el suelo, el maíz proporciona una estructura para que los frijoles trepen, y la calabaza actúa como una cubierta del suelo, reduciendo el crecimiento de malezas.

Manejo de nutrientes

La fertilización representa entre el 10% y el 15% del costo de los insumos agrícolas y es esencial para aumentar un 50% la productividad. El momento y el tipo de fertilización son claves para proporcionar los macronutrientes (N, P, K, etc.) y micronutrientes (Fe, Zn, Cu, etc.) que la planta necesita. Datos como el clima y el tiempo, las propiedades del suelo y el tipo de producto son importantes para determinar el momento adecuado de fertilización.

Reducción del uso de combustible

Sin el consumo de combustible, el proceso de producción agrícola moderno es imposible. Los equipos mecanizados para disminuir la mano de obra agrícola suelen utilizar combustibles fósiles. En los países en desarrollo, se utilizan grandes cantidades de combustibles fósiles para la producción agrícola, especialmente para la producción de fertilizantes y el uso de máquinas. Para los productores de hoy en día, el uso directo o indirecto de combustibles fósiles en la agricultura no es económicamente viable. Sin embargo, no solo el uso de energía renovable en lugar de combustibles fósiles, sino también el uso único de equipos y maquinaria agrícola puede reducir las emisiones de combustible agrícola y CO_2.

Riego y gestión eficiente del agua

Si determinamos la cantidad óptima y el tiempo de riego correcto en función de varios parámetros (humedad del suelo, tasa efectiva de sedimentación y evapotranspiración), se puede lograr un riego eficiente. Se puede garantizar un riego eficaz y económico que proteja los escasos recursos hídricos y evite el impacto negativo del exceso de agua en el medio ambiente y la agricultura, la lixiviación, la salinidad y las enfermedades fúngicas. El uso eficiente del agua y las prácticas de almacenamiento garantizan la conservación del agua y su uso óptimo. Además, una perspectiva más amplia de la gestión del agua en la agricultura garantiza que los recursos hídricos se utilicen de manera sostenible tanto para el medio ambiente como para las generaciones futuras. Cuando abordamos la escasez de agua y mejoramos la calidad del agua en los cultivos forrajeros, allanamos el camino para cultivos y ecosistemas más saludables. La implementación de sistemas de riego por goteo, que proporcionen agua directamente a las raíces de las plantas, reduciendo la evaporación y conservando el agua, sería un buen ejemplo.

Aplicación de estiércol

La adición de estiércol animal tiene efectos positivos, como el aumento de la agregación y la estructura del suelo, la penetración y retención del agua e incluso influye en la salud del suelo, porque incrementa la carga microbiana del mismo y aporta nutrientes.

Manejo del paisaje

Las explotaciones agrícolas sostenibles consideran las áreas no cultivadas o menos densas (como zonas de amortiguamiento ribereñas o pastizales) como una parte integral de la granja, porque controlan la erosión, evitan la disminución de los nutrientes y apoyan a los polinizadores y la biodiversidad y, por lo tanto, deben ser valoradas.

Agrobiodiversidad

Hay que destacar la importancia de la variedad genética en plantas y animales para garantizar la resiliencia contra enfermedades, plagas y cambio climático, como, por ejemplo, el cultivo de distintas variedades de arroz para protegerse contra posibles enfermedades que podrían acabar con una sola cepa.

Reciclaje de residuos y compostaje

Al convertir los desechos orgánicos en un valioso abono, este proceso enriquece el suelo, reduce la necesidad de fertilizantes químicos y minimiza los desechos (restos de vegetales, hojas caídas, estiércol, etc.).

Producción ecológica

La producción ecológica se define como un sistema general de gestión agrícola y producción de alimentos que combina las mejores prácticas en materia de medio ambiente y clima, un elevado nivel de biodiversidad, la conservación de los recursos naturales y la aplicación de normas exigentes sobre bienestar animal y sobre producción que responden a la demanda, expresada por un creciente número de consumidores, de productos obtenidos a partir de sustancias y procesos naturales. Para ello resulta fundamental adaptar los principios específicos aplicables a las actividades agrarias y a la acuicultura incluidos en el Artículo 6 del Reglamento (UE) 2018/848 sobre producción ecológica y etiquetado de los productos ecológicos.

Control integrado de plagas

Se refiere al empleo de todos los métodos de protección vegetal disponibles y posterior integración de medidas adecuadas para evitar el desarrollo de poblaciones de organismos nocivos y mantener el uso de productos fitosanitarios y otras formas de intervención en niveles que estén económica y ecológicamente justificados y que reduzcan o minimicen los riesgos para la salud humana y el medio ambiente de acuerdo con lo establecido en la Directiva 2009/128/CE del Parlamento Europeo y del Consejo de 21 de octubre de 2009, por la que se establece el marco de la actuación comunitaria para conseguir un uso sostenible de los plaguicidas. A modo de ejemplo, en la Figura 1.7 se esquematiza la conjunción de diversos métodos para el control integrado de plagas en la vid.

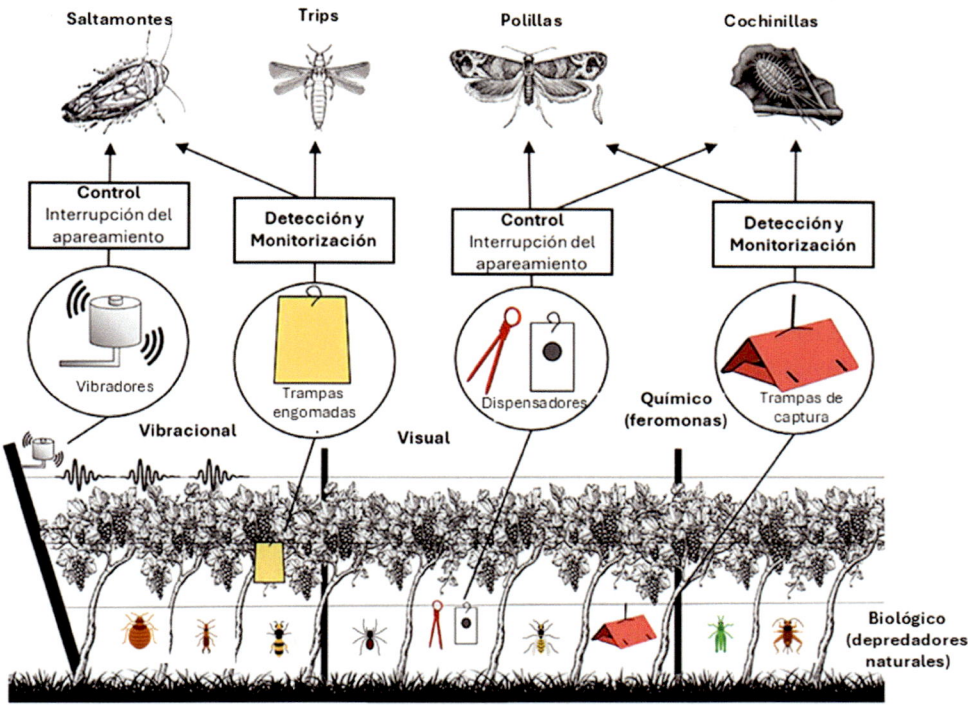

Figura 1.7. Esquema de un sistema de control integrado de plagas en el cultivo de la vid.

Agricultura de precisión

Para reducir el impacto ambiental y financiero de los métodos agrícolas actuales, la tecnología agrícola debe reorientarse hacia un sistema de gestión sostenible. Entre las tecnologías alternativas se encuentra la agricultura de precisión (AP), que consiste en la aplicación de técnicas geoespaciales (GPS) y sensores específicos para identificar variaciones de las condiciones de los cultivos, el suelo y el clima. La AP aporta múltiples datos para influir en las decisiones relacionadas con la producción agrícola, la comercialización, la economía y el personal. Los agricultores se ven obligados a buscar nuevas soluciones debido a la escasez de mano de obra, una legislación más estricta y una

población en continuo aumento. Tecnologías como el internet de las cosas (*Internet of the Things*, IoT), Big Data (BD), la inteligencia artificial (*Artificial Intelligence*, AI) y el aprendizaje automático (*Machine Learning*, ML) se están introduciendo progresivamente en todos los sectores económicos. Así, se están realizando grandes esfuerzos para mejorar la calidad y la cantidad de los productos agrícolas haciéndolos "conectados" e "inteligentes" a través de la agricultura inteligente (*Smart Farming*, SF) (Holzinger *et al.*, 2023; Javaid *et al.*, 2023).

La AI tiene como objetivo replicar la inteligencia humana en robots que se asemejen en conocimiento y comportamiento a los humanos, incluyendo el aprendizaje y la resolución de problemas. La AI puede ayudar a los agricultores a aumentar los rendimientos de sus cosechas, ayudándoles a elegir los tipos de cultivos adecuados, a adoptar prácticas mejoradas de gestión del suelo y los nutrientes, a controlar plagas y enfermedades, a calcular la producción de cultivos y a pronosticar los precios de los productos básicos. Las tecnologías de AI pueden ayudar a los agricultores en el monitoreo en tiempo real de diversos parámetros, como la temperatura o humedad, el uso del agua o las condiciones del suelo, para tomar así mejores decisiones y proporcionarles altos rendimientos. Los análisis predictivos y la mejora de los sistemas de gestión agrícola garantizan la calidad de los cultivos. Las empresas pueden utilizar tecnologías de BD, AI y ML para anticipar los precios, calcular la producción y el rendimiento de un cultivo, estimar el consumo de fertilizantes o identificar infestaciones de plagas y enfermedades. Pueden asesorar a los agricultores sobre los niveles de demanda, las variedades de cultivos que se deben plantar para obtener el mejor beneficio, el uso de plaguicidas y fertilizantes y los futuros patrones de precios. Las tecnologías de AI también pueden ayudar a las empresas de nutrición vegetal a desarrollar nuevos productos, identificar compuestos bioactivos y descubrir y certificar el origen de los productos nutricionales. Otra aplicación innovadora podría ser el uso de la IA para identificar posibles nuevas materias primas o cepas microbianas a partir de las ya conocidas. La AI será, en los próximos años, un potente instrumento que puede ayudar a las organizaciones agrarias a hacer frente a la creciente complejidad de la agricultura contemporánea, ya que reduce drásticamente la escasez de recursos y mano de obra.

En general, se sabe que la calidad de los datos a los que puede acceder la AI determina su eficacia en la resolución de problemas agrícolas. La AI se considera una tecnología prometedora que podría ofrecer soluciones agrarias revolucionarias. Utilizando información de software de AP, sensores de suelo, drones o incluso fotografías de teléfonos inteligentes, los sistemas de AI pueden monitorear continuamente los niveles de nutrientes en el suelo y compararlos con los que históricamente han producido los mayores rendimientos en el cultivo específico. La AI puede utilizar conjuntos de datos para examinar las implicaciones medioambientales de la aplicación de diversas dosis y tipos de fertilizantes con el fin de encontrar la dosis que tenga el menor efecto perjudicial y, al mismo tiempo, maximice la producción, lo que contribuirá a que la agricultura se vuelva respetuosa con el medio ambiente. Las explotaciones agrícolas generan diariamente miles de datos sobre temperatura, suelo, agua, clima y otros factores. Los modelos de AI y ML utilizan estos datos en tiempo real para recopilar información detallada y poder decidir cuándo plantar, qué cultivos elegir, qué semillas híbridas seleccionar para obtener mayores rendimientos, etc. Los sistemas de AI ayudan a la AP a mejorar la precisión y la calidad de la cosecha. Además, la AI ayuda a la identificación temprana de plagas, enfermedades y carencias nutricionales. La Figura 1.8 muestra el proceso de integración de la AI en la AP.

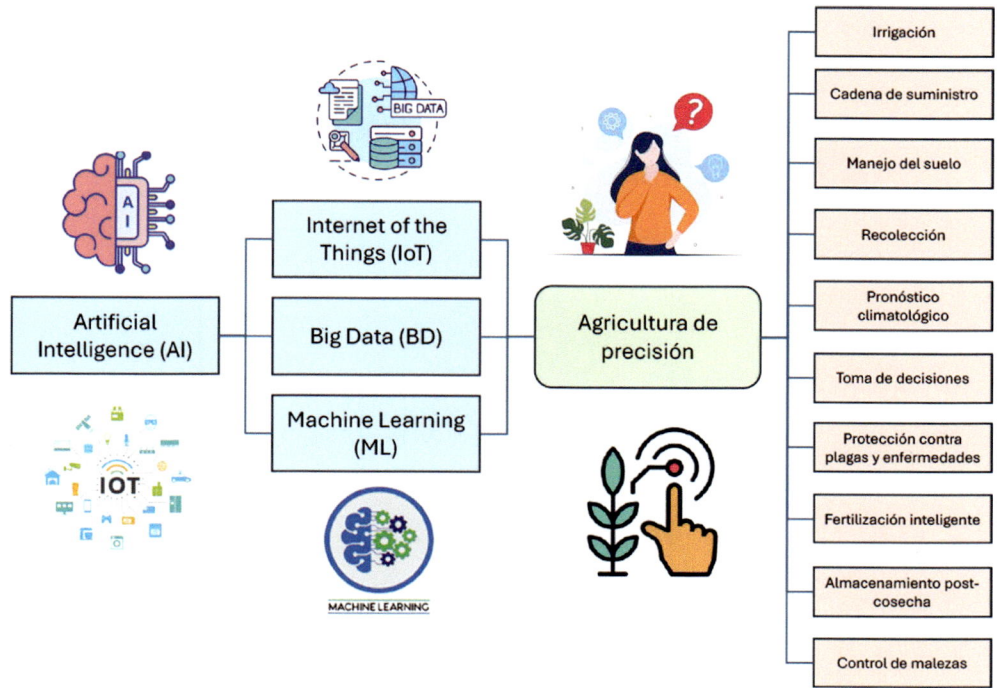

Figura 1.8. Integración de la inteligencia artificial en la agricultura de precisión.

Bioagroquímicos

La naturaleza sostenible de los productos de origen biológico (*bio-based products*) los ha hecho cada vez más populares en aplicaciones comerciales e industriales. Los productos de origen biológico no solo son respetuosos con el medio ambiente, sino que también ofrecen beneficios económicos, promueven la sostenibilidad y crean oportunidades para las empresas y los consumidores. Como resultado, se han convertido en una opción atractiva en el mercado de agroquímicos (Birthal, 2003; Priya *et al.*, 2023).

Determinadas sustancias, mezclas y microorganismos, denominadas bioestimulantes de las plantas, no constituyen aportes de nutrientes propiamente dichos, pero sí estimulan los procesos naturales de nutrición. Un bioestimulante (microbiano o no microbiano) es un producto que estimula los procesos de nutrición de las plantas independientemente del contenido de nutrientes del producto, con el único objetivo de mejorar una o varias de las siguientes características de la planta o de su rizosfera: i) eficiencia en el uso de nutrientes, ii) tolerancia al estrés abiótico, iii) características de calidad y iv) disponibilidad de nutrientes inmovilizados en el suelo o la rizosfera, de acuerdo con lo establecido en el Reglamento (UE) 2019/1009 por el que se establecen disposiciones relativas a la puesta a disposición en el mercado de los productos fertilizantes UE. En la Figura 1.9 se esquematizan los principales tipos de bioestimulantes.

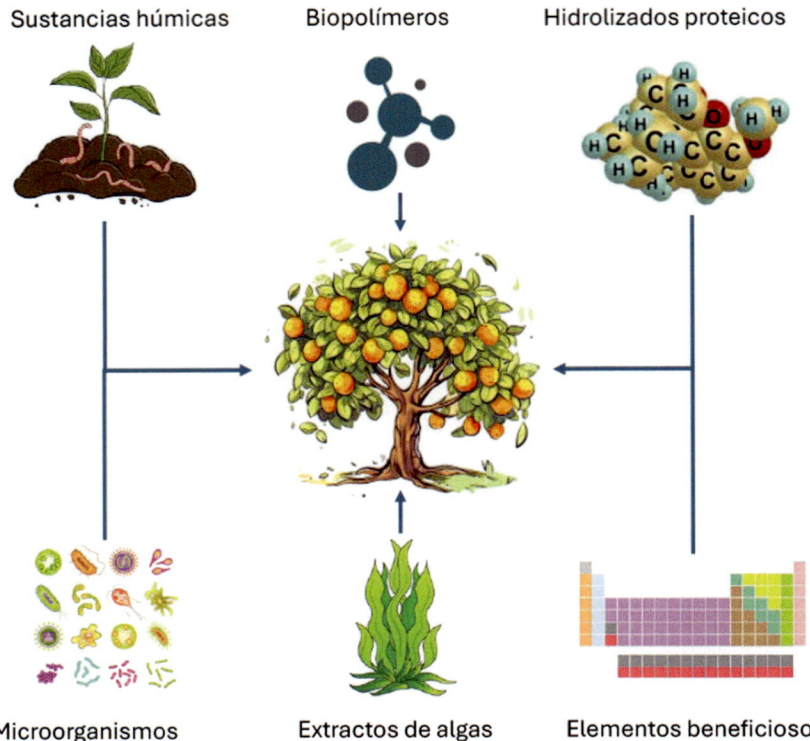

Figura 1.9. Principales tipos de bioestimulantes agrícolas.

Por otra parte, los bioplaguicidas son compuestos derivados de animales, plantas, microorganismos y/o minerales, los cuales son muy específicos contra las plagas objetivo y generalmente tienen un riesgo mínimo para las personas, animales y el medio ambiente (Gwynn, 2014; Lewis *et al.*, 2016). Los bioplagui-cidas se dividen, en general, en dos grandes grupos: i) agentes microbianos (bacterias, hongos, virus y protozoos) y ii) agentes bioquímicos (atrayentes, hormonas, reguladores del crecimiento de plantas e insectos, enzimas y semioquí-micos, muy importantes en la relación planta-insecto) (Figura 1.10).

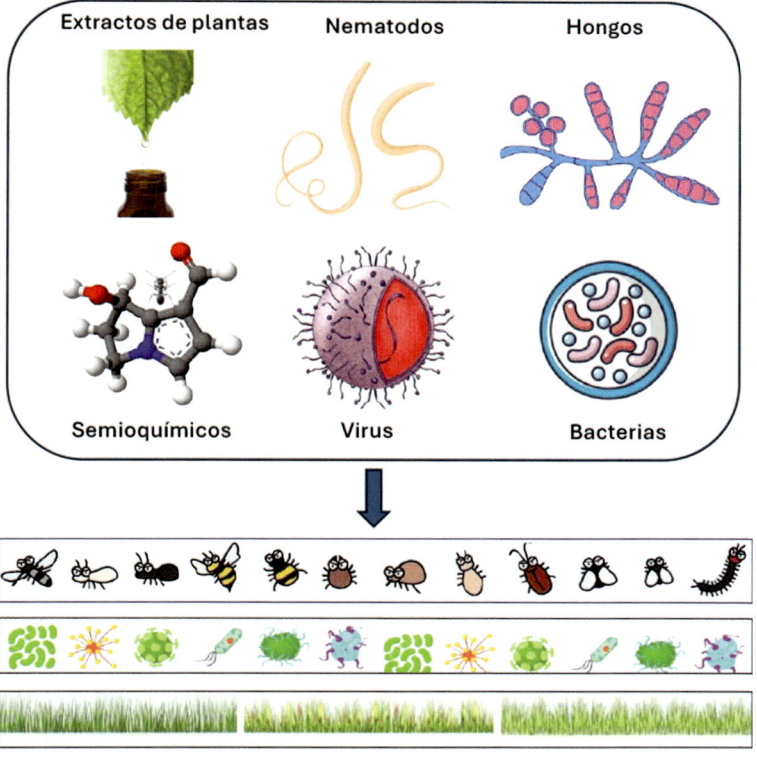

Figura 1.10. Naturaleza de los plaguicidas de origen biológico para el control de plagas agrícolas, enfermedades y malas hierbas.

1.4. Referencias

Birthal, P.S. 2003. *Economic Potential of Biological Substitutes for Agrochemicals.* National Centre for Agricultural Economics and Policy Research (ICAR) Nueva Delhi, India.

Cárceles-Rodríguez, B., Durán-Zuazo, V.H., Soriano-Rodríguez, M., García-Tejero, I.F., Gálvez Ruiz, B., Cuadros-Tavira, S. 2022. Conservation agriculture as a sustainable system for soil health: A review. *Soil Systems,* 6, 87.

CE. 2024. Prácticas y métodos agrícolas sostenibles. Comisión Europea. https://agriculture.ec.europa.eu/sustainability/environmental-sustainability/sustainable-agricultural-practices-and-methods_es.

Doran, J.W., Zeiss, M.R. 2000. Soil health and sustainability: Managing the biotic component of soil quality. *Applied Soil Ecology,* 15, 3-11.

FAO. 2018. Transformar la alimentación y la agricultura para alcanzar los ODS. Roma. https://www.fao.org/3/i9900es/I9900es.pdf.

Gwynn, R. 2014. *Manual of biocontrol agents.* 5ª ed. British Crop Protection Council. Hampshire, GB.

Hertog, S., Gerland, P., Wilmoth, J. 2024. UN DESA. Population Division. https://www.un.org/development/desa/dpad/publication/un-desa-policy-brief-no-153-india-overtakes-china-as-the-worlds-most-populous-country/.

Holzinger, A., Keiblinger, K., Holub, P., Zatloukal, K., Müller, H. 2023. AI for life: Trends in artificial intelligence for biotechnology. *New Biotechnology*, 74, 16-24.

Javaid, M., Haleem, A., Khan, I.H., Suman, R. 2023. Understanding the potential applications of Artificial Intelligence in Agriculture Sector. *Advanced Agrochemistry*, 2, 15-30.

Lewis, K.A., Tzilivakis, J., Warner, D.J., Green, A. 2016. An international database for pesticide risk assessments and management. *Human and Ecological Risk Assessment: An International Journal*, 22, 1050-1064.

Nadeu, E., Midler, E., Pagnon, J. 2023. Assessment of the Spanish CAP Strategic Plan: environmental and climate contributions, Policy report, Institute for European Environmental Policy. https://ieep.eu/wp-content/uploads/2023/02/Environment-and-climate-assessment-of-Spains-CAP-Strategic-Plan_IEEP-2023.pdf.

Pooniyan, S., Yadav, R., Gora, R. 2023. Sustainable agricultural practices. En *Recent Innovative Approaches in Agricultural Science*. Vol. I. Bhumi Publishing, India.

Priya, A.K., Alagumalai, A., Balaji, D., Song, H. 2023. Bio-based agricultural products: a sustainable alternative to agrochemicals for promoting a circular economy. *RSC Sustainability*, 1, 746-762.

Tahat, M.M., Alananbeh, K.A., Othman, Y., Leskovar, D.I. 2020. Soil health and sustainable agriculture. *Sustainability*, 12, 4859.

UN. 2024. United Nations News. Global perspective human stories. https://news.un.org/en/.

UNEP. 2016. United Nations Environment Program. Food Systems and Natural Resources. A Report of the Working Group on Food Systems of the International Resource Panel. Nairobi, Kenya. https://www.resourcepanel.org/file/395/download?token=JqcqyisH.

Vasey, D.E. 2002. *An Ecological History of Agriculture 10.000 BC-AD 10.000*. Purdue University Press, West Lafayette, IN, EE UU.

2 Bioestimulantes

2.1. Introducción

En el contexto de la AS, la adecuada nutrición de las plantas y el mantenimiento de la salud del suelo constituyen dos pilares fundamentales para la producción de cultivos y alimentos saludables en cantidad y calidad. Desde el punto de vista de la planta, la nutrición vegetal es el prerrequisito requerido para la producción de cultivos. Los nutrientes vegetales son la clave de la AS. Los suelos constituyen la reserva natural de nutrientes vegetales y solo una pequeña cantidad es liberada cada año mediante procesos biológicos o químicos. Esta liberación es insuficiente para compensar la pérdida de nutrientes provocada por la producción agrícola y mantener los requerimientos nutritivos de los cultivos. Aparte del C, O e H extraídos del aire y del agua, los 14 elementos esenciales restantes para las plantas (macronutrientes: N, P, K, S, Ca y Mg y micronutrientes: Fe, Zn, Cu, Mo, Mn, B, Cl y Ni) son extraídos del suelo y se requieren en cantidades adecuadas para alcanzar un rendimiento máximo en la producción vegetal (Navarro y Navarro, 2013). Todos ellos, son considerados elementos esenciales debido a que cumplen los criterios de esencialidad (Salisbury y Ross, 1992): i) la ausencia o deficiencia del elemento en cuestión impide a la planta completar su ciclo vital, ii) la función del elemento en la planta no puede ser reemplazada por otro elemento, es decir, debe ser específica, iii) el elemento debe ejercer su efecto directamente sobre el crecimiento o metabolismo de la planta. En el Anexo 4.2.1 se resumen sus funciones en la planta y los principales síntomas de deficiencia.

Las actuales estrategias de fertilización dependen principalmente de productos inorgánicos de síntesis química (Navarro y Navarro, 2023). Los beneficios de una aplicación sensata de estos insumos químicos son innegables, no solo para el desarrollo de las plantas, producción de cultivos y eficiencia, sino también para la economía de los agricultores. A pesar de las ventajas y beneficios de la utilización de fertilizantes, el empleo masivo y a veces irracional de estos insumos agrícolas, debido a una agricultura intensiva, ha causado una seria amenaza para la salud humana y ambiental, además de que son, en la mayoría de los casos, recursos finitos

(Savci, 2012; Finez y Talimbay, 2023; Husseim, 2023). Entre los principales problemas causados por los fertilizantes químicos podemos citar los siguientes:

- *Problemas sobre la salud.* Un mal uso puede incurrir en cánceres y otras consecuencias neurológicas, inmunológicas y reproductivas.

- *Pérdida de fertilidad de los suelos.* Los excesivos niveles de nutrientes de algunos fertilizantes químicos saturan el suelo, anulando la efectividad de otros nutrientes fundamentales. La aplicación continua de la fertilización química implica una pérdida de la calidad y fertilidad del suelo, provocando la acumulación de metales pesados en los tejidos vegetales y afectando al valor nutricional del fruto. El uso prolongado de fertilizantes minerales agota los nutrientes del suelo y hacen que los cultivos sean más vulnerables a las enfermedades. Además, junto con plaguicidas y otros biocidas, tienen un impacto negativo en la microflora que se encuentra en la rizosfera o área aplicada, incluyendo hongos, bacterias y protozoos, lo que provoca un desequilibrio en el entorno natural.

- *Acidificación del suelo.* Los suelos también pueden resultar estériles por el aumento de acidez que provocan los fertilizantes químicos, utilizados en exceso, ya que muchos de ellos incorporan ácido sulfúrico (H_2SO_4) y clorhídrico (HCl).

- *Incremento peligroso de microorganismos.* Un exceso de N, por el uso masivo de fertilizantes químicos ricos en este nutriente, puede incrementar el número de microorganismos, lo que puede ser contraproducente para las plantas. En el caso de que su población sea excesiva, pueden consumir toda la materia orgánica y nutrientes del suelo, lo que a su vez afecta a las propiedades biológicas y físicas del suelo.

- *Contaminación de aguas.* Un mal uso o un uso excesivo y prolongado de fertilizantes químicos ricos en N, P y K contaminan el suelo, el aire y el agua, directa o indirectamente. Como se ha indicado, las plantas únicamente pueden absorber una cantidad limitada de nutrientes, por lo que, si aplicamos demasiados nutrientes sintéticos, el fertilizante se filtrará por el suelo, llegando a acuíferos, arroyos, ríos, mares y lagos pudiendo contaminar los suministros de agua potable. El uso excesivo de fertilizantes sintéticos también se ha relacionado con la eutrofización de los suministros de agua, el efecto invernadero y acumulación tóxica de metales pesados como As, Cd, y Pb.

- *Excesivo desarrollo vegetal.* Dada la alta efectividad de los fertilizantes químicos, en ocasiones, estos pueden provocar que las plantas adquieran demasiado tamaño para su salud. Las extremidades más largas y gruesas pueden dañar el follaje. Asimismo, un notable incremento de peso ejercería una presión indeseada sobre las raíces de los cultivos.

- *Necrosis por exceso de sal*es. Los fertilizantes químicos pueden causar quemaduras por efecto de la salinidad en ciertas partes de la planta, deshidratando sus tejidos y secándolos.

Las consecuencias nocivas de sobrecargar el suelo con agroquímicos sintéticos han obligado a los investigadores a buscar alternativas que sean igual de efectivas pero que no amenacen los hábitats terrestres. La utilización de abonos biológicos ayuda al mantenimiento del rendimiento de los cultivos y juega un papel esencial, directo e indirecto, en la accesibilidad a los nutrientes en el suelo, potenciando el comportamiento físico, químico y biológico del suelo, así como aumentando la efectividad de los fertilizantes aplicados (Mercy *et al.*, 2014). Por ello, la agricultura orgánica es una alternativa interesante a la agricultura tradicional, ya que incorpora métodos agronómicos ambientalmente sostenibles que, en teoría, permite el procesamiento de alimentos libres de contaminación, garantizando al mismo tiempo la calidad del suelo y la biodiversidad. Esta fertilización biológica está basada en el suministro de fertilizantes de naturaleza orgánica incluyendo residuos orgánicos, aguas residuales domésticas, abonos animales y microorganismos, como hongos y bacterias. El problema es que este tipo de fertilización, basada en el suministro exclusivo de este tipo de insumos, por sí sola, en la mayoría de las ocasiones, no aporta los nutrientes suficientes para lograr el nivel de producción deseado. Por ello, los fertilizantes minerales tienen que ser aplicados adicionalmente, ya que aportan la mayor parte de los nutrientes que la planta precisa. Así, la FAO propuso el Sistema Integrado de Nutrición de las Plantas (SINP) cuyo principal objetivo es optimizar la producción agrícola mientras se protege y mejora la salud del suelo, garantizando su sostenibilidad a largo plazo, por medio del uso combinado y equilibrado de fuentes de nutrientes orgánicas (compost, estiércol, residuos vegetales) e inorgánicas (fertilizantes químicos) de manera complementaria. Esta iniciativa buscaba mantener la biodiversidad y la actividad biológica del suelo, esenciales para su fertilidad. Reconoce que las condiciones agrícolas varían significativamente según la región, por lo que fomenta soluciones específicas para cada zona, basadas en el análisis del suelo y las condiciones climáticas, minimizando el impacto ambiental al reducir las pérdidas de nutrientes por lixiviación, volatilización o erosión y disminuyendo las emisiones de gases de efecto invernadero asociadas con el uso de fertilizantes químicos (FAO, 1998).

Actualmente, en este sentido, las políticas comunitarias, como ya hemos comentado, están apostando por llevar a cabo diversas estrategias y compromisos que contribuyan a conseguir estos objetivos. Entre ellas, cabe destacar las siguientes:

- Reducción de los gases de efecto invernadero (*The Call For Reducing Greenhouse Gas Emision*). La agricultura es responsable el 20% de las emisiones.

- Promoción de la economía circular (*A New Circular Economy Acción Plant*), con la reutilización de residuos.
- Compromiso de contaminación cero (*Zero-Pollution Ambition*) adquirido en el Pacto Verde europeo (*Green Deal*).
- Estrategia de sostenibilidad para las sustancias químicas (*Chemicals Strategy for Sustainability*).
- Consecución del objetivo "De la granja a la mesa" (*The Farm to Fork, F2F*). Incluye la reducción del uso de fertilizantes tradicionales en al menos un 20% para 2030, la reducción de las pérdidas de nutrientes de al menos un 50% sin alterar la fertilidad del suelo y la reducción del uso de plaguicidas en al menos un 50% para 2030.

En los últimos años se han propuesto innovaciones técnicas y tecnológicas con el fin de alcanzar una reducción significativa de los agroquímicos sintéticos y mejorar la sostenibilidad de la producción. Una solución prometedora y una herramienta muy valiosa actualmente es el uso de una categoría singular de productos que mejoran los procesos naturales de nutrición vegetal y aumentan la tolerancia a estreses ambientales, lo que favorece una mejor salud de las plantas y provoca un incremento en el crecimiento, la calidad y el rendimiento general de los cultivos (Yakhin *et al.*, 2017; Bhupenchandra *et al.*, 2020; Geelen y Xu, 2020; Rouphael y Colla, 2020ab; Tarafdar, 2022; Hasanuzzaman *et al.*, 2022; Zulfigar *et al.*, 2024). Este tipo de sustancias se denominan "bioestimulantes de las plantas" o simplemente "bioestimulantes".

2.2. Origen y concepto

El desarrollo de la ciencia de los bioestimulantes (BE) comienza, según Yakhin *et al.* (2017) en 1933, en la URSS, con la teoría del estimulante biogénico, atribuida al profesor Filatov, el cual propuso que los materiales biológicos derivados de diversos organismos, incluidas las plantas, que habían estado expuestos a factores estresantes podían afectar a los procesos metabólicos y energéticos de los seres humanos, los animales y las plantas. En años posteriores (1945-1956), Blagoveshchensky desarrolló aún más estas ideas, pero centrándose específicamente a su aplicación en las plantas, considerando los estimulantes biogénicos como:

> ácidos orgánicos con efectos estimulantes, debido a sus propiedades dibásicas que pueden mejorar la actividad enzimática en las plantas.

Según Patrick du Jardin, profesor de Biología Vegetal, director del Laboratorio de Biología de Plantas en el Gembloux Agro-Bio Tech de la Universidad de Lieja (Bélgica) y uno de los mayores expertos mundiales en bioestimulación, el concepto de BE surgió cuando se hizo evidente que algunas sustancias, aplicadas en dosis bajas a las plantas, eran capaces de estimular su crecimiento, y esto no se podía explicar ni por su contenido en nutrientes ni por su acción en la protección de la planta contra plagas y patógenos (du Jardin,

2020). En esta publicación, el profesor du Jardin indica que los primeros trabajos de investigación se sitúan en el periodo comprendido entre 1980 y 1990, en la Escuela de Estudios Forestales y Medioambientales de la Universidad de Yale, donde el profesor Berlyn y su equipo estudiaron la respuesta de una mezcla formulada con extractos de algas marinas, ácidos húmicos y vitaminas (sustancias bioactivas), patentada con el nombre de Roots™, cuando se aplicaba sobre especies leñosas y herbáceas. Los resultados de esa investigación se publicaron con el título "The use of organic biostimulants to help low input sustainable agriculture", en la revista *Journal of Sustainable Agriculture* (1991), donde aparece por primera vez el término "bioestimulante" en un artículo científico. En ese artículo se informaba de que la mezcla innovadora de esos ingredientes bioactivos producía determinados efectos sinérgicos sobre la planta provocando una mejora real en términos de producción agrícola, observables en el crecimiento de raíces y brotes, en la resistencia a la sequía y en la eficiencia en el uso de N. En un artículo posterior, Russo y Berlyn (1992) definen por primera vez los BE como "productos no nutricionales que pueden reducir el uso de fertilizantes y aumentar el rendimiento y la resistencia al estrés hídrico y al provocado por la temperatura", donde también se afirma que "estimulan el crecimiento de las plantas en cantidades relativamente pequeñas".

Según du Jardin, solo un año después, en otro artículo, Kinnersley (1993) cataloga los BE como una categoría de fitoquelatos, compuestos orgánicos y sustancias que promueven el creci-

miento de las plantas mediante la quelación de micro y macronutrientes. Este autor propuso que los grupos carboxílicos (-COOH) de los ácidos húmicos son los responsables de su actividad quelante.

En el citado artículo de revisión, Yakhin y sus colaboradores indican que fue Herve (1994) el que ofreció la primera aproximación sobre el enfoque conceptual real de los BE. Herve sugiere que el desarrollo de nuevos "productos biorracionales" debería basarse en un enfoque sistémico fundamentado en la síntesis química, la bioquímica y la biotecnología, aplicado a las limitaciones fisiológicas, agrícolas y ecológicas reales de las plantas. Sugiere que estos productos sean activos a dosis bajas, ecológicamente benignos y tengan beneficios reproducibles en el cultivo de plantas cultivadas.

Un poco después (1997), según du Jardin, otro equipo liderado por el profesor Schmidt, de la Universidad Estatal de Virginia, realizó estudios similares a los del profesor Berlyn sobre las respuestas de crecimiento y estrés en césped tratado con BE a base de extractos de algas y ácidos húmicos. Aunque estos autores (Zhang y Schmidt), en sus artículos científicos prefirieron utilizar expresiones como "potenciadores metabólicos" y "productos que contienen hormonas", sí definieron el término BE en una famosa revista dedicada a los profesionales del mantenimiento del césped (*Grounds Maintenance*, 1997) como "materiales que, en cantidades ínfimas, promueven el crecimiento de las plantas".

Al enfatizar el concepto de "cantidades ínfimas" en la definición, los autores pretendían distinguirlos de los nutrientes y de las enmiendas del suelo, que también promueven el crecimiento de las plantas, pero se aplican en mayores cantidades. Por lo tanto, viéndolo bajo el prisma actual, fueron los primeros en divulgar el término BE. Unos años más tarde, también, según la revisión de du Jardin (2015), Kauffman y sus colaboradores definen los BE como: "materiales, distintos de los fertilizantes, que promueven el crecimiento de las plantas cuando se aplican en bajas cantidades".

Merece la pena mencionar la adición de las palabras "distintos de los fertilizantes", que coincide con la descripción de Zhang y Schmidt, pero que no se incluyó explícitamente en su definición original. Kauffman *et al.* (2007) proponen también una de las primeras clasificaciones, donde afirma que estos productos están disponibles en una gran variedad de formulaciones y con distintos ingredientes, pero generalmente se clasifican en tres grupos principales en función de su origen y composición; i) sustancias húmicas, ii) productos que contienen hormonas (extractos de algas) y iii) los que incluyen aminoácidos.

Según Yakhin, Basak inició la discusión sistemática sobre el concepto y creó las condiciones conceptuales para la fundación de la ciencia actual de los BE, mientras que du Jardin (2012, 2015) proporciona el primer análisis en profundidad sobre la ciencia de los BE de las plantas, haciendo hincapié en la sistematización y categorización de los mismos a partir de su función bioquímica y fisiológica, así como de su origen y modo de acción.

En la siguiente década (2008-2018), el término BE junto con otros términos: BE de las plantas, BE orgánicos, BE agrícolas, bioestimuladores, agentes bio-estimulantes, fitoestimuladores, biofertilizantes, etc. fue utilizado con gran frecuencia en la literatura científica, ampliando el rango de sustancias y modos de acción, y se usó para identificar cualquier sustancia beneficiosa para las plantas distinta a un fertilizante, enmendante o plaguicida. Para más información, el lector puede acceder a la exhaustiva revisión llevada a cabo por Yakhin anteriormente comentada (Yakhin *et al.*, 2017)

Pero, a pesar de la adopción del concepto como tal, el término era aún un objeto de estudio, tanto de profesionales como de científicos, debido a la necesidad de una definición común, ampliamente aceptada, y de una regulación que permitiese la comercialización de este tipo de productos. Es decir, era necesario aclarar su tipología, al ser un grupo de agroquímicos distintos a los fertilizantes y a los plaguicidas. En este sentido, debemos destacar un momento clave: en 2012, la CE encarga al profesor du Jardin un estudio *ad hoc* sobre BE vegetales con el objetivo de evaluar la solidez científica de este concepto, identificar las sustancias y materiales cubiertos por este término en la bibliografía científica, proponer una definición basada en los modos de acción descritos por la literatura científica y, sobre esta base, extraer conclusiones sobre el posible estatus futuro de los BE en la legislación europea. Este estudio fue publicado con el título: "The science of plant biostimulants-A bibliographic analysis. Final report" (du Jardin, 2012). Basándose en la literatura científica (250 artículos), du Jardin propuso la siguiente definición:

> Los BE vegetales son sustancias y materiales, con excepción de los nutrientes y plaguicidas, que, cuando se aplican a plantas, semillas o sustratos de cultivo en formulaciones específicas, tienen la capacidad de modificar los procesos fisiológicos de las plantas de forma que proporcionan beneficios potenciales para el crecimiento, desarrollo y/o respuestas al estrés.

Además, du Jardin llegó a la conclusión de que los BE eran materiales muy heterogéneos y propuso una nueva clasificación, incluyendo ocho categorías de sustancias que actúan como BE: i) sustancias húmicas, ii) materiales orgánicos complejos (obtenidos a partir de residuos agroindustriales y urbanos, extractos de lodos de depuradora, compost y estiércol), iii) elementos químicos beneficiosos (Al, Co, Na, Se y Si), iv) sales inorgánicas como el fosfito, v) extractos de algas marinas (macroalgas pardas, rojas y verdes), vi) quitina y derivados del quitosano, vii) antitranspirantes (caolín y poliacrilamida) y viii) aminoácidos libres y sustancias que contienen N (péptidos, poliaminas y betaínas). En esta clasificación todavía no se incluía ningún BE de origen microbiano.

La industria también ha sido y sigue siendo un actor clave en la definición y promoción del concepto de BE, creando asociaciones como el Consejo Europeo de la Industria de BE (*European Biostimulants Industry Council*, EBIC) cuyo objetivo principal es la promoción de la industria de BE agrícolas

y el papel de estos para lograr una agricultura más sostenible. En 2011, el EBIC propone una primera definición de BE agrícolas:

> Incluyen diversas formulaciones de compuestos, sustancias y otros productos que se aplican a las plantas o al suelo para regular y mejorar los procesos fisiológicos de los cultivos, haciéndolos así más eficientes. Los BE actúan sobre la fisiología de las plantas a través de vías diferentes a las de los nutrientes para mejorar el vigor, el rendimiento, la calidad y la conservación de la vida después de la cosecha.

Y, solo un año más tarde (2012), una segunda definición de BE de las plantas:

> Materiales que contienen sustancias y/o microorganismos cuya función, cuando se aplican a las plantas o a la rizosfera, es estimular los procesos naturales para mejorar o beneficiar la absorción de nutrientes, la eficiencia de los nutrientes, la tolerancia al estrés abiótico y la calidad de los cultivos. Los BE no tienen una acción directa contra las plagas, por lo que no entran en el marco reglamentario de los plaguicidas.

Posteriormente, el propio du Jardin (2015), en el marco de un número especial sobre "BE en horticultura", dirigido por Colla y Rouphael, y titulado "Plant biostimulants: Definition, concept, main categories and regulation", propuso una nueva definición, respaldada por pruebas científicas sobre el modo de acción, la naturaleza y los tipos de efectos de los BE en los cultivos agrícolas y hortícolas y que pronto sería referencia en cuanto al concepto en el sector de la nutrición agrícola:

Cualquier sustancia o microorganismo aplicado a las plantas con el objetivo de mejorar la eficiencia nutricional, la tolerancia al estrés abiótico y/o los rasgos de calidad de los cultivos, independientemente de su contenido en nutrientes.

Esta definición podría completarse con esta otra:

Por extensión, los BE vegetales designan también los productos comerciales que contienen mezclas de dichas sustancias y/o microorganismos.

En la propia revisión de Yakhin también se propone una definición del término BE, abordando esa definición desde su ambigüedad y su superposición con otros productos agrícolas como fertilizantes y reguladores del crecimiento vegetal (fitohormonas), destacando las dificultades para aislar los mecanismos específicos por los cuales los BE mejoran la productividad de las plantas y enfatizando que la mejora de la productividad no debe atribuirse únicamente a nutrientes conocidos, fitohormonas o compuestos protectores. Así, propone la siguiente definición para un BE abordando esos dos conceptos:

Un producto formulado de origen biológico que mejora la productividad de las plantas como consecuencia de las propiedades novedosas o emergentes del complejo de sus constituyentes, y no como única consecuencia de la presencia de nutrientes esenciales conocidos para las plantas, reguladores

del crecimiento vegetal o compuestos protectores de plantas.

A nivel legislativo, Europa ha sido pionera en poner la primera piedra para construir un marco regulador armonizado y dar soporte a la necesidad de comercialización de este tipo de productos, ya que el 25 de junio de 2019 se publicó en el Diario Oficial de la Unión Europea (DOUE) el primer Reglamento de Productos Fertilizantes (UE) 2019/1009, que incluía la ordenación de los BE vegetales, con entrada en vigor en todos los Estados miembros a partir del 16 de julio de 2022. En este reglamento, se define un BE de las plantas como:

Un producto que estimula los procesos de nutrición de las plantas independientemente del contenido de nutrientes del producto, con el único objetivo de mejorar una o varias de las siguientes características de las plantas y su rizosfera: 1) eficiencia en el uso de nutrientes, 2) tolerancia al estrés abiótico, 3) características de calidad, o 4) disponibilidad de nutrientes inmovilizados en el suelo y la rizosfera.

En la Figura 2.1 se esquematiza la cronología del concepto de BE desde sus inicios hasta su legislación por parte de la UE.

Sin embargo, en los Estados Unidos, todavía no existe una definición única y globalmente aceptada a efectos legales, regulatorios o comerciales de un BE aplicable bajo la Ley Federal de Insecticidas, Fungicidas y Rodenticidas (FIFRA). Pero diferentes organismos, como el Departamento de Agricultura de los Estados Unidos (USDA), la Agencia de Protección Ambiental (EPA)

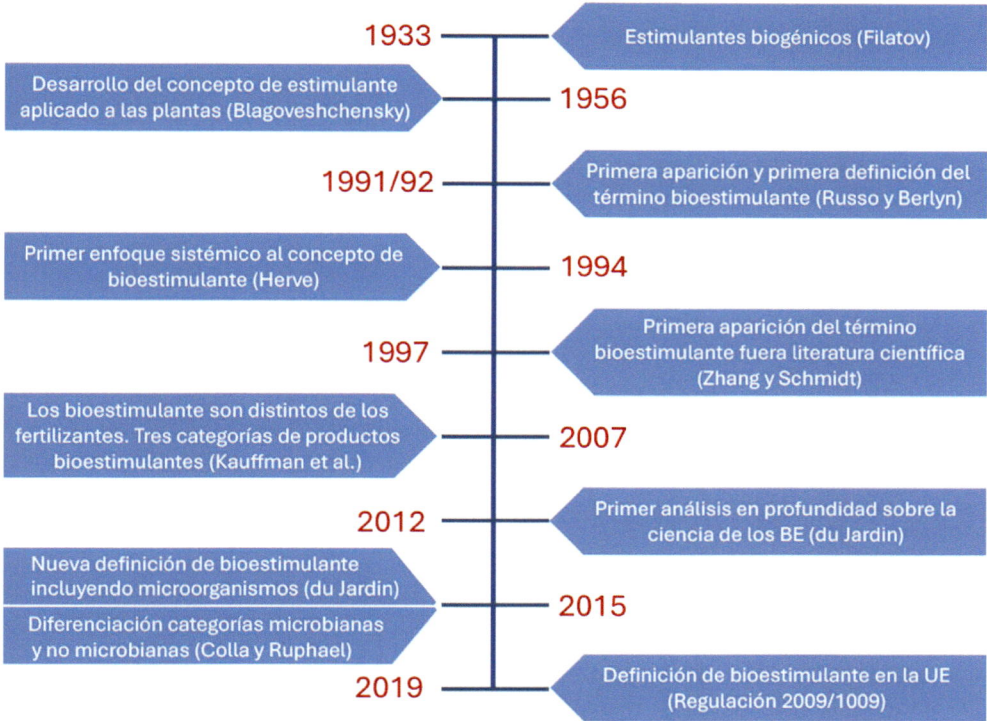

Figura 2.1. Desarrollo cronológico del concepto de BE (1933-2019).

o incluso la Asociación de la Industria de Productos BE (BPIA) han propuesto definiciones para abordar su creciente uso e importancia en la nutrición agrícola y, sobre todo, para ayudar a clarificar el concepto en el contexto regulador. Así, el USDA, de acuerdo con la Ley Agrícola de 2018 (*Farm Bill*, 2018), define los BE vegetales como:

> Una(s) sustancia(s) o microorganismo(s) o mezclas de estos que, cuando se aplica (s) a semillas, plantas o la rizosfera, estimula(n) los procesos naturales para mejorar o beneficiar la absorción y eficiencia de los nutrientes, la tolerancia al estrés abiótico o la calidad y el rendimiento de los cultivos (USDA, 2019).

Este gesto representa un paso muy importante ya que, por primera vez, en EE UU, se define el término BE desde un punto de vista normativo. Además, la propia ley solicitaba presentar un informe sobre el estado regulatorio de los BE. Así, en diciembre de 2019, el USDA presentó un informe, redactado en consulta con la EPA y otros interesados, al Congreso y al presidente de EE UU donde, además de poner de manifiesto el problema regulatorio actual, se ofrecían dos alternativas a la primera definición:

> Una sustancia de origen natural, su equivalente derivado sintéticamente o un microorganismo que se utiliza con el propósito de estimular los procesos

naturales en las plantas o en el suelo con el fin de, entre otras cosas: mejorar la eficiencia del uso de nutrientes y/o agua por parte de las plantas, ayudar a las plantas a tolerar el estrés abiótico o mejorar las características del suelo como medio para el crecimiento de las plantas. Las características pueden ser físicas, químicas y/o biológicas. El BE vegetal puede utilizarse solo o en combinación con otras sustancias o microrganismos para este fin.

Una(s) sustancia(s), microorganismo(s) o mezclas de los mismos que, cuando se aplican a semillas, plantas, la rizosfera, el suelo u otros medios de crecimiento, actúan para favorecer los procesos de nutrición independientemente del contenido en nutrientes del BE. El BE vegetal mejora la disponibilidad de nutrientes, la eficiencia de absorción o uso, la tolerancia al estrés abiótico y el consiguiente crecimiento, desarrollo, calidad o rendimiento.

Podemos observar que la primera definición enfatiza el origen natural o sintético de las sustancias y amplía su uso a la mejora de características del suelo (físicas, químicas o biológicas), además de los efectos directos sobre las plantas. La segunda alternativa se enfoca más en la independencia del contenido nutricional del BE y resalta su papel en la nutrición y tolerancia al estrés, con un lenguaje más técnico sobre las aplicaciones y resultados en las plantas.

También en 2019, la EPA publicó un borrador de directrices para los productos fitorreguladores y sus declaraciones, incluidos los productos BE. El objetivo era proporcionar mayor claridad sobre los requisitos reglamentarios previstos para estos productos a nivel federal o estatal. En este documento se define BE como:

> Sustancia o microorganismo de origen natural que se utiliza, ya sea de por sí sola o en combinación con otras sustancias o microorganismos de origen natural, con el propósito de estimular procesos naturales en las plantas o en el suelo para, entre otras cosas, mejorar la eficiencia en el uso de nutrientes y/o agua por parte de las plantas, ayudar a las plantas a tolerar el estrés abiótico o mejorar las características físicas, químicas y/o biológicas del suelo como medio de crecimiento vegetal (EPA, 2019).

Esta definición refleja el enfoque de la EPA para delimitar los BE y distinguirlos de los reguladores del crecimiento de las plantas (*Plant Growth Regulators*, PGRs), que están sujetos a regulación como plaguicidas bajo la FIFRA.

La Asociación de la Industria de Productos BE (BPIA) describe un BE como:

> Un producto que contiene sustancias, microorganismos o mezclas de ambos, que, al ser aplicado a semillas, plantas, la rizosfera, suelo u otros medios de crecimiento, actúan para apoyar procesos naturales en las plantas, independientemente del contenido de nutrientes del BE, mejorando la disponibilidad, absorción o eficiencia del uso de nutrientes, la tolerancia al estrés abiótico y el desarrollo, calidad o rendimiento de los cultivos (BPIA, 2022).

Actualmente el EBIC considera que los BE vegetales se definen por su función y no por su contenido, ya que la categoría incluye una amplia gama de sustancias. Nos remite a la definición regulada en el Reglamento Europeo que el propio EBIC ayudó a definir y añade que los componentes BE incluyen microorganismos, extractos de plantas y algas, aminoácidos, sustancias húmicas, sales minerales y algunos productos químicos con propiedades BE. A diferencia de los fertilizantes, que aportan directamente nutrientes a las plantas, los BE estimulan los procesos propios de la planta para que esta utilice mejor los nutrientes y el agua (EBIC, 2025).

El EBIC, desde su fundación en 2011, tiene como objetivos: i) crear un verdadero mercado europeo de BE de uso agronómico y asegurar un marco normativo que garantice a los agricultores que los BE comercializados son eficaces, seguros y rentables, ii) favorecer la demanda de BE para los cultivos, iii) definir una clara distinción entre producto fitosanitario y BE y iv) asegurar que las empresas que forman parte de él respeten un código deontológico de conducta en su trabajo y en la forma en que publicitan sus productos. Y en particular, en el ámbito de la definición de BE.

Por tanto, aunando las anteriores definiciones, podríamos concluir que un BE es:

Una sustancia/s y/o un microorganismo/s que, aplicados solos o en mezcla sobre las plantas o el suelo, actúan finalmente en modos diferentes y a través de distintas vías sobre la fisiología de la planta para mejorar principalmente el rendimiento y calidad de la cosecha, mediante el aumento de la disponibilidad o eficiencia de nutrientes, o por el incremento de la tolerancia al estrés abiótico, todo ello sin importar su

contenido nutricional. Estas sustancias pueden derivarse de fuentes naturales o sintetizarse químicamente, y su aplicación se puede hacer de forma foliar, radicular o incluso mediante tratamientos de semillas.

Acabamos de comentar, con algunos de los ejemplos más significativos, de acuerdo con nuestro criterio, cómo la definición de los BE se ha debatido rigurosamente durante las últimas dos décadas. Estas descripciones enfatizan, sobre todo, los beneficios que provocan en los procesos naturales de las plantas sin generar efectos plaguicidas directos y sin que su contenido en nutrientes sea relevante. En la Figura 2.2 se esquematizan las propiedades y características de un BE según el R (UE) 2019/1009. Inicialmente se solían aplicar a cultivos de alto valor, principalmente cultivos de invernadero, bajo producción orgánica y/o ecológica, para aumentar el rendimiento y la calidad del producto de forma sostenible, pero actualmente, su uso es cada vez mayor en la agricultura convencional para responder a las necesidades económicas e imperativos de sostenibilidad. Sin embargo, en todo este tiempo, se echa en falta un marco regulador armonizado y una definición oficial uniforme a nivel mundial que permita una regulación coherente y facilite su desarrollo en aras de contribuir a la deseada AS.

2.3. Clasificación

La ausencia de un marco normativo claro para los BE a nivel internacional, a pesar incluso de los importantes pasos

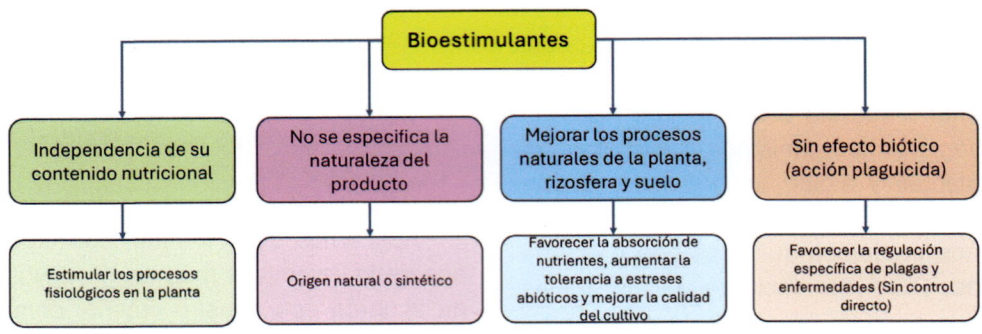

Figura 2.2. Propiedades básicas que debe cumplir un BE de acuerdo al R (UE) 2019/1009.

dados en la UE, impide la posibilidad de una categorización armonizada de las sustancias y microorganismos abarcadas por el concepto de BE. No obstante, existe un cierto consenso entre científicos, reguladores, comercializadores y partes interesadas en el reconocimiento de los principales grupos de BE. Anteriormente, en el punto 2.2, ya indicamos alguna de las clasificaciones expuestas en la literatura científica, como la llevada a cabo por Kauffman (2007) o du Jardin (2012). Posteriormente, el propio du Jardin (2015), en el especial sobre "Bioestimulantes en horticultura" dirigido por Colla y Rouphael, realiza una nueva clasificación estableciendo ahora siete categorías de BE, cinco de origen no microbiano (ácidos húmicos y fúlvicos, hidrolizados de proteínas y otros compuestos nitrogenados, extractos de algas marinas y productos botánicos, quitosano y otros biopolímeros y elementos beneficiosos) y dos de origen microbiano (hongos beneficiosos y bacterias beneficiosas). En ese mismo especial, ambos editores, Colla y Rouphael (2015), propusieron otra clasificación muy similar dividida en nueve categorías de productos BE, seis

de origen no microbiano y tres microbianos: i) ácidos húmicos y fúlvicos, ii) hidrolizados de proteínas, iii) quitosano, iv) fosfitos, v) extractos de algas marinas, vi) silicio, vii) hongos micorrícicos arbusculares (*Arbuscular Mycorrhizal Fungi*, AMF), viii) rizobacterias promotoras del crecimiento vegetal (*Plant Growth-Promoting Rhizobacteria*, PGPR) y ix) especies de *trichoderma*, (organismos vivos que a menudo se encuentran en el microbioma de la planta). Ambas clasificaciones son las más citadas y utilizadas para ordenar este tipo de productos.

Ahora que existe una definición legal de BE (R(UE) 2019/1009), parece lógico esperar que también hubiese un clasificación y categorización de este tipo de sustancias. Sin embargo, el nuevo reglamento europeo solo establece la diferenciación entre BE de origen microbiano y no microbiano. No se identifica ninguna sustancia de origen no microbiano y solo diferencia entre hongos micorrícicos y bacterias beneficiosas. Aunque sí se establecen las distintas categorías (11) de materiales componentes que se pueden utilizar como fuente de este tipo de sustancias.

Todas estas clasificaciones anteriores se basan en tipos de sustancias y/o microorganismos, y solo permiten tener una visión general de las diversas fuentes actualmente presentes de los BE en el mercado. También se podría realizar una clasificación que distinga este tipo de sustancias y microorganismos según su "modo de acción", aunque para ello habría que caracterizar la composición de cada matriz (una tarea bastante compleja) para identificar de forma individual cada molécula bioactiva y el mecanismo por el cual actúa cuando, en muchas ocasiones, la modulación de un proceso específico sobre la planta es más el resultado de la interacción (sinergia) de distintos componentes que la acción de una única molécula. Por ello, en algunas ocasiones, podría ser hasta inútil estudiar la composición exacta de un BE. Esto no significa que la ciencia no siga siendo esencial para llegar a comprender mejor los mecanismos de acción de los BE.

Por ello, actualmente, siguiendo las directrices del nuevo reglamento europeo, de manera práctica, en lugar de en la caracterización composicional del BE, se está optando por un enfoque basado en la caracterización funcional de los productos, relacionada con los efectos declarados en etiqueta, es decir, en función de las respuestas fisiológicas de la planta y en sus beneficios agronómicos productivos y cualitativos de los cultivos (aumento de la absorción de N, mayor resistencia a los estreses ocasionados por la escasez de agua, mejora de un determinado rasgo post-cosecha, etc.), enfoque que está en consonancia con la propuesta que, ya en 2017, realizaron Yakhin *et al.* (2017). Por ello, des-de nuestro punto de vista, creemos que sería muy útil tener una normativa que ofrezca una clasificación cuyo enfoque se base en los efectos generales sobre la planta, es decir, que un *determinado* tipo de BE se caracterice por producir una *determinada* función o beneficio agronómico.

Actualmente, de acuerdo con la normativa comunitaria, el mercado nacional y europeo engloba principalmente como BE varios tipos de sustancias de origen natural, así como otros derivados químicamente activos de sustancias naturales y sintéticas, junto con los microorganismos beneficiosos (bacterias y hongos), como se puede observar en la Figura 2.3 que incluye:

i) Sustancias húmicas (ácidos húmicos y fúlvicos).
ii) Hidrolizados de proteínas animales y vegetales.
iii) Biopolímeros (quitosano).
iv) Productos a base de extractos de algas marinas y plantas.
v) Elementos químicos beneficiosos, como el silicio.
vi) Microorganismos beneficiosos (bacterias y hongos).

Sin embargo, el mercado mundial de BE revela que son muchas las sustancias naturales o de origen sintético que actualmente se utilizan como reclamo BE. En la Figura 2.4 se puede observar un número bastante representativo de todas ellas.

A continuación, se describen los principales grupos de BE y sus efectos sobre el desarrollo y crecimiento de los cultivos, de acuerdo con la bibliografía científica (Figura 2.5).

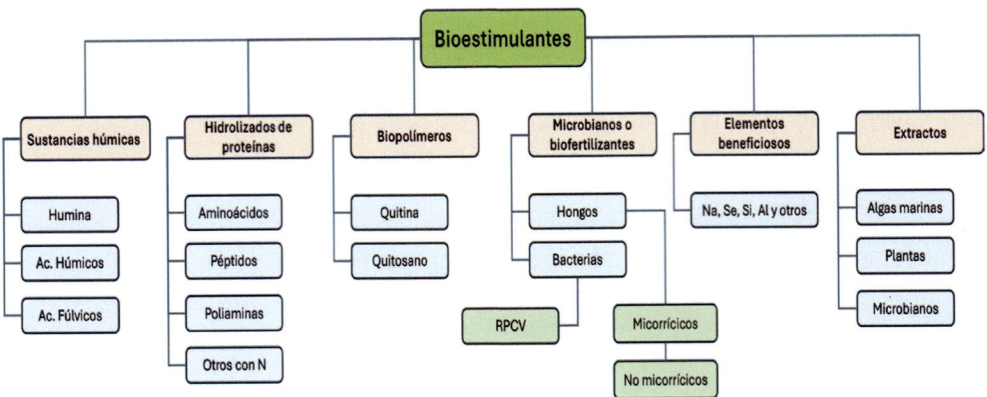

Figura 2.3. Principales categorías de BE.

2.3.1. Sustancias húmicas

Las sustancias húmicas (SH) son constituyentes naturales de la materia orgánica (MO) del suelo, resultantes de la descomposición de residuos vegetales, animales y microbianos, pero también de la actividad metabólica de los microorganismos del suelo que utilizan estos sustratos. Históricamente, las SH se describieron como compuestos orgánicos heterogéneos refractarios y de color oscuro producidos como subproductos del metabolismo microbiano (Stevenson, 1994). De manera más específica, pueden definirse de la siguiente manera:

Material heterogéneo, constituido por un conjunto de sustancias altamente polimerizadas, con peso molecular relativamente alto, coloreadas del amarillo al negro, amorfas y con propiedades coloidales e hidrofílicas muy marcadas, con estructuras alifáticas y aromáticas, alta capacidad de cambio, gran densidad de grupos, carboxílicos y fenólicos, y constituido principalmente por C, H, O y N.

El humus, material que engloba a todas las SH, está compuesto por aproximadamente un 60% de C, un 6% de N y cantidades más pequeñas de P y S. A medida que el humus se descompone, sus componentes se transforman en formas que las plantas pueden utilizar. Consideradas las estructuras orgánicas más abundantes en la Tierra, las SH están constituidas por grupos de compuestos heterogéneos, originalmente categorizados según sus pesos moleculares y solubilidad en: i) humina (H), ii) ácidos húmicos (AH), solubles en medio básico e insolubles en ácido, y iii) ácidos fúlvicos (AF), solubles tanto en medio ácido como básico, los cuales muestran una dinámica compleja de asociación/disociación en coloides supramoleculares, influenciada por protones y exudados liberados por las raíces de las plantas. Las SH y sus complejos en el suelo son el resultado de las interacciones entre la MO, los microorganismos y las raíces de las plantas.

Diversos autores han intentado describir la complejidad de la estructu-

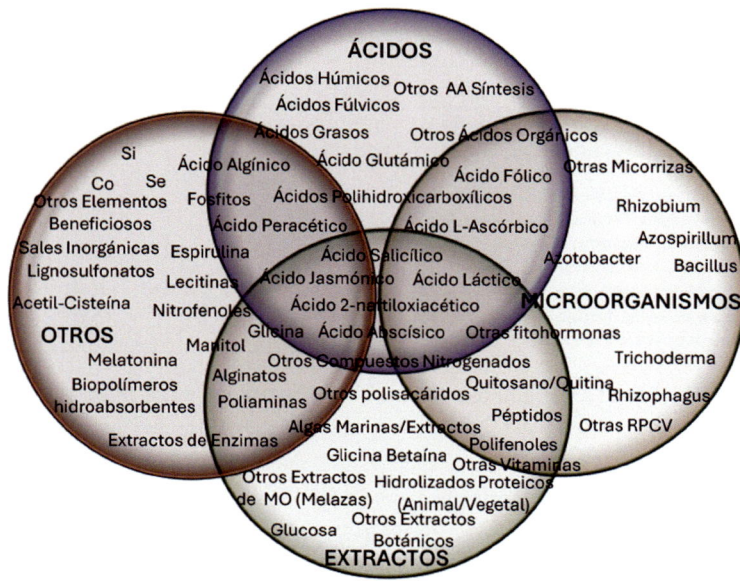

Figura 2.4. Algunas de las sustancias comercializadas con propiedades BE.

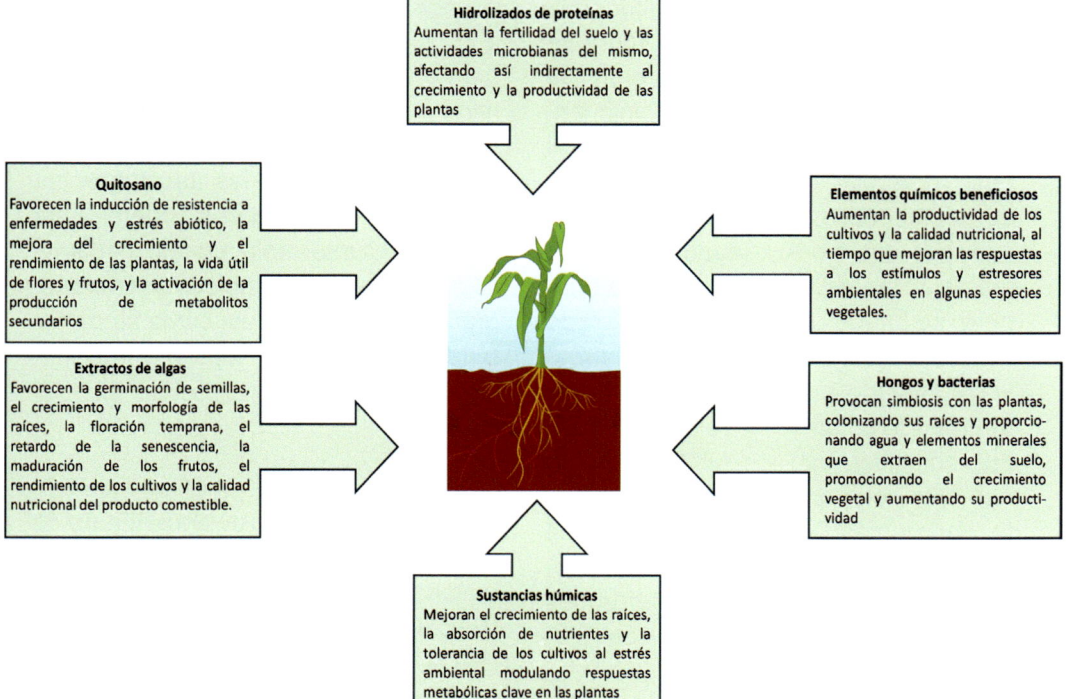

Figura 2.5. Tipos de BE y sus efectos sobre la planta.

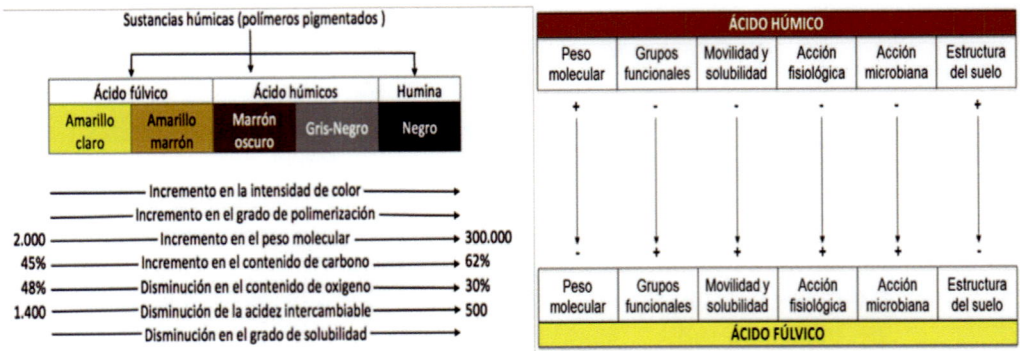

Figura 2.6. Características fisicoquímicas de las SH y diferencias entre ellas (Stevenson, 1982).

ra de las SH. La alta heterogeneidad en la naturaleza de sus grupos funcionales y unidades estructurales implica que los datos obtenidos en las mediciones suelen ser valores medios, como se muestran en la Figura 2.6, y por tanto que sus características fisicoquímicas sean variables. En dicha figura se observa cómo una de las diferencias entre AH y AF es su grado de polimerización, que se ve representado en su peso molecular. Los AF son estructuras de unos pocos cientos de Daltons[1], mientras que los AH llegan a los cientos de miles de Daltons. De igual manera, se puede observar que las SH de menor contenido en carbono (C) y mayor contenido en oxígeno (O) son las de menor color y mayor solubilidad, que coinciden con los AF. Los AH tienen más color que los AF y, por lo tanto, tienen más C y menos O, pero son mayoritarios en H, N y S. La acidez total y por tanto la proporción de grupos carboxílicos (-COOH), fenólicos (Ar-OH), alcohólicos (-OH) y cetónicos (-CO-) es menor en los AH, sin embargo estos son más ricos en grupos quinónicos (Ar-CO) (Stevenson, 1982; Schnitzer, 1991). Así, debido a su amplia variedad y complejidad no se puede realizar una diferenciación estricta entre las moléculas de AH y AF. Actualmente, debido a su importancia, el término humeómica se usa para el fraccionamiento químico secuencial utilizado para aislar las fracciones húmicas más homogéneas y determinar sus estructuras moleculares mediante métodos espectroscópicos y cromatográficos avanzados, así como su caracterización química y funcional (du Jardin, 2020).

Ácidos húmicos

Se entiende por AH aquel grupo de sustancias en el que se engloban las materias que se extraen por disolventes (NaOH, KOH, NH_4OH, Na_2HCO_3, $Na_4P_2O_7$, NaF, oxalato sódico, urea, y otros) y que, al acidificar con ácidos minerales, precipitan de las soluciones obtenidas en forma de un gel oscuro

---

[1] Dalton (D): Unidad de masa atómica equivalente a 1/12 de la masa de carbono 12.

(Kononova, 1981). Una definición más actual es la propuesta por Urbano (2001):

Conjunto de sustancias orgánicas de colores pardos y negruzcos muy polimerizados, de estructura amorfa y propiedades coloidales e hidrofílicas que precipitan en medio ácido a partir de las soluciones obtenidas tras el tratamiento con pirofosfato sódico.

Por su importancia cuantitativa (hasta el 80%), representan la fracción más interesante del humus del suelo. Como ya se ha comentado, los AH constituyen una fracción coloidal de alto peso molecular, pero no definido. Por ello, los resultados obtenidos dependen, sobre todo, de la desagregación de las partículas de los AH, que se logra empleando un disolvente u otro. Así, dependiendo de las técnicas utilizadas (osmometría, crioscopía, viscosimetría y punto de fusión), los valores oscilan entre 700 y 1.400 Da, donde los pesos moleculares de los componentes principales parecen rondar un máximo de 1.200 Da. En la Figura 2.7 se puede observar la estructura propuesta por Schulten y Schnitzer (1993) para los AH.

Hoy en día, se sabe que dicha estructura es blanda y esponjosa, de tipo amorfo, con multitud de poros internos que determinan de forma significativa su capacidad de retención de agua y sus propiedades de adsorción, superiores a la de cualquier arcilla (Stevenson, 1994). La presencia de grupos hidrófilos determina la tendencia a formar complejos y quelatos con cationes polivalentes.

Ácidos fúlvicos

Los AF son la fracción soluble en agua bajo cualquier condición de pH. Los AF permanecen en disolución des-

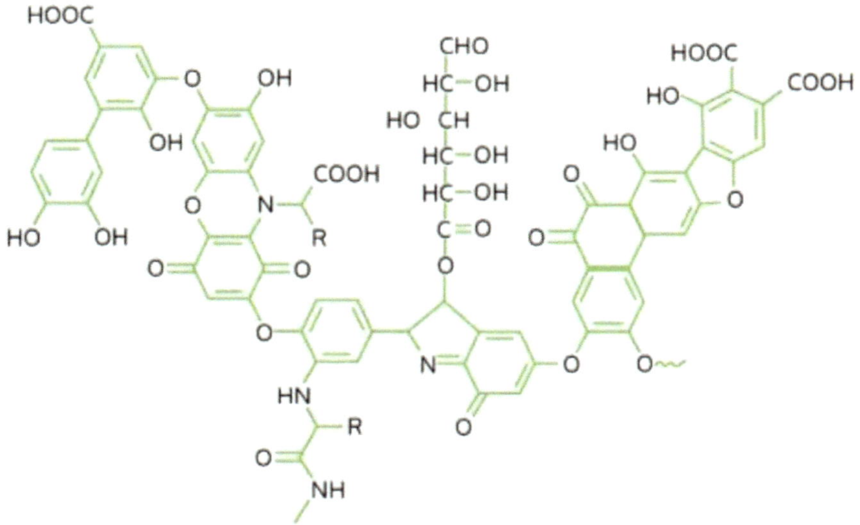

Figura 2.7. Posible estructura de los AH.

pués de remover los AH por acidificación. Se originan en los casos en que la humificación se realiza con poca actividad biológica (Urbano, 2001). Como ya se ha comentado, poseen una coloración más clara que los AH, debido a su menor contenido en C (menos del 50%) y su mayor solubilidad en agua, alcohol, álcalis y ácidos minerales (Schnitzer, 1978; Stevenson, 1982; Hayes, 1985). Poseen unidades estructurales similares a la de los AH, con un mayor predominio de cadenas laterales. Esto explicaría una mayor solubilidad de estos con respecto a los AH y un menor grado de policondensación, ya que la relación estructuras aromáticas/cadenas laterales es inferior. Los AF, por otra parte, poseen un mayor número de grupos funcionales, principalmente ácidos carboxílicos e hidroxifenólicos por lo que tienen mayor capacidad para disolver minerales en sus formas iónicas y pasar a una forma biodisponible y fácilmente absorbible por la planta (Labrador, 1996). En la Figura 2.8 se muestra la estructura típica de los AF.

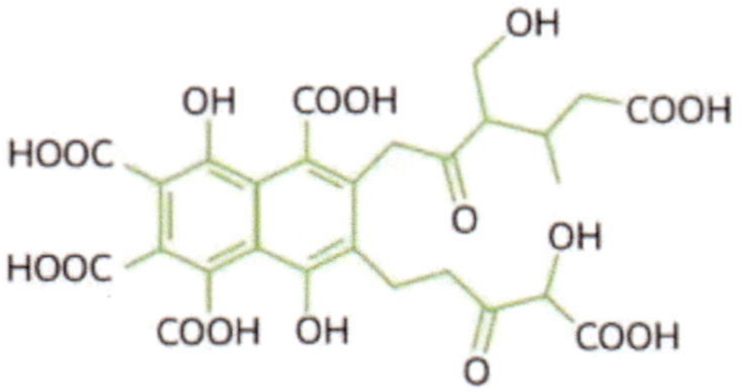

Figura 2.8. Posible estructura de los AF.

Los resultados de laboratorio muestran que los AF contienen principalmente tres tipos de sustituyentes en los anillos aromáticos: grupos carbonilo, grupos hidroxilo y grupos carboxilo, donde los anillos de benceno están conectados entre sí mediante un enlace tipo éter.

Humina

La humina (H) constituye la fracción de las SH que no es soluble en agua bajo ningún valor de pH, y por ello no es extraíble por reactivos alcalinos. En la actualidad, se considera que es un producto del envejecimiento de los AH, que provoca la polimerización de los núcleos aromáticos y un descenso de su solubilidad y, por tanto, representa una fracción de escaso interés por su reducida capacidad de reacción (Porta *et al.*, 2019).

Extracción de SH

Existen diversos materiales fósiles naturales (biominerales) de los que se puede extraer SH y en especial AH. Son aquellos que se han formado producto de la acumulación, descomposición (acción de bacterias anaerobias) y consolidación (litificación) de grandes cantidades de sedimentos de origen vegetal (naturaleza orgánica) durante largos periodos de tiempo. En una primera fase se formaron los depósitos de turba y en una segunda se cubrieron por sedimentos de arena, lutita o arcilla (Danús y Vera, 2010). Con la acción de las altas temperaturas (superiores a los 200 °C) y grandes presiones tectónicas se produjeron lignitos y otros tipos de carbones, entre los que podemos destacar turba, sedimentos acuáticos (sapropeles) y leonardita. En el mercado abundan sobre todo los BE procedentes de extractos de leonardita.

La leonardita es un material intermedio entre la turba y el lignito, con aspecto marrón y similar al carbón, muy rico en MO, proveniente de las transformaciones (diagénesis) producidas a causa del enterramiento de restos vegetales que se carbonizaron a poca profundidad (próximos a 10 m) durante la era carbonífera del Paleozoico (hace 280 millones de años), formando una delgada capa donde la percolación del agua de lluvia y la presencia del O_2 atmosférico, sumado a todo clase de acciones físico-químicas y microbiológicas, dieron lugar a un progresivo enriquecimiento en SH. Se podría decir que es un carbón superficial poco mineralizado de bajo calor de combustión (Barone et al., 2019).

Este material natural oxidado es bastante complejo y tiene aproximadamente un contenido en MO del 50 a 60% sobre materia húmeda. De este contenido en MO, alrededor del 75-85% son AH y entre el 5 y el 10% son AF. Por ello, es un material ideal para la extracción de AH de bajo coste y económicamente rentable. La leonardita americana (Dakota del Norte, EE. UU.) es especialmente famosa por su alta calidad y altas concentraciones de AH. España también cuenta con importantes yacimientos de leonardita localizados en Teruel y Zaragoza (Aragón). Así, lo habitual es encontrar en el mercado disoluciones líquidas de AH obtenidas por extracción en medio básico. Sin embargo, en la bibliografía científica se han descrito numerosos métodos para la extracción y fraccionamiento de las SH con sistemáticas parecidas, pero con variantes en cuanto a la naturaleza química y concentración de los reactivos empleados. En general, la extracción con sosa (NaOH) es el método más efectivo, aunque se ha observado que puede producir alteración de la MO por hidrólisis y autooxidación, además de que el aporte de Na^+ contribuye a salinizar los suelos, por lo que el procedimiento más empleado por la industria para la extracción de SH con fines agrícolas es utilizar potasa (KOH) ya que, en este caso, el aporte de K^+ es beneficioso porque, como es sabido, el potasio es un nutriente principal e imprescindible para el desarrollo de las plantas.

Siguiendo cualquiera de estos procedimientos se puede obtener una fase soluble compuesta por dos fracciones: AF, no precipitables en medio ácido después de la extracción alcalina, y AH, que sí precipitan en medio ácido, en forma de flóculos de color pardo, así como un residuo insoluble formado principalmente por la humina y un residuo de naturaleza inorgánica. Un método de extracción ideal sería aquel que consiguiera extraer las SH sin alterarlas ni que contengan contaminantes inorgánicos tales como arcillas o cationes polivalentes. Un fraccionamiento ampliamente utilizado y con un punto de vista más científico se expone en la Figura 2.9.

Actualmente es muy usual, además de los extractos líquidos ricos en AH, su comercialización en forma de humato potásico, como un extracto húmico 100% soluble envasado como un sólido altamente concentrado. En la industria, tras el proceso de extracción, el producto líquido obtenido pasa por una fase de secado donde se elimina el agua. Mediante esta opción, su comercializa-

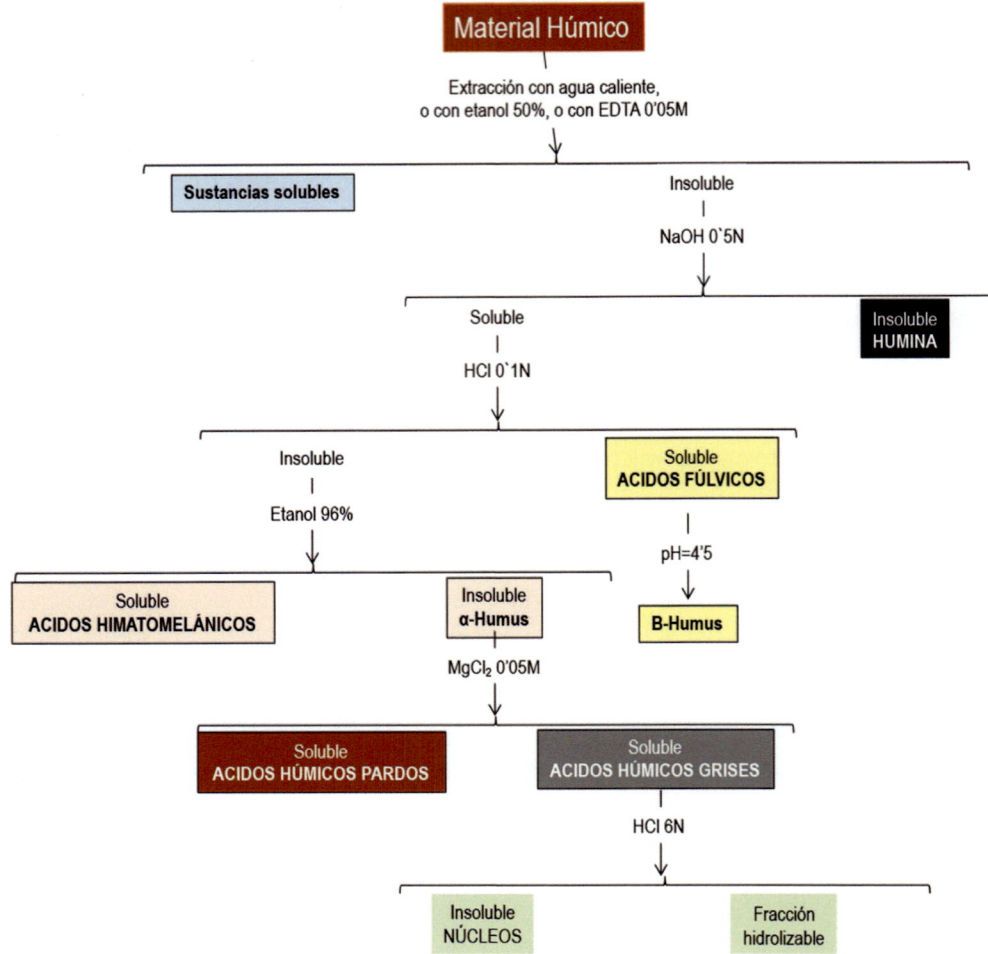

Figura 2.9. Esquema de un posible fraccionamiento de las SH.

ción requiere mucho menos volumen, por lo que es más rentable para su transporte y almacenamiento.

Beneficios

Las SH (AH y AF) tienen la capacidad tanto de mejorar las propiedades físico-químicas del suelo (cambios estructurales, indirectos), como de alterar el metabolismo primario (que afecta directamente a la fisiología de la planta e involucra a carbohidratos, lípidos y proteínas) y secundario (cambios fisiológicos, directos) de las plantas (implica diferentes metabolitos, principalmente compuestos fenólicos que actúan como potenciadores del crecimiento natural, a lo largo de todo el ciclo vital de la planta) (Figura 2.10).

En particular, los efectos indirectos de las SH en las plantas se relacionan con su impacto en las propiedades fisicoquímicas y microbiológicas de los

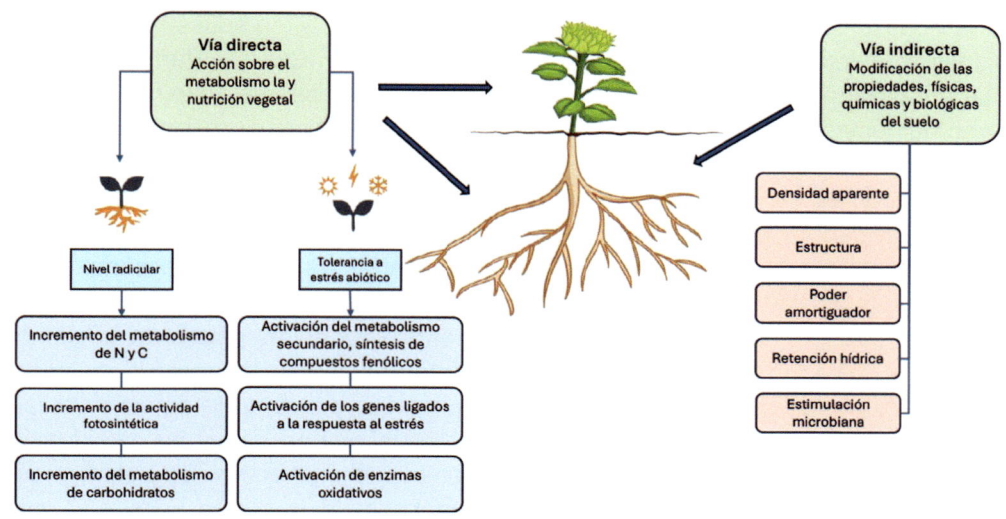

Figura 2.10. Beneficios de las SH en el suelo y la planta.

suelos, ya que son capaces de formar agregados con las partículas del suelo, principalmente con los grupos Si-OH y Al-OH de las arcillas (complejos arcillo-húmicos), lo que mejora la capacidad de retención de agua y el drenaje del suelo, así como su porosidad. Especialmente, los AH incrementan la capacidad de intercambio catiónico, por lo que aumentan la disponibilidad de los nutrientes en el suelo, facilitando que los AF transporten esos nutrientes a la planta al combinar minerales para convertirlos en compuestos orgánicos que las plantas pueden ingerir más fácilmente, además de contribuir a aumentar el secuestro de carbono en el suelo. La composición química de las SH también puede ser adecuada para actuar como portadora e introducir microorganismos benéficos en los sistemas de cultivo, así como para estimular aquellos microorganismos autóctonos y benéficos para la rizosfera. Este último

efecto está teniendo una gran relevancia en los últimos años. De hecho, por la similitud en cuanto a concepto, se ha utilizado la misma terminología que existe en la nutrición humana. Estamos hablando de los términos probiótico[2] y prebiótico[3]. Por lo tanto, aquellos BE aplicados al suelo que tienen la capacidad de estimular y elicitar a los microorganismos beneficiosos que habitan el suelo, favoreciendo su crecimiento, se denominan BE prebióticos, y aquellos otros que contienen e introducen microorganismos beneficiosos para la salud del suelo y enriquecen el microbio-

---

[2] Probiótico: alimentos y suplementos que contienen microorganismos vivos (bacterias beneficiosas) destinados a mantener o mejorar nuestra flora intestinal (microbiota) de nuestro organismo.

[3] Prebiótico: alimentos (generalmente carbohidratos no digeribles) que actúan como nutrientes para estimular el crecimiento de la microbiota.

ma edáfico[4] se llaman BE probióticos. Una microbiota en buen estado aumenta la capacidad de la planta para obtener nutrientes, lo que induce cultivos más productivos y frutos de mayor calidad y, además, de forma indirecta, mayor capacidad de la planta para protegerse frente a estreses de tipo biótico. Además, la adición al suelo de BE probióticos puede potenciar significativamente la interacción entre los exudados radiculares y los microorganismos beneficiosos del suelo, ya que desempeñan un papel fundamental en la interacción entre las plantas y los microorganismos del suelo. Estos compuestos liberados por las raíces juegan un papel crucial en la adaptación de las plantas a situaciones de estreses abióticos, ayudando a las raíces a mejorar su penetración en el suelo y optimizar la captación de agua y nutrientes. Por tanto, en este sentido, las SH son BE de tipo simbiótico, es decir, actúan como sustancias prebióticas y probióticas una vez incorporadas al suelo.

Por otro lado, los efectos directos de las SH están relacionados con el aumento de la absorción y asimilación de nutrientes esenciales, la fotosíntesis (contenido de clorofila), el ciclo de los ácidos tricarboxílicos (ciclo de Krebs) y el metabolismo secundario. Además, las SH pueden modificar el equilibrio hormonal, lo que conlleva implicaciones fisiológicas para el crecimiento vegetal, así como la protección contra distintos tipos de estreses abióticos como la sequía, la salinidad, la toxicidad por meta-

les pesados y compuestos orgánicos persistentes (COPs). Particularmente, los AH favorecen los sistemas de respiración y transpiración, mejoran la germinación de semillas, inducen el crecimiento radicular y provocan mayor resistencia al deterioro prematuro. Por otra parte, los AF pueden penetrar en raíces y hojas y translocarse posteriormente a todas las partes de la planta, aumentando de esta manera su metabolismo, y por tanto la división celular. Además, en muy pequeñas cantidades, son capaces de activar los sistemas enzimáticos de la planta y mejorar, por tanto, su capacidad de superar condiciones adversas. Sin embargo, el principal problema al estudiar los efectos de las SH en plantas y suelos es que se trata de mezclas complejas sin una fórmula química definida, cuya estructura es difícil de caracterizar químicamente, como ya hemos comentado. Además, los mecanismos fisiológicos, metabólicos, transcriptómicos y genéticos a través de los cuales las SH ejercen su efecto BE no están completamente claros y requieren mayor estudio, aunque en los siguientes artículos de revisión se pueden consultar diversos análisis sobre los tipos de mecanismos involucrados en los distintos efectos agronómicos, así como referencias sobre las evidencias de los mismos (Canellas *et al.*, 2015; Lamar, 2020; Ertani *et al.*, 2020; Atero-Calvo, *et al.*, 2024; Nardi *et al.*, 2024).

Según du Jardin (2020), la bioactividad de este tipo de BE reside en los componentes libres y débilmente unidos, que son principalmente hidrófobos y de origen bacteriano. Además, existen evidencias de que los ácidos orgánicos

---

[4] Comunidad de microorganismos que viven en el suelo. Incluye los microorganismos, sus genes y los metabolitos que producen.

exudados por las raíces de las plantas contribuyen a la liberación de sus componentes bioactivos al desestabilizar los enlaces químicos débiles de la supraestructura húmica. A su vez, los constituyentes húmicos liberados influyen en la actividad bioquímica de las raíces al estimular el transporte a través de la membrana de H^+ y Ca^{2+}. Además, las moléculas de baja masa molecular liberadas por los materiales húmicos pueden penetrar a través del apoplasto radicular e interactuar con las proteínas de membrana. Igualmente, Atero-Calvo *et al.* (2024), en su reciente revisión, afirman que la modificación del pH rizosférico y la secreción de ácidos orgánicos (succínico, fumárico, cítrico, málico, etc.), son algunas de las estrategias que utiliza la planta para aumentar la disponibilidad y la absorción de nutrientes. En este sentido, se indican diferentes estudios que han demostrado que las SH aumentan la actividad de la enzima H^+-ATPasa de la membrana plasmática (PM-H^+-ATPasa), conocida como bomba de protones y localizada en las células epidérmicas de la raíz, la cual desempeña un papel clave en la acidificación de la rizosfera mediante la excreción de protones (H^+), cuya acumulación en el espacio extracelular genera un gradiente electroquímico que favorece la captación y el flujo de nutrientes, como por ejemplo el simporte[5] de nitratos (2:1 H^+:NO_3^-), así como la excreción de ácidos orgánicos que facilitan la disponibilidad de elementos minerales al actuar como agentes quelatantes. Esta estimulación se realiza a través de la vía del ácido indolacético (AIA) y promoviendo la síntesis de nuevas proteínas. Este efecto se ha vinculado con un aumento y desarrollo radicular y, por lo tanto, con una mayor posibilidad de captación de nutrientes esenciales. Además, cabe recordar la conocida capacidad de las SH, por la presencia de grupos funcionales (carboxilo, carbonilo, hidroxilos y fenólicos), de actuar como agentes quelantes al formar complejos con elementos minerales, mejorando su biodisponibilidad. Este mecanismo ha sido ampliamente estudiado en el caso del hierro (Fe), donde los complejos Fe-SH han demostrado ser más eficientes en su transporte y absorción por las plantas que otros agentes quelantes sintéticos como el ácido etilendiaminotetraacético (EDTA).

En la revisión realizada por Ertani *et al.* (2020) también se describen distintos trabajos que evidencian cómo las SH estimulan el crecimiento radicular mediante la liberación de compuestos similares a las auxinas que inducen la actividad de la H^+-ATPasa en la membrana plasmática de las células radiculares, causando la acidificación del apoplasto y provocando el relajamiento de las paredes celulares y la elongación de las células radiculares. También se afirma que distintos ácidos orgánicos exudados por las raíces de las plantas hacia la rizosfera, modifican las agregaciones húmicas, liberando fracciones de menor tamaño y moléculas individuales que pueden unirse a receptores celulares en la superficie radicular y promover la actividad biológica. Así, se sugiere que las SH podrían actuar como compuestos señalizadores, liberando fitohormo-

---

[5] Transporte de dos solutos a través de una membrana en la misma dirección, donde la simultaneidad puede aumentar la cantidad total de sustancias que se mueven.

nas a nivel de la planta y/o en la biota del suelo y, aunque los receptores aún no se han descrito, las plantas responderían a la presencia de las SH exudando varios compuestos que pueden interactuar con estos en la rizosfera.

Según Atero-Calvo et al. (2024), uno de los principales efectos fisiológicos inducidos por las SH en las plantas es su actividad similar a la de las fitohormonas (mensajeros químicos que modulan diferentes procesos fisiológicos en las plantas) que afectan indirectamente los mecanismos de acción mencionados anteriormente como el aumento de la actividad de la PM-H$^+$-ATPasa, mejor absorción de nutrientes y cambios en el metabolismo primario y secundario. En este artículo de revisión se citan trabajos donde se evidencia la presencia de hormonas como el AIA en la estructura de las SH, probablemente procedentes de los microorganismos del suelo, así como de las raíces de las plantas. También se ha demostrado que las SH pueden aumentar la concentración de hormonas (AIA, NO y etileno) en los tejidos vegetales, así como unirse a las paredes celulares y actuar como una señal fisiológica similar a la de una fitohormona. Por otro lado, la conexión entre las SH y el metabolismo secundario también podría estar mediada por hormonas. Esto se debe a la correlación entre el transporte de auxinas y la acumulación de flavonoides. Por lo tanto, todos los cambios en las concentraciones hormonales a nivel radicular y foliar inducidos por las SH están directamente relacionados con la promoción del crecimiento vegetal debido al efecto de las fitohormonas en diferentes fun-

ciones fisiológicas, incluyendo el metabolismo primario y secundario.

También según Atero-Calvo et al. (2024), en las células vegetales expuestas a estrés abiótico, se observa un aumento de las especies reactivas de oxígeno (reactive oxygen species, ROS), incluyendo los radicales superóxido (O$_2^{\cdot-}$) y el peróxido de hidrógeno (H$_2$O$_2$). Estas ROS reaccionan con biomoléculas esenciales como lípidos, proteínas y ADN, lo que provoca la peroxidación de la bicapa lipídica, la desnaturalización de proteínas y mutaciones. Esto afecta negativamente a procesos fisiológicos esenciales como la fotosíntesis, lo que provoca una reducción significativa de la productividad agrícola e incluso la muerte de la planta. Para hacer frente a las ROS, la planta induce sus sistemas antioxidantes enzimáticos (catalasa, superóxido dismutasa, ascorbato peroxidasa, etc.) y no enzimáticos (ascorbato, glutatión, carotenoides, etc.). Varios estudios han destacado el uso de la SH como posible protector de los cultivos frente a condiciones de estrés abiótico. Sin embargo, los mecanismos fisiológicos por los cuales las SH mejoran la tolerancia de las plantas no están completamente claros, y este campo de estudio requiere mayor investigación. Según Lamar (2020), las últimas investigaciones apuestan por un posible modo de acción en el que las SH provocan una respuesta de estrés beneficioso a la planta (eustrés) a través de la actividad redox de radicales semiquinónicos y posiblemente no quinónicos, que pueden actuar como aceptores extracelulares de electrones y estimular eventos metabólicos que se comportan como elicitores de estrés, auxinas, naftoquinonas y otros aceptores extracelulares de electrones.

A nivel agronómico, las SH (AH y AF) suelen aplicarse directamente al suelo mediante los distintos sistemas de riego (goteo o aspersión) aunque, en particular, los AF también se suelen aplicar a bajas concentraciones por vía foliar. Además, pueden aplicarse a las plantas junto con otros tipos de BE, potenciando su efecto estimulante, lo cual puede ser muy interesante para los productores.

Legislación

La legislación española, a través del Real Decreto 999/2017 regula la comercialización de las SH como productos especiales dentro del grupo 4 concretamente 4.1.03 y 4.1.04. La legislación exige que tengan como mínimo un extracto húmico total (AH + AF) del 15% y un contenido mínimo de AH del 7%. La leonardita, el humato potásico y los AH y AF son productos aptos para su uso en agricultura ecológica, aunque con ciertas restricciones de acuerdo con el Reglamento de Ejecución (UE) 2021/1165. Por lo tanto, siempre es muy importante que el producto posea la certificación ecológica otorgada por algún organismo de control y certificación. En el caso de España, a través de por ejemplo, CAAE, SOHISCERT, ECOCERT, CAERM, etc. Además, las SH poseen registro REACH (Registro, Evaluación, Autorización y Restricción de Sustancias y Mezclas Químicas) y se encuentran registradas como humato potásico. Así, el humato potásico posee un nº CE: 271-030-1 y nº CAS: 68514-28-3. Este número de registro REACH garantiza que las empresas que comercializan humato potásico cumplen con los estándares de calidad y seguridad requeridos por la ECHA (Agencia Europea de Sustancias y Mezclas Químicas).

2.3.2. Derivados proteicos

Los derivados proteicos (*Protein-based products*) son productos ricos en aminoácidos (AA) que se pueden obtener mediante distintos procesos (Figura 2.11; Anexo 4.2.2), entre los que destacan:

- Hidrólisis química (ácida o básica) y/o enzimática a partir de subproductos agroindustriales, tanto de fuentes vegetales (biomasa vegetal rica en proteínas) como de desechos animales. Estos hidrolizados de proteínas (HP) son compuestos formados principalmente por una mezcla de péptidos (oligopéptidos, polipéptidos y peptonas) y AA libres, además de otros compuestos no proteicos (carbohidratos, fenoles, fitohormonas, otros compuestos orgánicos y minerales en concentraciones traza).
- Síntesis química o biotecnológica. Formulados en base a AA como glutamato, prolina, lisina, glicina, etc. Normalmente contienen proporciones definidas de AA concretos, diseñados específicamente para cada estado fenológico de la planta.
- Fermentación microbiana. Este método utiliza microorganismos (bacterias, levaduras u hongos) que fermentan una fuente de carbono (residuos agroindustriales) para producir aminoácidos y

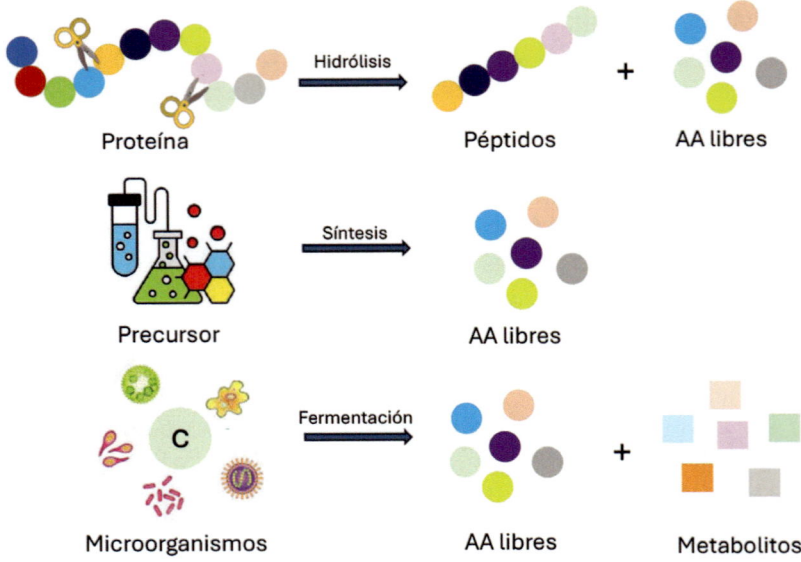

Figura 2.11. Sistemas de obtención de los derivados proteicos.

metabolitos secundarios con gran actividad BE.

El uso de BE derivado de fuentes proteicas ha experimentado un fuerte crecimiento durante las dos últimas décadas, debido a que su poder BE ha sido reconocido ampliamente para diversos cultivos hortícolas. Actualmente se encuentran entre los BE de mayor consumo después de los extractos de algas y las sustancias húmicas. Su composición química (AA y péptidos) varía dependiendo de la fuente de proteínas utilizada y/o de los procesos de fabricación, factores clave para determinar la calidad BE del producto final.

Los HP son los productos mayoritarios obtenidos mediante una hidrólisis parcial de naturaleza química (tratamiento ácido o alcalino), térmica y/o enzimática de proteínas contenidas en subproductos agroindustriales de origen animal (colágeno, queratina, gelatina, plumas de aves, harina de huesos, sangre de tejidos o desechos de pescado, etc.) o vegetal (semillas de leguminosas, heno de alfalfa, residuos de frutas o hortalizas, etc.), la mayoría de ellos con una alta disponibilidad y un bajo coste de producción.

La hidrólisis química en condiciones ácidas (HCl o H_2SO_4) o básicas (NaOH o KOH) es un proceso bastante agresivo (tiempos de reacción de 2-8 h) que se lleva a cabo a altas temperaturas (120-140 °C) y presiones (130-220 kPa), sobre todo en la hidrólisis ácida, provocando la ruptura de los enlaces peptídicos de las proteínas (alto grado de hidrólisis) y obteniendo una alta concentración de AA libres. Sin embargo, la hidrólisis química también conlleva una serie de desventajas, ya que resulta muy difícil ajustar el tamaño de los péptidos producidos, y este es un factor importante para la actividad biológica de los HP. Además, puede provocar la destrucción de varios AA y/o la racemización[6] de otros a la forma D (especialmente la alcalina), que carece de bioactividad. Incluso este método aporta al producto un exceso de sales (cloruros, sulfatos, iones sodio) procedentes de los ácidos o bases utilizadas. En el caso de la hidrólisis ácida, el triptófano (precursor de auxinas) se degrada totalmente y cisteína, serina y treonina parcialmente. Además, asparagina y glutamina se convierten en sus formas ácidas (ácido glutámico y aspártico), incluso la presencia de otros posibles componentes como vitaminas también se ven afectadas. Estos efectos ocasionan que el producto sea potencialmente menos eficaz, o incluso fitotóxico para las plantas debido sobre todo a la presencia de altas concentraciones de D-AA como del aumento de la salinidad de los hidrolizados.

La hidrólisis enzimática se lleva a cabo mediante enzimas proteolíticas (proteasas) derivadas de microrganismos (flavorzima, alcalasa, neutrasa, etc.) de origen vegetal (papaína, ficina, bromelina, etc.) y de origen animal (pepsina, tripsina y quimotripsina) en condiciones más suaves que la química (pH neutro). No requiere altas temperaturas (<60 °C) y, por lo general, se dirige a enlaces peptídicos específicos. Ade-

más, para controlar el grado de hidrólisis, se puede estimar una relación específica entre la concentración de enzima y la de sustrato. Por lo tanto, estos HP suelen ser productos con una mezcla de AA libres y péptidos de diferente longitud, baja salinidad y composición estable. La hidrólisis enzimática preserva las formas biológicamente activas de los L-α-AA y consigue una concentración de péptidos mayor que los generados químicamente. Además, al ser más selectiva a la hora de romper enlaces, ofrece a la industria la posibilidad de maximizar la producción de los denominados péptidos bioactivos (suelen ser los de menor tamaño) en los HP. Estos péptidos actúan como moléculas de señalización, también llamadas hormonas peptídicas, con longitudes (2 y 50 AA) y secuencias de AA específicas. Además, actúan a muy baja concentración (mM). Su actividad, similar a las hormonas, se ha evaluado en numerosos artículos científicos, donde los productos provocaron actividades similares a las de auxinas y giberelinas y, por lo tanto, promovieron el rendimiento de los cultivos.

Los HP de origen animal (colágeno) contienen cantidades relativamente más altas que los de origen vegetal de dos AA termoestables (glicina y prolina), así como de hidroxiprolina e hidroxilisina (dos formas hidroxiladas de los AA prolina y lisina), prácticamente inexistentes en hidrolizados vegetales. Estos son responsables de su gran capacidad para ejercer efectos protectores frente a estreses de tipo abiótico, pero solo si se suministran a dosis bajas ya que, a dosis altas o tratamientos foliares repetidos, pueden ser fitotóxicos. Sin embar-

---

[6] Transformación química de aminoácidos libres, de la forma L (biológicamente activos) a la forma D (sin bioactividad).

go, los tratamientos foliares con HP de origen vegetal, incluso a dosis significativamente superiores a las sugeridas por los fabricantes, nunca han causado síntomas de fitotoxicidad. Estos hallazgos se relacionan con una composición de AA desequilibrada, una captación excesiva de AA libres y un grado de racemización y salinidad demasiado elevados.

Los HP derivados de plantas contienen gran cantidad de ácido aspártico y ácido glutámico. Estos AA pueden actuar como agentes quelatantes mejorando la absorción de Fe y promoviendo la actividad Fe(III)-quelato reductasa tanto en raíces como en brotes, incrementando así la concentración de Fe en hojas y la actividad fotosintética, especialmente en plántulas jóvenes. La cromatografía líquida acoplada a la espectrometría de masas (LC-MS) es el método más utilizado para la separación e identificación de péptidos en los HP. Se cree que la composición real de AA libres y el perfil peptídico son responsables de las propiedades BE reales, así como de la fitotoxicidad reportada en algunos casos.

Además del impacto que tiene en los parámetros de calidad, la hidrólisis enzimática es un proceso más sostenible y respetuoso con el medio ambiente debido al menor requerimiento energético, aunque la industria también conjuga ambos procesos (químico y enzimático) para lograr el grado de hidrólisis deseado, preservando así la estructura de los AA. La revisión de la bibliografía consultada proporciona todavía más información sobre los métodos de obtención de los BE procedentes de HP, así como de las distintas fuentes utilizadas y sus

características agronómicas (Colla *et al.*, 2015, 2020; Fusco *et al.*, 2023; Malécange *et al.*, 2023; Pasković *et al.*, 2024).

Por todo lo comentado anteriormente, la hidrólisis enzimática es el método más utilizado en la producción de HP. Normalmente, la bibliografía relaciona la hidrólisis química con fuentes de origen animal y la hidrólisis enzimática para el uso de fuentes vegetales, ensalzando con ello todos los beneficios asociados a este método de obtención. Sin embargo, existen en el mercado nacional y europeo productos BE de proteína animal obtenidos mediante hidrolisis enzimática. Y, al contrario, una gran parte de los BE comercializados basados proteína vegetal provienen de hidrólisis química. Además, se suma a esto que, desde hace algunos años, los HP de origen vegetal están despertando mayor interés en comparación con los de origen animal (Reglamento (CE) 1069/2009) debido a las crecientes restricciones y exigencias de seguridad alimentaria para estos últimos en su uso en cultivos destinados al consumo humano o en el caso de su uso en agricultura ecológica (Reglamento (UE) 354/2014). La normativa SANDACH[7] impone controles estrictos sobre los HP de origen animal utilizados como BE agrícolas. Solo pueden emplearse los SANDACH de Categoría 3 (bajo riesgo) y siempre ba-

---

[7] SANDACH es el acrónimo español de Animal By-Products Not Aimed for Human Consumption. Su gestión está regulada por una normativa que combina legislación europea y nacional, que controla el destino y uso de los subproductos animales no destinados al consumo humano, con el objetivo de garantizar la seguridad sanitaria y medioambiental.

jo procesos de producción validados, de trazabilidad garantizada, con registro en TRACES[8] y control límite de contaminantes, etc. Además, el Reglamento (UE) 2019/1009 impone controles adicionales de seguridad y calidad. Dado el alto nivel de regulación y los riesgos asociados, muchos fabricantes están optando por HP de origen vegetal, que presentan menos restricciones regulatorias y son más aceptados en agricultura ecológica.

A pesar de ello, actualmente, los HP obtenidos a partir de subproductos agroindustriales representan una solución sostenible al problema de la eliminación de residuos, por lo que su producción resulta interesante desde el punto de vista medioambiental y económico. Aunque, según du Jardin (2020), plantean una paradoja dentro de una economía circular, ya que su transformación a partir de residuos se ve dificultada por dos exigencias contrapuestas: por un lado, la rentabilidad del procesamiento de residuos y, por otro, la eficacia y seguridad de los productos derivados, que dependerá del proceso de fabricación y de los materiales procesados. Actualmente, esto está teniendo cada vez más relevancia en el caso de las fuentes animales debido a las exigencias sobre seguridad alimentaria, como hemos comentado anteriormente.

En cualquier caso, los HP tienen un gran poder para aumentar la fertilidad del suelo y la actividad microbiana del mismo, afectando así indirectamente al crecimiento y la productividad de las plantas. Es decir, tienen un gran efecto prebiótico. Los efectos directos de estos materiales incluyen actividades hormonales y la modulación del metabolismo primario (C y N coordinado) y secundario mediante la regulación de genes y enzimas implicados en la absorción y asimilación del C y del N y el ciclo de Krebs y, en consecuencia, en el crecimiento vegetal. Hasta la fecha, no existe un acuerdo general sobre qué compuestos bioactivos son responsables de los efectos BE en los HP (Figura 2.12). Es probable que varios de ellos como los AA libres, los péptidos y las fitohormonas puedan actuar sinérgicamente para ejercer las propiedades biológicas observadas (du Jardin, 2012; Colla *et al.,* 2015, 2020; Malécange *et al.,* 2023; Sonkar *et al.,* 2024; Pasković *et al.,* 2024).

Según Colla *et al.* (2020), numerosas investigaciones han demostrado que las aplicaciones foliares o radiculares de HP pueden mejorar el crecimiento y el rendimiento de varios tipos de cultivos. Estos resultados se han relacionado con el aumento de la absorción y asimilación de nutrientes y/o con la mejora de la tolerancia de los cultivos al estrés abiótico. Los HP pueden aumentar la absorción de nutrientes de las plantas tratadas mediante:

i) El aumento de la actividad microbiana y las actividades enzimáticas del suelo (mejora de la diversidad del microbioma).

ii) La mejora de la disponibilidad de micronutrientes, en particular, Fe, Zn, Mn y Cu debido a sus propiedades quelatantes.

---

[8] TRACES (TRAde Control and Expert System): Herramienta de certificación veterinaria de la CE para controlar la importación y exportación de animales vivos y productos de origen animal dentro y fuera de sus fronteras.

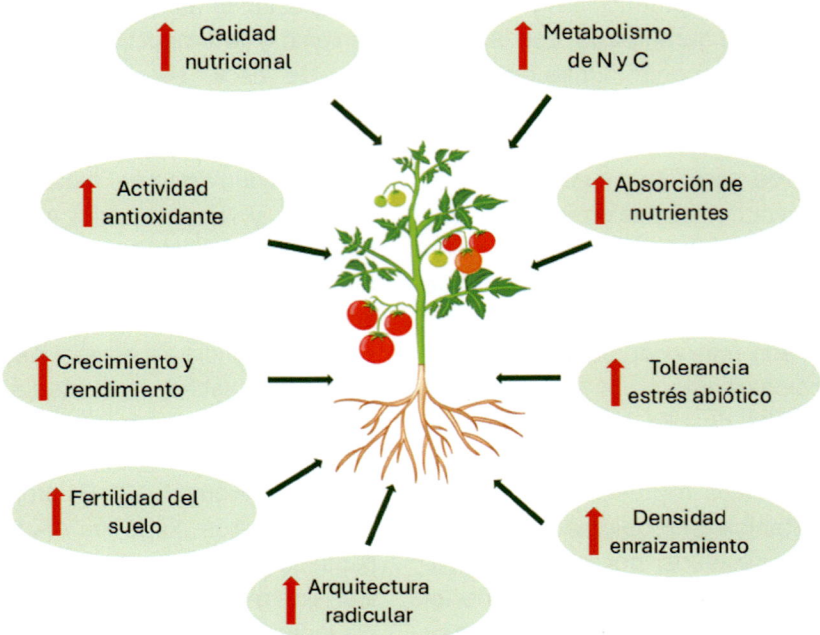

Figura 2.12. Principales efectos ejercidos por los hidrolizados de proteínas en la planta.

iii) El aumento de la superficie radicular, especialmente en el sistema radicular fino.

iv) El aumento de las actividades de nitrato reductasa, glutamina sintetasa y Fe(III)-quelato reductasa.

En el citado artículo de revisión se describen otros beneficios de la aplicación de los HP. Por ejemplo, la capacidad de alterar el equilibrio hormonal de la planta, afectando así a su desarrollo debido a la presencia de péptidos específicos (bioactivos), AA (fenilalanina, glutamato, etc.), algunos de ellos precursores de la biosíntesis de fitohormonas, como el triptófano (auxinas) y la L-metionina (etileno), así como otras moléculas que contienen N (betaínas y poliaminas),

aunque en estas últimas su grado de actividad BE sigue siendo hoy objeto de debate. La posibilidad de que su aplicación pueda provocar respuestas similares a las auxinas y giberelinas, y así promover el crecimiento y la productividad de los cultivos se ha propuesto en muchos artículos científicos. Los HP también pueden mejorar la calidad, por ejemplo de las frutas y verduras, aumentando la presencia de compuestos bioactivos beneficiosos para la salud humana (carotenoides, flavonoides, polifenoles, etc.) y limitando la presencia de compuestos potencialmente tóxicos como los nitratos. Los HP también se han utilizado con éxito para mejorar la tolerancia al estrés de tipo abiótico (temperatura, salinidad, sequía, metales pesados, alcalinidad y deficiencia de nutrientes) aunque con resultados variables dependiendo del tipo de cultivo, etapa fenológica, prácticas culturales o simplemente el tiempo y el modo de aplicación.

En relación con los péptidos bioactivos presentes en los HP y con la posibilidad de que desempeñen una actividad similar a la de las fitohormonas en las plantas, según Colla *et al.* (2020), en los últimos años se han identificado varios de ellos como señales endógenas con esa actividad hormonal que controla el crecimiento, el desarrollo y las respuestas al estrés de las plantas. Por ejemplo, se ha aislado un péptido promotor del vello radicular (secuencia de 12 AA) a partir de un HP derivado de leguminosas. Su actividad fue confirmada, ya que la actividad promotora se conservó cuando se sintetizó químicamente, aunque los mecanismos de su actividad biológica parecen ser diferentes a los de los péptidos endógenos. Por lo tanto, se espera que, en un futuro próximo, se desarrollen más HP basados en péptidos señalizadores.

Según du Jardin (2020), la bioactividad de los BE proteicos puede caracterizarse mediante tecnologías ómicas[9]. Sin embargo, para que estos sean útiles, es esencial un estudio exhaustivo de los fenotipos vegetales. Con este fin, se están desarrollando plataformas de fenotipado de plantas de alto rendimiento. Una vez que se puedan cruzar conjuntos de datos sobre las respuestas tanto moleculares como fenotípicas, se podrán plantear hipótesis sobre los mecanismos de ac-

ción y seguir probándolas en situaciones de campo. Sin duda, esta interacción entre ensayos de campo y experimentos en laboratorio será importante para el desarrollo de BE eficientes en un futuro próximo. Los ensayos de rendimiento en campo ayudan a refinar hipótesis sobre las vías metabólicas y los procesos celulares implicados, que pueden, a su vez, evaluarse en condiciones controladas de laboratorio. A pesar de ello, nuestras ambiciones deben ser modestas, teniendo en cuenta que, incluso en el caso de la fitohormona más popular, la auxina, la investigación todavía no ha conseguido ofrecer una imagen completa de su acción en la planta.

Resumiendo, los efectos BE y beneficios agronómicos de los derivados proteicos en las plantas son positivos pero variables y dependen de la composición de los materiales hidrolizados (perfil aminoacídico), de su origen y proceso de obtención, así como del momento, la dosis (concentración) y el modo de aplicación. Con relación a esto último, los BE proteicos generalmente se aplican tanto por vía foliar (los AA de síntesis y gran cantidad de HP, sobre todo los obtenidos por hidrólisis enzimática), como radicular (aquellos de fermentación microbiana y la mayoría de los HP), así como en el pretratamiento de semillas. El lector puede ampliar más información relacionada con los beneficios agronómicos en las siguientes revisiones bibliográficas, especialmente las publicaciones de Colla *et al.* (2015, 2017, 2020), entre otros muchos trabajos de este grupo de investigación, así como los de Malécange *et al.* (2023), Sonkar *et al.* (2024), Pasković *et al.* (2024), donde se recopilan un gran número de investigaciones en distintos

---

[9] Conjunto de disciplinas científicas que estudian el conjunto completo de moléculas biológicas en un organismo, como genes, proteínas y metabolitos.

tipos de cultivos y bajo distintas situaciones experimentales que avalan los resultados observados.

La legislación española, a través del Real Decreto 999/2017, regula la comercialización de estas sustancias, concretamente con la denominación tipo de "aminoácidos" dentro del grupo 4 (productos especiales) en el 4.1.01, donde se especifica que puede ser un producto a base de AA libres, obtenidos por algunos de los siguientes procesos: hidrólisis de proteínas, síntesis o fermentación y en el 4.1.02, mediante un abono CE o abono del grupo 1, al que se han incorporado AA del tipo 01. Además, los hidrolizados de proteínas son un producto apto para su uso en agricultura ecológica, aunque con un estricto control sobre su origen y método de producción.

2.3.3. Extractos de algas

La búsqueda de agentes naturales que actúen como BE ha propiciado también un profundo estudio de los componentes más interesantes de las algas y de las técnicas más avanzadas y eficaces para su extracción. El uso de algas frescas como fertilizante y fuente de MO es muy antiguo en la agricultura, pero solo recientemente ha ganado una amplia aceptación, una vez que se han descrito sus efectos BE sobre las plantas, lo que ha impulsado el uso comercial de extractos y de compuestos purificados elaborados a partir de la biomasa de diferentes variedades de algas marinas, obtenidas directamente en las costas o cultivadas en mar abierto (du Jardin, 2015). Además, están clasificadas como insumos ecológicos, biodegradables, no tóxicos y seguros para la salud humana y animal.

Las algas pertenecen a un grupo de organismos fotosintéticos y de estructura compleja que, según su tamaño, se dividen en microalgas (cianobacterias eucariotas y procariotas, algas verdeazuladas) y macroalgas. Las macroalgas son un tipo de alga marina de tamaño macroscópico (de hasta 60 m de longitud), multicelulares que carecen de raíces, tallos, flores, etc., y que por lo tanto se diferencian de las microalgas, las cuales son de tamaño microscópico (2-200 μm de diámetro) y unicelulares. Las algas son organismos esenciales en los ecosistemas marinos. Son sustento y refugio para numerosos organismos y pueden cambiar las propiedades del medio en el que habitan (Battacharyya *et al.,* 2015). De las casi 10.000 especies de macroalgas descritas, solo una pequeña cantidad se utiliza como BE con fines agrícolas. Se agrupan, según su pigmentación, en tres categorías: pardas, rojas y verdes (Tabla 2.1). Las más utilizadas en agricultura son las algas pardas o feofitas, concretamente *Ascophyllum nodosum,* junto con *Ecklonia máxima y Laminaria* y, en menor medida, *Macrocystis pyrifera, Saccharina longicruris* y *Fucus vesiculosus* (Figura 2.13).

El interés agrícola de estas algas, consideradas un recurso renovable (se obtienen bajo un crecimiento sostenible) se debe a que, además de macronutrientes (K, N, Mg, Ca y Na) y micronutrientes (Cu, Fe, Mn, Zn, Co, I, Mo, B y Ni) en bajas concentraciones (a excepción del K), incluyen mezclas complejas de compuestos bioactivos como polisacáridos, que pueden representar

Tabla 2.1. Principales especies de algas marinas (Ali *et al.*, 2021)

Phaeophyta (Parda)	Chlorophyta (Verde)	Rhodophyta (Roja)
Ascophyllum nodosum	Ulva lactuca	Macrocycstis pyrifera
Cystoseira myriophylloides	Enteromorpha prolifera	Porphyra perforate
Durvillea antarctica	Caulerpa paspaloides	Nereocystis spp.
Durvillea protatorum	Ulva armoricana	Cyanidium caldarium
Ecklonia maxima	Codium liyengarii	Gelidium serrulatum
Fucus gardneri	Ulva flexuosa	Acanthophora spicifera
Fucus spiralis	Codium tomentosum	Kappaphycus alvarezii
Fucus vesiculosus	Caulerpa sertularioides	Gracilaria edulis
Hydroclathrus spp.	Chlorella vulgaris	Gracilaria dura
Laminaria digitata	Dunaliella salina	Gracilaria gracilis
Macrocystis pyrifera		Laurencia johnstoni
Padina pavonica		Asparagopsis armata
Ralfsia spp.		Chondrus crispus
Saccharina longicruris		Palmaria palmata
Sargassum spp.		

Ascophyllum nodosum   Fucus vesiculosis

Saccharina longicruris   Ecklonia maxima   Macrocystis pyrifera

Figura 2.13. Principales algas estudiadas por su aplicación como BE agrícolas.

entre el 30-40% del peso seco (agar, alginatos, fucoidanos, carragenanos, laminarina, etc.), lípidos (ácidos grasos poliinsaturados), AA, vitaminas, pigmentos vegetales (carotenos, polifenoles y betalainas), polialcoholes (sorbitol, manitol, eckol, etc.), betaínas (ácido γ-aminobutírico, *GABA*), esteroles (fucosterol, ergosterol, etc.) así como inductores de fitohormonas (citoquininas, auxinas, giberelinas, ácido abscísico, brassinosteroides, jasmonatos, ACC[10], etc.), todos ellos necesarios y de gran interés para el desarrollo de las plantas (Figura 2.14). El lector puede encontrar en la revisión realizada por Mughunth *et al.* (2024) una extensa variedad de compuestos bioactivos identificados en los extractos de algas marinas.

De hecho, varios de estos compuestos son exclusivos de estos organismos autótrofos, lo que explica el creciente interés de la comunidad científica y de la industria por estos BE que generan un amplio espectro de respuestas positivas en el sistema suelo-planta. En la Figura 2.15 se muestra la estructura de algunos de los principales polisacáridos de las algas.

En la bibliografía científica se citan numerosos métodos para la extracción de compuestos BE a partir de una biomasa de algas marinas frescas o deshidratadas. La elección del método de extracción influye directamente en la calidad, composición química y funcionalidad de los extractos finales. Estos métodos se pueden clasificar en aquellos que utilizan técnicas más tradicionales (mayormente utilizados para usos

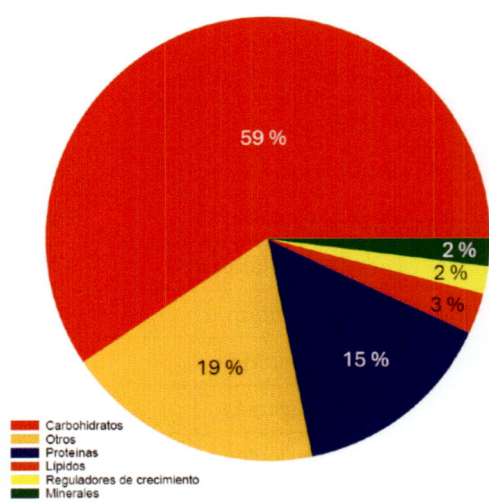

Figura 2.14. Composición media de los extractos de algas marinas (adaptada de Mughunth *et al.*, 2024).

comerciales con fines agrícolas) y los avanzados de uso más experimental (Figura 2.16).

Entre los tradicionales, podemos destacar principalmente (Shukla *et al.*, 2016):

- Métodos de pulverización y filtrado (percolación). Es un método sencillo que consiste en la pulverización e hidratación de las algas, de donde se obtiene un extracto crudo de composición general, que puede ser repetido varias veces, pasando por diferentes filtros, hasta adquirir la textura y composición adecuada dependiendo de su uso final.
- Extracción con disolventes orgánicos. Se basa en el método del extractor Soxhlet, que emplea disolventes como etanol, hexa-

---

[10] ACC: Ácido carboxílico 1-amino-ciclo-propano.

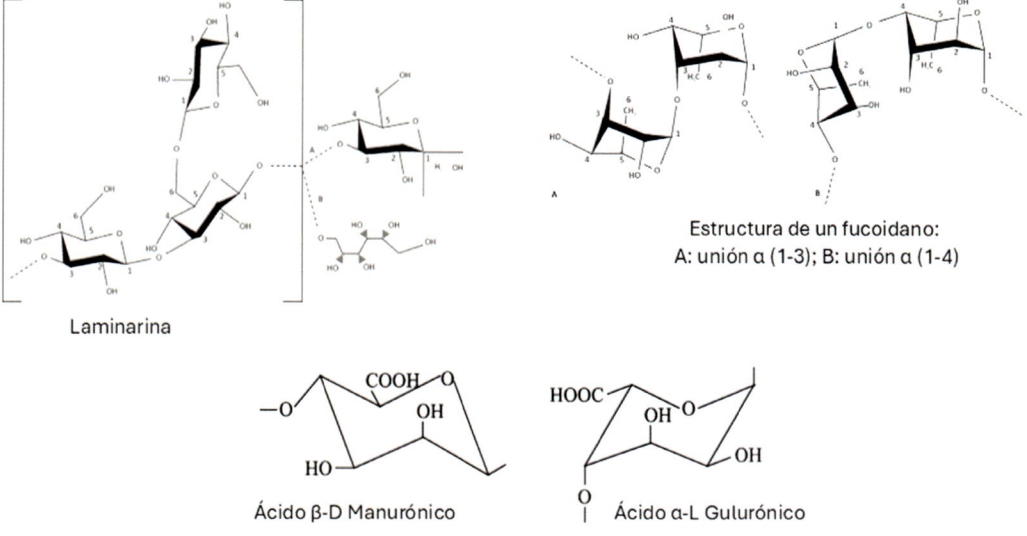

Laminarina

Estructura de un fucoidano:
A: unión α (1-3); B: unión α (1-4)

Ácido β-D Manurónico   Ácido α-L Gulurónico

Monosacáridos componentes de los alginatos

Figura 2.15. Estructuras de polisacáridos de las algas de interés agrícola.

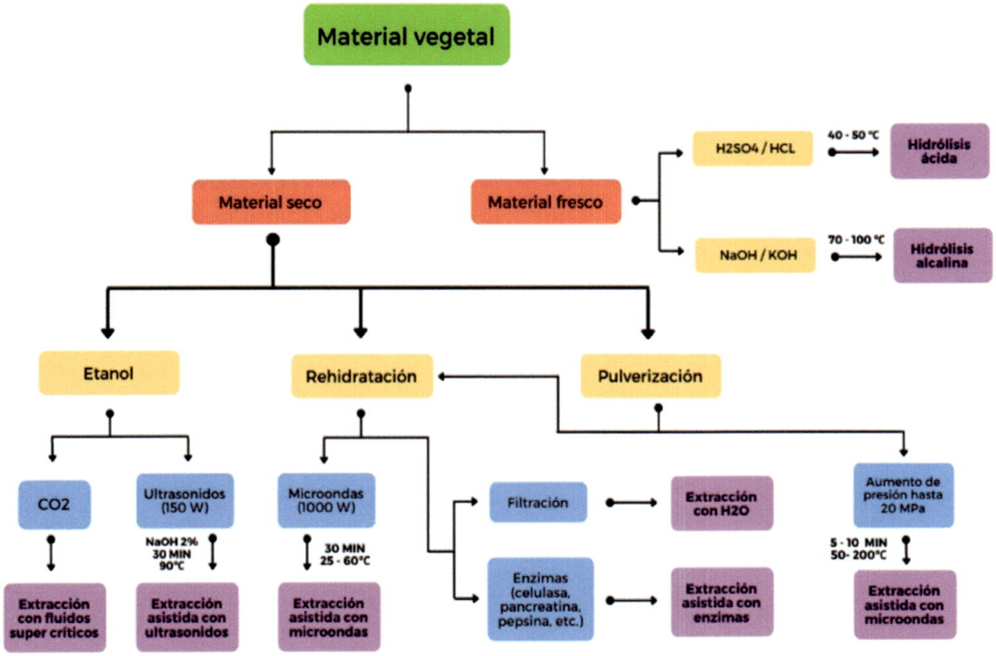

Figura 2.16. Procedimientos utilizados para la extracción de BE de algas (González-Fariña, 2022).

no, tolueno, etc. Este método permite extraer mayoritariamente los compuestos bioactivos apolares (lípidos). Actualmente es ampliamente utilizado en la producción de biodiésel a partir de microalgas.

- Hidrólisis química en condiciones ácidas o básicas. En la hidrólisis ácida se usan ácidos fuertes como el clorhídrico (HCl) o el sulfúrico (H_2SO_4) a temperaturas moderadas (40-50 °C), fundamentalmente para degradar polisacáridos complejos y otros compuestos en moléculas más simples. La hidrólisis alcalina utiliza disoluciones con sosa (NaOH) o potasa (KOH) a temperaturas más elevadas (70-100 °C) con el objetivo de romper enlaces químicos y liberar compuestos bioactivos solubles en agua. Ambos métodos son efectivos, pero requieren un control estricto de las condiciones para evitar la degradación no deseada de algunos de estos compuestos.

Algunos de estos métodos, de forma complementaria y en distintas etapas del proceso, hacen uso de operaciones de tipo físico llevadas a cabo con tecnologías más o menos sofisticadas para mejorar el resultado final. Entre ellos, podemos destacar los siguientes:

- *Trituración.* Se aumenta la superficie activa, con lo que se facilita una extracción posterior de los compuestos bioactivos mediante otros métodos.

- *Deshidratación.* Se elimina el agua, con lo que se aumenta la concentración de los componentes, prolongando así su vida útil y evitando el deterioro debido a la actividad microbiana.
- *Concentración.* Eliminación de disolventes, cuyo objetivo es concentrar los componentes extraídos y obtener un producto final más puro.

Otras técnicas más avanzadas utilizan métodos basados en ultrasonidos, microondas, con fluidos supercríticos (CO_2-Etanol), líquidos presurizados o extracción asistida con enzimas (celulasas, proteasas, hemicelulasas, etc.). La elección del método de extracción dependerá de varios factores, incluyendo el tipo de macroalga, los compuestos bioactivos que se desean obtener, el rendimiento, rapidez, reproducibilidad y optimización del método, los costos y las consideraciones ambientales. En general, el procedimiento de extracción no debe centrarse en aislar un máximo de compuestos bioactivos, pues las distintas interacciones que pueden ocurrir en el extracto final resultarían en efectos sinérgicos y/o antagónicos. En su lugar, se pueden considerar otros aspectos importantes como las características de la biomasa, el modo de aplicación, el tipo de cultivo y las respuestas fisiológicas deseadas en las plantas (El Boukhari *et al.*, 2020).

Los métodos de extracción basados en agua parecen ser los más económicos y eficaces en la obtención de formulaciones ricas en compuestos con actividad BE. Sin embargo, a menudo se utilizan combinaciones de todos ellos o se optimizan las condiciones de extracción para optimizar el potencial BE de los extractos de algas. Mientras que los métodos tradicionales siguen siendo útiles por su simplicidad, disponibilidad y bajo coste, las técnicas avanzadas ofrecen una mayor eficiencia (maximizan el rendimiento y la calidad de los compuestos obtenidos) y sostenibilidad ambiental.

En la actualidad, el mercado europeo ofrece una gran variedad de productos más o menos transformados, desde algas simplemente trituradas hasta extractos de moléculas activas. Estas extracciones proporcionan productos procesados que son sólidos y/o líquidos según el propósito de las aplicaciones. La mayoría de los productos comerciales derivados de macroalgas con fines agrícolas de la variedad *Ascophyllum nodossum* se obtienen principalmente a partir de una hidrólisis química a temperaturas elevadas en medio alcalino de las algas en forma de polvo, obtenidas después de su corte, secado (120 °C) y triturado. Mediante este proceso se obtiene un extracto fraccionado de algas de color negro-parduzco, de baja viscosidad y con un pH entre 8-9. Últimamente, son cada vez más usuales los métodos de extracción en frío (ruptura celular), aplicando técnicas más avanzadas (altas presiones), donde se obtienen líquidos de color verde intensos con alta viscosidad, pH entre 4-5 y donde el producto final contiene intactas las propiedades naturales del alga.

La legislación española, a través del Real Decreto 999/2017, regula la comercialización de estas sustancias dentro del Grupo 4 (productos especiales) prin-

cipalmente en el 4.1.05 "Extracto de algas sólido" y 4.1.06 "Extracto de algas líquido", donde se especifica que 4.1.05 puede ser un producto a base de extracto del alga *Ascophyllum nodosum*, obtenido por extracción física o extracción con soluciones alcalinas, y 4.1.06 un producto obtenido por disolución acuosa del tipo 05 o de un extracto líquido de algas *Ecklonia máxima* por extracción física. Existen dos componentes de las algas (ácido algínico y manitol) que deben cumplir unos contenidos mínimos para poder ser tipificados dentro del *Grupo 4*. Los alginatos son polisacáridos matriciales que ejercen un excelente efecto BE, especialmente ante fenómenos de estrés salino al actuar como elicitores. El manitol es un polisacárido de reserva que actúa mejorando el potencial osmótico (osmoprotector) reduciendo los daños por estrés hídrico, además de ser un potente antioxidante.

El Reglamento EU 2019/1009 establece, dentro de las categorías de materiales componentes que puede contener un producto fertilizante, la "CMC2: Plantas, partes de plantas o extractos vegetales" donde se incluyen hongos y algas, excepto las verdeazuladas (cianobacterias) y "CMC4: Digestato de cultivos frescos" que también incluye a las algas (con exclusión de las verdeazuladas) dentro de las plantas cultivadas para la producción de biogás.

Las algas y productos a base de algas también están autorizados para la agricultura ecológica de acuerdo a los requisitos que indica el Reglamento de ejecución (UE) 2021/1165 en la medida en que se obtengan directamente mediante: i) procedimientos físicos, incluidas la deshidratación, la congelación y la trituración, ii) extracción con agua o con soluciones acuosas ácidas y/o alcalinas y iii) fermentación solo de producción ecológica o recolectadas de forma sostenible de conformidad con el Anexo II, parte III, punto 2.4, del Reglamento (UE) 2018/848.

Además de los BE obtenidos a partir de macroalgas marinas, cabe citar por su importancia, a los obtenidos de microalgas de agua dulce. Las microalgas son microorganismos microscópicos (2-200 µm) fotosintéticos, polifiléticos y eucariotas (excluyen, por tanto, las cianobacterias), que pueden crecer de manera autotrófica o heterotrófica. Estas se cultivan en entornos controlados para garantizar una composición estable y libre de contaminantes (fotobiorreactores). En contraste, las algas marinas, aunque ricas en minerales y oligoelementos, pueden presentar desafíos como una elevada salinidad y la contaminación diversa del medio marino. En comparación con las algas marinas, las microalgas de agua dulce presentan algunas ventajas, entre las que cabe destacar las siguientes:

- *Ausencia de salinidad*. Las microalgas de agua dulce no contienen sodio, evitando la acumulación de sales en el suelo, un problema frecuente con los BE de algas marinas.
- *Composición nutricional controlada*. Poseen una composición estable con altos niveles de fitohormonas, AA esenciales y antioxidantes, que optimizan el metabolismo de las plantas.
- *Mayor eficiencia en la absorción de nutrientes*. Su composición facilita una absorción más rápida y efectiva por parte de las raíces de las plantas, reduciendo el desperdicio de insumos agrícolas.
- *Producción sostenible*. Pueden cultivarse en biorreactores sin afectar los ecosistemas naturales, mientras que la recolección de algas marinas puede comprometer la biodiversidad costera.
- *Menor riesgo de contaminación*. La producción en entornos controlados minimiza la exposición a contaminantes orgánicos e inorgánicos, presentes en algunas algas marinas.

Diversos tipos de microalgas pueden ser utilizadas para obtener extractos bioestimulantes, entre las que destacan *Closterium* spp., *Euastrum* spp., *Pleodorina* spp., *Scenedesmus acutus*, *Scenedesmus* spp, *Chlorella* spp., *Selenastrum* spp, *Pyrobotrys* spp., *Synura* spp., *Cryptomonas* spp., *Gonium* spp., *Volvox* spp., *Ceratium* spp., *Chlamydomonas* spp., *Micrasterias* spp., *Surirella* spp., *Phacus* spp. o *Arthrospira platensis*, aunque *Chlorella* y *Arthrospira* son las más utilizadas.

Múltiples evidencias científicas corroboran los amplios beneficiosos obtenidos con la aplicación de los extractos de algas, atribuidos sobre todo a los efectos sinérgicos de los numerosos componentes bioactivos que actúan como moléculas inductoras que mejoran el crecimiento vegetal y desencadenan respuestas al estrés mediante la activación de vías moleculares y bioquímicas. Entre los beneficios podemos destacar la germinación de semillas, el vigor de las plántulas, el crecimiento y morfología

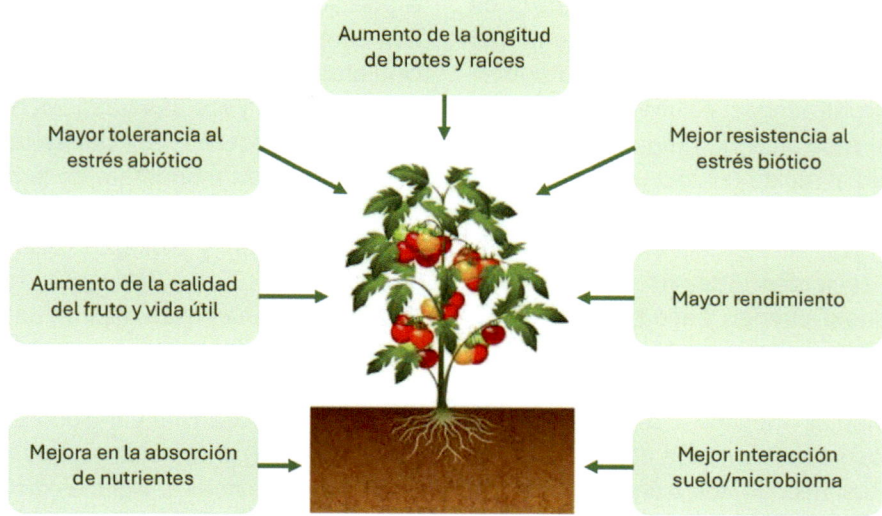

Figura 2.17. Impacto de la aplicación de extractos de algas marinas en diversas partes de la planta.

de las raíces, la floración temprana, el retardo de la senescencia, la maduración de los frutos, el rendimiento de los cultivos, la calidad nutricional del producto comestible y prolongación de la vida útil postcosecha, así como la tolerancia de las plantas a distintas condiciones de estrés abiótico y el aumento de la actividad metabólica de los microorganismos benéficos en la rizosfera, además de mejorar la capacidad de retención de agua y aireación del suelo (Figura 2.17).

El lector puede consultar todas las evidencias y ampliar su conocimiento en las siguientes revisiones bibliográficas: Khan *et al.*, 2009; Shukla *et al.,* 2016; Espinosa-Antón *et al.*, 2020; Michalak *et al.,* 2020; Stirk *et al.,* 2020; Gautam *et al.*, 2024; Mughunth *et al.*, 2024. Como ejemplo, los extractos de algas marinas reducen el estrés por sequía eliminando las ROS o mediante la activación de moléculas protectoras contra ellas (síntesis de antioxidantes),

mejorando la eficiencia fotosintética y reduciendo la peroxidación lipídica. Concretamente, fomentan la acumulación de prolina y el aumento de los niveles de azúcares solubles (sustancias osmoprotectoras), lo que contribuye al ajuste osmótico, a la eliminación de ROS y a la protección de las membranas durante el estrés por sequía. Además, las betaínas, que se encuentran en la biomasa y en los extractos de algas, actúan como osmolitos[11] y mejoran la tolerancia de las plantas a las altas temperaturas, la sequía y la salinidad (Mughunth *et al.*, 2024).

Los métodos de aplicación de los extractos de algas son esenciales para

---

[11] Moléculas orgánicas de pequeño peso molecular y altamente solubles que las células acumulan en altas concentraciones para ayudarles a sobrevivir el estrés que ocurre cuando hay cambios drásticos en la concentración de solutos alrededor de la célula, lo que puede provocar la pérdida o ganancia excesiva de agua.

garantizar su eficacia y la respuesta de las plantas. Se suelen aplicar tanto por vía foliar como radicular, o una combinación de ambas. Al suelo suelen añadirse mediante fertirrigación, aunque debido al rápido contacto con los tejidos vegetales y a su rápida absorción por las hojas, las aplicaciones foliares son más eficientes. Además, las partículas del suelo pueden adsorber los extractos, reduciendo su movilidad. Asimismo, se ha observado que las respuestas de las plantas mejoran cuando estos extractos se aplican cada 10 a 14 días.

Resumiendo, los extractos de algas forman una matriz compleja de compuestos biológicamente activos (metabolitos primarios y secundarios), que inducen mecanismos de acción complejos sobre las plantas que las últimas investigaciones han comenzado a esclarecer. A ningún grupo de compuestos de manera independiente se le puede atribuir por sí solo la gran cantidad de cambios fisiológicos que se producen con su aplicación y, como la mayoría de ellos están relativamente bien documentados, se hace necesario ahora comprender mejor los mecanismos de acción y sus interacciones con las distintas condiciones reales de campo, como las bacterias del suelo y los distritos estreses ambientales, así como su propia interacción, por ejemplo dentro de una mezcla fertilizante, con lo que se contribuirá a mejorar aún más la productividad.

2.3.4. Quitosano y otros biopolímeros

El quitosano (Q) es una forma desacetilada del biopolímero quitina (copolímero de N-acetil-D-glucosamina y D-glucosamina), componente natural de las paredes celulares de los hongos, el exoesqueleto de insectos y los caparazones de los crustáceos (Figura 2.18), donde la proporción de cada monómero en la cadena polimérica define sus propiedades físicas, químicas y biológicas (Shahrajabian et al., 2021; Bahuguna et al., 2022). La quitina posee más de un 95% de N-acetil-D-glucosamina y menos del 5% de D-glucosamina. Los residuos de N-acetil-d-glucosamina y d-glucosamina en la quitina y el Q están unidos entre sí mediante enlaces 1,4-glucosídicos similares a los de la celulosa.

Aunque la quitina se puede encontrar en diversas fuentes en la naturaleza, normalmente se obtiene a partir de caparazones de camarón o cangrejo, plumas de calamar y, en algunos casos, de hongos filamentosos mediante desmineralización y desproteinización. El Q no se encuentra abundantemente en la naturaleza, pero se produce a partir de la quitina mediante un proceso de desacetilación heterogéneo (Kumaresapillai et al., 2011; Muñoz et al., 2015), donde la quitina sólida se empapa en NaOH al 40-50% (p/v). El porcentaje de residuos de N-acetil-d-glucosamina convertidos en D-glucosamina (más del 80%) mediante este proceso de desacetilación, denominado grado porcentual de desacetilación del Q, permite que el Q se pueda solubilizar fácilmente en ácidos orgánicos débiles, como el acético o el láctico. La naturaleza heterogénea del proceso de producción hace que el Q, a pesar de derivar de similares materiales de partida, pueda ser bastante diferente en términos de masa molecular promedio y porcentaje de desacetilación. Es-

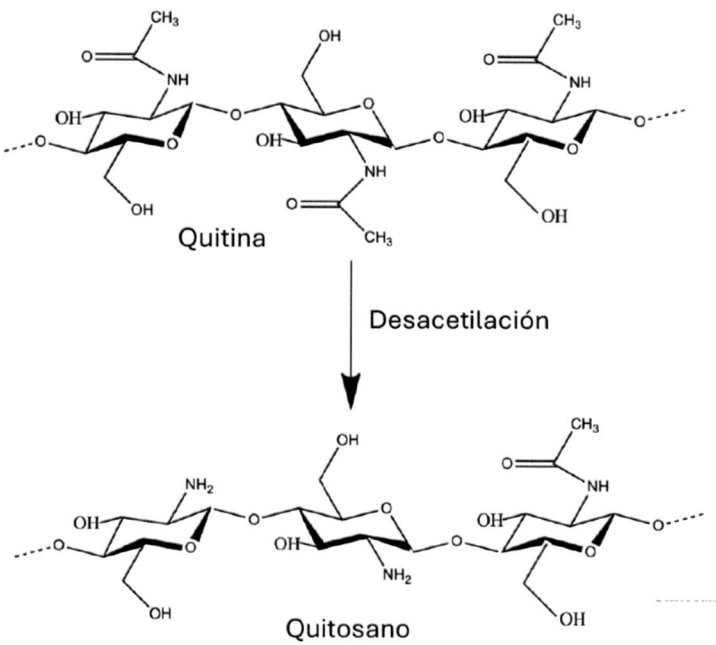

Figura 2.18. Estructura de quitina y quitosano.

tas diferencias pueden afectar en gran medida a las propiedades físicas (solubilidad) y a sus funciones biológicas (capacidad de estimular las plantas), aunque estas diferencias se pueden reducir o eliminar mediante pretratamientos con NaOH para modular la desacetilación y una hidrólisis química o enzimática para modular el tamaño.

Inicialmente, los quitosanos eran mucho más conocidos por su capacidad, similar a la de los elicitores, para inducir respuestas de defensa de las plantas, en particular la producción de fitoalexinas, proteínas relacionadas con la patogénesis, ROS y otros compuestos relacionados, que hacen que las plantas sean más tolerantes al estrés (heridas) y a las enfermedades (infecciones principalmente contra patógenos fúngicos) (du Jardin, 2015; Pichyangku-

ra y Chadchawan, 2015). De hecho, el clorhidrato de quitosano (forma más soluble que el Q) se encuentra entre las denominadas "sustancias básicas[12]" aprobadas en el Artículo 23 del Reglamento (CE) 1107/2009 como estimuladoras de los mecanismos de defensa natural de la planta.

Actualmente, este tipo de sustancias no están reguladas en la legislación española como BE a través del grupo 4 (productos especiales) del Real Decreto 999/2017. Sin embargo, al estar autorizado su uso como sustancia básica (SB), por su origen natural, su abundante disponibilidad, naturaleza bio-

_____

[12] Aquellas no preocupantes, sin toxicidad y que no se utilizan ni se comercializan principalmente para fines fitosanitarios, pero resultan útiles para ellos.

degradable, reactividad, etc., los usos agrícolas no solo se limitan a la inducción de resistencia a enfermedades, sino que también están dirigidos a estimular otras respuestas de las plantas, como el estrés abiótico, la mejora del crecimiento y el rendimiento, la activación de la producción de metabolitos secundarios y la vida útil de flores y frutos. Esta última característica está ganando popularidad, ya que el Q ha demostrado proteger las frutas de los daños postcosecha, como el envejecimiento causado por el ataque oxidativo y el deterioro debido a la pérdida de agua (du Jardin, 2020).

Según Shahrajabian et al. (2021), el Q es capaz de: i) proteger y estimular la germinación de las semillas mediante su recubrimiento, ii) inducir el crecimiento y el desarrollo de las plantas, iii) actuar como elicitor de resistencia mediante la inducción de mecanismos de defensa de la planta, iv) mitigar los efectos negativos del estrés abiótico, v) mejorar las propiedades del suelo y evitar la lixiviación de nutrientes, vi) quelatar metales pesados y prevenir su lixiviación, vii) aumentar el rendimiento y la calidad de los cultivos y viii) mejorar la vida útil de los productos alimentarios mediante tratamientos postcosecha. Además, varios estudios realizados sobre cultivos hortícolas (lechuga, pimiento, tomate, espinaca) han evidenciado que el Q es capaz de aliviar los efectos negativos del estrés hídrico y aumentar su vida útil, mientras que su aplicación foliar puede promover la acumulación de sustancias bioactivas o aumentar la actividad de enzimas antioxidantes y aumentar la fotosíntesis y el crecimiento de las plantas, como también reflejan

otros investigadores (Pichyangkura y Chadchawan, 2015). La heterogeneidad en la preparación del Q puede afectar en gran medida a sus propiedades físicas. Hasta ahora, el modo de acción del Q en la planta no es bien conocido y son necesarios más estudios para comprender claramente su mecanismo, lo que ayudará aún más en el desarrollo futuro de dichos productos a base de Q.

Según Iriti y Faoro (2009), la aplicación de Q a las plantas resulta en la activación de su sistema de defensa al imitar a los compuestos asociados con los organismos similares a la quitina. Cuando el Q se aplica a las plantas en condiciones de estrés biótico aumenta la concentración de compuestos relacionados con la defensa, como calosa, inhibidores de la proteinasa, lignina, así como la inducción de genes sensibles al estrés y la producción de fitoalexina (Katiyar et al., 2011). El Q, que tiene un peso molecular bajo (5 kDa), tiene la capacidad de inducir lipoxigenasa, quitinasa, fitoalexinas y β-glucanasa, que a su vez activan la generación de ROS. El otro mecanismo es la señal inducida por el Q en las plantas, que incluye receptores celulares específicos que luego son transducidos por mensajeros secundarios como el peróxido de hidrógeno (H_2O_2), el calcio (Ca^{+2}), las ROS, el óxido nítrico (NO) y determinadas fitohormonas dentro de la célula para causar respuestas fisiológicas. Según Li et al. (2002), el tratamiento con Q inhibe la influencia de radicales oxidantes como el anión superóxido ($O_2^{\cdot-}$). También puede desencadenar la síntesis de ácido jasmónico (AJ), ácido abscísico (AA) y etileno (ET) en las plantas.

Además, la aplicación de Q mejora la respuesta de defensa mediante diferentes mecanismos, como la activación de quinasa, la activación del H_2O_2, el óxido nítrico en el cloroplasto y las respuestas a la hipersensibilidad. La señalización transducida por Q bajo estreses abióticos y bióticos en plantas se muestra en la Figura 2.19.

2.3.5. Elementos químicos beneficiosos

Los elementos esenciales para las plantas son 17, macronutrientes (C, H, O, N, P, K, Ca, Mg, S) y micronutrientes (Fe, Mn, B, Cu, Zn, Mo, Cl, Ni). Por otra parte, los elementos químicos beneficiosos son aquellos que promueven y favorecen el crecimiento de algunas plantas, especialmente a concentraciones bajas, pero no están reconocidos como esenciales (Navarro y Navarro, 2013; Sarraf et al., 2023). La literatura científica incluye diez elementos beneficiosos que pueden actuar como BE inorgánicos: aluminio (Al), cerio (Ce), cobalto (Co), yodo (I), lantano (La), sodio (Na), selenio (Se), silicio (Si), titanio (Ti) y vanadio (V) (Trejo-Téllez y Gómez-Merino, 2023; Trejo-Téllez et al., 2023) (Figura 2.20).

Estos elementos, que emergen como nuevos BE, pueden mejorar la productividad de los cultivos y la calidad nutricional al tiempo que mejoran las respuestas a los estímulos ambientales y a los factores de estrés en algunas especies de plantas (Trejo-Téllez et al., 2023). Cuando se suministran en dosis bajas, ayudan a mejorar el crecimiento, el desarrollo y la calidad del rendimiento de las plantas al estimular diferentes mecanismos moleculares, bioquímicos y fisiológicos que desencadenan respuestas adaptativas a entornos desafiantes.

Están presentes en suelos y plantas en forma de sales inorgánicas solubles y formas insolubles como la sílice amorfa ($SiO_2.nH_2O$) en las gramíneas. Por lo tanto, la definición de elementos benefi-

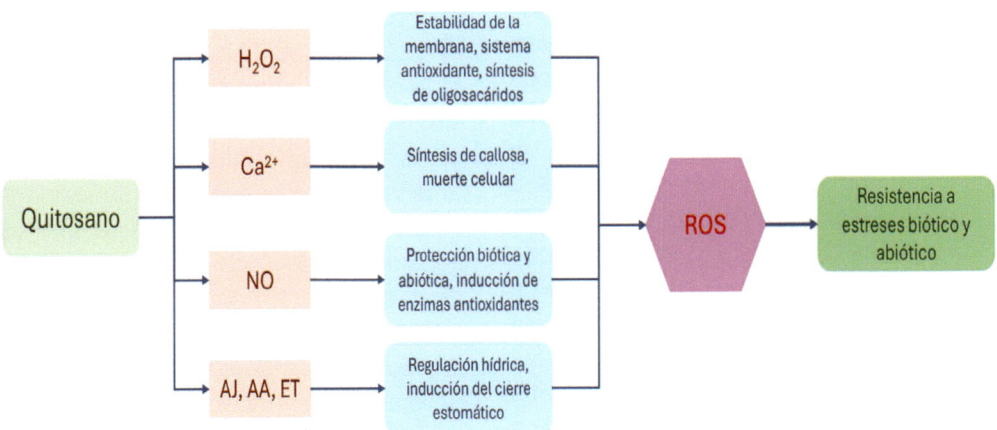

Figura 2.19. Esquema de la señalización transducida por quitosano bajo estreses abióticos y bióticos (adaptada de Hidangayum et al., 2019).

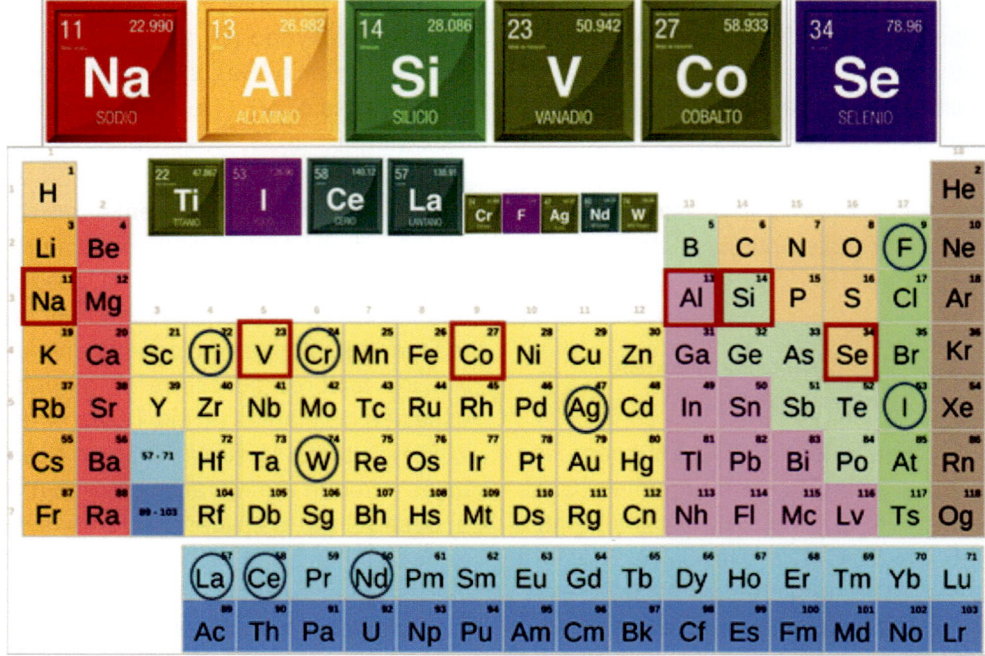

Figura 2.20. Elementos beneficiosos para algunas plantas.

ciosos no se limita a su naturaleza química, sino que debe también hacer referencia a los contextos especiales donde se pueden observar los efectos positivos sobre el crecimiento de las plantas y la respuesta al estrés (du Jardin, 2015). Estos elementos químicos pueden aumentar la productividad de los cultivos y la calidad nutricional, al tiempo que mejoran las respuestas a los estímulos y estresores ambientales en algunas especies vegetales. Cuando se suministran en dosis bajas, ayudan a mejorar el crecimiento, el desarrollo y la calidad del rendimiento de las plantas estimulando diferentes mecanismos moleculares, bioquímicos y fisiológicos que desencadenan respuestas adaptativas a entornos difíciles.

Sodio

Durante mucho tiempo, el sodio (Na) fue considerado un elemento esencial para la vida vegetal. Pero ya en 1860, esta creencia fue desechada, aceptándose solo como un simple estimulante o un parcial sustituto del potasio. El sodio es absorbido por la planta como Na^+. Su contenido puede variar ampliamente, dependiendo del existente en el suelo, de la especie que se considere y del órgano que se analice. En el suelo, el Na procede de los minerales silicatados, como hornblenda y moscovita. Los suelos sódicos ejercen un efecto desfavorable sobre las plantas. Su alta alcalinidad, inducida por el carbonato y bicarbonato sódico, la toxicidad del anión bicarbonato y otros aniones, y el exceso de Na^+ activo, constituyen las principales causas a destacar sobre el metabolismo vegetal. Como valor medio se acepta 1.200 mg kg^{-1} en peso seco, siendo las hojas, normalmente, más ricas que las semillas, y las leguminosas más que los pastos. El Na es considerado un elemento beneficioso por tres aspectos: i) es esencial para ciertas especies, ii) puede reemplazar funciones del potasio en las plantas y iii) tiene un efecto positivo en el desarrollo vegetal (Barceló *et al.*, 1995; Marschner, 1998). Algunos investigadores han señalado su posible acción como activador de la enzima carboxilasa fosfoenolpirúvica, primer enzima de carboxilación en la fotosíntesis de plantas con ruta metabólica C_4 y CAM[13]. Algunas plantas pueden incrementar su masa seca en presencia de Na, aunque existan deficiencias de K. Sin embargo, existen plantas que son afectadas negativamente por la absorción del Na. En especies de importancia económica como la remolacha azucarera, la fertilización con Na tiene efecto sobre la expansión celular y el balance hídrico, pues, se han obtenido producciones más altas que en los cultivos fertilizados con K. Algunos investigadores han señalado también un incremento de la actividad de la enzima

nitrato reductasa y acumulación de nitritos, lo cual origina efectos tóxicos y una menor asimilación del N. El Na se usa en tierras de pastura, ya que este elemento incrementa la aceptabilidad del forraje por parte de los animales. Pero, la absorción de grandes cantidades de Na por las raíces puede crear dificultades para la toma de otros elementos como el K o el P (Barceló *et al.*, 1995). Estas y otras discrepancias, puestas de manifiesto en lo que respecta a considerar el Na como elemento esencial para algunas plantas, no excluyen que sea criterio general el aceptar los efectos beneficiosos que el elemento puede proporcionar.

Cobalto

El cobalto (Co) es necesario para la fijación del N en leguminosas y esencial para los rumiantes, ya que es constituyente de la vitamina B12. Niveles inferiores a los considerados como normales en pastos utilizados continuamente para la alimentación de rumiantes (menores de 0.1 mg kg^{-1} en peso seco) provocan en ellos graves alteraciones, que se traducen en falta de apetito, disminución del crecimiento con adelgazamiento, anemia, temblores musculares y desarrollo sexual retrasado. Se ha demostrado que en ambientes pobres de cobalto la fijación del N es escasa. En leguminosas, el Co está ligado a la nodulación y consecuente fijación del N y, por lo tanto, su deficiencia se refleja en la de N (Alarcón, 2000). La disponibilidad del Co aumenta en medios ácidos y disminuye con la presencia de óxidos cristalinos de Mn (Lora, 1994). El contenido en las plantas es bajo, aunque va-

---

[13] La ruta metabólica C_4 forma parte de la evolución de las plantas para evitar la fotorrespiración, separando la fijación inicial de CO_2 y el ciclo de Calvin en el espacio al realizar estos pasos en tipos de células diferentes. Las plantas C_4 tienen una anatomía especializada que mejora la eficiencia fotosintética en condiciones de estrés y las plantas CAM tienen una estrategia de apertura y cierre de estomas para conservar agua en condiciones extremas.

riable, y depende de la especie y de su contenido en el suelo. En plantas herbáceas, los valores hallados oscilan entre 0,02 y 0,24 mg kg^{-1}, y en leguminosas entre 0,06 y 0,43 mg kg^{-1}. Los granos de cereales, y particularmente los del maíz, son muy pobres en Co (entre 0,01 y 0,06 mg kg^{-1}). Contenidos superiores a 1 mg kg^{-1} en peso seco son raros, aunque excepcionalmente se ha comprobado en algunas especies su capacidad para almacenar cantidades muy superiores a las consideradas normales. En los suelos, el contenido medio observado oscila entre 1-40 mg kg^{-1}. Excepcionalmente, y en aquellos en los que abundan los minerales ferromagnesianos, pueden alcanzarse hasta 1000 mg kg^{-1}. Diversos factores, tales como la textura, la humedad, el pH y el contenido en óxidos de manganeso, se han demostrado influyentes en la disponibilidad del cobalto para la planta.

Selenio

El selenio (Se) no es un elemento muy abundante en la naturaleza. Los niveles del suelo suelen estar por debajo de 1 mg kg^{-1}, pero se pueden encontrar de 4 a 100 mg kg^{-1} en suelos seleníferos. En suelos seleníferos, la mayoría de las especies de plantas contienen de 1 a 10 mg kg^{-1} de Se, pero las llamadas plantas hiperacumuladoras de Se (por ejemplo, de los géneros *Stanleya* y *Astragalus*) pueden acumular de 1.000 a 15.000 mg kg^{-1} (0,1-1,5% de Se), incluso a partir de bajas concentraciones externas. El selenio es químicamente similar al azufre (S) y se metaboliza a través de los mismos mecanismos. Mientras que la este-

quiometría de Se y S en las plantas suele reflejar la de su entorno, los hiperacumuladores generalmente contienen proporciones elevadas de Se/S, lo que sugiere que pueden absorber preferentemente Se por medio de transportadores especializados. El selenio es absorbido por las plantas como anión SeO_4^{-2} y forma proteínas al igual que el azufre, pero las proteínas que tienen selenio no son funcionales. Existen plantas acumuladoras de selenio pertenecientes a la familia Cruciferae, como el brócoli, pero la mayoría de las plantas cultivadas no acumulan este nutriente. En el género *Astragalus*, que es una planta acumuladora de este elemento, se encontró que el Se previene la absorción excesiva de fosfatos a niveles tóxicos. Pese a que no se reportan otros beneficios, este es un elemento beneficioso para animales y humanos (Marschner, 1998). Sin embargo, el Se puede causar toxicidad en los cultivos, por lo que su aplicación como BE ha de estar controlada.

Aluminio

El aluminio (Al) es el tercer elemento más abundante en la corteza terrestre, tras el oxígeno y el silicio. A niveles elevados, el Al es tóxico, tanto para las plantas como para los animales, y la mayoría de las investigaciones sobre el metabolismo del Al en las plantas se han centrado en la toxicidad o los mecanismos de tolerancia. La biodisponibilidad de Al es mayor en suelos ácidos (pH < 5,5) y gran parte de la investigación se ha centrado en los factores antropogénicos que aumentan los niveles de Al en el medio ambiente, como la minería y la lluvia ácida. El aluminio podría ser beneficioso en bajas concentraciones para plantas con alta tolerancia al aluminio (Marschner, 1998). Sin embargo, son más conocidos los efectos negativos en condiciones de pH bajo porque precipita el P e inhibe la división celular. Además, disminuye la absorción de Ca, Mg, K, Fe y B (Lora, 1994). La toxicidad del Al resulta en la inhibición del crecimiento de las raíces, al alterar la arquitectura de las mismas e interrumpir su elongación. Muchas plantas que viven en suelos ácidos han desarrollado tolerancia al Al a través de mecanismos de desintoxicación apoplásticos o simplásticos. Los mecanismos apoplásticos incluyen la unión de Al a la pared celular (evitando la transferencia de Al al simplasto), las secreciones de la raíz que elevan el pH proximal del suelo (haciendo que el Al sea menos biodisponible) y la exudación de ácidos orgánicos o mucílagos que forman un complejo de Al, reduciendo su movilidad. Algunas especies toleran el Al, a menudo almacenándolo en formas menos tóxicas, complejadas con ácidos orgánicos.

Vanadio

Diversos trabajos realizados en los últimos años del pasado siglo ya pusieron de manifiesto el efecto de las sales de vanadio (V) sobre el crecimiento de microorganismos y plantas superiores. En ellos se señalaba que concentraciones de 10-20 mg kg^{-1} o superiores eran generalmente tóxicas para las plantas aunque, en determinados casos, concentraciones más bajas tenían un efecto estimulante, especialmente para cier-

tos microorganismos. El contenido medio de V en el suelo oscila alrededor de 100 mg kg^{-1}, y procede principalmente de la degradación de las rocas ígneas. El V ha sido detectado como constituyente de un gran número de plantas y, sobre todo, de aquellas que vegetan en suelos donde el elemento se encuentra en proporción elevada. Las cantidades halladas oscilan alrededor de 1 mg kg^{-1} en peso seco, en sus distintos órganos. En los nódulos de las leguminosas se han hallado valores entre 3 y 4 mg kg^{-1}. Algunos estudios han implicado al V en el proceso de fijación del N atmosférico. Según los datos aportados, se sugiere que el V puede reemplazar al Mo como elemento necesario para la fijación en distintas especies de *Azotobacter*, hasta un cierto límite, pero en ningún caso se ha podido demostrar que pueda sustituirlo de una forma total. Otros autores han señalado también que esta participación puede tener lugar en la fijación simbiótica del N por *Rhizobium*. Sin embargo, en el momento actual, no se disponen de resultados concretos para aceptar de forma concluyente esta participación. La posibilidad de su necesidad parece que está supeditada, según algunos autores, a niveles del elemento en la planta menores de 2 ng kg^{-1} en peso seco. Se admite solamente, y bajo especulación, que su función es la de actuar como un activador enzimático en determinados procesos redox del metabolismo de la planta.

Silicio

El silicio (Si), elemento químico de número atómico 14 y perteneciente al grupo de los metaloides, es el segundo elemento más abundante en la corteza terrestre después del oxígeno (28% de la masa de la corteza terrestre) y puede alcanzar en la capa arable más del 60% de la masa del suelo expresado como SiO_2. A pesar de su alta presencia, la mayor parte del Si presente en el suelo está en forma de óxidos (SiO_2) o de silicatos y aluminosilicatos insolubles en el suelo y por tanto no biodisponible para plantas. Solo una pequeña concentración de Si en el suelo se encuentra en forma de ácido monosilícico (H_4SiO_4) también denominado ácido ortosilícico $Si(OH)_4$ soluble en agua y biodisponible, lo que provoca una muy baja disponibilidad general (Laane, 2018). Según Epstein (2001) y Sommer et al. (2006), la concentración de Si en la disolución del suelo varía de 0,1 a 0,6 mM, mientras que según Karathanasis (2002) el rango es de 0,01 a 2,0 mM, dependiendo de las características edafológicas, fisicoquímicas y microbiológicas del suelo. Este Si biodisponible se forma muy lentamente a partir de formas insolubles o de compuestos orgánicos.

El Si es un elemento no esencial para la nutrición de las plantas en el sentido de los criterios clásicos postulados por Arnon y Stout (Epstein, 1994). Sin embargo, han sido bien establecidos por la literatura científica los efectos beneficiosos que el Si puede aportar a la planta en una gran variedad de cultivos, desde potenciar el crecimiento y rendimiento hasta mejorar la resistencia a diversos tipos de estreses abióticos (salino, térmico, escasez de agua, toxicidad por metales, acidez, etc.), lo que sugiere un uso potencial en la agricultura (Savvas y Ntatsi, 2015; Zellner, y Datnoff, 2020).

Después de su absorción por la planta, el Si se acumula en varios tejidos, principalmente como un polímero de sílice amorfa hidratada. Actualmente, el Si se aplica en algunos cultivos comerciales con el objetivo de inducir resistencia a estreses abióticos, enfermedades y patógenos, pero el uso de este elemento como BE en horticultura puede extenderse aún más. El Si alivia el estrés salino y el déficit de nutrientes, así como el estrés asociado con las condiciones climáticas; minimiza las toxicidades de los metales y los metaloides y puede retrasar los procesos de senescencia de las plantas. Sin embargo, los mecanismos que subyacen al alivio de las tensiones abióticas mediada por el Si siguen siendo poco conocidos (Figura 2.21). Los mecanismos clave involucrados en el efecto mediado por Si de los estreses abióticos en las plantas superiores incluyen: i) la deposición de sílice dentro de los tejidos de la planta, lo que proporciona resistencia mecánica y turgencia en las hojas y modula la movilidad de nutrientes y agua dentro de las plantas, ii) la estimulación de los sistemas antioxidantes en las plantas, iii) la complejación o coprecipitación de metales tóxicos con Si, tanto en los tejidos de las plantas como en el suelo, y iv) la modulación de la expresión génica y la señalización a través de fitohormonas, aunque actualmente no hay evidencia de una participación directa del Si en las funciones metabólicas de las plantas (Savvas y Ntatsi, 2015).

El Si se puede aplicar como BE en horticultura, ya sea a través de pulveri-

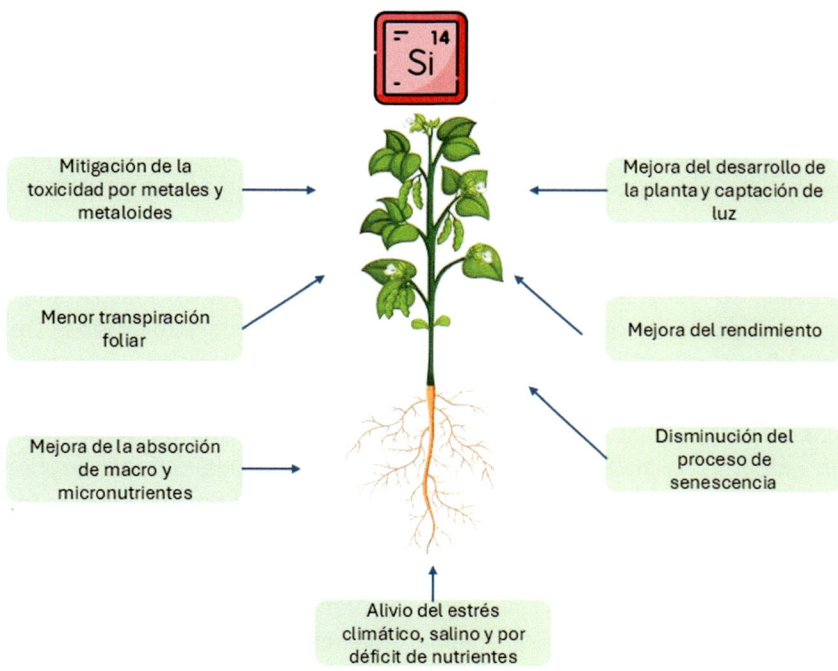

Figura 2.21. Efectos beneficiosos del Si como BE de plantas.

zación foliar, por incorporación al suelo o mediante fertirrigación. Según Wang *et al.* (2015), la aplicación foliar de Si como BE podría evitar la inmovilización química o física y funcionar de manera más directa, en comparación con la aplicación al suelo. Esto es muy importante, especialmente en vista de la muy baja movilidad del Si a través del floema, lo que implica tasas de redistribución muy bajas en la planta. Para aplicaciones foliares, solo se pueden utilizar silicatos altamente solubles como silicato de potasio, silicato de sodio y ácido silícico. Los dos primeros compuestos tienen una reacción altamente alcalina (Savvas *et al.*, 2009) y su aplicación mediante pulverización requiere un ajuste del pH para evitar fitotoxicidad. Sin embargo, las cantidades de Si

que se pueden aplicar a través de la pulverización foliar son relativamente bajas, mientras que su absorción a través de la superficie foliar es limitada. Por otro lado, los efectos BE del Si sobre el estrés abiótico están asociados a su deposición dentro del tejido vegetal (Epstein, 2009). Por lo tanto, se cuestiona la efectividad de las aplicaciones foliares de Si en la mitigación del estrés abiótico, aunque parecen ser más efectivas cuando se aplican para proteger del estrés biótico. En los últimos años, las formas de nanosilicio han demostrado ser más eficientes que las fuentes estándar de Si para aliviar el estrés abiótico cuando se aplican a través de la pulverización foliar, debido a su menor tamaño de partícula, lo que permite mayores tasas de absorción a través de la superficie de la hoja (Wang *et al.*, 2015).

Según Zellner y Datnoff (2020), el Si claramente funciona como BE para mejorar las respuestas internas de la planta a numerosos estímulos externos, y nuestra comprensión de su funcionamiento está mejorando considerablemente. Aún se necesitan métodos de aplicación eficaces y prácticos, fuentes asequibles de Si y métodos para identificar las condiciones en las que el Si será beneficioso para reducir el estrés abiótico. Sin embargo, la investigación sobre el uso del Si para la reducción del estrés abiótico en condiciones de campo todavía es prácticamente inexistente.

La legislación española a través del Real Decreto 999/2017 sí regula el uso de Si como fertilizante en el Grupo 4. (productos especiales) principalmente a través del 4.1.08 "Producto líquido a base de silicio", donde se especifica que es un producto en suspensión coloidal de SiO_2 amorfo procedente de silicato potásico o silicato sódico, y el 4.1.09 "Abono sólido a base de silicio", obtenido por fusión de arena con carbonato de potasio. Ambos tipos con un uso restringido a aplicaciones radiculares.

Otros elementos beneficiosos

El cerio (Ce) puede aumentar el tamaño de la raíz, con lo que aumenta la actividad de la catalasa, y puede estar involucrado en la transformación de N inorgánico en N orgánico. El iodo (I) puede mejorar el uso de N, mejorar la floración y aumentar el rendimiento y la uniformidad de la fruta, mientras que sus enfoques de biofortificación en plantas de cultivo son ampliamente re-

conocidos. El titanio (Ti) mejora la absorción de N, P, K, Ca y Mg, aumenta la síntesis de almidón y, en general, mejora el crecimiento de las plantas. Esta lista puede ampliarse y elementos como plata (Ag), cromo (Cr), flúor (F), wolframio (W) y varios lantánidos también pueden tener efectos beneficiosos sobre la biología de las plantas, aunque han sido poco explorados. De hecho, recientemente se ha demostrado que el neodimio (Nd) promueve el crecimiento, la concentración de nutrientes y el metabolismo en la caña de azúcar (Ramírez-Antonio *et al.*, 2023) y en la lechuga (Rueda-López *et al.*, 2024). Así, estos elementos beneficiosos tienen un gran potencial para enfrentar algunos de los desafíos más desalentadores que enfrenta la humanidad, como el cambio climático y la creciente demanda de alimentos. Por lo tanto, es crucial seguir investigando sobre los elementos beneficiosos para la innovación agroalimentaria mundial.

2.3.6. Bioestimulantes microbianos (BEM)

Las interacciones que se dan entre plantas y microorganismos ocurren, sobre todo, en la porción del suelo que está en contacto con la raíz conocida como *rizosfera*, que se puede definir como:

> El volumen estrecho de suelo que está asociado e influenciado por las raíces de las plantas o los materiales derivados de estas (Bringhurst *et al.*, 2001).

Esta estrecha zona del suelo, de unos pocos milímetros de espesor (1-5 mm de la superficie de las raíces) alberga una gran cantidad de microorganismos e invertebrados y se considera una de las interfaces más dinámicas de la Tierra. Se estima que en esta zona hay una concentración de bacterias que es de 10 a 1.000 veces mayor que en el resto del suelo alejado de ella. Así, las interacciones entre las raíces de las plantas, el suelo y los microorganismos alteran significativamente las propiedades físicas y químicas del suelo, lo que influye en el microbioma de la rizosfera (Lugtenberg y Kamilova, 2009; Philippot *et al.*, 2013).

De entre las características de la rizosfera, las más importantes son las siguientes (Bonilla Buitrago *et al.*, 2021):

- Constituye un ambiente favorable para el desarrollo de microorganismos y microfauna en cantidades muy superiores a las encontradas en el resto del suelo.
- La mayoría de los organismos rizosféricos se encuentran dentro de los 50 μm más cercanos a la superficie de las raíces. Las poblaciones dentro de los primeros 10 μm pueden alcanzar $1,2 \times 10^8$ células cm^{-3}. En un gramo de suelo fértil pueden estar presentes hasta 10^{10} bacterias con un peso vivo de 2.000 kg ha^{-1}.
- Existe una alta concentración de nutrientes (puede llegar a ser 1.000 veces mayor que en el suelo), ya que las raíces liberan parte del carbono fijado fotosintéticamente en forma de azúcares (glucosa y xilosa), ácidos orgánicos (ácido málico, cítrico, succínico, etc.), AA (ácido glutá-

mico, ácido aspártico, leucina, isoleucina, lisina, etc.) y metabolitos secundarios, así como otros compuestos de alto peso molecular, como hidratos de carbono y proteínas, conocidos como exudados radiculares, que proveen de una importante fuente de energía a los microorganismos circundantes.

- Estos exudados atraen una gran cantidad de microorganismos (quimiotaxis positiva), que colonizan las raíces y generan importantes interacciones con las plantas, entre las que destacan la colonización de las denominadas bacterias promotoras de crecimiento (PGPR) las cuales pueden producir aumento en el vigor, la sanidad o la productividad del cultivo, además de resistencia a diferentes condiciones de estrés biótico y/o abiótico. El proceso de colonización incluye los pasos de reconocimiento (donde tanto las raíces de las plantas como los propios microorganismos generan señales químicas de inicio del proceso), adherencia, invasión, colonización y, finalmente, crecimiento de la población.
- Los exudados de las raíces de las plantas median las interacciones entre estas y las comunidades microbianas en la rizosfera. La composición cualitativa y cuantitativa de los exudados radiculares está determinada por el tipo de cultivo, la especie de la planta, su etapa de desarrollo y diversos factores ambientales,

incluidos el tipo de suelo, el pH, la temperatura y la presencia de otros microorganismos.

- La formación de biopelículas es el principal mecanismo de colonización bacteriana en la rizosfera. Estas biopelículas son comunidades cooperativas de microorganismos embebidas en una matriz extracelular polimérica que les permite adherirse a las raíces o agregados del suelo. La producción de esta matriz, rica en péptidos, proteínas, metabolitos secundarios y ácidos orgánicos, inicia señales genéticas para su desarrollo tridimensional y funcional (proceso denominado *quorum sensing*) que permite la expansión, nutrición y posterior actividad metabólica de las bacterias en la superficie de la raíz. Se forma una estructura funcional, con canales que permiten el intercambio de nutrientes y señales.

Por lo tanto, la planta modifica el microbioma de la rizosfera, así como su abundancia. Estas diferencias generan en la rizosfera comunidades microbianas que tienen cierto grado de especificidad para cada especie de planta. De igual manera, el suelo también influye en la planta y en la supervivencia microbiana, que a su vez determina la fertilidad del mismo (Bonilla Buitrago *et al.*, 2021).

En realidad, la rizosfera alberga una gran abundancia de microorganismos autóctonos de diferentes orígenes y con distintas funciones. Pueden clasificarse según diversos criterios: grupo microbiano, ambiente de colonización, función microbiana, etc. Los principales grupos microbianos están constituidos por bacterias y hongos diversos, muchos de los cuales ayudan a las plantas a obtener nutrientes del suelo y, además, a preservar la posible invasión de otros de tipo patógeno. Colonizan el suelo, la rizosfera y las raíces de la planta. Este microbioma asociado a las plantas incluye microorganismos fijadores de N, bacterias solubilizadoras de fosfato, hongos micorrízicos, agentes de biocontrol, agentes de biorremediación, PGPR y microbios patógenos (Kumar *et al.*, 2022). Así, conocer la composición de la comunidad microbiana, la abundancia relativa de especies en un nicho y la señalización entre microrganismos y plantas en la rizosfera contribuye a establecer una relación entre los cultivos, los factores ambientales y las funciones ecosistémicas (Figura 2.22).

Estos microorganismos pueden realizar diversas funciones, como fijación biológica de N, solubilización y/o movilización de P, K y S y/o micronutrientes (Zn, Fe, etc.), descomposición de la MO y promoción del crecimiento vegetal, mediante mecanismos de acción directos (fijación del N atmosférico, solubilización de nutrientes, formación de sideróforos, producción o modulación de los niveles de fitohormonas, etc.) e indirectos (formación de enzimas hidrolíticas, exo-polisacáridos, producción de antibióticos, resistencia sistémica inducida, biorremediación de metales pesados, etc.). Sin embargo, muchos microorganismos son multifuncionales, es decir, pueden llevar a cabo distintos procesos beneficiosos para las plantas (Fasusi *et*

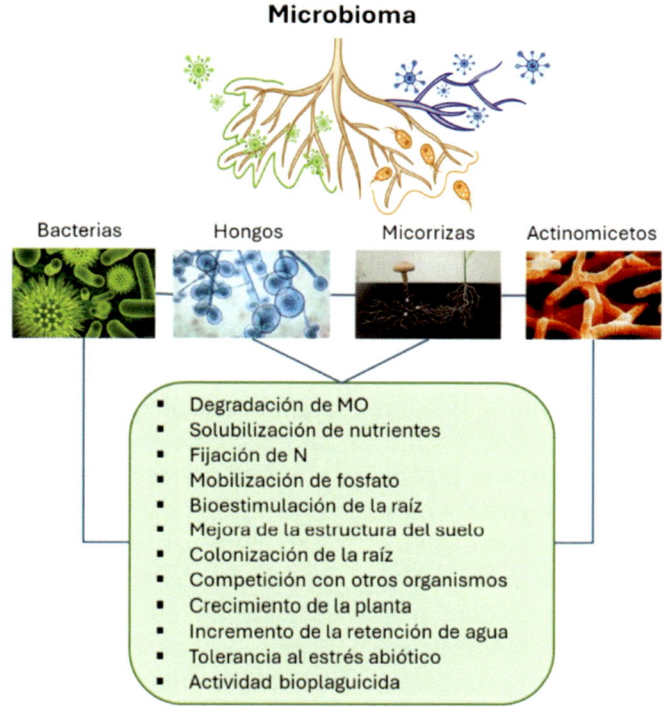

Figura 2.22. Principales microorganismos de la rizosfera y sus posibles beneficios para la planta.

al., 2021; Daniel *et al.*, 2022; Kumar *et al.*, 2022; Ibáñez *et al.*, 2023).

Estudiar la relación entre cultivos, suelos y microorganismos en la rizosfera es fundamental y necesario para mantener sistemas de producción sostenibles y de alto rendimiento. La aplicación de nuevas tecnologías, como las técnicas de secuenciación masiva de ADN (de nueva generación, *Next Generation Sequencing*, NGS), como la metagenómica[14] para explorar los componentes taxonómicos y funcionales de diversos microbiomas asociados con plantas de interés agrícola, ha dado lugar a la selección y manipulación de comunidades microbianas específicas de la rizosfera y ha permitido una mejora significativa en la interpretación del funcionamiento de los microbiomas que habitan específicamente en ella. Aunque hay un extenso conocimiento sobre cómo las raíces y los microorganismos interactúan individualmente, las herramientas tecnológicas actuales permiten estudiar estas interacciones a nivel de toda la comunidad microbiana. Estos estudios contribuirán, sin duda, a comprender cómo funcionan estas interacciones, por ejemplo, qué señales se envían entre las distintas especies que

---

[14] La metagenómica es el estudio del material genético (ADN y ARN) recuperado directamente de muestras ambientales complejas, sin la necesidad de aislar y cultivar los microorganismos individuales presentes en dicha muestra.

componen las comunidades microbianas asociadas a las raíces y cómo estas influyen en la liberación de sustancias por parte de la planta.

De esta manera y para lograr estos objetivos, en lugar de usar como BEM un solo tipo de microorganismo beneficioso, se propone crear combinaciones específicas de agentes biológicos que trabajen de manera sinérgica, que puedan adaptarse a cada tipo de planta, su entorno y las prácticas de cultivo. Es decir, la investigación futura debería centrarse en producir estos BEM a medida, para que puedan resolver problemas particulares de cada suelo y cultivo, como la falta de nutrientes y determinadas condiciones ambientales adversas. Por eso se considera más importante entender las interacciones rizosféricas (planta-microorganismo) que simplemente identificar ese microbioma. Conocer las sustancias que las raíces liberan y cómo estas influyen en la comunidad microbiana del suelo ayudaría a desarrollar nuevas formas de aumentar la producción de las plantas de manera sostenible (Bonilla Buitrago *et al.,* 2021; Kumar *et al.,* 2022).

A) Clasificación de los BEM

El uso de BEM ha adquirido actualmente una importancia capital en el sector agronómico, debido a que se presentan como una herramienta sostenible y eficiente para garantizar el rendimiento agrícola en condiciones de bajos insumos, particularmente en escenarios de deficiencia de N y P. Están considerados como una tecnología innovadora (biotecnología) para mejorar la tolerancia de los cultivos a factores de estrés abiótico, especialmente frente a temperaturas extremas, sequías y salinidad (Rouphael y Colla, 2020a). Estos microorganismos vivos, cuando se aplican a las semillas, las plantas o el suelo, habitando alrededor de las raíces o viviendo en ellas, promueven el crecimiento de las plantas, aumentando el suministro o la disponibilidad de nutrientes, estimulando el crecimiento de las raíces y/o ayudando a establecer otras relaciones simbióticas beneficiosas, es decir, pueden influir en los mecanismos fisiológicos de las plantas ejerciendo una acción BE.

Mucho antes de que se utilizara el término BE, los microbiólogos ya conocían bacterias y hongos beneficiosos que se utilizaban como inoculantes para mejorar la productividad de los cultivos. Ahora, con los análisis metagenómicos del microbioma vegetal, los avances en el aislamiento, amplificación y formulación, y los esfuerzos crecientes de la industria para desarrollar bioinoculantes como productos comerciales han abierto un nuevo horizonte para el uso de microorganismos en agricultura (du Jardin, 2020). Esta subcategoría de BE microbianos (BEM) se conoce también con el nombre de biofertilizantes (BF):

> Una sustancia o material que contiene microorganismos vivos que, al aplicarse a las semillas, a la superficie de las plantas o al suelo, coloniza la rizosfera o el interior de la planta, y promueve el crecimiento al aumentar el suministro o la disponibilidad de nutrientes primarios para la planta huésped (Vessey, 2003).

Según Malusá y Vassilev (2014), un BF no debe confundirse con un fertilizante orgánico (fuente de C) obtenido de fuentes animales (estiércol) o vegetales (residuos verdes o descomposición de residuos y subproductos agrícolas), ni utilizarse como un sinónimo de otras formulaciones que incluyen diferentes tipos de fertilizantes orgánicos, o incluso de aquellos BE derivados de microorganismos, como por ejemplo aquellos que contienen células microbianas muertas, extractos de cultivos microbianos, etc. Además, señalan que el término BF debería referirse a un producto listo para su comercialización, es decir, al producto formulado que contiene los microorganismos que se aplican a la planta o al suelo. En ese mismo concepto coinciden Singh y Kumar (2024) que consideran que el término BF se refiere a una amplia gama de productos que contienen microorganismos vivos o latentes individuales o combinados (bioinoculantes) y que al introducirse en el cultivo ayudan a mejorar su crecimiento y rendimiento. Para Daniel *et al.* (2022) los BF son productos que contienen microorganismos específicos obtenidos de las raíces y zonas radiculares de las plantas y que colonizan el entorno de la rizosfera y el interior de la planta para promover su crecimiento. Por lo tanto, de forma práctica, un BF sería un producto que contiene cepas seleccionadas de microorganismos beneficiosos para la planta que, normalmente, han sido recolectadas de su propio hábitat, cultivadas artificialmente (hasta obtener una forma concentrada) y posteriormente formuladas en soportes adecuados que permitan su introducción óptima en el entorno de la planta con el objeto de mejorar la fertilidad del suelo y la productividad de los cultivos. Sin embargo, algunas clasificaciones de otros autores incluyen como BF aquellos productos complejos en base a microorganismos no vivos y sus subproductos o metabolitos, la mayoría derivados de fermentaciones microbianas, que serían BEM, como también contempla el Reglamento (UE) 2019/1009, pero que no se podrían considerar BF según lo expresado anteriormente. Baste recordar que este reglamento en ningún momento contempla el término BF, a pesar de estar muy generalizado, tanto en el sector agro, como en el ámbito científico. De hecho, otros países como China, India y Brasil sí han establecido leyes sobre el uso de BF e inóculos microbianos, relacionadas con la producción, el etiquetado, el control de calidad y otras características (ver sección 2.4.3). Incluso, es usual la utilización del término "probióticos vegetales" para referirse a los BF atendiendo, como ya hemos comentado, a su similitud con la nutrición humana. En adelante, el criterio utilizado será, atendiendo a la legislación europea (Reglamento UE 2019/1009), usar la denominación de BEM.

La incorporación de los BEM en los sistemas agrícolas, debido a los microorganismos benéficos que contienen, conlleva grandes ventajas como se muestra en la Figura 2.23. Sin embargo, el uso de cepas inadecuadas, la necesidad de sobrevivencia inicialmente en un material portador adecuado, la susceptibilidad a altas temperaturas durante el transporte y almacenamiento, y posteriormente la colonización efectiva en la planta dentro de un hábitat, en ocasiones no adecuado, bajo estreses abióticos y bióticos agudos, provoca

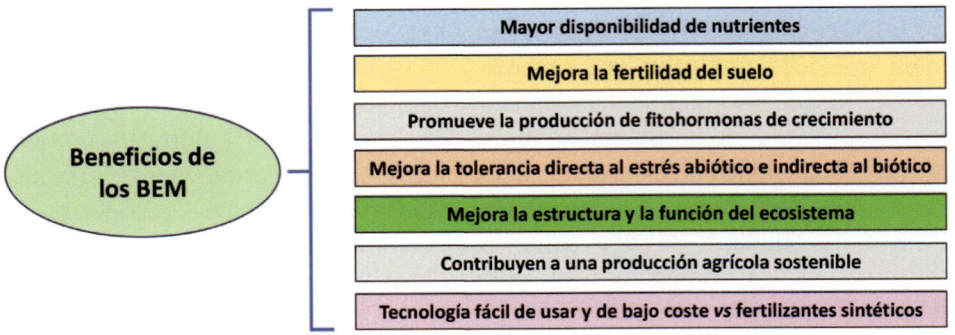

Figura 2.23. Principales beneficios del uso de BEM.

que su uso, a veces, puede llevar a no obtener resultados positivos por parte de los agricultores. Estos factores limitantes son cada vez menos frecuentes gracias a los avances tecnológicos y a la profesionalización del sector agroquímico. Además, como hemos comentado, actualmente las nuevas tecnologías nos permiten una selección precisa de estos y una mejor comprensión del valor añadido que representan estos consorcios de microorganismos en el sector agrícola. Los cuatro tipos de BEM actualmente aprobados por la UE (Reglamento UE 2019/1009) incluyen bacterias (*Azotobacter*, *Azospirillum* y *Rhizobium*) y hongos micorrícicos.

Así, atendiendo al tipo de microorganismo utilizado, podemos destacar los siguientes:

PGPR

Las bacterias promotoras del crecimiento vegetal[15] y, más concretamente,

aquellas que colonizan la rizosfera (*Plant Growth-Promoting Rhizobacteria*, *PGPR*), constituyen un grupo heterogéneo de bacterias beneficiosas unicelulares y procariotas que colonizan la zona del suelo directamente influenciada por las raíces de muchas especies vegetales, donde inducen efectos beneficiosos para las plantas hospedadoras a través de diversos mecanismos. Actúan principalmente sobre las funciones de nutrición de las plantas, en particular sobre el aumento de la absorción de nutrientes y en una mejor resistencia al estrés abiótico (Figura 2.24). Las PGPR son bacterias libres que viven en la rizosfera de las plantas y/o algunas de ellas lo pueden hacer incluso dentro de las raíces, por lo tanto, son endofíticas. Entre los géneros de bacterias más utilizados actualmente como BEM, se encuentran *Rhizobium*, *Azotobacter*, *Azospirillum*, *Bacillus* y *Pseudomonas*. Algunos de estos beneficios directos son: i) la fijación biológica del N (*Rhizobium, Azoto-*

---

[15] Grupo amplio de microorganismos que, al interactuar con las plantas, ejercen efectos positivos en su desarrollo y crecimiento. Estas bacterias pueden encontrarse en diversas partes de la planta y su entorno, incluyendo el suelo, las raíces (rizosfera), las hojas (filosfera) e incluso dentro de los tejidos vegetales (endosfera).

bacter, Azospirillum, etc.), ii) la solubilización y mineralización del fósforo y el potasio presente en el suelo (Bacillus, Pseudomonas, etc.), iii) la producción de fitohormonas (AIA, AA, giberelinas, etc.) que promueven el crecimiento y iv) la modulación de hormonas vegetales mediante la acción de la enzima ACC (1-aminociclopropano-1-carboxilato) desaminasa, que actúa disminuyendo los niveles de etileno en las raíces inducidos por el estrés (Pseudomonas), o indirectos como i) la producción de sideróforos con alta afinidad por el hierro, ii) la resistencia sistémica inducida (ISR), iii) la producción de enzimas hidrolíticas y antibióticos que causan un efecto indirecto sobre otros microorganismos patógenos y iv) producción de biopelículas sobre el tejido radicular, que puede disminuir el efecto negativo de una elevada salinidad y/o sequía. Debido a la importancia de este grupo de microorganismos en el microbioma del suelo y en la producción agrícola,

se están realizando muchos esfuerzos para la selección de PGPR con gran potencial agrícola.

A modo de ejemplo, entre las PGPR destacan las siguientes (Bonilla Buitrago et al., 2021; Fasusi et al., 2021; Nosheen et al., 2021; Daniel et al., 2022; Kumar et al., 2022; Ibáñez et al., 2023; Kumari et al., 2023):

- Rizobios: Incluyen a los géneros Rhizobium, Bradyrhizobium, Sinorhizobium, Azorhizobiumy y Mesorhizobium. Colonizan las raíces de las leguminosas que los atraen mediante los exudados radiculares para formar nódulos radiculares que fijan el N atmosférico en simbiosis con plantas leguminosas, proporcionando una forma de N asimilable por la planta ($N_2 \rightarrow NH_4^+$), que se transfiere de los nódulos de la raíz a las hojas y se utiliza para el crecimiento de las legu-

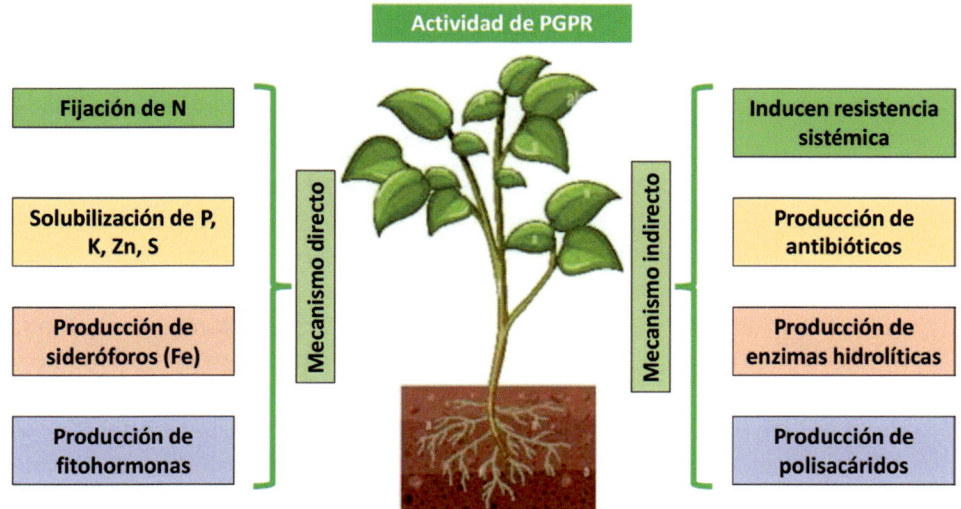

Figura 2.24. Mecanismos de acción de las PGPR sobre el desarrollo vegetal.

minosas. Una vez que se produce la cosecha, el nódulo se descompone y libera los rizobios de nuevo al suelo, donde pueden vuelven a colonizar una nueva leguminosa hospedadora. Por ello se conoce que las leguminosas aumentan la disponibilidad de N en el suelo y minimizan la dependencia de los fertilizantes nitrogenados minerales. Además, los rizobios pueden mejorar el rendimiento y la calidad de los cultivos, ya que son capaces de producir fitohormonas (auxinas), de solubilizar P y Fe (que aumentan la disponibilidad de nutrientes) y de aumentar la tolerancia al estrés mediante la reducción de los niveles de etileno. El proceso de fijación de N realizado por rizobios permite que las leguminosas sean menos dependientes de los fertilizantes químicos en comparación con el resto de las plantas. Varios estudios han evidenciado que este potencial simbiótico es capaz de reducir la necesidad de aplicación de fertilizantes nitrogenados entre un 70-100% en cultivos como soja y otras leguminosas. En cultivos de arroz, la inoculación de semillas aumentó el rendimiento de grano entre un 8-22%. Entre todos los géneros, *Rhizobium* es el más representativo y estudiado, destacando los de la especie *leguminosarum* que incluye varios biovares (biotipos) como *viciae* (asociados a guisantes, lentejas y habas), *phaseoli* o *etli* (judía o frijol co-

mún). Fuera del género más representativo, *Bradyrhizobium japonicum* es muy importante en cultivos de soja. Actualmente no hay muchos BEM de rizobios comercializados. Esto puede deberse a la especificidad de *Rhizobium* en su simbiosis con leguminosas.

• *Azotobacter*. Son bacterias denominadas "de vida libre", porque, aunque se localizan en la rizosfera, son incapaces de colonizar el tejido vegetal. Su asociación se mantiene porque se pueden aprovechar de las fuentes de carbono y otros nutrientes presentes en los exudados radiculares de muchos tipos de plantas (se pueden utilizar en multitud de cultivos). A cambio, son capaces de fijar el N atmosférico a partir de la actividad de sus enzimas nitrogenasas. Además, algunas especies también tienen la capacidad de sintetizar hormonas vegetales (auxinas, que promueven el crecimiento vegetal), y sideróforos (azotobactina, que aumenta la disponibilidad de Fe^{3+}) y de solubilizar el fósforo. Por tanto, este género representa una opción atractiva para el diseño de inoculantes biológicos como BEM para su aplicación en diferentes cultivos. De forma natural, se encuentran en la rizosfera de cultivos no leguminosos como arroz, algodón, caña de azúcar, hortalizas, etc. Diferentes estudios destacan la capacidad de esta bacteria para minimizar la fertilización nitrogenada en un 40% e incrementar los rendimientos de producción hasta un 25%, principalmente en cultivos de hortalizas. Otros ensayos lo fijan entre 10-15%. Es capaz de fijar entre 20-40 kg N año⁻¹. Las especies *A. vinelandii* y *A. chroococcum* son las más frecuentes utilizadas en los BEM comercializados, ya que son de crecimiento rápido y no tienen requerimientos metabólicos exigentes, lo que hace fácil su producción masiva. Por ello, desde una perspectiva científica y agronómica, *Azotobacter* presenta un gran potencial en los BE de nueva generación, especialmente en sistemas de agricultura orgánica, ecológica y de bajos insumos. Si bien su capacidad de fijación de N es limitada, en comparación con los simbiontes, su versatilidad ecológica y su facilidad de formulación lo posicionan como un aliado eficaz en programas de fertilización sostenible.

- *Azospirillum*: Bacterias capaces de fijar N atmosférico, sobre todo en condiciones de baja concentración de oxígeno (microaerófilas), frente al resto, que ocurre bajo condiciones anaeróbicas. Se consideran también de vida libre pero, a diferencia de *Azotobacter*, son fijadoras de N de tipo asociativo. Esto significa que establecen una relación cercana con las raíces de las plantas, viviendo en la superficie de la raíz (rizosfera) e incluso penetrando en las capas celulares externas de la misma, pero generalmente

sin causar daño ni formar nódulos como los rizobios de las leguminosas. Al igual que *Azotobacter,* también tienen la capacidad de sintetizar hormonas vegetales (AIA) que promueven el crecimiento vegetal y tienen un gran potencial para su uso como BE, ya que debido a su versatilidad para tomar diferentes fuentes de carbono y a su metabolismo asociado al N, se adaptan fácilmente a distintas condiciones del suelo. Actualmente el tratamiento más usual es el recubrimiento de semillas. La inoculación con *Azospirillum* puede aumentar la cosecha de diferentes cultivos, especialmente en gramíneas entre un 5 y un 15%, en cultivos tan dispares como maíz, algodón, sorgo o trigo. Es capaz de fijar entre 20-40 kg de N ha⁻¹ en plantas no leguminosas. Actualmente *A. brasilense* es la especie más utilizada en los BEM comercializados junto con *A. lipoferum*. A diferencia de otros diazotróficos más especializados, como *Rhizobium*, se adapta bien a una gran variedad de suelos y cultivos, lo que refuerza su potencial para integrarse en planes de manejo sostenible de la fertilidad.

En la Figura 2.25 se pueden observar imágenes de *Rhizobium, Azotobacter* y *Azospirillum*.

Micorrizas

Los hongos micorrícicos (micorrizas) trabajan en simbiosis mutua con las

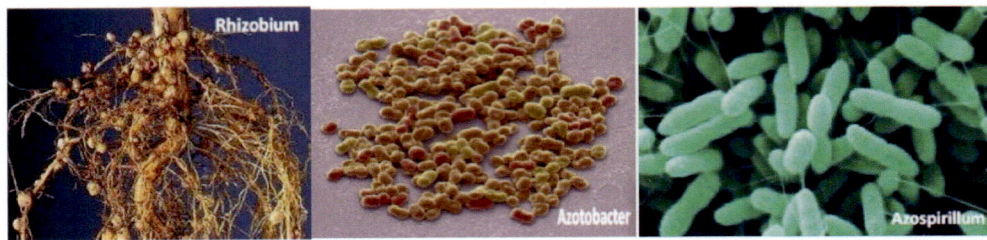

Figura 2.25. Nódulos radiculares de *Rhizobium* e imágenes de microscopía electrónica de *Azotobacter* y *Azospirillum*.

plantas, colonizando sus raíces y proporcionando a la planta agua y elementos minerales (nutrientes) que extraen del suelo a través de una red externa de hifas mientras que, a cambio, el hongo recibe principalmente compuestos carbonados (azúcares, lípidos y vitaminas) que la planta obtiene gracias a la fotosíntesis. Gracias a las micorrizas (90% de las especies vegetales pueden ser micorrizadas), la planta aumenta su superficie radicular entre 100 y 1000 veces y, en consecuencia, su capacidad de absorción. Algunos autores consideran que es la simbiosis más importante de nuestro planeta. Hay dos grandes grupos de micorrizas, las ectomicorrizas y las endomicorrizas (arbusculares). Se diferencian fundamentalmente en que las primeras forman una red de hifas alrededor de las raíces de las plantas (manto micorrícico) pero no penetran en las células de las raíces de la planta, mientras que en las segundas, mucho más frecuentes porque pueden presentarse en la inmensa mayoría de las plantas, el micelio fúngico sí penetra en las células de la raíz formando unas estructuras denominadas arbúsculos. Los hongos micorrícicos arbusculares (*Arbuscular mycorrhizal fungi,* AMF) son las micorrizas

más utilizadas en el mercado de los BEM (Figura 2.26).

Los AMF desempeñan un papel importante en la estimulación del crecimiento vegetal a través de varios mecanismos: i) mejora de la absorción de agua, ii) incremento de la disponibilidad de nutrientes, especialmente de los de menor movilidad y sobre todo en condiciones de deficiencia, principalmente P, iii) modificaciones de la arquitectura radicular, formando una red en el suelo que permite intercambios, incluso entre diferentes especies, iv) cambios en las actividades enzimáticas y fisiológicas y v) inducción de las hormonas vegetales que intervienen principalmente en condiciones de estreses de tipo abiótico.

En la simbiosis micorrícica, el hongo entra en contacto con la planta a través de los pelos absorbentes (colonización), esta lo reconoce como un microorganismo beneficioso y el hongo comienza a crecer interiormente entre los espacios intercelulares produciendo unas estructuras especializadas denominadas arbúsculos que le permiten el intercambio de nutrientes con la planta (Figura 2.27). Esto permite que el hongo se desarrolle, en este caso, hacia el exterior de la raíz a través del micelio extramá-

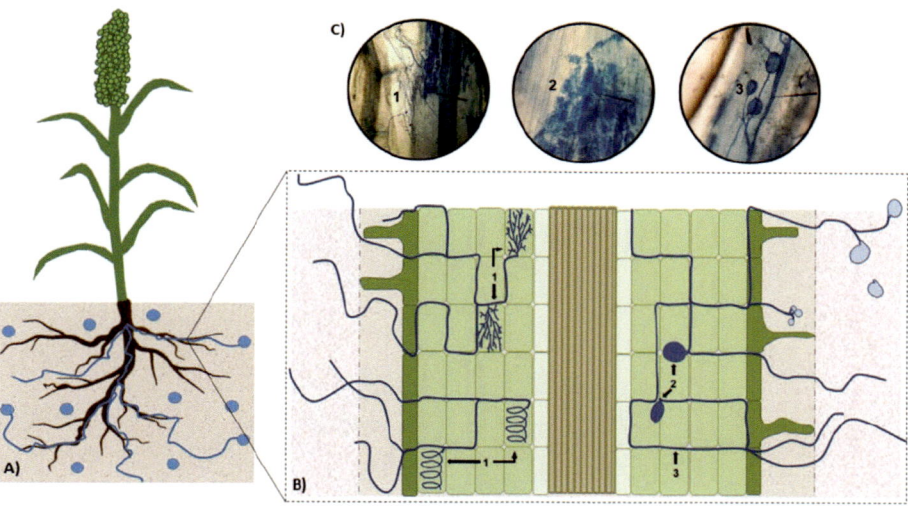

Figura 2.26. Esquema de las diferentes estructuras de los hongos micorrizógenos. A) Propágulos fúngicos (esporas y micelio en el suelo). B) Colonización dentro de la raíz mostrando: 1) arbúsculos, estructuras de transferencia de nutrientes entre el hongo y la planta; 2) vesículas, estructuras de almacenamiento del hongo; y 3) hifas intrarradiculares. C) Estructuras del hongo bajo el microscopio óptico con aumento de 1) hifas intrarradicales, 2) arbúsculos y 3) vesículas (Vega-Frutis y Soria, 2021).

trico (red de hifas) que exploran el suelo, absorben y transfieren elementos nutricionales y agua a la planta. Esta capacidad de exploración del suelo es muy elevada ya que se estima que por cada 1 m de raíz hay 7-250 m de hifa. Los nutrientes circulan por las hifas en vesículas, unos órganos con forma de cápsulas, donde se almacenan los nutrientes. De esta manera, el hongo estimula a la planta para que segregue hormonas (auxinas) que estimulen el desarrollo de las raíces, lo que provoca un aumento de la cantidad de pelos absorbentes. Esta efectiva simbiosis permite un incremento de la capacidad fotosintética, promoviendo que la planta fije más CO_2 para garantizar su desarrollo simbiótico, aumentando de esta manera el intercambio de nutrientes y agua a través de un mayor sistema radicular (micelio extramátrico y arbúsculos).

Sin embargo, en muchos suelos agrícolas, el uso excesivo de agroquímicos y las prácticas de laboreo han destrozado, o al menos minimizado, las redes micorrícicas. En ese caso, se hace necesario restablecer esta simbiosis mediante la inoculación de aquellos hongos micorrícicos (especies) más apropiados para cada tipo de cultivo. Las esporas, los fragmentos de raíces de plantas colonizadas y las hifas (cuerpo fúngico) son las tres principales fuentes de inóculo que los hongos micorrízicos utilizan para colonizar las raíces de las plantas y que compo-

---

[16] Unidades que permiten a los hongos dispersarse y establecerse en nuevos lugares y permiten una rápida colonización de nuevos sustratos cuando las condiciones son favorables.

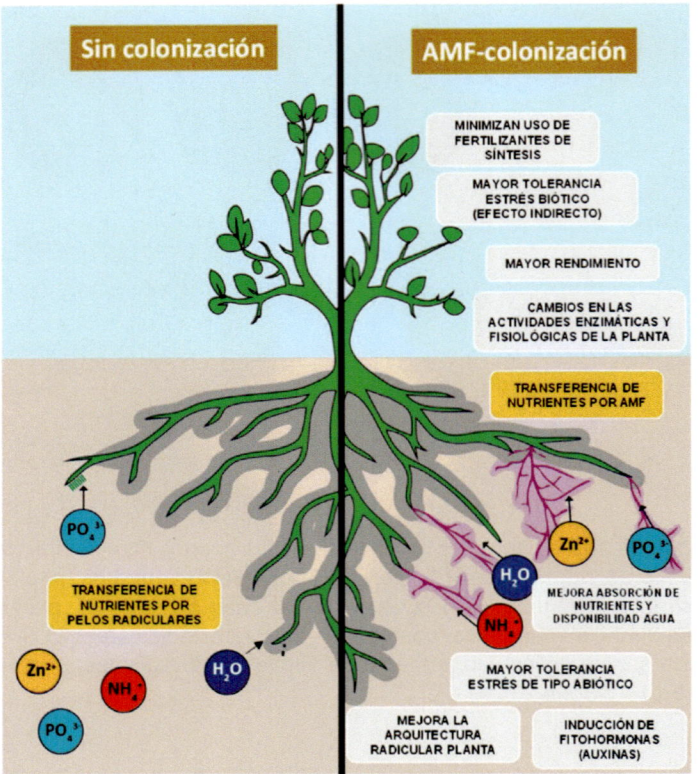

Figura 2.27. Papel de los AMF en la regulación del crecimiento de las plantas (adaptada de Jacott *et al.*, 2017).

nen los propágulos comerciales de micorrizas. Se pueden inocular en diferentes etapas del ciclo de vida de las plantas. En la siembra, asociados a las semillas, durante el trasplante, introduciéndolos en el suelo a la altura de las raíces, durante la fertilización, incorporado en el sustrato, los propios fertilizantes y/o enmiendas, o aplicado directamente en la fertirrigación (agua de riego). Se pueden aplicar en diferentes formas: líquido, polvo o granulado. Existen dos métodos para fabricar propágulos comerciales de hongos micorrízicos: *in vivo* e *in vitro*. Las micorrizas *in vivo* se cultivan en una planta huésped y en sustrato, mientras que las micorrizas *in vitro* se cultivan en un laboratorio utilizando medios artificiales y raíces modificadas genéticamente. En general, las micorrizas *in vivo* pueden ser más eficaces para colonizar las raíces debido a su adaptación al entorno local y a una mayor exposición a la diversidad de otros microorganismos del suelo, lo que puede mejorar su capacidad para establecer relaciones beneficiosas con las plantas hospedantes, y un mayor vigor y viabilidad frente a las micorrizas *in vitro*, ya que estas pueden ser más vulnerables al estrés y tener una menor tasa de supervivencia cuando se aplican a los cultivos.

En España, actualmente hay registrados 16 productos dentro del grupo 4.4.1 "Micorrizas", que pertenecen a géneros variados: *Rhizoglomus, Funneliformis* y *Glomus* (AMF) principalmente, y otras micorrizas como *Phialocephala* y *Oidiodendron*.

Hongos no patógenos

Otros hongos no patógenos (*Nonpathogenic Fungi*, NPF), denominados genéricamente como hongos rizosféricos (como algunas cepas de *Trichoderma*), también estimulan el desarrollo de las plantas y aumentan su productividad, ya que son capaces de inducir la formación de raicillas y estimular la colonización de la raíz y la rizosfera por otros microorganismos beneficiosos, a la vez que compiten por el espacio y los nutrientes con otros microorganismos que podrían ser patógenos. Además, algunas especies de *Trichoderma* se pueden aplicar en combinación con hongos micorrícicos y son capaces de producir sideróforos y auxinas que mejoran el crecimiento de la planta. La especie más utilizada es *T. harzianum*.

Otra posible clasificación de los BEM sería atendiendo a su función o mecanismo implicado (Tabla 2.2), lo que permite aportar un determinado beneficio para la planta.

Bioestimulantes fijadores de nitrógeno (NFB)

El nitrógeno (N) es el macronutriente más importante requerido por la planta y es el factor restrictivo más importante para su crecimiento y desarrollo (Gupta *et al.*, 2021). Es componente esencial de proteínas, AA, ácidos nucleicos y principales portadores de energía dentro de las células (ATP, GTP, ADP). Aunque la atmósfera está formada por aproximadamente un 78% de N, en forma de N_2 gas, este no es aprovechable para la mayoría de las plantas debido a una estructura química muy estable (triple enlace entre sus dos átomos de N). Sin embargo, los microorganismos diazotróficos, presentes en el suelo, mediante un sistema enzimático, la nitrogenasa, son capaces de fijar este N del aire y ponerlo a disposición de la planta. Se denominan fijadores biológicos de N (NFB, *Nitrogen-fixing Biofertilizer*) y transforman el N_2 inerte en una forma reducida asimilable por las plantas ($N_2 \rightarrow NH_4^+$). Solo los organismos procariotas, principalmente bacterias y algunas arqueas, son capaces de producir la enzima nitrogenasa para fijar el N biológicamente. Este proceso ocurre bajo condiciones anaeróbicas debido a las características de la nitrogenasa, la cual es sensible al oxígeno. Aunque ciertos microorganismos diazotróficos como *Azospirillium* pueden adaptarse a condiciones de mayor presencia de oxígeno y también son capaces de fijar el N. Este grupo de bacterias, como ya se ha comentado, pueden ser simbióticas (*Rhizobium*) o de vida libre (*Azotobacter* y *Azospirillium*) (Figura 2.28). Los NFB pueden proporcionar de 300-400 kg de N ha^{-1} año^{-1} y aumentar el rendimiento del cultivo entre un 10-50%. En las plantas, hasta el 25% del N total proviene de la fijación biológica (Nosheen *et al.*, 2021). Se estima que aproximadamente $1,75 \times 10^8$ Tm de N son fijadas globalmente cada año por bacterias diazotróficas (Daniel *et al.*, 2022). La reducción

Tabla 2.2. Clasificación de los BEM en grupos basados en su mecanismo de acción

BEM	Mecanismo	Grupo	Ejemplos
Fijadores de N (NFB)	Incrementan el contenido de N del suelo por fijación atmosférica y su transformación en forma utilizable por la planta	Bacterias	*Azotobacter, Rhizobium, Azospirillum*
Solubilizadores de P (PSB)	Solubilizan formas insolubles de P del suelo secretando ácidos orgánicos para disminuir el pH	Bacterias	*Azospirillum, Azotobacter, Bacillus, Bacillus, Pseudomonas, Erwinia, Burkholderia*
Movilizadores de P (PMB)	Transfieren P del suelo hasta las raíces	Micorrizas	*Rhizoglomus, Glomus*
Solubilizadores de K (KSB)	Solubilizan K de silicatos por secreción de ácidos orgánicos y separan los iones K^+, haciéndolos asimilables para las plantas	Bacterias	*Bacillus, Paenibacillus, Acidithiobacillus, Pseudomonas*
Movilizadores de K (KMB)	Movilizan las formas inaccesibles de K del suelo	Hongos	*Aspergillus, Penicillium Glomus* (AMF) *y Rhizophagus* (AMF)
Solubilizadores de Zn	Solubilizan el Zn por secreción de ácidos orgánicos, ligandos quelantes, sideróforos y sistemas redox	Bacterias	*Pseudomonas, Rhizobium, Bacillus, Thiobacillus, Azospirillum*
Oxidantes de S (SOB)	Oxidan S a sulfatos asimilables por las pantas	Bacterias	*Thiobacillus, Acidithiobacillus, Bacillus, Pseudomonas*
Promotores del desarrollo vegetal (PGPB)	Sintetizan hormonas directamente relacionadas con el crecimiento vegetal	Rizobacterias	*Rhizobium, Azotobacter, Azospirillum, Bacillus, Pseudomonas*

del N_2 se puede expresar mediante la siguiente reacción:

$$N_2 + 8\ e^- + 8\ H^+ + 16\ Mg\ ATP \rightarrow 2\ NH_3 + H_2 + 16\ Mg\ ADP + 16\ P_i$$

En concreto, *Rhizobium* es capaz de fijar hasta 300 kg de N ha^{-1} año^{-1} en diferentes cultivos leguminosos. La bacteria infecta la raíz de la leguminosa y forma nódulos, dentro de los cuales re-

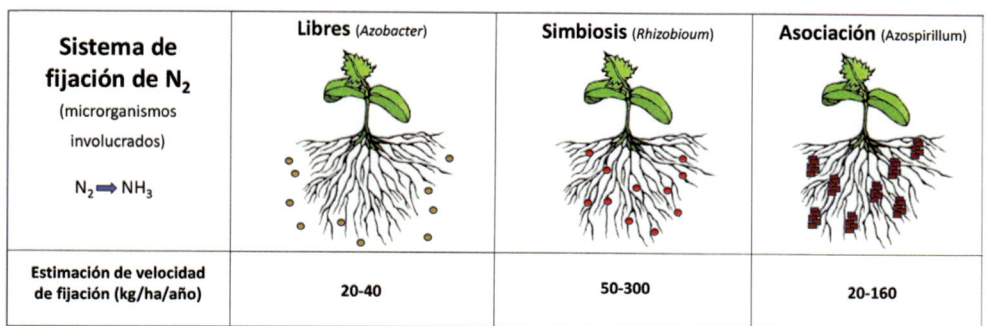

Sistema de fijación de N$_2$ (microrganismos involucrados) N$_2 \Rightarrow$ NH$_3$	Libres (*Azobacter*)	Simbiosis (*Rhizobioum*)	Asociación (*Azospirillum*)
Estimación de velocidad de fijación (kg/ha/año)	20-40	50-300	20-160

Figura 2.28. Principales bacterias fijadoras de N (Adaptada de Varalakshmi *et al.*, 2022).

duce el N molecular a amoníaco (N$_2 \rightarrow$ NH$_4^+$), que la planta utiliza para producir proteínas, vitaminas y otros compuestos nitrogenados. Por lo tanto, estos nódulos radiculares actúan como fábricas de producción de amoníaco. La aplicación de rizobios incrementa el crecimiento del cultivo, al mejorar la altura de la planta, la germinación de las semillas, la clorofila foliar y el contenido de N, por lo que mantiene la fertilidad del suelo y aumenta el rendimiento de los cultivos (Nosheen *et al.*, 2021). Estos géneros de rizobios (principalmente *Rhizobium*) permiten el cultivo de leguminosas sin la necesidad de grandes cantidades de fertilizantes nitrogenados sintéticos. La simbiosis leguminosa-rizobio es un proceso natural que enriquece el suelo con N, lo que beneficia no solo al cultivo de la leguminosa en sí, sino también a los cultivos posteriores en la rotación. La inoculación de cultivos de leguminosas con *Rhizobium* mejora la nodulación, la fijación de N y la producción. Un obstáculo para lograr mayores rendimientos mediante la inoculación de *Rhizobium* parece ser la competencia entre cepas nativas ineficaces y cepas inoculantes eficaces.

Azotobacter desempeña un papel importante en el ciclo del N, fija entre 20-40 kg ha^{-1} año^{-1} dependiendo de la cepa y de las condiciones edafoclimáticas y de los autores consultados. En condiciones naturales de campo, la inoculación con *Azotobacter* reduce la demanda de N a través de fertilizantes entre un 10-20%. *A. chroococcum* es la especie más prevalente en el suelo, pero también se encuentran otras especies como *A. vinelandii*, *A. beijerinckii*, *A. nigricans*, *A. armeniacus* y *A. paspali*. Se encuentra naturalmente en suelos neutros o ligeramente alcalinos y es especialmente activa en suelos ricos en materia orgánica. Se comercializa principalmente para el cultivo de trigo, avena, mostaza, cebada, arroz, semillas de lino, girasol, ricino, maíz, sorgo, algodón, remolacha azucarera, caña de azúcar, café, hortalizas, etc. En el cultivo de caña de azúcar aumenta el rendimiento en 25-50 Tm ha^{-1} y el contenido de azúcar en un 10-15%. Otros ensayos han demostrado que la presencia de *A. chroococcum* en la rizosfera de plantas de pepino y tomate se correlaciona con un mayor crecimiento y germinación de las plántulas (Bonilla Buitrago et al., 2021; Nosheen et al., 2021; Kumar et al., 2022).

El género *Azospirillum* consta de 15 especies fijadoras de N, aunque *A. brasilense* y *A. lipoferum* son las especies más estudiadas y beneficiosas y, por tanto, comercializadas. *Azospirillum* por sí sola fija N entre 20-160 kg ha^{-1} año^{-1} en especies no leguminosas, especialmente monocotiledóneas. Este género es responsable del incremento del crecimiento y del rendimiento en muchos cultivos como arroz, trigo, maíz, tomate, algodón, girasol y caña de azúcar, atribuido a la fijación de N atmosférico. Se ha evidenciado un aumento significativo en el contenido de N en plantas cuando algunas especies se inoculan con cepas de *Azospirillum* (Bonilla Buitrago et al., 2021; Nosheen et al., 2021; Kumar et al., 2022; Kumari et al., 2023).

En el Anexo 4.2.3 se puede revisar un cuadro comparativo entre las principales bacterias diazotróficas utilizadas como BEM en agricultura.

Bioestimulantes solubilizadores de fósforo (PSB)

El fósforo (P) es el siguiente macronutriente esencial después del N requerido por las plantas. Es componente fundamental de los ácidos nucleicos, coenzimas, fosfolípidos, nucleótidos, fitatos y azúcares fosforilados. Es responsable de diversas actividades de la división celular, fotosíntesis, consumo de nutrientes y transferencia de energía. Sin embargo, su baja disponibilidad limita gravemente el desarrollo y la productividad de las plantas. Normalmente el P se encuentra en el suelo en altas concentraciones, tanto en compuestos de naturaleza orgánica como inorgánica (400-1200 mg kg^{-1}). Entre el 20-50% del P total presente en el suelo es P inorgánico, pero solo una pequeña fracción (1 mg kg^{-1}) está disponible en la disolución del suelo en formas asimilables por la planta, ortofosfatos ($H_2PO_4^-$ y HPO_4^{2-}), ya que la mayor parte está inmovilizado formando parte de minerales primarios (roca madre), adsorbidos en arcillas y óxidos de Fe y/o Al (lábil o intercambiable) o precipitado como sales insolubles, fosfato de hierro (strengita, $FePO_4·2H_2O$) y aluminio (variscita, $AlPO_4·2H_2O$) en suelos ácidos, y/o de calcio ($Ca_3(PO_4)_2$ como apatita y/o brushita en los básicos. El P orgánico (50-80% de P total) constituye la mayor reserva del suelo, pero los compuestos tienden a ser complejos (fitatos, ácidos nucleicos, fosfolípidos, fosfonatos y otras moléculas no caracterizadas) y deben ser transformados por microorganismos antes de que puedan ser absorbidos por las plantas. Se estima que normalmente alrededor del 75-90% del fertilizante químico de P suministrado precipita y se almacena rápidamente en el suelo.

Algunas PGPR, concretamente las denominadas solubilizadoras de fosforo o fosfatos (*Phosphorus-Solubilizing Bacteria*, PSB) pueden favorecer la nutrición de las plantas mediante el proceso de solubilización de P (Figura 2.29). Existen dos mecanismos predominantes: i) la producción de ácidos orgánicos (glucónico, 2-cetoglucónico, cítrico, oxálico, acético, malónico, succínico, propiónico, etc.) y ii) la producción de enzimas hidrolíticas (fosfatasas, fitasas y C-P liasas). En el primer caso, la secreción de ácidos orgánicos provoca una disminución del pH del suelo, facilitando la liberación de los iones fosfato y la presencia de grupos carboxilo e hidroxilo que complejan y quelatan los cationes divalentes y trivalentes (Ca^{+2}, Mg^{+2}, Fe^{+3}, Al^{+3}), responsables de la presencia de fosfatos insolubles, evitando de esta manera su precipitación y manteniéndolos libres en la disolución del suelo. En el segundo caso, a través de la secreción de enzimas, que catalizan el proceso de hidrólisis, consiguen mineralizar (solubilizar) los reservorios orgánicos de P en formas solubles que las plantas pueden absorber fácilmente del suelo. Diversos géneros bacterianos, entre los que se encuentran *Azospirillum, Azotobacter, Bacillus, Pseudomonas, Erwinia, Burkholderia, Enterobacter* y *Rhizobium*, entre otros, han sido identificados como solubilizadores de fosfatos (Bonilla Buitrago *et al.,* 2021; Fasusi *et al.,* 2021; Nosheen *et al.,* 2021; Daniel *et al.,* 2022; Kumar *et al.,* 2022; Kumari *et al.,* 2023).

Asimismo, la capacidad de las PGPR de producir sideróforos (sustancias secretadas que muestran afinidad por la quelación del Fe) influye indirectamente en la solubilización de fosfatos de hierro en el suelo (Bonilla Buitrago *et al.,* 2021). Las BSP, en condiciones óptimas, tienen el potencial de solubilizar y/o movilizar entre 30 y 50 kg de P_2O_5 ha^{-1}, lo que podría aumentar el rendimiento del cultivo entre un 10-20% (Nosheen *et al.,* 2021).

Las micorrizas también desempeñan un papel crucial en la movilización de P. Los AMF son conocidos por mejorar la concentración y biodisponibilidad de P para las plantas (*Rhizoglomus, Glomus,* etc.). Las hifas de los hongos son lo suficientemente largas como para penetrar en lugares lejanos de los suelos donde las raíces de las plantas no llegan (mayor volumen suelo explorado), de modo que son capaces de movilizar el P, así como otros nutrien-

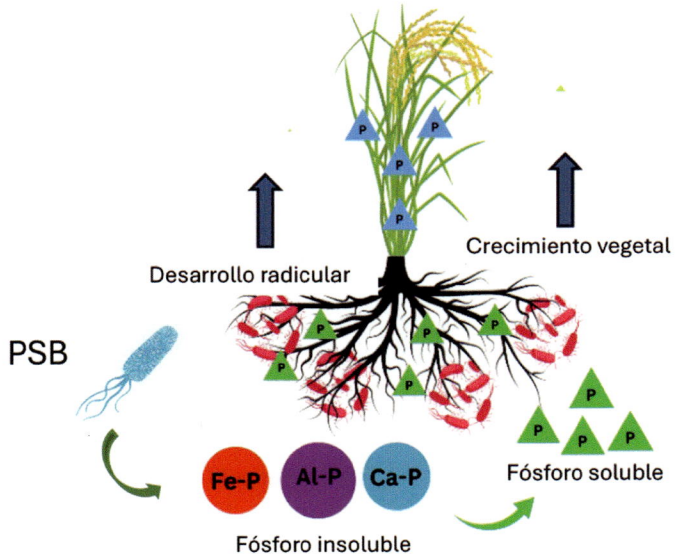

Figura 2.29. Actividad de bacterias solubilizadoras de fósforo.

tes, en situaciones de escasez de estos. La inoculación del suelo con micorrizas (esporas) provoca un aumento repentino de la disponibilidad de fósforo para la planta. El mecanismo de la movilización de fosfatos poco solubles por hifas de micorrizas implica la secreción de H^+, lo que provoca una disminución del pH del suelo. Por lo tanto, las sinergias entre bacterias y hongos dan como resultado una mejora sostenible de la disponibilidad del fosforo para las plantas. El lector puede ampliar más información y consultar más evidencias sobre ensayos de inoculación de PSB en distintos tipos de cultivos en las revisiones bibliográficas mostradas en este punto.

Bioestimulantes solubilizadores de potasio (KSB)

El potasio (K) ocupa el tercer puesto como nutriente crucial para las plantas después de N y P. Aunque está presente en el suelo como un elemento abundante, solo entre el 1 y 2% está disponible (asimilable) para las plantas, pues el resto se encuentra en formas minerales como feldespato (ortoclasa), micas (moscovita y biotita) y arcillas (ilita) no disponibles para estas (Figura 2.30). Por lo tanto, en un sistema de cultivo continuo es necesaria la reposición del K en la disolución del suelo para garantizar el correcto desarrollo de los cultivos. El K es responsable de la translocación de azúcares en la planta, lo que es esencial para el engorde de granos y frutos (cereales, frutales y hortalizas). De lo contrario, las plantas crecerán lentamente, tendrán raíces poco desarrolladas, producirán semillas pe-

queñas y tendrán bajos rendimientos. Los KSB actúan principalmente a través de i) acidólisis, producción de ácidos orgánicos (cítrico, glucónico, oxálico, succínico, etc.) que disuelven complejos silicatados y liberan K^+, ii) liberación de protones (H^+), que también contribuyen a disminuir el pH y facilitan la disolución del K^+, iii) síntesis de polisacáridos extracelulares, que mejoran la movilidad del K en la rizosfera, y iv) activación enzimática (en menor medida) de procesos de descomposición mineral. Los KSB son compuestos de amplio espectro que solubilizan las rocas minerales, liberando el K insoluble para incrementar su disponibilidad en el suelo y ponerlo a disposición de las plantas. Dentro de la amplia gama de microorganismos solubilizadores de K, las PGPR presentes en el suelo y la rizosfera son las más representativas, destacando el género *Bacillus* (*mucilaginosus, edaphicus, circulans*), *Paenibacillus, Acidithiobacillus ferrooxidans, Pseudomonas, Burkholderia* y *Paenibacillus* así como hongos no micorrícicos del género *Aspergillus* (*niger y terreus*) y *género Penicillium, además de* AMF como *Glomus mosseae* y *Rhizophagus irregularis*, estos últimos en menor medida (Sattar *et al.,* 2019; Bonilla Buitrago *et al.,* 2021; Fasusi *et al.,* 2021; Nosheen *et al.,* 2021; Daniel *et al.,* 2022; Kumar *et al.,* 2022).

La inoculación de plantas con KSB aumenta la absorción de K^+, el rendimiento y el crecimiento de las plantas. Así, estudios de inoculación mostraron un aumento en el porcentaje de germinación, el vigor de las plántulas, la absorción de nutrientes, el crecimiento y el rendimiento de las plantas tras su aplicación en cultivos de trigo, maíz, pi-

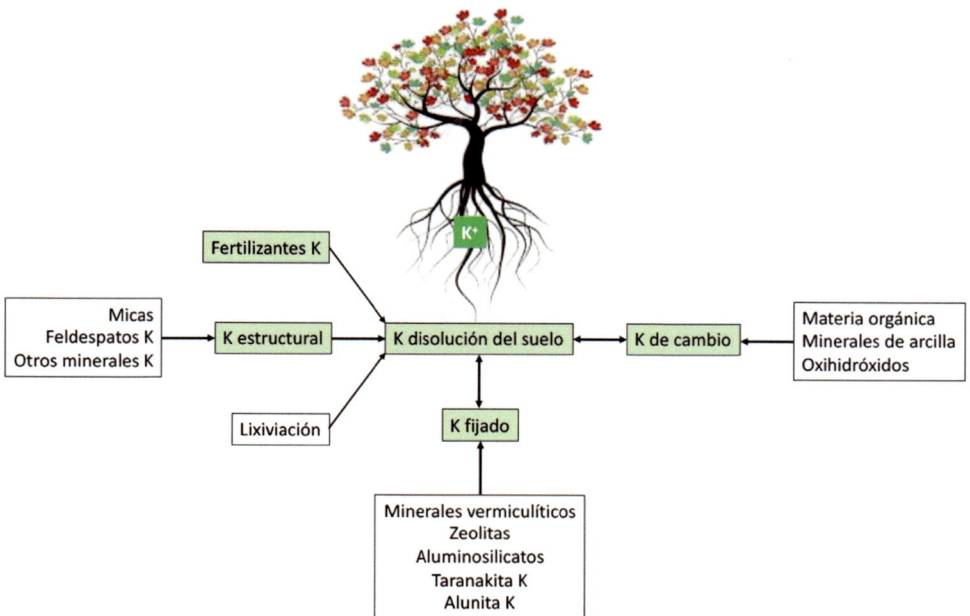

Figura 2.30. Interrelaciones de diversas formas de K en el suelo (adaptada de Sparks y Huang, 1985).

miento y pepino, algodón, colza, etc. Una recopilación de 20 experimentos en invernadero y 12 pruebas de campo demostró que la inoculación con KSB mejoró el rendimiento del cultivo en un promedio de 17% en diferentes cultivos (Kumar *et al.*, 2022). El lector puede ampliar más información y consultar más evidencias sobre ensayos de inoculación de KSB en distintos tipos de cultivos en las revisiones bibliográficas citadas anteriormente.

Bioestimulantes oxidantes de azufre (SOB)

El azufre (S) también es un macronutriente esencial para las plantas, requerido en altas concentraciones, debido a su papel como componente de AA cruciales (cisteína y metionina) y su participación en la regulación de diversas enzimas vitales para el metabolismo vegetal, como superóxido dismutasa y varias reductasas. La deficiencia de azufre en las plantas se manifiesta en clorosis, bajo contenido de lípidos y una disminución general del crecimiento y rendimiento. Además, el azufre mejora ciertas propiedades biológicas y físicas del suelo, actuando como amortiguador contra valores de pH elevados y potenciando la eficiencia de los fertilizantes nitrogenados y fosfatados, así como la absorción de otros micronutrientes.

En el suelo, el azufre se encuentra tanto en formas orgánicas como inorgánicas, siendo esta última (principalmente el sulfato, SO_4^{2-}) la absorbida por las plantas. La conversión del azufre orgánico a su forma inorgánica asimilable es llevada a cabo por microorganismos oxidantes de azufre, principalmente bacterias denominadas sulfurooxidantes, entre las que se incluyen principalmente especies de *Thiobacillus* como *T. thioparous*, *T. thioxidans* y *T. ferrooxidans* y, en menor medida, *Acidithiobacillus*, *Bacillus* y *Pseudomonas*.

Diversos estudios han demostrado los efectos positivos de las bacterias oxidantes de azufre (*Sulfur-oxidizing Bacteria,* SOB) en varios cultivos. Por ejemplo, la inoculación de *Thiobacillus* spp. incrementa la altura, el rendimiento y la absorción de N en el maíz, así como el peso y diámetro del bulbo en el ajo. La co-inoculación de SOB + NFB y la aplicación de compost y azufre elemental han mejorado el peso seco y el número de semillas en alubias, además de aumentar la disponibilidad de diversos minerales en el suelo. En terrenos alcalinos, deficientes en S, la inoculación de bacterias quimioautótrofas como *Thiobacillus ferrooxidans* y heterótrofas ha incrementado significativamente el rendimiento del grano y paja en la canola, así como la absorción de N y otros nutrientes como Fe, Cu y Mn. Ya existen recomendaciones de la utilización de SOB como una alternativa nutricional para una gran variedad de cultivos (cebolla, avena, jengibre, uva, ajo y coliflor), sobre todo en suelos alcalinos. Además de su beneficio en la nutrición vegetal, estas bacterias también desempeñan un papel importante en la protección ambiental, al contribuir a la eliminación biológica de compuestos de azufre, especialmente en su forma reducida (Fasusi *et al.*, 2021; Nosheen *et al.*, 2021; Kumar *et al.*, 2022).

Bioestimulantes solubilizadores de zinc

El zinc (Zn) es un micronutriente esencial para el crecimiento y la reproducción de las plantas, cuya deficiencia es la más extendida a nivel global y puede contribuir a su carencia en humanos. Este nutriente participa en procesos vitales como la síntesis de clorofila, enzimas y proteínas. La carencia de Zn en las plantas se manifiesta en síntomas como clorosis, menor tamaño foliar, crecimiento atrofiado y una mayor susceptibilidad a distintos tipos de estreses, afectando negativamente el rendimiento de los cultivos. En el caso del trigo, la deficiencia causa amarillamiento y crecimiento limitado. Aunque los fertilizantes químicos pueden suplir la demanda de Zn, su impacto ambiental negativo ha impulsado la búsqueda de alternativas sostenibles. Una de ellas es la inoculación de cultivos con microorganismos solubilizadores de Zn, los cuales liberan este nutriente de formas complejas en el suelo a través de la producción de ácidos orgánicos, ligandos quelantes, sideróforos y sistemas redox (Figura 2.31). Diversos géneros bacterianos como *Pseudomonas*, *Rhizobium*, *Bacillus*, *Thiobacillus* y *Azospirillum* han demostrado esta capacidad y se emplean en la producción de BEM.

Diversos estudios han evidenciado que la aplicación de cepas específicas de estas bacterias en maíz, así como consorcios de *Rhizobium*, *Azospirillum* y *Pseudomonas* en trigo y *Bacillus megaterium* en pimiento y otras plantas, promueven el crecimiento, la absorción de Zn y otros nutrientes, aumentan el

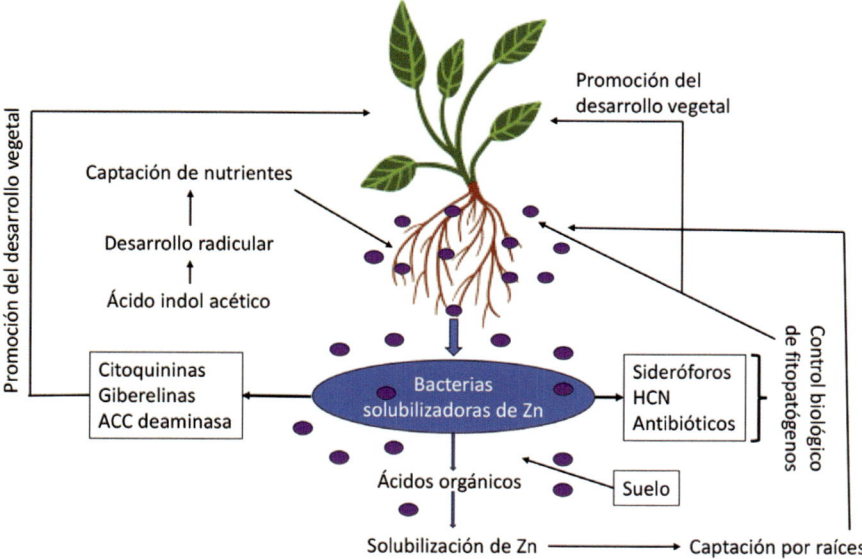

Figura 2.31. Esquema de la función ejercida por las bacterias solubilizadoras de Zn en el suelo (adaptada de Kumar *et al.*, 2019).

contenido de clorofila y mejoran significativamente el rendimiento de los cultivos en comparación con plantas no inoculadas. Estas bacterias no solo solubilizan el Zn, sino que también pueden producir otras sustancias beneficiosas para las plantas, como fitocromos, antibióticos y vitaminas, contribuyendo a una mejor salud y productividad vegetal de manera sostenible (Fasusi *et al.*, 2021; Nosheen *et al.*, 2021; Kumar *et al.*, 2022).

Bioestimulantes promotores del crecimiento vegetal (PGPB)

En este grupo nos centraremos exclusivamente, por su importancia, en el grupo de bacterias que colonizan las raíces de las plantas y que, además de contribuir a mejorar la nutrición directa de la planta por la capacidad de fijar N o solubilizar nutrientes como P, K, S, Zn, etc., ejercen un efecto beneficioso directo sobre su crecimiento debido a la capacidad de producir hormonas directamente relacionadas con el crecimiento vegetal. Fitohormonas como auxinas, giberelinas, citoquininas, etileno y jasmonatos influyen directamente en el crecimiento de raíces y brotes, floración, senescencia y crecimiento de semillas, así como en diversos procesos fisiológicos, como la división celular, el desarrollo, la expresión génica y la respuesta al estrés (Figura 2.32), siendo, por este motivo, el mecanismo de promoción del crecimiento más estudiado. Así los PGPB son capaces de producir:

- *Auxinas*: La hormona vegetal más estudiada es el ácido indolacético (AIA), reconocida por su efecto como inductor del crecimiento vegetal que facilita la iniciación de raíces, la división celular y su elongación, por lo que mejora el anclaje de la planta en el suelo, la captación de nutrientes y su capacidad de supervivencia. Además, las auxinas ayudan a regular los niveles de etileno en las plantas (normalmente inducido por el estrés). Bacterias como *Azospirillum brasilense*, *Bacillus subtilis*, *Pseudomonas fluorescens* y *Rhizobium leguminosarum*, etc. tienen la capacidad de producir AIA a partir de triptófano. El uso de PGPB productores de auxinas representa una herramienta sólida dentro del paradigma de la agricultura sostenible. Al actuar directamente sobre el sistema radicular, no solo mejoran la absorción de nutrientes y el desarrollo de la planta, sino que también permiten reducir la dependencia de agroquímicos, incrementar la tolerancia al estrés y mejorar la eficiencia fisiológica del cultivo. Su inclusión en BE multicomponentes es una tendencia creciente con resultados satisfactorios, tanto en la investigación como en la práctica agrícola (Bonilla-Buitrago *et al.*, 2021; Kumar *et al.*, 2022; Kumari *et al.*, 2023).

• *Giberelinas:* Tienen como función el desarrollo vegetativo de la planta. El ácido giberélico (GA_3) es la forma más activa. Estimulan procesos como la

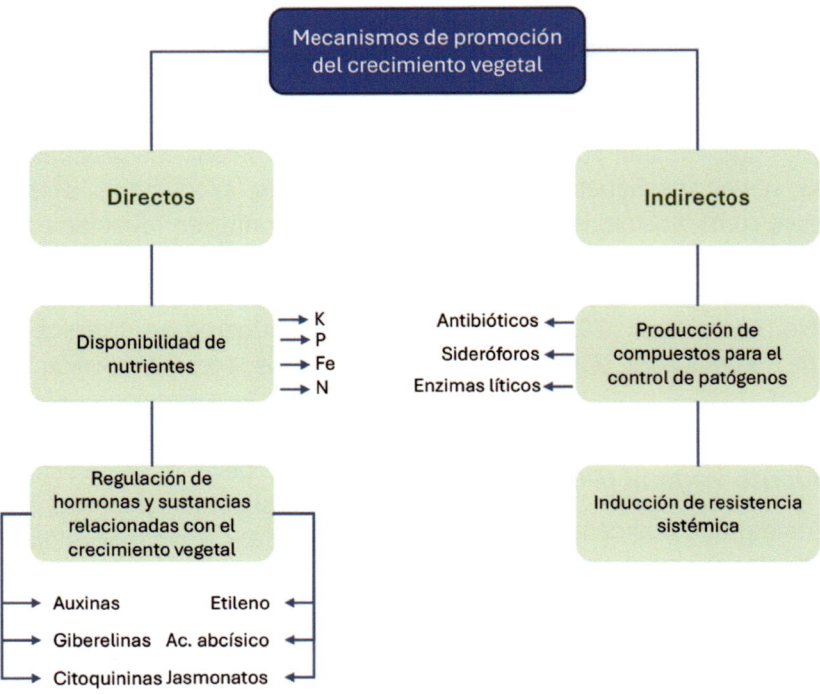

Figura 2.32. Mecanismos de promoción del crecimiento vegetal (adaptada de Bonilla-Buitrago *et al.*, 2021).

elongación celular, germinación de semillas, desarrollo de brotes y frutos, floración y maduración. Las giberelinas se han vinculado a la producción de α-amilasas, algunas proteasas, fosfatasa ácida, β-gluconasa, α-glucosidasa y ribonucleasa y activan las enzimas responsables de la biosíntesis de fosfolípidos. *Azospirillum brasilense* (GA_1, GA_3, GA_4, GA_7), *Rhizobium meliloti* y *leguminosarum* (GA_1, GA_3), *Bacillus pumilus* y *subtilis* (GA_1, GA_3, GA_4), *Pseudomonas fluorescens* (GA_3, GA_4), y *Herbaspirillum seropedicae* (GA_3), son reconocidas por ser capaces de producir giberelinas (GA). La producción de GA por PGPR representa un mecanismo fundamental de bioestimulación microbiana, especialmente en las fases tempranas del desarrollo vegetal. Estas bacterias no solo aumentan la velocidad y calidad del crecimiento en condiciones normales, sino que también favorecen la recuperación ante el estrés abiótico, mejorando la resiliencia fisiológica de los cultivos (Bonilla-Buitrago *et al.*, 2021; Kumar *et al.*, 2022; Kumari *et al.*, 2023).

- *Citoquininas*: Tienen una gran importancia a nivel vegetal debido a que regulan la citoquinesis (división del citoplasma) y por tanto estimulan la división celular, la morfogénesis, la expansión foliar y el retraso de la senescencia vegetal. Estas fitohormonas actúan de forma sinérgica con otras hormonas como auxinas y giberelinas, generando respuestas fisiológicas beneficiosas en las plantas. PGPR como *Azospirillum brasilense*, *Bacillus subtilis*, *Pseudomonas fluorescens* y *Rhizobium leguminosarum, etc.* tienen la capacidad de producir fundamentalmente zeatina (fitohormona isoprenoídica). Su acción conjunta con otras fitohormonas generadas por PGPR en baja concentración confieren una ventaja fisiológica integral a las plantas, especialmente bajo condiciones de estrés o baja fertilidad que permiten mejorar la eficiencia del uso de insumos y optimizar el desarrollo de la planta (Bonilla-Buitrago *et al.*, 2021; Kumar *et al.*, 2022; Kumari *et al.*, 2023).

- *Ácido abscísico* (AA): Cumple funciones reguladoras clave para mejorar la tolerancia de las plantas al estrés de tipo abiótico (sequía, salinidad y toxicidad por metales), al inducir el cierre estomático, la expresión de genes de defensa (proteínas LEA, antioxidantes, osmoprotectores), acumulación de osmólitos (prolina, azúcares solubles) y la homeostasis hídrica. Bacterias como *Azospirillum brasilense* y *lipoferum*, *Bacillus* (*subtilis, amyloliquefaciens* y *licheniformis*), *Pseudomonas fluorescens* y *pútida*, *Bradyrhizobium japonicum*, etc. son capaces de sintetizar AA y tienen un alto valor agronómico por su capacidad de preacondicionar a las plantas al estrés, optimizar el uso del agua y mejorar la eficiencia metabólica, lo que convierte a estas bacterias, posiblemente, en herramientas clave en escenarios de agricultura resiliente al cambio climático, promoviendo cultivos más eficientes y adaptables (Bonilla-Buitrago *et al.,* 2021; Kumar *et al.,* 2022; Kumari *et al.,* 2023).

- *Etileno*: Es un potente regulador del crecimiento vegetal y afecta a procesos como el desarrollo de raíces adventicias, la producción de pelos absorbentes, la germinación y la senescencia de la planta. Las PGPR pueden influir sobre los niveles de etileno en las plantas de dos maneras. Por una parte, algunas son productoras de etileno o precursoras del mismo que, en bajas concentraciones, puede actuar como señal para activar respuestas fisiológicas o adaptativas para la planta. Por otra, algunas PGPR lo modulan negativamente, especialmente en condiciones de estrés, a través de la producción de la enzima ACC desaminasa, que degrada el ACC, precursor del etileno, ya que este último, cuando permanece en altas concentraciones, aún después de la germinación, puede causar inhibición de la elongación radicular y del crecimiento. Esta interacción compleja está estrechamente ligada con la producción de AIA, que estimula la síntesis de etileno en las plantas al inducir la conversión de S-adenosil metionina (SAM) en ACC. Así, en las PGPR productoras de AIA, una parte se emplea para la proliferación vegetal y el exceso restante activa la enzima ACC desaminasa, encargada de degradar el ACC, amoniaco y α-cetobutirato. Desde una perspectiva agronómica, las PGPR más interesantes como BEM serían aquellas que producen AIA y simultáneamente degradan ACC, es decir, aquellas capaces de regular la biosíntesis de etileno, ya que promueven el desarrollo radicular y la tolerancia al estrés sin provocar efectos negativos derivados del exceso de etileno (Bonilla-Buitrago *et al.,* 2021; Kumar *et al.,* 2022; Kumari *et al.,* 2023).

- *Jasmonatos* (JA): Constituyen una familia de fitohormonas derivadas del ácido linolénico ($C_{18}H_{30}O_2$), fundamentales para la regulación de numerosos procesos fisiológicos y de defensa en plantas. El ácido jasmónico ($C_{12}H_{18}O_3$) y su derivado metil-jasmonato son los más estudiados y biológicamente activos. En un principio fueron aislados, identificados y caracterizados a partir de la flor de jazmín (*Jasminum grandiflorum*). La producción directa de JA por parte de las PGPR no es un mecanismo muy común y solo se ha observado en casos específicos. Sin embargo, sí pueden estimular la biosíntesis endógena en la propia planta mediante interacciones moleculares (induciendo la expresión de genes relacionados o modulando las vías de señalización de JA). Así, los JA están involucrados en procesos como; i) regulación del crecimiento, ii) respuestas al estrés biótico, iii) activación de defensa química, iv) interacción con otras hormonas (etileno, AA y ácido salicílico) y v) mediación de la resistencia sistémica inducida. Algunas de las PGPR como *Pseudomonas fluorescens* y *putida, Bacillus subtilis* y *amyloliquefaciens,* o *Azospirillum brasilense* tienen la capacidad de activar la biosíntesis de JA en la planta y producir señales análogas o incluso estimular el metabolismo de otras moléculas precursoras de JA como las oxilipinas (lípidos bioactivos derivados de ácidos grasos poliinsaturados).

Además, como ya hemos comentado, las PGPR pueden ayudar a inhibir el estrés de tipo biótico que puede afectar a la planta y, por lo tanto, de forma indirecta, contribuyen a la promoción del crecimiento vegetal. Estos mecanismos indirectos consisten en la producción de sustancias antibióticas, enzimas líticas, sideróforos o mediante la activación genes de defensa.

- *Antibióticos*: La producción de una amplia gama de compuestos eficaces es posiblemente el mecanismo más poderoso que las PGPR tienen para el control de microorganismos patógenos. Con el aumento de la población microbiana, la competencia por el alimento y el espacio también aumenta, lo que lleva a la adaptación de diferentes estrategias para sobrevivir y establecerse en un nicho concreto. La estrategia más común para la supervivencia durante la competencia microbiana es la producción de antibióticos. Los antibióticos pueden ser volátiles (aldehídos, cetonas, alcoholes y sulfuros) o no volátiles (fenilpirrol, aminopolioles de lipopéptidos cíclicos y compuestos nitrogenados heterocíclicos) que inhiben el crecimiento de microorganismos perjudiciales debido a la distorsión de la membrana celular, la inhibición de la traducción, la detención de la formación del ARN ribosómico y la inhibición de la síntesis de la pared celular. Los géneros más representativos de PGPR con capacidad antibiótica son *Bacillus, Pseudomonas* y *Streptomyces*. La zwittermicina A, el HCN, los lipopéptidos como las surfactinas, iturinas y fengicinas, además de compuestos antibióticos volátiles como el 2,3-butanodiol, son ejemplos producidos por microorganismos del género *Bacillus* (*subtilis* y *amyloliquefaciens*). Fenazinas, pirrolnitrinas, pioluteorina, floroglucinoles, etc. han sido descritos para el género *Pseudomonas* (*fluorescens* y *putida*), mientras que *Streptomyces* produce antibióticos de la familia de los aminoglucósidos (kasugamicina y estreptomicina) así como avermectinas, actinomicinas, etc. Algunas cepas de estos géneros han sido evaluadas en ensayos de campo con resultados muy satisfactorios, por lo que actualmente algunas son comercializadas como bio-plaguicidas frente a determinados hongos patógenos como *Botrytis, Rhizoctonia, Sclerotium, Phytophthora, Pythium, Fusarium*, etc. (Bonilla-Buitrago *et al.*, 2021; Kumar *et al.*, 2022; Kumari *et al.*, 2023).

- *Enzimas líticas:* Las enzimas extracelulares secretadas por las PGPR en el suelo provocan la despolimerización y mineralización de biomoléculas estructuralmente complejas. Se sabe que, en condiciones de estrés abiótico, diversas enzimas, como ascorbato peroxidasa, catalasa, glutatión/tiorredoxina peroxidasa y glutatión S-transferasa, contribuyen al proceso. Además, se ha descubierto que la producción de enzimas líticas como quitinasas, lipasas, proteasas, celulasas y β-1,3-glucanasas, por parte de las PGPR (*Bacillus subtilis* y *amyloliquefaciens, Pseudomonas fluorescens* y *putida,* y/o *Streptomyces*) degradan las paredes de patógenos como *Phytophthora cinnamomi, Fusarium solani, Rhizoctonia solani,* o *Botrytis cinerea,* entre otros (Bonilla-Buitrago *et al.,* 2021; Kumar *et al.,* 2022).

- *Sideróforos:* El Fe es uno de los elementos vitales que intervienen en el metabolismo de las plantas y su deficiencia puede provocar alteraciones en la respiración y la fotosíntesis. Las plantas toman el Fe en forma de ion ferroso (Fe^{+2}),

pero en el suelo, en condiciones aerobias y especialmente en suelos calcáreos (pH básicos) se encuentra como ion férrico (Fe^{+3}) formando óxidos (hidróxidos y oxihidróxidos) inaccesibles tanto para los microorganismos como las plantas. Sin embargo, las PGPR, mediante la secreción de sideróforos, compuestos quelantes (catecolatos e hidroxamatos) de bajo peso molecular (400-1.000 Da) con alta afinidad por el Fe^{+3}, posibilitan la formación de complejos altamente solubles y estables (Figura 2.33). Estos compuestos ayudan a transportar el Fe al interior de las células bacterianas donde se reduce a Fe^{+2} o se descompone enzimáticamente y también lo ponen a disposición de las plantas. Así, en condiciones de limitación de Fe, los sideróforos actúan como agentes solubilizadores del Fe presente en minerales o moléculas orgánicas. Los sideróforos también pueden crear complejos estables con otros metales pesados, así como con partículas radiactivas de uranio y neptunio. Como resultado, los sideróforos bacterianos ayudan a la planta huésped a reducir el estrés causado por los niveles elevados de metales pesados en el suelo. Pero, sobre todo, los sideróforos actúan como agentes de biocontrol, ya que pueden crear zonas deficientes en Fe cerca de las raíces de las plantas, inhibiendo la proliferación de microorganismos patógenos de las plantas por la privación de Fe.

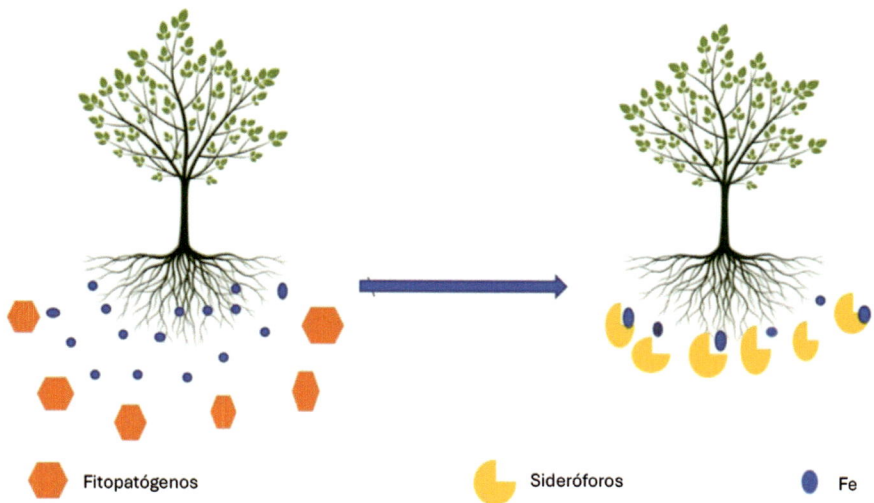

Figura 2.33. Efecto de los sideróforos en la adquisición de Fe (Bano *et al.*, 2022).

Los sideróforos son producidos por PGPR como *Pseudomonas fluorescens* y *putida*, *Bacillus subtilis*, *Azotobacter vinelandii*, *Streptomyces, Burkholderia* etc., y actúan contra patógenos como *Fusarium oxysporum*, *Botritis, Pythium*, etc. (Pahari *et al.*, 2017; Bonilla-Buitrago *et al.*, 2021; Daniel *et al.*, 2022; Kumar *et al.*, 2022; Kumari *et al.*, 2023). El lector puede encontrar más evidencias de ensayos de biocontrol en las revisiones de Bonilla Buitrago *et al.* (2021) y Kumar *et al.* (2022).

• *Resistencia sistémica inducida*: Las plantas han desarrollado mecanismos complejos para reconocer y defenderse de los ataques de patógenos. Por medio de ellos, se producen moléculas elicitoras (moléculas que activan las defensas naturales de las plantas) en diferentes rutas de señalización de defensa vegetal.

La resistencia sistémica adquirida (*Systemic Acquired Resistance*, SAR) y la resistencia sistémica inducida (*Induced Systemic Resistance*, ISR) son dos mecanismos de defensa de las plantas que fortalecen su resistencia a patógenos de forma sistémica. La SAR se desencadena mediante un señalizador hormonal como el ácido salicílico, tras una infección local por un patógeno y actúa como un sistema activo de alarma de alta intensidad (gasto de energía) y prolongada consistencia, que provoca la activación de genes de defensa que desencadenan la producción y acumulación de proteínas PR[17] (*Pathogenesis-*

---

[17] Grupo diverso de proteínas producidas por las plantas en respuesta a diversos tipos de estrés, especialmente el ataque de patógenos como virus, bacterias, hongos y nematodos. Sin embargo, también pueden ser inducidas por estrés abiótico como heridas, estrés salino, sequía y tratamientos químicos.

Related Proteins) y metabolitos antimicrobianos con alta especificidad sobre el patógeno en particular. Sin embargo, la ISR consiste en el desencadenamiento de una ruta de señalización que mantiene a la planta en alerta ante la llegada de microorganismos patógenos sin que necesariamente exista una infección previa, es decir, están activos antes de la infección. Esta activación disminuye la eficiencia con la que un patógeno puede llegar a la planta y, por tanto, ayuda a reducir o evitar la enfermedad por periodos prolongados. Este mecanismo indirecto de defensa se activa tras la interacción beneficiosa con microorganismos no patógenos del suelo, como las PGPR. Su protección no se limita al sitio inicial de interacción (rizosfera), sino que se expande a través de las raíces, hojas y tallos, proporcionando una protección sistémica conceptualmente similar a una vacuna vegetal. Es decir, las PGPR estimulan el sistema inmune de la planta, pudiendo responder más rápida e intensamente a un posible estrés abiótico futuro y, por tanto, haciéndola resistente contra futuras infecciones por patógenos. No hay activación directa de genes de defensa hasta que el ataque ocurre. Para que el mecanismo se desencadene, las PGPR liberan una amplia gama de metabolitos microbianos que actúan como compuestos induc-

tores (moléculas señalizadoras), entre los que se encuentran, lipopéptidos cíclicos (surfactina, fengicina, iturina), sideróforos (bacillibactina), lipopolisacáridos, proteínas flagelares (flagelina), antibióticos, exopolisacáridos y glucanos (glucanasas y quitinas), compuestos orgánicos volátiles (COVs) como 2,3-butanodiol y acetoína, etc. Estos compuestos activan a los receptores de reconocimiento de la planta, que a su vez promueven una o más vías (rutas) de señalización dentro de la célula vegetal, principalmente las vías de las fitohormonas etileno (ET) y ácido jasmónico (AJ), que coordinan las respuestas de defensa en las plantas, como la expresión de genes relacionados con la defensa vegetal y un aumento en las actividades de enzimas de defensa, comprometiendo así la integridad y supervivencia de los fitopatógenos de una manera sostenible (Bonilla-Buitrago *et al.*, 2021; Daniel *et al.*, 2022; Kumar *et al.*, 2022).

Exudados microbianos (EM)

A pesar de que los BEM basados en bioinoculantes (células vivas) constituyen una estrategia ampliamente utilizada para reducir el empleo de fertilizantes químicos y contribuir a una agricultura sostenible, el éxito de esta estrategia está sujeta a importantes limitaciones impuestas por el tipo de suelo (composición, pH, humedad, etc.), cultivo (especificidad del hospedante) y condiciones climáticas del entorno que, en numerosas ocasiones, impiden la supervivencia, el crecimiento y el establecimiento de una relación exitosa entre la planta y el microorganismo, sin dejar de lado los obstáculos que abarcan desde la producción a gran escala y la obtención de formulaciones adecuadas hasta la propia comercialización, factores que siguen suponiendo una limitación en la aplicación generalizada de biofertilizantes y el éxito rotundo de estos productos. Además, no debemos olvidar que las prácticas culturales en las que se liberan microorganismos al suelo pueden tener un impacto negativo sobre el ecosistema y la microbiota nativa del suelo, e incluso la constante preocupación relacionada con el uso de microorganismos vivos (bioseguridad) limita en muchos casos su uso y aplicación directa en campo (Bonilla-Buitrago *et al.*, 2021; Morcillo *et al.*, 2022; Ansari *et al.*, 2023).

En este contexto, la atención se ha centrado, últimamente, en el uso de exudados microbianos (EM) acelulares (*cell-free*) procedentes de cultivos filtrados, en lugar de los inóculos microbianos tradicionales, ya que pueden integrarse fácilmente con otros BE y/o fertilizantes y el resto de prácticas culturales agrícolas, sin verse afectados por las condiciones del suelo o del clima, pudiendo beneficiar a una más amplia variedad de cultivos, minimizando el riesgo de patogenicidad y limitando las restricciones relacionadas con la bioseguridad.

Los EM se refieren a una diversa gama de metabolitos celulares secretados por las células de microorganismos beneficiosos, incluyendo bacterias (co-

mo PGPR) y hongos (micorrícicos y no micorrícicos). Estos exudados contienen una amplia gama de compuestos químicos, incluyendo azúcares, ácidos orgánicos, aminoácidos, péptidos, sideróforos, exopolisacáridos, hormonas (especialmente AIA), compuestos volátiles (COVs), etc. (Figura 2.34), es decir, principalmente metabolitos secundarios, de diversa naturaleza y composición química, que los microorganismos producen en respuesta a diversos estímulos, como la competencia por las especies del nicho, la deficiencia de nutrientes, las señales de las plantas o como respuesta al estrés. Compuestos, como ya hemos comentado anteriormente, que alteran el metabolismo de la planta y pueden alterar o modificar la fisiología de la misma, proporcionando importantes beneficios contrastados sobre el crecimiento y el aumento del rendimiento, así como sobre la tolerancia al estrés. Estudios recientes han demostrado que su uso se asocia con una fuerte proliferación (activación) de la propia microbiota beneficiosa del suelo asociada a las plantas. Además, se ha demostrado que esta capacidad también se extiende a los microorganismos fitopatógenos (Morcillo *et al.*, 2022; Ansari *et al.*, 2023).

Comercialmente, estos EM consisten en mezclas complejas de metabolitos bioactivos secretados por los microorganismos durante su crecimiento, en condiciones controladas, a un medio de cultivo líquido, que posteriormente se procesan mediante centrifugación y filtración, para eliminar cualquier resto de células microbianas y así obtener el BE de interés que se aplica directamente a las semillas, mediante aplicación

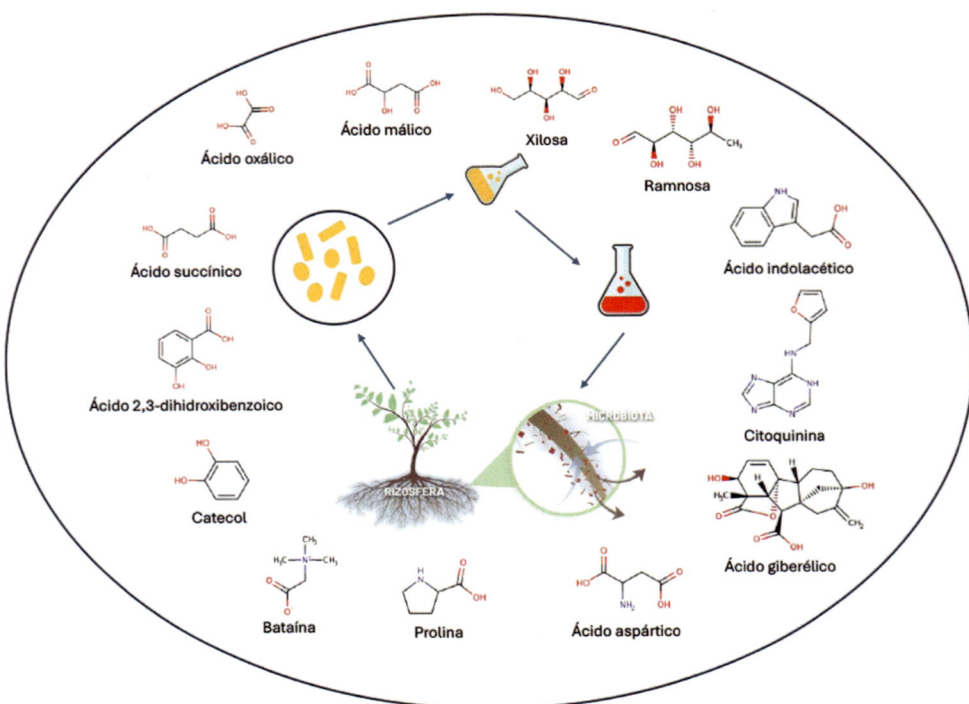

Figura 2.34. Diferentes componentes bioquímicos procedentes de EM: aminoácidos (ácido aspártico, prolina y betaína), exopolisacáridos (ramnosa y xilosa), sideróforos (ácido 2,3 dihidroxibenzoico), ácidos orgánicos (málico, succínico oxálico) y hormonas (citoquinina, ácido giberélico), etc. (adaptado de Ansari *et al.,* 2023).

foliar o directamente en el agua de riego (fertirrigación) debido a la naturaleza líquida de estos extractos (Morcillo *et al.*, 2022). Actualmente, existen muchas empresas fabricantes de agronutrientes agrícolas que se han interesado por este tipo de BE y que están trabajando en el desarrollo de distintos tipos de EM para su comercialización, así como en el diseño de tecnologías que permitan una obtención técnicamente rentable y económicamente viable. Algunas de ellas ya están comercializando estos extractos, sobre todo para enriquecer otros tipos de productos BE o fertilizantes.

De esta manera, el uso de EM para mejorar tanto el rendimiento de los cultivos como la tolerancia al estrés biótico y abiótico así como para activar la microbiota beneficiosa del suelo podría ser un enfoque seguro, eficiente y respetuoso con el medio ambiente para minimizar las deficiencias relacionadas con la tecnología de inoculación microbiana. Sin embargo, a pesar de su gran potencial, la tecnología basada en la aplicación EM aún se encuentra en sus primeras etapas y enfrenta importantes desafíos y limitaciones antes de su uso generalizado debido a factores como: i) la escalabilidad de la producción. Ampliar la producción de laboratorio a niveles industriales presenta dificultades debido a las diferencias en las condiciones de crecimiento, ii) la viabilidad tecno-económica. No existen estudios detallados sobre la rentabilidad de la producción a gran escala de EM que impliquen el control de la propagación de la cepa microbiana hasta alcanzar la concentración de inóculo deseada, la fermentación de las cepas microbianas en fermentadores de gran tamaño industrial hasta alcanzar la concentración celular deseada y la eliminación de células microbianas. Se requiere investigación sobre la formulación, vida útil y costos asociados a la producción de estos extractos, iii) la variabilidad de efectos. La variabilidad en el tipo de planta y de microrganismo y las condiciones de cultivo, así como en la microbiota, donde se debe asegurar que los efectos beneficiosos se mantengan en diferentes condiciones, dificulta la comparación de resultados y la evaluación de sus efectos, iv) la dosis de aplicación. Una aplicación excesiva puede ser tóxica para las plantas, v) el desconocimiento de los mecanismos de acción. No se comprende completamente la base genética de su interacción con las plantas ni su modo de acción exacto, por lo que se necesitan más estudios sobre cómo actúan en las plantas y vi) el marco regulatorio impreciso. Se hace necesario, a nivel legislativo, ampliar la lista de microorganismos que pueden utilizarse para la producción de BE a base de EM libres de células, de acuerdo con la normativa de la UE sobre productos fertilizantes, siempre que la evidencia científica demuestre que estos productos son seguros, tanto para el medio ambiente como para los consumidores (Morcillo *et al.*, 2022; Ansari *et al.*, 2023).

Por lo tanto, optimizar las condiciones de cultivo, caracterizar bioquímica-

mente los BEM, realizar investigaciones exhaustivas sobre su modo de acción y mecanismo y determinar la dosis y concentración de los compuestos, así como su formulación efectiva, son acciones necesarias para desarrollar EM como BE a nivel comercial. Es esencial identificar cualitativa y cuantitativamente los compuestos secretados por los microorganismos y explorar su transcriptómica, metabolómica y proteómica para caracterizar sus vías biosintéticas y maximizar su utilización como posibles BE. Abordar estos desafíos y limitaciones allanará el camino para aprovechar todo su potencial como BE esenciales de los sistemas agrícolas sostenibles y ecológicos en los próximos años (Ansari *et al.*, 2023).

El lector puede ampliar más información relacionada sobre EM consultando las revisiones bibliográficas de Morcillo *et al.* (2022) y Ansari *et al.* (2023), donde se tratan muchos aspectos relevantes de este tipo de BE, como su composición, métodos de identificación y caracterización, así como una extensa recopilación de bastantes estudios sobre los distintos efectos de su aplicación sobre plantas y su microbioma.

2.3.7. Otros

Extractos de plantas

Los BE obtenidos a partir de extractos de plantas son cada vez más numerosos. Se pueden obtener de toda la planta o de partes de ella, siguiendo diferentes procesos similares a los utilizados para los extractos de algas. Cada extracto de planta es único debido al origen del vegetal y al proceso de extracción. Así, es difícil destacar algunos específicos. Sin embargo, los extractos de plantas pueden actuar directamente sobre el cultivo sin exigir mucha energía. De forma general, contienen muchas sustancias activas con propiedades BE que pueden ser efectivas a bajas concentraciones como AA y péptidos solubles, fitohormonas, azúcares y carbohidratos (galactosa, glucosa, arabinosa, etc.), sales minerales (Si, K, Ca, etc.), antioxidantes (flavonoides y polifenoles), vitaminas, etc., y que provocan modificaciones de la expresión génica y del metabolismo de las plantas, consiguiendo una estimulación del crecimiento, el vigor y la producción del cultivo.

Los mecanismos de acción de estos compuestos activos no están del todo claros, ni se conocen los receptores o la cascada de reacciones que desencadenan en la planta, pero están adquiriendo un interés creciente debido a que, durante la cosecha o el procesado de los alimentos, se generan muchos subproductos que, en un contexto de economía circular, pueden ser excelentes materias primas para producir BE, ya que las plantas producen muchos metabolitos con efectos promotores del crecimiento vegetal. Por ejemplo, subproductos de la caña de azúcar o remolacha azucarera y el girasol utilizado para extracción de aceite. Los restos de partes de la planta sin interés alimentario constituyen una biomasa sin explotar rica en compuestos altamente bioactivos capaces de promover el desarrollo radicular en cultivos de tejidos vegetales.

En la legislación europea (R (UE) 2019/1009) los BE basados en extractos de plantas pertenecen a la categoría de BE de origen no microbiano y las materias primas que los constituyen a la CMC2 que incluye plantas, partes de plantas, o extractos de plantas, incluyendo también hongos y algas (excepto las cianobacterias). Para garantizar la efectividad de este tipo de BE, los fabricantes deben mostrar la trazabilidad completa de sus extractos y las materias primas deben cumplir con los requerimientos CMC2, incluyendo el método de extracción, y la declaración de eficacia debe ser probada de acuerdo con los estándares de la propia legislación.

Glicina-betaína y prolina

Glicina-betaína (GB) y prolina (PL) son dos osmolitos orgánicos importantes que se acumulan en una variedad de especies de plantas en respuesta a estreses ambientales como la sequía, la salinidad, las temperaturas extremas, la radiación UV y los metales pesados (Ashraf y Foolad, 2007; Khalid et al., 2022; Li et al., 2025). Aunque sus roles reales en la osmotolerancia de las plantas siguen siendo controvertidos, se cree que ambos compuestos tienen efectos positivos en la integridad de las enzimas y las membranas, junto con roles adaptativos en la mediación del ajuste osmótico en plantas cultivadas en condiciones de estrés. Si bien muchos estudios han indicado una relación positiva entre la acumulación de GB y PL y la tolerancia al estrés de las plantas, algunos han argumentado que el aumento de sus concentraciones bajo estrés es un producto del estrés, y no una respuesta adaptativa a este.

La GB, también llamada trimetilglicina, es un AA natural con estructura de zwitterión[18] compuesto por un carboxilato (carga negativa) y un amonio cuaternario (positiva). Este grupo amonio cuaternario es la principal diferencia con respecto a los aminoácidos proteinogénicos (glicina, alanina, lisina, etc.). Al estar unido el átomo de nitrógeno a cuatro sustituyentes, ninguno de los cuales es un protón, se encuentra permanente con carga positiva, independientemente del pH del medio. En el caso de los aminoácidos proteinogénicos, el grupo amino tiene propiedades ácido-base, está protonado y, por tanto, con carga, a pH neutro y ácido, y desprotonado a pH alcalino. Asimismo, el grupo carboxilo de la GB presenta una acidez elevada ($pK_a = 1,8$), por lo que se encuentra ionizado salvo a valores de pH muy bajos. Tan peculiar es la estructura de la GB que da nombre a un grupo de sustancias llamadas, precisamente, betaínas, con múltiples aplicaciones, como por ejemplo surfactantes anfóteros.

Entre los muchos compuestos de amonio cuaternario conocidos en las plantas, la GB se encuentra en gran concentración en respuesta al estrés por deshidratación. La GB es abundante principalmente en el cloroplasto, donde desempeña un papel vital en el ajuste y la protección de la membrana tilacoide, manteniendo así la eficiencia fotosintética. En las plantas superiores, la GB se sintetiza en el cloroplasto a partir de la serina a través de etanolamina, colina y betaín aldehído. La colina se convierte en betaín aldehído por la colina monooxigenasa (CMO), que luego se transforma en GB por la betaín aldehído deshidrogenasa (BADH) (Figura 2.35), aunque también se conocen otras vías, como la N-metilación directa de la glicina. La vía de la colina a la GB se ha identificado en todas las especies de plantas acumuladoras de este compuesto. Se sabe que GB se acumula en respuesta al estrés en muchas plantas, como la remolacha azucarera (*Beta vulgaris*), espinaca (*Spinacia oleracea*), cebada (*Hordeum vulgare*), trigo (*Triticum aestivum*) y sorgo (*Sorghum bicolor*). En estas especies, los genotipos tolerantes normalmente acumulan más GB que los genotipos sensibles en respuesta al estrés. Esta relación, sin embargo, no es universal. Por ejemplo, no se ha observado una correlación significativa entre la acumulación de GB y la tolerancia a la salinidad en varias especies de *Triticum*, *Agropyron* y *Elymus*, e incluso se observaron concentraciones más altas de colina y betaína en plantas de trébol egipcio (*Trifolium alexandrinum*) sensibles a la salinidad que tolerantes a la misma bajo estrés salino. Además, las variedades de limón (*Citrus limon*) seleccionadas bajo estrés salino mostraron un aumento significativo de GB en comparación con las usadas como control. Sin embargo, es probable que la relación entre la acumulación de GB y la tolerancia al estrés sea específica de la especie o incluso del genotipo. Además, también se ha informado de que la aplicación exógena de GB mejora los efectos adversos de las bajas temperaturas en el crecimiento de diferentes especies de plantas de *Arabidopsis* y cultivares de patata. En el caso del maíz y el sorgo, el suplemento

---

[18] Molécula que contiene cargas positivas y negativas, pero que es eléctricamente neutra en conjunto.

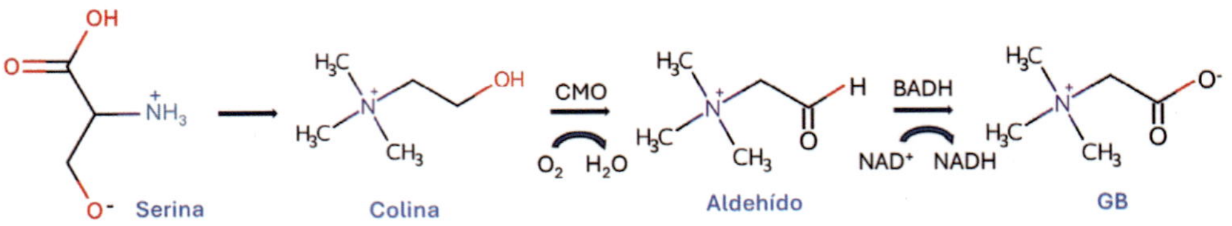

Figura 2.35. Biosíntesis de GB.

foliar (2-6 Kg ha^{-1}) de GB permitió mitigar las pérdidas de la producción ocasionadas por el déficit de agua. También se ha observado un aumento del rendimiento en fruto superior al 30% en tomates bajo estrés térmico y salino, aparentemente por una mejora en la tasa fotosintética y la conductancia de los estomas. Aunque la mayoría de las investigaciones confirman los efectos positivos de la aplicación exógena de GB en la tolerancia al estrés de las plantas, hay algunos estudios que sugieren la falta de tales efectos positivos o incluso de efectos negativos aparentes por la adición de GB en las plantas que crecen en condiciones de estrés. Sin embargo, estos aparentes efectos negativos podrían deberse a condiciones experimentales o a diferencias reales entre las especies de plantas y los genotipos en sus respuestas a la aplicación exógena de GB.

Por otra parte, se sabe que el aminoácido prolina (PL) se encuentra ampliamente distribuido en las plantas superiores y normalmente se acumula en grandes cantidades en respuesta al estrés ambiental. Además de su papel como osmolito para el ajuste osmótico, la PL contribuye a estabilizar las estructuras subcelulares (por ejemplo, membranas y proteínas), eliminar los radicales libres y amortiguar el potencial redox celular en condiciones de estrés. También puede funcionar como un hidrótropo[19] compatible con proteínas, aliviando la acidosis citoplasmática y manteniendo proporciones apropiadas de NADP$^+$/NADPH compatibles con el metabolismo. Además, la rápida descomposición de PL tras el alivio del estrés puede proporcionar suficientes agentes reductores que apoyen la fosforilación oxidativa mitocondrial y la generación de ATP para la recuperación del estrés y la reparación de los daños inducidos por el mismo. También se sabe que la PL induce la expresión de genes que responden al estrés salino, que poseen elementos de respuesta a la prolina (por ejemplo, *PRE,* ACTCAT). En respuesta a la sequía o al estrés salino en las plantas, la acumulación de PL se produce normalmente en el citosol, donde contribuye sustancialmente al ajuste osmótico citoplasmático. En las plantas, el precursor de la biosíntesis de PL es el ácido L-glutámico. Dos enzimas, la pirrolin-5-carboxilato sintetasa (P5CS) y la pirrolin-5-carboxilato reductasa (P5CR), desempeñan un papel importante en la vía biosintética de PL.

---

[19] Sustancia que aumenta la solubilidad de otras sustancias en agua, especialmente de aquellas que son poco solubles o insolubles.

Fitomelatonina

El número de estudios sobre melatonina o fitomelatonina (FM) en plantas ha aumentado significativamente en los últimos años (Arnao y Hernández-Ruiz, 2015, 2019; Chen y Arnao, 2022; Arnao *et al.*, 2023; Chaachouay *et al.*, 2024). Esta molécula, con un gran número de funciones en los animales, también ha mostrado un gran potencial en fisiología vegetal. En 1958, Lerner *et al.* (1958) aislaron y describieron la melatonina del extracto de la glándula pineal bovina y, poco después, se estableció su biosíntesis a partir de triptófano con serotonina como intermediario (Axelrod y Weissbach, 1960). Vantassel *et al.* (1993) informaron del primer descubrimiento de FM endógena en frutos de tomate mediante radioinmunoensayo (RIA) y cromatografía de gases acoplada a espectrometría de masas (GC-MS). Desde entonces, la FM se ha determinado en varias partes de la planta, como raíces, brotes, hojas, frutos y semillas. A partir de ese momento, ha habido un creciente interés en muchos aspectos bioquímicos y fisiológicos relacionados con la FN en las plantas.

La FM ha mostrado un gran potencial en diversos aspectos fisiológicos, como la insuficiencia nutricional, el estrés salino, el estrés por sequía, la maduración del fruto, el estrés por frío, la producción de biomasa, la germinación de semillas, el ritmo circadiano, la senescencia de las hojas, la integridad de la membrana, el desarrollo de las raíces, el potencial redox, la osmorregulación, el desarrollo y crecimiento de las plantas y la fotosíntesis. En consecuencia, la FM puede ser esencial como biofertilizante para una producción agrícola sostenible con poco impacto ambiental.

La FM (N-acetil-5-metoxitriptamina) es una sustancia química de bajo peso molecular (232,3 g mol^{-1}) derivada del triptófano. Es una molécula de indolamina y su fabricación, tanto en plantas como en mamíferos, se produce a través de un mecanismo dependiente del triptófano. La producción de FM aparece principalmente en las mitocondrias y los cloroplastos de las plantas. En estos compartimentos se encuentran varios grupos de enzimas para generar FM a través de procesos biosintéticos, y luego se transmite al meristemo, las flores y los frutos.

Varios factores influyen en su formación en las plantas, siendo la luz solar y la temperatura unos de los más importantes. La producción de FM comienza con la síntesis de triptamina a partir de la triptófano descarboxilasa (TDC), que proviene de la transformación del triptófano. Posteriormente, la triptamina se convierte en N-acetil triptamina y/o serotonina por acción de la triptófano 5-hidroxilasa (T5H) y serotonina N-acetiltransferasa (SNAT), para generar en ambos casos N-acetil serotonina, la cual origina, en última instancia, la FM por mediación de la hidroxiindol-O-metiltransferasa (HIOMT) (Figura 2.36).

La FM se distribuye en casi todos los tejidos (raíces, tallos, hojas, flores, frutos y semillas) y está involucrada en los principales procesos fisiológicos y varias funciones mediadas por FM dependen del receptor PMTR1, incluido el desarrollo y la germinación de semillas, el crecimiento de brotes, la floración, el desarrollo y la maduración de frutos, el

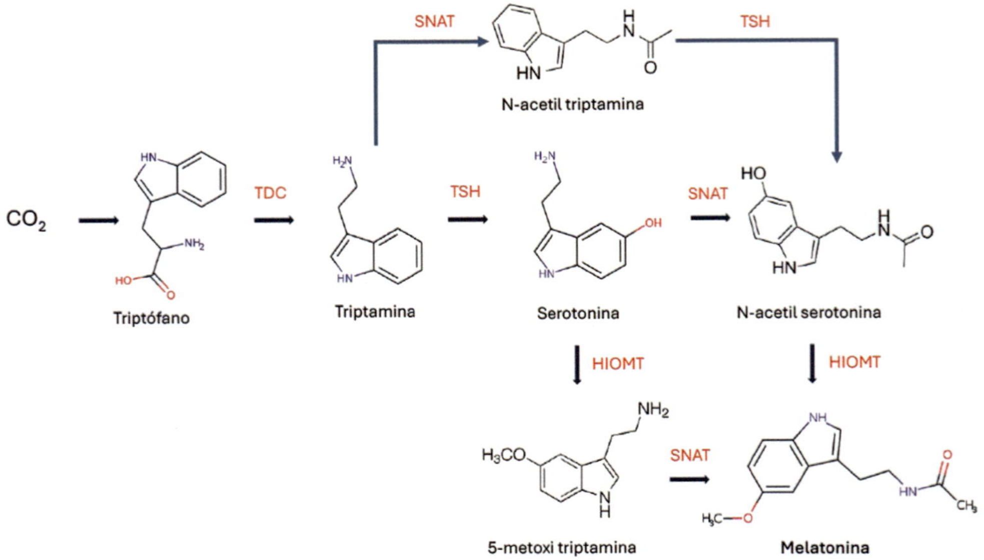

Figura 2.36. Vía biosintética de la melatonina a partir del triptófano en plantas mediada por diferentes enzimas. T5H (triptófano 5-hidroxilasa), TDC (triptófano descarboxilasa), SNAT (serotonina N-acetiltransferasa), HIOMT (hidroxiindol-O-metiltransferasa).

cierre de estomas y el estrés biótico y abiótico (Chen *et al.*, 2022).

Ácido pidólico

El ácido pidólico (APD) ($C_5H_7NO_3$), también conocido como 5-oxoprolina, ácido piroglutámico o piroglutamato por su forma básica, se encuentra en muchas proteínas como la bacteriorodopsina[20] y es un derivado aminoacídico poco común en el que el grupo amino libre del ácido glutámico se cicla para formar una lactama (lactona + amida) o amida cíclica (Figura 2.37).

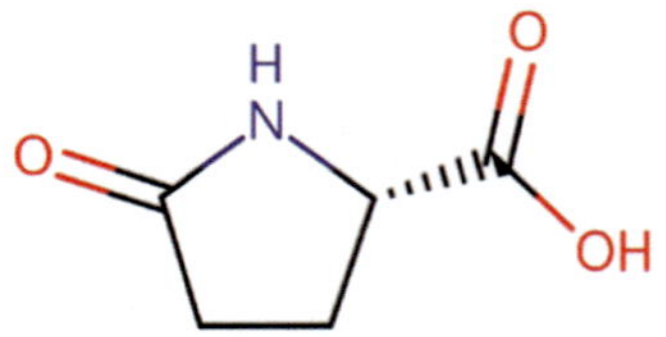

Figura 2.37. Estructura del ácido pidólico o piroglutámico.

Este compuesto está incluido en el grupo de bioestimulantes no microbianos (García-García *et al.*, 2020; Jiménez-Arias *et al.*, 2022). El APD actúa facilitando la asimilación del N. Funciona como señalizador del metabolismo del N, provocando dos tipos de respuestas en las plantas: incrementa la capacidad de asimilación de N y la posterior síntesis de AA y producción de proteínas, contribuyendo a la recuperación des-

---

[20] Proteína transmembrana encontrada generalmente formando parches paracristalinos bidimensionales de color púrpura, que pueden ocupar hasta casi el 50 % del área superficial de la célula de las arqueas (grupo de microorganismos procariotas unicelulares que, al igual que las bacterias, no presentan núcleo ni orgánulos membranosos internos, pero son fundamentalmente diferentes a estas, de tal manera que conforman su propio dominio.

pués de situaciones de estrés. Este segundo punto es muy importante ya que, cuando las plantas están estresadas, priorizan el proceso de respiración antes que su crecimiento y, por lo tanto, detienen el ciclo de asimilación de N. El APD aumenta el área verde de la hoja para fomentar la fotosíntesis y asegurar de esta manera la asimilación de la mayor cantidad de N y nutrientes para conseguir que la planta pueda seguir produciendo AA que posteriormente se convertirán en proteínas energéticas para el crecimiento. Está especialmente indicado cuando, en la etapa de engorde y maduración, las temperaturas y la intensidad lumínica son desfavorables y afectan a ciertos aspectos relacionados con el crecimiento celular. En situaciones de estrés ambiental, como puede ser el calor, los suelos con alta salinidad o la sequía, los niveles de APD disminuyen y la planta deja de crecer, si bien las aplicaciones tempranas con este producto han demostrado que aumenta el crecimiento de las raíces, ayudando al establecimiento del cultivo. El APD ha sido escasamente estudiado como BE, pero se sabe que es capaz de aliviar el déficit de agua en lechuga mediante tratamiento radicular (Jiménez-Arias *et al.*, 2019).

Fosfito

En agricultura, el P, en comparación con otros nutrientes importantes, es, con diferencia, el menos móvil y el menos disponible para las plantas de cultivo en la mayoría de las condiciones del suelo (Ramaekers *et al.*, 2010). Se ha demostrado ampliamente que el fosfato es el único nutriente que contiene P en

concentración adecuada para el crecimiento y desarrollo óptimo de las plantas (López-Arredondo *et al.*, 2014). Sin embargo, durante las últimas dos décadas del siglo pasado, el fosfito (Phi, monoprotonado, HPO_3^{2-} o diprotonado, $H_2PO_3^-$) o su ácido conjugado (fosforoso, H_3PO_3), una forma reducida de fosfato (Pi, $H_3PO_4^-$) se comercializó ampliamente como fertilizante a pesar de que no es adecuado, ya que esa forma química de P no proporciona nutrición a las plantas superiores (Loera-Quezada *et al.*, 2015), sino que se hizo por sus propiedades BE y sobre todo por su potencial como fungicida (Trejo-Téllez *et al.*, 2024). A valores de pH cercanos a la neutralidad, las especies de P dominantes según los cálculos de equilibrio son: $H_2PO_4^-$ y HPO_4^{2-} para fosfato, y $H_2PO_3^-$ y HPO_3^{2-} para fosfito (Figura 2.38). Phi también puede denominarse fosfonato, aunque este término se utiliza para referirse a una amplia gama de compuestos que contienen enlaces carbono-fósforo (C-P) como fosetil-Al.

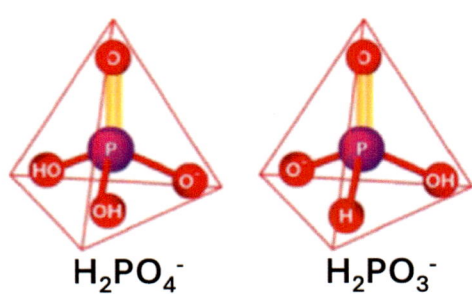

$$H_2PO_4^- \qquad H_2PO_3^-$$

Figura 2.38. Estructuras químicas tridimensionales de $H_2PO_4^-$ y $H_2PO_3^-$.

El uso extensivo de los Phi está justificado por su efectividad como fungicida en el control de *Oomycetes*, particularmente de los géneros *Peronospora*, *Plasmopara*, *Phytophthora* y *Pythium*, presentes en el suelo y como bactericida. Desde abril de 2013 (R (UE) 369/2013) los fosfonatos de potasio (hidrogenofosfonato de potasio y fosfonato dipotásico) están autorizados como sustancia activa de acuerdo con el R(CE) 1107/2009 relativo a la comercialización de productos fitosanitarios. Los fosfonatos potásicos ejercen una acción fungicida directa, ya que inhiben la germinación y el crecimiento del micelio de oomicetos al interferir en enzimas clave de su metabolismo e, indirectamente, al actuar como elicitador de respuestas de defensa en la planta (acción sistémica inducida), lo que se conoce como resistencia sistémica adquirida (RSA). Además, tiene un bajo impacto ambiental y se integra eficientemente en el ciclo de nutrientes del suelo.

Como BE, tiene un papel destacado como potenciador de diferentes procesos metabólicos en plantas. Se ha demostrado que Phi mejora la absorción y asimilación de nutrientes, la tolerancia al estrés abiótico y la calidad del producto. Además, promueve el crecimiento de las raíces, el rendimiento y el valor nutricional de los cultivos hortícolas. Moor *et al.* (2009) encontraron que la aplicación de Phi no afecta el crecimiento ni el rendimiento de la fresa en comparación con la fertilización tradicional con Pi, aunque sí aumenta la calidad de los frutos al activar la síntesis de ácido ascórbico y antocianinas. De manera similar, Estrada-Ortiz *et al.* (2013) encontraron efectos beneficiosos del Phi sobre la calidad del fruto de la fresa. Según Mohammadi *et al.* (2021), Phi aumentó significativamente la resistencia al calor en plántulas de patata mediante la evaluación de las características morfológicas, el aparato fotosintético, el estrés oxidativo y el nivel de daño al ADN. Además, los hallazgos demostraron que el tratamiento con Phi no solo es esencial para un mejor rendimiento de la planta, sino que también reduce el estrés oxidativo y el daño al ADN, y mejorar la síntesis biológica de osmolitos y metabolitos de defensa en caso de exposición a condiciones térmicas adversas. Recientemente, se observó que la aplicación de Phi mejoró la acumulación de pigmentos y prolina en hojas bajo estrés hídrico. Tras la exposición de la planta al estrés abiótico, Phi aumenta también la cantidad de proteínas involucradas en la formación de la pared celular como inductores de tolerancia.

2.4. Marco regulatorio

Para fomentar el desarrollo y la comercialización de productos sostenibles, la industria debe contar con un proceso claro, coherente y predecible para la introducción de productos BE en el mercado. Para ello es fundamental el desarrollo de un marco normativo que reconozca, defina y regule los BE, donde se establezca una revisión sobre la seguridad humana y medioambiental que prevea el posible impacto de la introducción masiva de este tipo de productos con el objetivo de proporcionar coherencia y aumentar la credibilidad de la industria a nivel mundial. De lo contrario, las diferencias de criterios entre países, las descripciones incoherentes de los productos y otras cuestiones añaden incertidumbre y coste a este segmento emergente de insumos agrícolas.

2.4.1. EE UU

En Estados Unidos, a diferencia de la UE, los BE no tienen una clasificación regulatoria propia y, como se comentó anteriormente, las definiciones son más conceptuales que legales. Así, su registro para comercialización puede entrar en diferentes categorías, dependiendo de su composición y de las afirmaciones que se hagan sobre su efecto. Por lo tanto, algunos productos BE pueden ser regulados como:

1. Fertilizantes (si se enfocan en la provisión de nutrientes).
2. Enmiendas del suelo (si mejoran las propiedades físicas, químicas o biológicas del suelo).
3. Inoculantes microbianos (si contienen microorganismos benéficos para las plantas).
4. Reguladores del crecimiento vegetal (si alteran directamente el crecimiento de las plantas, en cuyo caso serían regulados como plaguicidas bajo la FIFRA).

Así, si un BE propone efectos como mejora en la eficiencia del uso de nutrientes, generalmente no es considerado un plaguicida. Sin embargo, si el producto se anuncia que posee efectos para estimular el crecimiento de las plantas o modificar procesos fisiológicos de esta, la EPA puede clasificarlo como un regulador del crecimiento vegetal y exigir su registro como plaguicida.

Además, varios organismos tienen autoridad sobre estos productos, lo que crea desafíos para la armonización y la comercialización de los productos:

1. La EPA regula los productos que pueden ser considerados plaguicidas o reguladores del crecimiento vegetal.
2. El USDA participa en estudios y normativas sobre BE.
3. La FDA puede intervenir si los productos afectan alimentos o piensos.

2.4.2. UE

En la Unión Europea (UE), en lo relativo a los abonos, hasta hace muy poco el Reglamento UE 2003/2003 únicamente regulaba la comercialización de fertilizantes inorgánicos, inhibidores y enmiendas, sin existir ninguna normativa que abarcase productos orgánicos, órgano-minerales, sustratos de cultivo o productos más novedosos como los BE o los microorganismos. Por tanto, la única vía de comercializar este tipo de productos era acogerse a las normativas nacionales de cada uno de los Estados miembros. Las empresas debían estudiar las normativas de los 27 países de la UE, examinar si sus productos estaban incluidos en sus legislaciones, adaptar los productos a los requisitos exigidos y obtener los registros necesarios en cada uno de ellos, con la inversión económica que ello pudiese implicar.

En el caso de España, la publicación del Real Decreto 824/2005 del 8 de julio sobre productos fertilizantes, actualmente derogado, recogía en su Anexo I "la relación de tipo de productos fertilizantes", donde el Grupo 4 incluía "*Otros abonos y productos especiales*", definidos como:

Productos que aportan, a otro material fertilizante, al suelo o a la planta, sustancias para favorecer y regular la absorción de los nutrientes o corregir determinadas anomalías de tipo fisiológico.

y donde se incluían las primeras sustancias con propiedades BE. En ese primer momento estaban incluidos en el subgrupo 1 los siguientes tipos de productos:

4.1.1. *Aminoácidos:* Producto a base de aminoácidos libres obtenidos por alguno de los siguientes procesos: hidrólisis de proteínas, síntesis o fermentación.

4.1.2. *Abono con aminoácidos:* Un abono CE (Reglamento UE) o del Grupo 1 (Real Decreto) al que se han incorporado aminoácidos.

4.1.3. *Ácidos húmicos:* Producto obtenido por tratamiento o procesado de lignito, leonardita, turba o alguna de las enmiendas orgánicas del Grupo 6, que contiene fundamentalmente ácidos húmicos.

4.1.4. *Abono con ácidos húmicos*: Abono CE o abono del Grupo 1, al que se le han incorporado ácidos húmicos del tipo 03.

Las distintas legislaciones posteriores (RD 506/2013 y RD 999/2017 principalmente) surgieron fundamentalmente ante la necesidad de adaptarse a los nuevos requerimientos y a la evolución del mercado, incluyendo por este motivo más productos a ese subgrupo 1, esencialmente extractos de algas (*Ascophyllum nodosum* y *Ecklonia maxima*), productos a base de Si y acondicionadores de la hidratación (carboximetilcelulosa), además de crear tres nuevos subgrupos:

4.2. *Abonos con inhibidores de la nitrificación y de la ureasa.*

4.3. *Lista de aminoácidos (síntesis).*

4.4. *Productos especiales basados en microorganismos* (micorrizas y microorganismos no micorrícicos).

La gran diferencia es que los grupos 4.1, 4.2 y 4.3 no precisan registro para su comercialización, al contrario que los incluidos en el grupo 4.4, a los que se les exige básicamente un informe con el protocolo de aislamiento, identificación y crecimiento, cepa a cepa, y demostración (informe positivo) de ensayos de eficacia por grupos de cultivos de acuerdo con un protocolo de ensayo aprobado, todo ello acreditado por un organismo independiente. Con este registro se quiere asegurar la existencia de un procedimiento analítico para la identificación de las cepas y la toma de muestras, así como la eficiencia agronómica contrastada (incremento y/o calidad de la cosecha, disminución de las necesidades de aportar nutrientes, resistencia al estrés abiótico, adelanto de la cosecha, enraizamiento u otros beneficios medibles). En la Tabla 2.3 se incluyen los productos registrados actualmente en el Ministerio de Agricultura Pesca y Alimentación (MAPA, 2025).

Tabla 2.3. Tipos de BE microbianos registrados en el MAPA (2025)

Tipo	Denominación	Productos registrados
4.4.1	Micorrizas	16
4.4.2	Abonos con micorrizas	1
4.4.3	Microorganismos no micorrícicos	96
4.4.4	Abono con microorganismos no micorrícicos	34
4.4.5	Mezcla de microorganismos	15
4.4.6	Abono con microorganismos	7

Este Grupo 4 ha ido ganando popularidad y ofreciendo regulación para ciertos productos con alta demanda en el mercado agrícola que no contaban con ninguna normativa que regulase su uso, a pesar de que eran ampliamente reconocidos por mejorar la salud, la calidad y el rendimiento de las plantas, y no precisamente por su riqueza en nutrientes, sino por otras características y rasgos propios de los BE.

Uno de los momentos claves a nivel normativo, como se ha comentado, fue la entrada en vigor (16 de julio de 2022) del Reglamento UE 2019/1009, donde se establecen unos requisitos comunes de seguridad, calidad y etiquetado con el objetivo de facilitar una armonización del mercado de fertilizantes a nivel europeo y sentar las bases para poder alcanzar una agricultura mucho más tecnificada, eficiente y sostenible. Este reglamento no deroga los reglamentos

nacionales, por lo que aquellos países que así lo decidan pueden seguir teniendo en vigor sus normativas propias. Pero, sobre todo, representa un hito por el reconocimiento del concepto de BE, que permitirá en un futuro la armonización en cuanto a la comercialización de todo este tipo de productos. Además, no solo proporciona claridad sobre el papel de los BE en la agricultura, sino que también fomenta su desarrollo y uso en una producción sostenible, aclarando su diferencia con otros insumos agrícolas, como fertilizantes y plaguicidas.

El enfoque de esta norma es completamente diferente a otros reglamentos anteriores. Los productos se clasifican según su función en siete categorías funcionales de productos (CFP), cada una de las cuales debe estar sujeta a requisitos específicos de calidad y seguridad adaptados a sus diferentes usos previstos:

- CFP1: Abono o fertilizante (orgánicos, inorgánicos y mezcla) sólidos y líquidos.
- CFP2: Enmiendas calizas.
- CFP3: Enmiendas del suelo (orgánica e inorgánica).
- CFP4: Sustratos de cultivo.
- CFP5: Inhibidores (nitrificación, desnitrificación, ureasa).
- CFP6: BE de plantas (microbianos y no microbianos)
- CFP7: Mezcla de productos fertilizantes.

Además, se establecen nuevas categorías de materiales componentes (CMC). Así, un producto fertilizante estará constituido únicamente por materiales componentes que cumplan los requisitos para una o varias de las CMC que se enumeran en la parte I del Anexo II:

- CMC 1: Sustancias y mezclas de materiales vírgenes (cualquier cosa extraída directamente de la naturaleza sin procesar).
- CMC 2: Plantas, partes de plantas o extractos vegetales (materiales que contienen plantas enteras, partes o extractos que han sido sometidos únicamente a un tratamiento físico). Además, se incluyen en esta categoría los hongos y las algas, a excepción de las verdeazuladas.
- CMC 3: Compost (material que viene de la descomposición de materiales orgánicos).
- CMC 4: Digestato de cultivos frescos (material orgánico residual obtenido a partir de la digestión anaeróbica de biomasa vegetal donde se obtiene biogás como producto principal).
- CMC 5: Digestato distinto del anterior (a partir de materiales orgánicos distintos de la biomasa vegetal, como los subproductos animales o biorresiduos).
- CMC 6: Subproductos de la industria alimentaria (melaza, vinaza, extractos de plantas transformados, entre otros).
- CMC 7: Microorganismos (*Azotobacter* spp., hongos micorrízicos, *Rhizobium* spp. y *Azospirillum* spp., con la condición de que no hayan sido sometidos a ningún tratamiento que no sea secado o liofilizado).
- CMC 8: Polímeros de nutrientes. El propósito de la polimerización

es controlar la liberación de nutrientes en forma de una o más de las sustancias monoméricas.

- CMC 9: Polímeros distintos de los polímeros de nutrientes (no se añaden con fines nutricionales sino para modificar las características físico-químicas del producto, como regular la capacidad de retención de agua, o la consistencia física).
- CMC 10: Productos derivados en el sentido del Reglamento (CE) 1069/2009 (materiales obtenidos del procesamiento de subproductos animales, como la sangre, la placenta, la lana, las plumas, el cabello, los cuernos o los cortes de pezuñas, entre otros).
- CMC 11: Subproductos con arreglo a la Directiva 2008/98/CE (subproductos resultantes de un proceso de producción cuyo objetivo principal no es la obtención de ese material).
- CMC 12: Precipitados de sales de fosfato y sus derivados (estruvita[21]). Reglamento Delegado (UE) 2021/2086. Proceden del tratamiento para retirar y recuperar mediante precipitación el exceso de fósforo presente en efluentes líquidos como las aguas residuales.
- CMC 13: Materiales de oxidación térmica y sus derivados (ce-

---

[21] Fosfato de magnesio y amonio (NH_4MgPO_4) asociado a la materia orgánica procedente de subproductos orgánicos (estiércoles, lodos de depuradoras, residuos domésticos orgánicos, efluentes de industrias alimentarias, mataderos, etc.) que cristaliza en condiciones anaerobias por la acción bacteriana.

nizas). Reglamento Delegado (UE) 2021/2087. Materiales que proceden de procesos de combustión o incineración.

- CMC 14: Materiales de pirólisis y gasificación (biocarbón o *biochar*). Reglamento Delegado (UE) 2021/2088. Materiales que se obtienen por conversión termoquímica, en condiciones reductoras, es decir, con baja presencia de oxígeno.
- CMC 15: Materiales recuperados de gran pureza fertilizante, ej: azufre elemental. En proceso de adopción.

Por lo tanto, en la actualidad existen 15 tipos de CMCs y los fertilizantes pueden contener uno o varios de ellos, lo que amplia la legislación anterior, que solo permitía ingredientes producidos químicamente y posibilita el empleo de materiales vírgenes, reciclados y subproductos, en concordancia con la Economía Circular.

Así, se pretende:

- Que los fertilizantes con marca CE cumplan con todos los requisitos de seguridad, calidad y etiquetado para proporcionar un elevado nivel de protección sobre la salud humana, animal y del medio ambiente. De esta manera, aportarán tranquilidad y seguridad tanto a los fabricantes y agricultores como a la sociedad en general y además se beneficiarán de la libre circulación de mercancías dentro de la UE. Tendrán que demostrar su cumplimiento mediante un procedimiento de evaluación de "la conformidad", llevado a cabo por entidades acreditadas por cada Estado miembro. Dependiendo del tipo de CFP y de los materiales que lo componen, algunos necesitarán de una certificación externa para demostrar la idoneidad de sus materias primas y de sus procesos de producción.

- Regular y promover la utilización de materiales reciclados orgánicos (subproductos de la industria, agricultura y ganadería) para fertilización. Son productos que contribuyen a desarrollar la Economía Circular, permitiendo un uso más eficiente de los nutrientes en general y muchos de ellos con propiedades BE.

- Aunar toda la legislación referente tanto a producción como a estándares de calidad, evitando que cada país miembro de la UE establezca criterios propios y particulares de registros. Así, por ejemplo, los materiales componentes (materias primas) utilizados para producir un BE no pueden contener ningún contaminante en cantidades superiores a los límites máximos reflejados en el Anexo I que puedan comprometer su conformidad (Cd:1,5; Cr (VI): 2; Pb: 120; Hg: 1; Ni: 50; As: 40 mg kg^{-1} sobre materia seca). Además, en un BE, el Cu no podrá estar presente en una concentración superior a 600 mg kg^{-1} de ms[22], ni el Zn en una concen-

---

[22] Materia seca.

tración superior a 1.500 mg kg^{-1} ms. En el caso particular de un BE no microbiano, tiene que haber ausencia de patógenos como *Salmonela* spp. y, para *Escherichia coli* o enterococos, su presencia debe ser inferior a 1.000 ufc[23] en 1 g o mL de BE.

- Delimitar la frontera entre fertilizantes y fitosanitarios. Así, un fertilizante no puede publicitar propiedades de tipo biótico.
- Definir los BE. El BE de plantas deberá tener los efectos declarados en la etiqueta para las plantas especificadas en ella.

Ahora bien, si entramos a revisar la situación conceptual en la que quedan los BE dentro de este reglamento, tenemos que ir al Considerando 22 que dice:

Determinadas sustancias, mezclas y microorganismos, denominadas BE de las plantas, no son aportes de nutrientes propiamente dichos, si bien estimulan los procesos naturales de nutrición. Cuando solo sirven para mejorar la eficiencia en el uso de nutrientes de los vegetales, su tolerancia al estrés abiótico, sus propiedades de calidad, o para incrementar la disponibilidad de nutrientes inmovilizados en el suelo o la rizosfera, tales productos son por naturaleza más similares a los productos fertilizantes que a la mayor parte de las categorías de productos fitosanitarios. Actúan además de los fertilizantes, con el objetivo de optimizar su eficiencia y reducir las dosis de aplicación de los nutrientes. Por tanto, deben poder ser objeto del marcado CE con arreglo al

presente Reglamento y quedar excluidos del ámbito de aplicación del Reglamento (CE) 1107/2009 del Parlamento Europeo y del Consejo.

Es decir, el reglamento deja claro que los BE, conceptualmente, son distintos a los fertilizantes y a los plaguicidas, pero se regulan bajo un reglamento de productos fertilizantes porque son más similares a estos que a los plaguicidas. Sin embargo, si nos detenemos en la nueva definición de un "producto fertilizante":

Una sustancia, mezcla, microorganismo o cualquier otro material aplicado o que se destina a ser aplicado en los vegetales o en su rizosfera, en los hongos o en su micosfera, o destinado a constituir la rizosfera o la micosfera, por sí mismo o mezclado con otros materiales, con el fin de proporcionar nutrientes a los vegetales o a los hongos o mejorar su eficiencia nutricional.

Un BE, conceptualmente, entra dentro de la nueva definición de "producto fertilizante" por lo que para la reglamentación europea un BE es un fertilizante. Por lo tanto, se puede establecer una diferencia entre abono y fertilizante, ya que el segundo puede incluir el empleo de BE y/o microorganismos. Además, con esta definición, el producto que se suministra al agricultor es siempre un fertilizante, no un ingrediente o BE procedente de un compuesto aislado. Por lo tanto, muchos de ellos serán mezclas de sustancias y/o microorganismos, con propiedades BE e incluso con presencia de macro y/o micronutrientes, lo que dificultará la estandarización de sus propiedades y efectos declarados por la consecuencia de sinergias y resultados combinados sobre la planta. Por otra par-

---

[23] Unidades formadoras de colonias.

te, la investigación científica sobre los mecanismos y efectos BE normalmente se realiza sobre sustancias únicas, no mezclas o productos formulados, con lo que esto puede provocar una separación entre la investigación y la práctica que reduzca la posibilidad de comprender cómo funcionan realmente estos productos y, por lo tanto, de aprovechar y rentabilizar sus capacidades agrícolas, al ser mucho más difícil conseguir la validación de unas ciertas características declaradas cuando dependen de las interacciones.

La propia definición de BE ha sido objeto de debate y ha llevado a muchos investigadores a cuestionar su tipología. El profesor du Jardin llegó a decir que es mejor centrarse en definir los BE "por lo que hacen, no por lo que son, ya que lo que no son es ni fertilizantes ni fitosanitarios". Probablemente, por ese motivo, una de las grandes novedades del R (UE) 2019/1009 es la propia definición del término "BE de plantas", ya que está basada en "su efecto", es decir, en su relación con los procesos de nutrición vegetal. Por lo tanto, de acuerdo con este reglamento, los productos BE se comercializan en función de sus efectos previstos en los cultivos, denominados "declaraciones". En este sentido, el enfoque en la definición es pionero en el campo normativo comunitario.

Sin embargo, la definición de BE como hemos visto anteriormente[24] sí delimita la frontera entre BE y plaguicidas, y aclara que un BE no puede tener efectos de tipo biótico sobre las plantas, es decir, no se le pueden atribuir propiedades fitosanitarias, por lo menos de manera directa. De hecho, dicha definición obliga a modificar el artículo 2 apartado 1, letra b) del reglamento de productos fitosanitarios (plaguicidas) R (CE) 1107/2009 referido al ámbito de aplicación de los plaguicidas concretamente a los reguladores del crecimiento (hormonas sintéticas principalmente) por lo siguiente:

> Influir en los procesos vitales de los vegetales como, por ejemplo, las sustancias que influyen en su crecimiento, pero de forma distinta de los nutrientes o los BE de plantas.

Esto tiene sentido, porque a pesar de que muchos de los productos BE afectan a la fisiología de la planta y actúan de forma similar a los fitorreguladores, no alteran el crecimiento de la planta como lo hacen estos. Al contrario que los fitorreguladores, la mayoría de ellos son de origen biológico, con composiciones complejas, y su actividad se considera respaldada por numerosos constituyentes bioactivos que interactúan entre sí.

Además, la definición no exige el tipo de origen del producto o sustancia BE, es decir, si tiene que ser exclusivamente de origen natural. Por lo que abre la posibilidad a que se puedan utilizar moléculas sintéticas como BE. El término "productos de origen biológico (*biobased products*)" es a veces malinterpretado por el público en general para indicar sustancias químicas, materiales o cosas que no dañan ni afectan al medio

---

[24] "Producto que estimula los procesos de nutrición de las plantas independientemente del contenido de nutrientes del producto, con el único objetivo de mejorar una o varias de las siguientes características de la planta o su rizosfera: eficiencia en el uso de nutrientes, tolerancia al estrés abiótico, características de calidad, o disponibilidad de nutrientes inmovilizados en el suelo o la rizosfera".

ambiente. Las empresas utilizan la palabra "de origen biológico" para comercializar sus productos, interpretando el térmico como "sin afectar al medio ambiente". Los productos de origen biológico, según la CE, son aquellos que se fabrican total o parcialmente a partir de fuentes biológicas, es decir, de recursos renovables como plantas, microorganismos, algas o residuos orgánicos. Estos productos pueden reemplazar a los de origen fósil en sectores como la química, los materiales, la energía y la alimentación. En la Ley de Seguridad Agrícola e Inversión Rural (2002), el Secretario de Agricultura de EE UU definió los productos de origen biológico como:

> Un producto comercial o industrial (que no sea alimento o pienso) que está compuesto total o parcialmente de productos biológicos, materiales agrícolas nacionales renovables (incluidos materiales vegetales, animales y marinos), materiales forestales o una materia prima intermedia.

Si nos centramos ahora en las CMC que se pueden utilizar para formular las distintas CFP y especialmente en la número 6 "BE de plantas", la Parte II del Anexo II especifica que, dentro de CFP6, podemos incluir el tipo CFP6A "BE microbianos", que estará constituido por un microorganismo o un grupo de microorganismos mencionados en la CMC7, en este caso microorganismos vivos o muertos, cuyo único procesamiento permitido es el secado o liofilizado, "exclusivamente" de la siguiente lista de géneros permitidos: hongos micorrícicos y los siguiente tipos de bacterias *Azotobacter* spp., *Rhizobium* spp. y *Azospirillum* spp. Una lista algo escasa, teniendo en cuen-

ta el resto de microrganismos aprobados en las respectivas legislaciones de los distintos países comunitarios. Además, si queremos conocer las CMC que están autorizadas para el tipo CFP6B "BE no microbianos", este reglamento no especifica ninguna. En este sentido, también debemos de destacar que este reglamento en ningún momento define el térmico "biofertilizante" y, en consecuencia, este no tiene ningún tipo de regulación, a pesar de estar muy generalizado tanto en el sector como en el ámbito científico, como hemos comentado anteriormente.

Por lo tanto, en este sentido, este reglamento ha quedado, desde nuestro punto de vista, bastante "descafeinado". Si bien no se esperaba que la legislación distinguiera los distintos productos BE por sus mecanismos de acción y/o por su función en la planta, sí había esperanza que se identificaran y/o clasificaran (lista positiva) las distintas categorías de sustancias con propiedades BE, tanto de origen microbiano (más amplia) como de origen no microbiano. Sin embargo, este reglamento ha dejado fuera a los BE más novedosos, especialmente los de naturaleza "no microbiana", algunos de ellos ya comercializados y regulados en los distintos países de la UE. Pero, también existen defensores de este reglamento, que aprecian la importancia de esta normativa con una visión más holística, y que opinan que orientarse hacia una lista positiva habría ralentizado mucho el desarrollo de la misma y el proceso de inclusión de este tipo de productos. Actualmente, la CE trabaja para incluir nuevas CMC, como polímeros biodegradables y microorganismos adicionales.

En este sentido, el reglamento especifica que, en caso de que se quiera solicitar la inclusión de nuevos productos BE, es obligado solicitarla a través de actos delegados (mediante las evaluaciones de conformidad), es decir, que la decisión de su autorización no se tomará directamente, sino que está sujeta a un proceso de evaluación y aprobación y para ello se delegará en una autoridad acreditada o agencia especializada externa constituida a nivel nacional, en base a una declaración cualificada de seguridad que certifique que la nueva sustancia o microorganismo cumple con los estándares de seguridad establecidos. Esta declaración debe ser realizada por expertos y basarse en datos científicos sólidos. Además, las sustancias que sufran modificaciones químicas o enzimáticas deberán registrarse bajo el Reglamento de Registro, Evaluación, Autorización y Restricción de Sustancias Químicas (REACH) (Regulation (EC) 1907/2006). Así, el producto fertilizante que cumpla los requisitos establecidos en los Anexos I y II del Reglamento (UE) 2019/1009 para la categoría funcional de producto (CFP) y la categoría de materiales componentes (CMC) aplicables, y esté etiquetado según lo dispuesto en el anexo III de dicho Reglamento y haya superado con éxito el procedimiento de evaluación de la conformidad establecido en el Anexo IV de ese mismo Reglamento, puede llevar el marcado CE y circular libremente en el mercado interior como producto fertilizante UE.

Actualmente, son muchos los países que no han creado dichas instituciones evaluadoras. Se requieren protocolos estandarizados para validar las declaraciones de los productos BE y permitir su acceso al mercado de la UE. En ausencia de normas armonizadas acerca de cómo se deben realizar los procedimientos de análisis y verificación de la eficiencia, por el momento, la mayoría de los fabricantes han adoptado una actitud cautelosa y continúan comercializando sus fertilizantes de acuerdo con las legislaciones nacionales o mediante reconocimiento mutuo, según el Reglamento (UE) 2019/515. En definitiva, aún son pocos los productos de este tipo que hayan conseguido el etiquetado CE.

A pesar de todo ello, la UE se posiciona como líder global en la regulación de BE gracias al Reglamento (UE) 2019/1009, que reconoce oficialmente su papel crucial en la AS. Este marco normativo no solo promueve la innovación, sino que también establece estándares claros para garantizar la calidad, seguridad y eficacia de los productos, facilitando su uso en los sistemas agrícolas europeos. Esto crea un modelo que otros países o regiones podrían adoptar en el futuro.

2.4.3. Otras normativas

China

La República Popular China todavía está en camino de lograr una definición de BE, pero actualmente no existe una consistente. Los productos se clasifican como fertilizantes. Algunas normas chinas cubren algunos temas. Por ejemplo, la norma agrícola NY/T 3831-2021, publicada en noviembre de 2021, se refiere a los "Fertilizantes orgánicos solubles en agua-Reglamento general". Esta norma no obligatoria contiene una definición de BE:

Ingrediente que permite a las plantas estimular su crecimiento a través de la síntesis de sustancias promotoras del crecimiento y/o a través de procesos nutricionales que no se ven afectados por sustancias nutritivas. Alcanzar los objetivos de mejorar la utilización o tasa de absorción de nutrientes de las plantas, mejorar la resistencia al estrés abiótico y/o mejorar las características de calidad de los cultivos.

Los fertilizantes orgánicos solubles en agua se clasifican según sus materias primas: aminoácidos libres, ácidos húmicos, extractos de algas, quitosano, ácido poliglutámico, ácido poliaspártico, melaza, pescado de bajo valor y sus productos fermentados. Se pueden agregar otras materias primas orgánicas y microelementos.

India

En India, en virtud de la Orden de Control de Fertilizantes (FCO) de 1985, las principales categorías de BE son los biofertilizantes y los fertilizantes orgánicos. Por biofertilizante se entiende el producto que contiene microorganismos vivos basados en portadores (sólidos o líquidos) que son útiles para la agricultura en términos de fijación de N, solubilización de P o movilización de nutrientes, para aumentar la productividad del suelo y/o del cultivo. En 2021, este reglamento ha sido modificado y define los BE como:

Una sustancia o microorganismo o una combinación de ambos cuya función principal, cuando se aplica a las plantas, semillas o rizosfera, es estimular los procesos fisiológicos de las plantas y mejorar su absorción de nutrientes, crecimiento, rendimiento, eficiencia nutricional, calidad de los cultivos y tolerancia al estrés, independientemente de su contenido en nutrientes, pero no incluye plaguicidas o reguladores del crecimiento de plantas que están regulados por la Ley de Insecticidas de 1968 (46 de 1968).

Los BE se clasifican en alguna de las categorías siguientes: a) extractos botánicos, incluidos los extractos de algas marinas, b) productos bioquímicos, c) hidrolizados de proteínas y aminoácidos, d) vitaminas, e) productos microbianos libres de células, f) antioxidantes, g) antitranspirantes y h) acidos húmicos, fúlvicos y sus derivados.

Sudáfrica

El reglamento de fertilizantes (2017) considera un BE como fertilizante del grupo 3, sustancia u organismo natural o sintético que mejora el crecimiento o el rendimiento de las plantas o las condiciones físicas, químicas o biológicas del suelo. Incluye algas marinas, ácidos orgánicos, biofertilizantes, rizobacterias promotoras del crecimiento vegetal, recubrimientos de fertilizantes y productos de absorción de humedad. En una directriz publicada en junio de 2019, "biofertilizante", "bioestimulante de plantas", "potenciador del crecimiento de las plantas" o "fortalecedor de plantas" es:

Cualquier sustancia o microorganismo o combinación de ellos que se aplique al entorno de semillas, plantas o raíces capaz de modificar y mejorar el desarrollo de las plantas a través de un conjunto de diferentes mecanismos de acción.

Brasil

La Ley 6.894/1980 clasifica a los BE en dos grupos: i) inoculante: sustancia que contiene microorganismos con una acción favorable para el desarrollo de las plantas y ii) estimulante o biofertilizante: producto que contiene un principio activo capaz de mejorar, directa o indirectamente, el desarrollo de las plantas. En consecuencia, los BE se consideran biofertilizantes.

ISO

La Organización Internacional de Normalización (ISO) es una organización internacional independiente y no gubernamental que cuenta con 164 organismos nacionales de normalización. A través de sus miembros, reúne a expertos para compartir conocimientos y desarrollar normas internacionales voluntarias, basadas en el consenso y relevantes para el mercado que apoyen la innovación y proporcionen soluciones a los desafíos globales.

Desde diciembre de 2018, el Comité Técnico ISO-134 se encarga de la estandarización en el campo de los fertilizantes, acondicionadores de suelos y sustancias beneficiosas, es decir, materiales cuya adición está destinada a garantizar o mejorar la nutrición de las plantas cultivadas y/o mejorar las propiedades de los suelos, y el uso eficiente de los mismos. De hecho, la ampliación de las sustancias beneficiosas es una señal positiva del interés mundial por los BE.

La norma ISO 8157:22022[25] define sustancia o elemento beneficioso como:

Sustancia o elemento distinto del primario, secundario o micronutriente que se puede demostrar mediante investigación científica que es beneficioso o puede ser esencial para una o más especies de plantas, cuando se aplica exógenamente.

En la misma norma, se ha discutido una propuesta de BE vegetal que podría definirse como:

Sustancia(s) y/o microorganismo(s) cuya función, independientemente del contenido de nutrientes, cuando se aplica a las semillas, plantas o a la rizosfera, es estimular los procesos naturales para mejorar/beneficiar a uno o más de los siguientes: i) absorción de nutrientes, ii) eficiencia de nutrientes, iii) tolerancia al estrés abiótico, iv) calidad de los cultivos y v) aumento del rendimiento.

Se han creado dos grupos de trabajo específicos para desarrollar normas ISO para sustancias beneficiosas (incluidos los BE) y para microorganismos. De esta manera, la caracterización, la eficacia y la seguridad se armonizarán a nivel global y facilitarán el comercio de BE.

---

[25] ISO. 2022. Fertilizers, soil conditioners and beneficial substances. ISO 8157-2022. Edition 3. The International Organization for Standardization. Ginebra. Suiza. https://www.iso.org/standard/80949.html.

2.5. Modos de acción y beneficios agronómicos

Los BE, productos derivados principalmente de sustancias naturales y/o microorganismos, constituyen en la actualidad, como ya se ha comentado, una herramienta muy valiosa en agricultura, ya que mejoran los procesos naturales de nutrición vegetal, al tiempo que contribuyen a unas prácticas agrícolas sostenibles (Ferrante, 2023). De esta manera, se posicionan como una solución prometedora para para hacer frente a las limitaciones de la agricultura mundial, como el cambio climático que implicará una extensión de los estreses de tipo abiótico (salinidad, temperatura, sequía, etc.), la escasez de recursos y la necesidad de utilización de insumos agrícolas más respetuosos con el medio ambiente.

Según Brown (2023), aunque se han dedicado esfuerzos considerables para definir el modo de acción de estos materiales, solo un pequeño subconjunto de productos actualmente en el mercado ha proporcionado información definitiva sobre el compuesto o compuestos bioactivos o sobre la base fisiológica de la eficacia del producto. Así, la dificultad para definir la función y la utilidad de los BE deriva en gran parte de la increíble diversidad de materiales de distinto origen (biológico, inorgánico, síntesis, fermentaciones microbianas, residuos agroindustriales, etc.) y a la complejidad del producto resultante que, en la mayoría de los casos, contendrá un gran número de moléculas difícilmente caracterizables, lo que hace suponer que no exista un único modo de acción.

La dificultad para identificar los mecanismos y las funciones de estos materiales se complica aún más debido a que muchos de ellos solo tienen efectos beneficiosos en determinadas condiciones ambientales o cuando se produce un evento de "estrés vegetal", prestando especial atención a la etapa intermedia entre el estado de pre- y post-estrés, es decir, su influencia en recuperarse o prepararse para el mismo. Por tanto, teniendo en cuenta la diversidad del material de origen y la complejidad de la respuesta de la planta, que va a depender del tipo de cultivo, variedad, dosis, el momento fenológico en el cual se produzca la aplicación y el número de aplicaciones durante ese estado, así como las distintas prácticas culturales llevadas a cabo sobre el cultivo, está claro que no es posible dar una explicación bioquímica uniforme del modo de acción de los BE. Así, a pesar de la incertidumbre que rodea a estos materiales, existe un consenso generalizado sobre la necesidad de profundizar en la comprensión de su modo de acción e identificar los componentes bioactivos para optimizar su uso, ya que su gran aceptación en la agricultura sugiere un enorme beneficio futuro.

A nivel práctico, y teniendo en cuenta la complejidad de este tema, todavía no comprendido en su totalidad, los mecanismos de acción de los BE pueden agruparse en tres grandes grupos:

1. *Imitación de actividades de señalización y hormonales*. Una de las principales interacciones planta-BE se produce a nivel hormonal, debido a la presencia de fitohormonas o a moléculas

precursoras presentes en el producto BE, y a su capacidad para actuar sobre determinados aspectos genéticos, o regular procesos de síntesis, transporte e inactivación de tipo hormonal. Por ejemplo, se ha demostrado que las SH pueden imitar el efecto de las auxinas debido a la presencia de compuestos como AIA, al igual que los extractos de algas, gracias a compuestos como el L-triptófano, que es un precursor de la síntesis de auxinas, pero al mismo tiempo, a veces, son capaces de modificar las respuestas y señales hormonales posteriores. De hecho, se ha demostrado que un extracto de *Ascophyllum nodosum* es capaz de modular la expresión de los genes SAUR (*Small Auxin Up-Regulated RNA*), familia de genes de respuesta temprana a la auxina que codifican pequeñas proteínas responsables de regular el crecimiento y desarrollo de las plantas (Goñi *et al.*, 2016).

2. *Modulación de actividades enzimáticas y proteínicas.* Además de regular los procesos hormonales, los BE también son capaces de regular los procesos enzimáticos. Por ejemplo, las SH son capaces de activar la actividad de la enzima PM-H$^+$-ATPasa, lo que conduce a una acidificación de la rizosfera y estimula la actividad del transportador (2:1 H$^+$:NO$_3^-$), permitiendo así una mayor absorción de nitrato del suelo (Ertani *et al.*, 2020;

Atero-Calvo *et al.*, 2024). Los procesos de regulación enzimática se consiguen modificando las concentraciones y/o la eficiencia de las enzimas.

3. Regulación de los mecanismos de regulación transcripcional[26]. Otros mecanismos importantes en los que pueden influir los BE son los de regulación génica. La regulación de la expresión de uno o varios genes permite modificar el crecimiento de la planta. Así, Ertani *et al.* (2017) comprobaron que una formulación de HP podía desencadenar una vía de transducción de señales mediante la modulación de los niveles intracelulares de hormonas, que a su vez provocan la activación de una cascada de eventos que requiere la presencia y actividad de numerosas quinasas y factores de transcripción para activar los genes relacionados con el estrés en plantas de tomate.

Ahora bien, en primer lugar, es necesario destacar las diferencias entre mecanismos y modos de actuación de los BE. Según Yakhin *et al.* (2017), el modo de acción se refiere al "efecto específico sobre un proceso bioquímico", mientras que el mecanismo de acción implica los "impactos sobre las vías bioquímicas o moleculares generales o los

---

[26] Procesos que controlan cuándo, dónde y en qué medida se transcribe un gen ARNm. Este nivel de regulación es fundamental para determinar qué proteínas se producen en una célula y en qué cantidad, lo que a su vez define la función y el comportamiento celular.

procesos fisiológicos". Dado que los BE no se han caracterizado al nivel necesario para establecer sus modos de acción, sus funciones en la planta se entienden principalmente atendiendo a los mecanismos de acción subyacentes. La investigación desarrollada sobre los BE requiere dilucidar la composición y los ingredientes bioactivos de la formulación, así como el mecanismo de acción que induce modificaciones en el metabolismo de las plantas. Para realizar estas determinaciones, potentes herramientas ómicas[27] (genómica, transcriptómica, metabolómica, proteómica y fenómica) pueden generar abundantes datos sobre los cambios en las transcripciones, metabolitos, proteínas y fenotipos del ARNm y han demostrado ser fundamentales en la investigación e identificación de los principales eventos y mecanismos bioquímicos multicapa que sustentan los efectos de las formulaciones BE en fisiología vegetal (du Jardin *et al.*, 2020; Araya *et al.*, 2025). Así, la aplicación de estas técnicas es crucial para personalizar las formulaciones y las aplicaciones específicas de los cultivos (Anexo 4.2.4). Además, determinar el efecto de los BE no solo es recomendable para obtener una formulación óptima, sino que los miembros del EBIC lo consideran un requisito esencial para su comercialización (Ricci *et al.*, 2019).

A modo de ejemplo decir que, cuando una planta es deficitaria en nutrientes a nivel fenotípico, expresa una serie de efectos que indican esta carencia, como el clásico amarilleamiento de las hojas. Cuando se le aplica un fertilizante, la planta responderá adaptando su expresión génica debido a las condiciones ambientales modificadas por el fertilizante, cambiando en consecuencia también su expresión fenotípica. Se puede afirmar, por tanto, que la expresión génica de la planta depende de las condiciones ambientales a las que está sometida. Sin embargo, son dinámicas a lo largo del tiempo, sobre todo porque también están influidas por las prácticas agronómicas. El BE actúa de forma totalmente distinta al fertilizante, ya que no modifica el medio provocando una expresión génica diferente, sino que lo modifica directamente.

El conocimiento actual y las observaciones fenotípicas sugieren que los BE operan en la regulación y modificación de los procesos fisiológicos en las plantas para promover el crecimiento, aliviar el estrés y mejorar la calidad y el rendimiento. Sin embargo, para desarrollar con éxito nuevas formulaciones y programas basados en BE, es requisito previo comprender las interacciones entre BE y plantas, a nivel molecular, celular y fisiológico. La metabolómica, una ciencia ómica multidisciplinar, ofrece oportunidades únicas para decodificar de forma predictiva el modo de acción de los BE en las plantas e identificar los marcadores signatarios de la acción de los BE. La metabolómica se define clásicamente como una medición completa y holística del conjunto de moléculas de bajo peso molecular (< 1.500 Da de

---

[27] *Genómica*: Estudio del genoma completo de un organismo, incluyendo la secuencia de ADN y la variación genética. *Transcriptómica*: Estudio de las moléculas de ARN en la célula; *Metabolómica*: Estudio de los metabolitos presentes en células y tejidos; *Proteómica*: estudio de la estructura y función de las proteínas en la célula; *Fenómica*: Estudio del fenoma (conjunto de fenotipos de una célula).

tamaño), es decir, metabolitos, dentro de un sistema biológico. El metaboloma, al ser el espacio químico y el lenguaje del metabolismo, lleva improntas de factores genéticos y ambientales, y es de esperar que sea más sensible a las perturbaciones, tanto en los flujos metabólicos como en la actividad enzimática, que el transcriptoma o el proteoma (Nephali *et al.*, 2020). Además, el análisis del metaboloma puede informar sobre la regulación transcripcional y postranscripcional de la expresión génica, siendo así el enfoque ómico más cercano a la caracterización del fenotipo. Incluso, el análisis metabolómico de los tejidos vegetales se ha combinado con éxito con el fenotipado de plantas para comprender el modo de acción de los BE (Leporino *et al.*, 2024). Por lo tanto, las mediciones cuantitativas globales del metaboloma proporcionan una exploración de pequeños mundos celulares, revelando patrones ocultos y reflejando el sistema bioquímico y la fisiología celular del sistema en cuestión. La aplicación de esta ciencia ómica multidisciplinar en el campo de los BE vegetales generará, sin duda, un conocimiento integrado que arrojará luz sobre los modos y mecanismos de acción de los BE a nivel celular y molecular. En el artículo de revisión de Nephali *et al.* (2020) se pueden consultar algunos trabajos sobre la metabolómica aplicada a estudios de BE vegetales para dilucidar sus mecanismos y modos de acción.

También, gracias a la transcriptómica, disciplina que se ocupa del estudio del transcriptoma, es decir, el conjunto de todos los ARN que se transcriben a partir de un genoma, es posible obtener lo que se denomina una fotografía molecular del BE. No es más que una representación de su potencial en términos de capacidad para regular procesos vegetales individuales. Esto es posible gracias a diversas tecnologías, siendo la más utilizada la de *microarrays* (chips de ADN), que permite medir el nivel de expresión de cada uno de los genes individuales que componen el genoma. Sin embargo, para utilizar esta tecnología, es necesario secuenciar previamente el genoma de interés. Hoy en día, se están desarrollando nuevas tecnologías aún más complejas, como la NGS (*Next Generation Sequencing*) que, partiendo de un genoma desconocido, permiten obtener datos transcriptómicos especialmente detallados. Sin embargo, según Nephali *et al.* (2020), estos estudios presentan desafíos, como el hecho de que un aumento en los niveles de ARNm no siempre se correlaciona con los niveles de proteínas y no todas las proteínas transducidas son enzimáticamente activas. Además, el resultado del perfil del transcriptoma y del proteoma puede verse limitado por la identificación de ARNm y proteínas que dependen de la información genómica específica del organismo. Por lo tanto, debido a estas limitaciones, los cambios en el nivel del transcriptoma o del proteoma no se corresponden necesariamente con la alteración de los fenotipos bioquímicos y podrían no reflejar con precisión el estado bioquímico de la planta en respuesta al estrés abiótico y a los BE.

Según Brown y Saa (2015), los BE benefician la productividad de las plantas al interactuar con los procesos de señalización de las mismas, reduciendo así la respuesta negativa al estrés (Figura 2.39). Esta hipótesis se basa en la

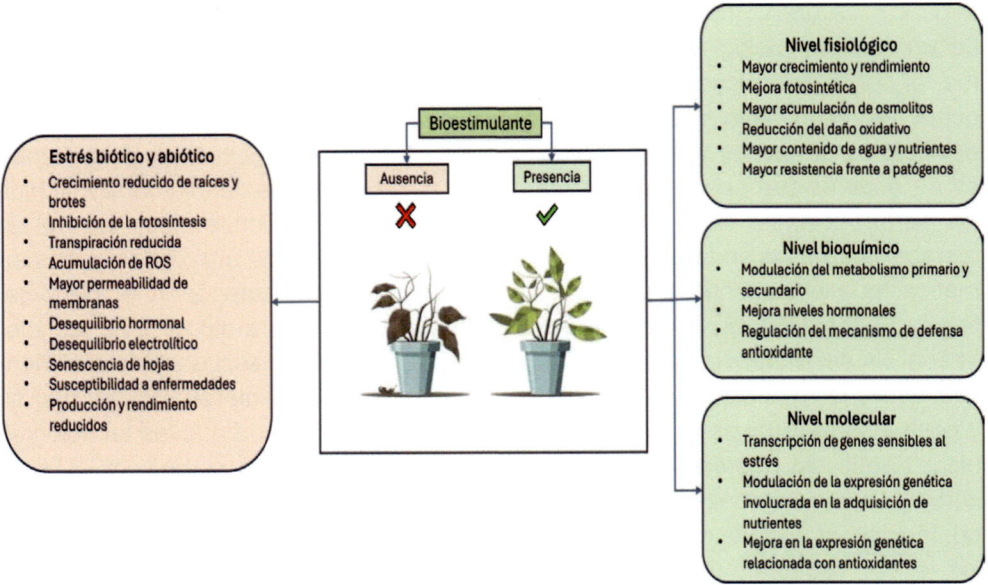

Figura 2.39. Representación esquemática del modo de acción de los BE.

gran cantidad de investigaciones recientes que demuestran que la respuesta de la planta al estrés está regulada por moléculas de señalización que pueden ser generadas por la planta o por sus poblaciones microbianas asociadas. Así, los BE pueden interactuar directamente con las cascadas de señalización de la planta o actuar mediante la estimulación de bacterias endófitas y no endófitas, levaduras y hongos para producir moléculas beneficiosas para la planta. La gran diversidad de respuestas de las plantas a los BE pone de manifiesto los retos a los que se enfrentan los investigadores. Muchas respuestas de las plantas a los BE no pueden explicarse a partir de nuestra comprensión actual de los procesos vegetales y, aunque esto representa un reto, también supone una gran oportunidad.

Las funciones fisiológicas son diversas. Por función fisiológica nos referimos a cualquier acción sobre los procesos de la planta, como son la protección de la maquinaria de la fotosíntesis contra el fotodaño, o el inicio de raíces laterales. Las funciones están respaldadas por mecanismos celulares, como la eliminación de ROS por antioxidantes o el aumento de la síntesis de transportadores de auxinas, para seguir con los dos ejemplos anteriores. Las funciones y los mecanismos celulares subyacentes pueden denominarse "modos de acción" de los BE (du Jardin *et al.*, 2020). Estos modos de acción explican los beneficios agronómicos de los BE, como mayor tolerancia a los estreses abióticos (que causa estrés oxidativo) o aumento de la eficiencia en el uso de N (que depende de la capacidad de alimentación de las raíces y, por lo tanto, de su densidad). Esta funcionalidad pueden traducirse en beneficios económicos y ambientales: mayor rendimien-

Figura 2.40. Efectos agronómicos de los BE en la planta y el suelo.

to de los cultivos, ahorro de fertilizantes, aumento de calidad y rentabilidad del cultivo y productos, servicios ecosistémicos mejorados, etc., que han sido demostrados ampliamente en distintos tipos de cultivos y ante distintas condiciones experimentales, por lo que existe un gran número de publicaciones científicas centradas en este aspecto, unas que comentaremos más adelante y otras que recomendaremos para que el lector pueda profundizar más extensamente en este tema. En el Anexo 4.2.5 se esquematizan los modos de acción y principales beneficios agronómicos de los BE.

En cualquier caso, estos beneficios son difíciles de cuantificar y categorizar, ya que el uso de BE en cultivos agrícolas ofrece múltiples ventajas, como se puede observar en la Figura 2.4, entre las que podemos destacar:

1. Mejora de la eficiencia en el uso de nutrientes. Optimizan la disponibilidad y absorción de nutrientes del suelo, permitiendo un mejor aprovechamiento de los fertilizantes. Esto reduce necesidades de aplicación de nutrientes, ahorrando costos a los agricultores y disminuyendo su impacto ambiental (minimiza la contaminación del suelo y de los cuerpos de agua y las emisiones de gases de efecto invernadero).

2. Mejor tolerancia al estrés abiótico. Ayudan a las plantas a soportar condiciones adversas como sequía, salinidad, temperaturas

extremas e inundaciones. Esta característica contribuye a mejorar el rendimiento, sobre todo en condiciones ambientales adversas.

3. Aumento de los rendimientos de los cultivos. Los BE promueven el crecimiento y desarrollo de las plantas, lo que conlleva un aumento de los rendimientos. Estimulan el crecimiento de las raíces, la floración etc., contribuyendo a una mayor productividad.

4. Mejora de la salud del suelo. Los BE estimulan la actividad microbiana autóctona del suelo, (microbioma) mejorando su estructura, el ciclo de nutrientes y la descomposición de materia orgánica. Esto da lugar a suelos más fértiles y resilientes, esenciales para una agricultura sostenible a largo plazo.

5. Mejor calidad de los cultivos. Los BE mejoran características como el color, el sabor y el contenido nutricional de los frutos, lo que incrementa su valor comercial y satisface las expectativas de los consumidores.

6. Flexibilidad y compatibilidad agronómica. Los BE son compatibles con otro tipo de prácticas agrícolas sostenibles como la agricultura ecológica o la de precisión.

7. Mayor resiliencia a plagas y enfermedades. El efecto de los BE puede provocar un efecto biótico indirecto, ya que contribuyen a desarrollar plantas más sanas y vigorosas, que podrían ser mucho más resistentes y recuperarse mucho más rápido de este ti-

po de estreses, minimizando las pérdidas de rendimiento. Además, el uso de algunos microorganismos beneficiosos o la estimulación de los autóctonos del suelo puede ocasionar la competencia por el espacio y los nutrientes de otros microorganismos patógenos para la planta, reduciendo así la necesidad de tratamientos fitosanitarios.

Las investigaciones actuales se basan en el estudio de sus características principales: i) su acción sobre la homeostasis de las plantas a bajas dosis, ii) la modulación de la respuesta al estrés, iii) su papel en la nutrición y promoción del crecimiento vegetal al actuar sobre la disponibilidad y absorción de nutrientes y iv) los efectos sinérgicos resultantes de la combinación de distintos compuestos bioactivos procedentes de una misma o diferentes sustancias.

Si nos basamos exclusivamente en el Reglamento (UE) 2019/1009, un BE tiene que ser capaz de mejorar una o más de las siguientes características de la planta o de su rizosfera: i) la eficiencia en el uso de nutrientes y su disponibilidad en el suelo, ii) tolerancia al estrés abiótico y iii) características de calidad.

2.5.1. Eficiencia en el uso de nutrientes

La aplicación de BE puede ser una herramienta valiosa para mejorar la disponibilidad de nutrientes del suelo, así como su absorción y asimilación por las plantas, es decir, las ayuda a mejorar la eficiencia en el uso de los nutrientes

(EUN) minerales, especialmente en el caso del N. Así, las plantas a las que se aplican BE muestran una mayor relación biomasa/rendimiento por unidad de aporte de nutriente fertilizante.

Según du Jardin (2020), la EUN se ha definido de diversas maneras, dependiendo del cultivo y del alcance del estudio, pero el término "eficiencia" siempre se refiere a una relación entre los resultados obtenidos y los insumos aplicados. Tanto los resultados como los insumos pueden expresarse utilizando diferentes variables, como el rendimiento en grano o la cantidad de N exportado, mientras que los insumos pueden referirse al contenido total de nutrientes en el suelo, a su fracción biodisponible o al fertilizante aplicado. Desde la perspectiva del agricultor, la EUN sería simplemente la relación entre la producción (cosecha o rendimiento) y el aporte de nutrientes (fertilizante aplicado), lo que está relacionado con la cantidad de nutrientes minerales no aprovechados. Tomando como ejemplo el nitrógeno (N), uno de los principales macronutrientes que ha impulsado el aumento del rendimiento en la agricultura intensiva en las últimas décadas, se ha observado un descenso significativo de la EUN en todo el mundo. Los nitratos se lixivian y el amoníaco (NH_3) y los óxidos de nitrógeno (N_xO) se pierden debido a la volatilización, lo que incita a los agricultores a aumentar todavía más la aplicación de fertilizantes provocando que el coste de estos no compense los beneficios obtenidos con el aumento de rendimientos. Además de que, a su vez, se incrementan los efectos medioambientales adversos (contaminación de los ecosistemas y

las emisiones de gases de efecto invernadero) o incluso posibles efectos toxicológicos por acumulación de exceso de nitratos, principalmente en hojas, los cuales pueden reducirse posteriormente a nitritos y provocar la formación de metahemoglobina y nitrosaminas, cuya presencia puede suponer un riesgo para la salud, sobre todo en niños pequeños. Así, una menor EUN suscita una gran preocupación en un contexto del cambio global, en el que se señalan como responsables de su mitigación a la industria de los fertilizantes y a la agricultura en general. Sin embargo, hasta la fecha, los esfuerzos para reducir el uso de fertilizantes nitrogenados, al mismo tiempo que se intenta aumentar la EUN, han demostrado ser ineficaces. Esto se puede atribuir a la incapacidad de las plantas para adaptarse a las condiciones de baja disponibilidad de N, que limita la activación de los procesos fisiológicos necesarios para aumentar la producción de los cultivos.

Para analizar la efectividad de los BE en la mejora de la EUN, es útil la siguiente expresión, ya que descompone la EUN en dos componentes que están controlados por diferentes características de la planta y que pueden ser influenciados por los BE mediante distintos mecanismos (du Jardin, 2020):

$$EUN = EA \times EU$$

donde:

EUN es la masa seca o rendimiento producido por unidad de nutriente aplicado (gramos de biomasa total de la planta o biomasa cosechada por gramo de nutriente aplicado), EA (eficiencia de absorción) es la cantidad de nutriente absorbido por la planta por unidad de nutriente aplicado (gramos de nutriente absorbido por gramo de nutriente aplicado) y EU (eficiencia de utilización) es la masa seca producida por unidad de nutriente absorbido por la planta (gramos de biomasa total de la planta o biomasa cosechada por gramo de nutriente absorbido).

De acuerdo con du Jardin *et al.* (2020), los BE son herramientas potenciales para la mejora de cada componente relacionado con la EUN agronómica. En lo que respecta a la EA, los BE tienen la capacidad de aumentar la biodisponibilidad de nutrientes en el suelo y en la superficie radicular, así como translocar los nutrientes a sus *células,* que son los tres principales factores que contribuyen a la eficiencia de absorción. Así, por ejemplo, los AH y los AA se comportan como agentes quelantes, evitando la lixiviación de nutrientes y mejorando la disponibilidad de microelementos para su absorción por las raíces de las plantas. Varios transportadores de iones de las membranas de las células de la raíz están regulados por los BE en el nivel de la expresión *génica.* Ensayos realizados con BE, con comportamientos similares a las auxinas, facilitaron el desarrollo de los pelos radiculares, aumentando el área de intercambio suelo-raíz. Además, la actividad nutritiva de las raíces se ve favorecida por sustancias promotoras del enraizamiento, que incluyen componentes similares a las hormonas de los BE. Esto puede ser importante para la asimilación de elementos poco móviles como el P, obligando a la planta a desarrollar su sistema radicular hacia las reservas inmóviles de fosfatos del suelo. La EUN también está controlada por la forma en que la planta puede movilizar sus elementos químicos durante su desarrollo, translocando nutrientes desde las hojas senescentes hacia las hojas maduras en la etapa vegetativa y hacia las semillas en la etapa reproductiva. Esta movilización es fundamental para mantener una alta eficiencia en el uso del N, por ejemplo, en cultivos de cereales. Se espera, por tanto, que los BE contribuyan a la EUN como compuestos antiestrés y reguladores del desarrollo y metabolismo de la planta. Los BE que contienen análogos o antagonistas hormonales, pueden utilizarse potencialmente para modular los rasgos correspondientes que se relacionan con los numerosos factores genéticos de la planta.

Son numerosos los trabajos experimentales que evidencian que los BE (microbianos y no microbianos) pueden influir positivamente en la EUN, al mejorar la arquitectura del sistema radicular y la explotación del suelo, así como aumentar la solubilización de macro y micronutrientes que pueden dar lugar a un aumento de la EUN y, por tanto, minimizar el uso de fertilizantes. Como muestra, en el artículo de revisión publicado por Carillo *et al.* (2025) se recopilan algunas investigaciones recientes relacionadas con la EUN. Estas investigaciones se seleccionan como relevantes porque no solo informan sobre el aumento de rendimiento observado en el cultivo (como la mayoría de los trabajos) sino que también evalúan por ejemplo la composición de los tejidos e incluso alguna se desarrolla en condiciones reducidas de fertilizantes. Por ejemplo, Monterisi *et al.* (2024) emplearon un enfoque multiómico para investigar el papel de los HP en la lechuga con un aporte de N limitado. Sus hallazgos mostraron que los HP, particularmente las fracciones de bajo peso molecular, actúan a través de mecanismos similares a las hormonas para mejorar la utilización del N, incluso con una disponibilidad inferior a la óptima. Estos efectos se relacionaron con la regulación positiva de las vías de biosíntesis de auxinas y citoquininas, la activación de respuestas antioxidantes multifacéticas y una mayor plasticidad de la pared celular, lo que en conjunto impulsó el crecimiento de las plantas y la acumulación de biomasa en condiciones de bajo contenido de N. Pathak *et al.* (2024) demostraron también el potencial sinérgico de combinar BE microbianos y no microbianos en el trigo. Desarrollaron bioinoculantes que mejoraron significativamente la germinación, la arquitectura de las raíces y el contenido de nutrientes mediante la integración de una comunidad microbiana sintética funcionalmente competente con extractos de AH o algas. Sus ensayos de campo revelaron que las plantas de trigo tratadas con estos BE, de forma conjunta, lograron un aumento del 40% en el rendimiento del grano y un aumento sustancial en los perfiles de macro y micronutrientes. Finalmente, Velasco-Clares *et al.* (2024) investigaron la aplicación de un BE derivado de extractos de algas enriquecido con compuestos antiestrés bioactivos en condiciones óptimas de crecimiento. Las plantas de lechuga tratadas con el BE mostraron una mejor producción de biomasa, una mayor actividad fotosintética y perfiles enriquecidos de fitohormonas, AA y nutrientes minerales. El tratamiento también estimuló la asimilación de N, la capacidad antioxidante y las concentraciones de compuestos clave, lo que contribuyó a una mayor calidad de los cultivos y una posible resistencia al estrés. Para más información, el lector puede consultar los trabajos de Rouphael *et al.* (2020b) y Meena *et al.* (2025).

A pesar de la evidencia de que los BE pueden modificar varios rasgos de las plantas relacionados con la EUN, según du Jardin (2020) todavía se presentan algunas dificultades: i) No se comprende completamente cuáles son los fenotipos más adecuados para mejorar la EUN, tanto a nivel de desarrollo como bioquímico, aunque se han logrado avances en algunos modelos de cultivos y nutrientes. Los avances en la investigación del genoma vegetal beneficiarán el desarrollo de productos BE, ya que mejorarán los métodos para evaluarlos en laboratorio y aplicarlos de manera práctica en función de los mecanismos de acción conocidos. ii) Desde el punto de vista de la EUN, es probablemente más importante promover la capacidad de respuesta de las plantas y sus raíces a las concentraciones cambiantes de nutrientes en su entorno, tanto en el tiempo como en el espacio, que promover una arquitectura radicular "ideal". Esto es más difícil de abordar en laboratorio, pero merece la pena estudiar la interacción de los BE con las redes de genes reguladores bien caracterizadas en plantas modelo. iii) Hay una escasez de experimentos de campo, como hemos comentado anteriormente, en los que se evalúe el efecto positivo de algunos BE en el crecimiento de las plantas y la composición de los tejidos cuando se aplican cantidades reducidas de fertilizantes, condiciones que fomentan lo que se conoce como agricultura de altos rendimientos con bajos recursos (*high output-low input*).

2.5.2. Tolerancia al estrés abiótico

Las plantas están sometidas continuamente a multitud de situaciones de estrés durante todo su ciclo vital. En función de la naturaleza del factor desencadenante, estas tensiones se dividen en dos categorías: bióticas y abióticas. Las primeras están causadas por otros organismos vivos, como insectos, bacterias, hongos y malas hierbas y las segundas suelen estar relacionadas con factores edafoclimáticos del entorno (Bulgari *et al.*, 2019).

El estrés abiótico es un estado fisiológico subóptimo causado por factores ambientales que, desde el punto de vista del agricultor, se traduce en una reducción de rendimientos directamente proporcional al nivel de estrés que padece el cultivo (du Jardin *et al.*, 2020). Los estreses abióticos ambientales y del suelo desfavorables son responsables de casi un 70% de la brecha de rendimiento total causada por las condiciones actuales de cambio climático (Figura 2.41). Según el escenario actual, se espera que estos estreses abióticos, en particular la sequía, la salinidad, las temperaturas inadecuadas, la baja fertilidad del suelo, etc. tengan un impacto negativo en la productividad de los cultivos y, por ende, en la seguridad alimentaria en todo el mundo. La aplicación de BE microbianos y no microbianos puede ayudar a superar esta situación para lograr una mayor estabilidad del rendimiento (Rouphael y Colla, 2020b).

Debido a que las plantas son organismos sésiles (aquellos que se encuen-

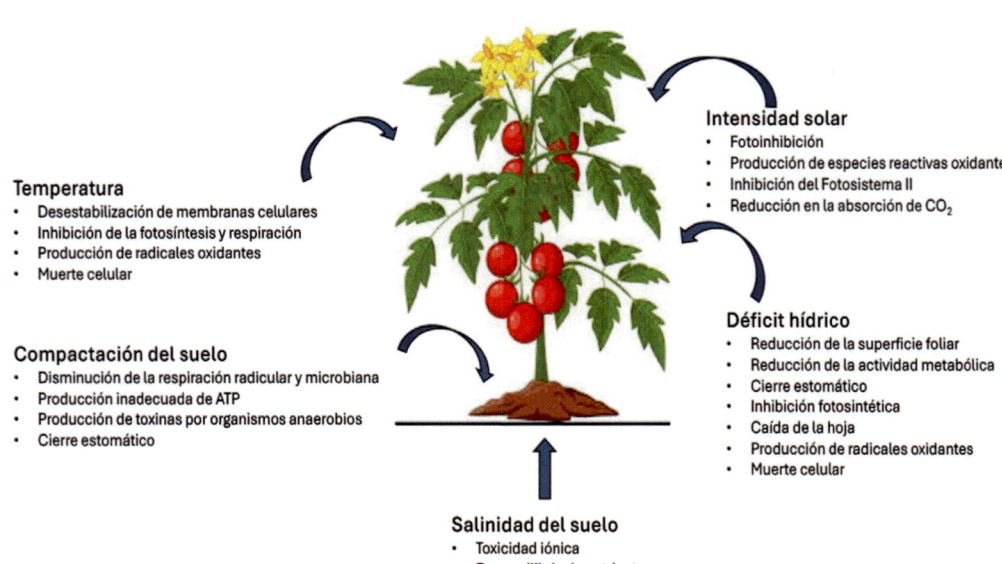

Figura 2.41. Efecto de los estreses abióticos en la planta.

tran fijos a un sustrato), han desarrollado una serie de procesos (mecanismos) para hacer frente al estrés causado por factores abióticos, unos procesos difíciles de identificar y que siguen siendo objeto de estudio. Los efectos fisiológicos inducidos por los BE pueden fortalecer algunos de estos procesos al interactuar con los factores involucrados de la planta y ayudar a adaptarse y superar o retrasar los momentos más críticos (du Jardin *et al.*, 2020; Franzoni *et al.*, 2022).

Para evaluar el estrés en el nivel de la planta se requieren diversas técnicas que dependen: i) de la naturaleza del estrés (sequía, salinidad, temperatura, hipoxia, déficit de nutrientes, etc.), ii) del proceso vital de la planta de interés y iii) del punto de vista del investigador. En consecuencia, cualquier uso de BE requiere una comprensión previa de la respuesta al estrés de la planta y de nuestra capacidad para medirla y medir los propios factores estresantes. Otra complejidad es el marco temporal de la respuesta y su relevancia para la tolerancia general al estrés. Esto es importante para responder a una pregunta desafiante relacionada con el uso de los BE:

¿Cuándo se debe aplicar un BE para mejorar la tolerancia al estrés, antes (protectores o preparadores), durante (rescatadores) y/o después del episodio de estrés (restauradores)?

La respuesta debe abordarse caso por caso, dependiendo de qué mecanismos metabólicos y celulares modula el BE. La respuesta de la planta al estrés implica mecanismos protectores que operan durante el episodio de es-trés, pero también durante el período de recuperación. El estrés mismo es a menudo multifásico, en el sentido de que las plantas pueden percibir diferentes intensidades de estrés a lo largo del tiempo y que un determinado nivel de estrés experimentado durante una fase puede condicionar a la planta a responder a otro nivel de estrés experimentado durante una fase posterior. Esta es la base del fenómeno de aclimatación de la planta. Curiosamente, un determinado factor estresante puede provocar la aclimatación a otro factor estresante, por ejemplo, la sequía puede aclimatar a las plantas a las heladas (du Jardin *et al.*, 2020).

Nuestra capacidad para monitorear el estrés abiótico en el campo también debe mejorarse, con el fin de determinar los momentos adecuados de aplicación y cuantificar los beneficios de los BE. La búsqueda de nuevos BE se ve desafiada por la complejidad del concepto de estrés y por la diversidad de respuestas al mismo. Para avanzar en la dirección correcta, es necesario seleccionar cuidadosamente los rasgos específicos de las plantas y abordarlos adecuadamente mediante experimentos a escala de laboratorio, complementados con ensayos de campo (du Jardin *et al.*, 2020). Además, los estudios moleculares han demostrado que las plantas responden a la combinación de factores de estrés, como sequía y calor, de una manera única, diferente de la suma de las respuestas a cada estrés individual. Así, dado que las plantas experimentan múltiples estresores simultáneamente en el campo, la extrapolación de experimentos de laboratorio que aplican un solo estrés al rendimiento en condiciones reales de cultivo puede ser algo erróneo (du Jardin, 2020). Por lo tanto, estudiar los distintos estreses por separado podría no ser suficiente, porque la respuesta de la planta es única y no se puede predecir a partir de la respuesta obtenida cuando cada factor se aplica individualmente. Además, siendo rigurosos, no podemos obviar incluso los factores de tipo biótico que suelen interactuar con los abióticos en un ecosistema. De hecho, las condiciones ambientales afectan a la interacción planta-plaga de diferentes maneras. A pesar de ello, la mayoría de los experimentos siguen focalizados en el análisis de la respuesta de la planta a un solo tipo de estrés.

Es interesante observar que entre los metabolitos (moléculas bioactivas) que aumentan en las plantas tratadas con BE, a menudo se encuentran aquellos que poseen propiedades antioxidantes. Es bien sabido que estas moléculas protectoras tienen un papel central en la reducción de los efectos degenerativos de los radicales libres que se acumulan en los tejidos vegetales en condiciones de estrés (Franzoni *et al.*, 2022). Para más información, el lector puede consultar los trabajos de Bulgari *et al.*, 2019, Franzoni *et al.*, 2022, Carillo *et al.*, 2025 y Meena *et al.*, 2025.

A) *Estrés hídrico*

El estrés hídrico es uno de los estreses abióticos más comunes y un importante factor limitante de la productividad de los cultivos en diferentes áreas geográficas por todo el mundo. La reducción en la disponibilidad de agua influye fuer-temente en la actividad fotosintética y la transpiración, alterando los intercambios gaseosos de las hojas que están directamente relacionadas con el rendimiento y la calidad de los productos.

Los síntomas visibles del estrés hídrico son la pérdida de turgencia y el amarilleamiento de las hojas debido a la degradación de la clorofila. El contenido de esta se utiliza, de hecho, como un indicador fiable del desequilibrio metabólico en las plantas bajo estrés hídrico. Cómo mejorar la tolerancia al estrés por sequía es un desafío importante para los científicos (Franzoni *et al.*, 2022). Una razón para esto es nuestra comprensión limitada de los factores fisiológicos y genéticos involucrados y, aún más, la falta de una comprensión común de los objetivos de investigación y los resultados esperados (du Jardin *et al.*, 2020).

Dado que uno de los principales efectos de los BE es mejorar la eficiencia del uso del agua, su aplicación podría ser una posible estrategia para reducir la cantidad de agua añadida a los cultivos. Aunque, si tenemos en cuenta la contribución potencial de los BE a una agricultura eficiente en el uso de los recursos, maximizar la eficiencia en el uso del agua, es decir, la biomasa producida por una cantidad dada de agua consumida por el cultivo, parece más importante que maximizar el crecimiento bajo condiciones de déficit hídrico (du Jardin *et al.*, 2020).

Según el artículo de revisión de Bulgari *et al.* (2019) la aplicación de extractos de algas (*Ascophyllum nodosum)* en brócoli y espinaca mejoró el intercambio de gases a través de la reducción del cierre de los estomas, lo que provocó una mayor resistencia de la planta al estrés hídrico. En otro caso aumentaron el contenido total de clorofila en las hojas de tomate. También se describe el estudio de un BE a base de microalgas de composición conocida en plantas de tomate sometidas a estrés hídrico. Los resultados revelaron que su aplicación redujo los efectos dañinos del estrés, aumentó la altura de la planta, la longitud de la raíz e incrementó el número y el área de las hojas. Finalmente se afirma que los BE son capaces de reducir los daños causados por la sequía, de potenciar la biosíntesis de osmolitos y moléculas antioxidantes contra las ROS, y de hormonas vegetales, como el ácido abcísico, que regulan la transpiración y evitan las pérdidas excesivas de agua.

Rouphael y Colla (2020a) apuntan que la aplicación de un HP de leguminosas (AA y péptidos solubles), tanto vía foliar como especialmente mediante riego, mitiga los efectos negativos de la sequía en tomates cultivados en un ambiente controlado, al aumentar la eficiencia del uso de la transpiración. El enfoque metabolómico adoptado en este estudio permitió la identificación de los mecanismos moleculares que mejoran la tolerancia a la sequía como a las ROS, la modulación de los perfiles de fitohormonas y lípidos. De igual forma, en otro experimento, en este caso con un HP de origen animal aplicado sobre plantas de tomate en invernadero sometidas a estrés hídrico, se generaba protección antioxidante y ejercía un importante efecto hormonal en las hojas de tomate al aumentar el contenido endógeno de auxinas, citoquininas y ácido jasmónico. También se apunta que los

BE microbianos, basados en AMF, promueven la tolerancia de las plantas de tomate al estrés por sequía. Como ejemplo, un estudio también en tomate con plantas micorrizadas mostraba mayores tasas de extracción de agua por unidad de longitud de raíz y biomasa, debido a las propiedades hidráulicas del sustrato mejoradas por los AMF. La menor resistencia al flujo de agua del sustrato en las macetas con AMF permitió mayor arquitectura de raíces y el mantenimiento de la transpiración en condiciones de estrés hídrico. Dado que este estudio indicaba que la mayor capacidad de extracción de agua en macetas con micorrizas estaba relacionada con el flujo de agua, desde los sustratos hasta la superficie de las raíces, se llevaron a cabo estudios posteriores que demostraron que la colonización del sustrato por AMF estabiliza la retención de agua y mejora la conductividad hidráulica del sustrato. Teóricamente, el aumento de la conductividad hidráulica en sustratos micorrizados constituye una ampliación efectiva de la zona de agotamiento de agua alrededor de las raíces.

Franzoni et al. (2022) recopilan algunos trabajos con BE comerciales obtenidos de extractos de algas marinas que aumentan la acumulación de compuestos osmóticamente activos que contribuyen a amortiguar los cambios en el estado hídrico de las plantas. Por lo tanto, pueden ayudar a las plantas a contrarrestar y superar los períodos más críticos de sequía, evitando una caída en el rendimiento y la calidad. Entre los compuestos acumulados, es posible encontrar diferentes sustancias, como prolina, azúcares, alcoholes, nitratos y AA. También se han obtenido excelentes resultados con la variedad *Ascophyllum nodosum* en brócoli y espinacas, mostrando efectos positivos en los intercambios gaseosos de estos cultivos, induciendo una reducción en el cierre estomático, con un aumento simultáneo de la tolerancia al estrés hídrico. También mejora el color verde, aumentando la biosíntesis y reduciendo la degradación de las clorofilas, demostrando ser efectivos para el cultivo de hortalizas de hoja.

Cerruti *et al.* (2024) demostraron la capacidad de un BE a base de algas (*A. nodosum* y *Laminaria digitata*) para preparar a las plantas, modulando los marcadores tempranos de estrés y regulando los niveles de ROS mediante eliminadores enzimáticos y no enzimáticos. Esta preparación indujo mecanismos de defensa endógenos antes de que las plantas fueran expuestas al estrés, previniendo así el daño oxidativo y protegiendo las funciones fisiológicas de la planta. El análisis transcriptómico reveló además su papel en la modulación de genes relacionados con el transporte de agua, la respuesta al estrés oxidativo y la organización celular. Brown *et al.* (2024) demostraron que nanopartículas de una mezcla de AF y Q mejoran la tolerancia a la sequía en el maíz al activar las actividades enzimáticas antioxidantes (ascorbato peroxidasa y catalasa), y reducir la peroxidación lipídica y la acumulación de peróxido de hidrógeno (H_2O_2). Este tratamiento también indujo la expresión de factores de transcripción clave que responden a la sequía y participan en las vías de señalización y la eficiencia en el uso del agua, ofreciendo un mecanismo integral para mejorar la resiliencia en condiciones de déficit de agua. En el especial editado por Rouphael y Colla (2020b) el lector puede encontrar muchos más casos experimentales del efecto beneficioso sobre el estrés hídrico de los BE.

B) *Estrés salino*

Los cultivos que crecen en zonas áridas y semiáridas y principalmente en zonas costeras como Murcia (España) y Sicilia (Italia) pueden estar sujetos a estrés salino debido a la alta concentración de sales solubles en el agua de riego o en el suelo. La alta concentración de sal, principalmente cloruro sódico (NaCl), produce estrés osmótico debido a la alta concentración iónica en el suelo, lo que puede originar una reducción de la absorción de agua por las raíces. De hecho, las plantas estresadas muestran síntomas evidentes. Entre los estreses abióticos, la salinidad es uno de los principales factores perjudiciales que afectan al crecimiento y metabolismo de las plantas provocando daños a nivel celular y comprometiendo la vitalidad y la productividad de la planta. El efecto en el cultivo depende de la intensidad del estrés y del tiempo de exposición (Bulgari *et al.*, 2019; Franzoni *et al.*, 2022).

El estrés salino también puede provocar un desequilibrio de nutrientes por la competencia con otros iones (Ca^{2+}, Mg^{2+}, K^+, etc.), cuya absorción a partir de la disolución del suelo se ve limitada por problemas de movilidad dentro de la planta y por un potencial hídrico reducido, lo que amenaza la calidad nutricional de los cultivos. La solubilidad de micronutrientes como Cu, Fe, Mn, Mo y/o Zn también se ve afectada por el pH de la disolución del suelo y en condiciones salinas su disponibilidad es todavía mucho más baja. Además, el estrés salino podría alterar varios procesos metabólicos, como la fotosíntesis, la respiración, la regulación fitohormonal, la biosíntesis de proteínas o la asimilación de N, e incluso puede generar estrés oxidativo secundario. Según Bulgari *et al.* (2019), en muchas zonas mediterráneas, el problema de la intrusión de agua de mar puede causar una reducción de hasta el 50% del rendimiento en el cultivo de lechuga. Una reducción significativa tanto del peso fresco como del contenido en clorofila es un efecto típico de las condiciones de salinidad en las plantas y se ha observado también en espinacas, judías y otros cultivos. Además, el contenido de clorofila es un parámetro central de la calidad del producto, particularmente en verduras de hoja verde comestibles, no solo en términos del estado fisiológico de la planta sino también desde el punto de vista del mercado. De hecho, los consumidores se guían principalmente por el aspecto visual de los productos y aquellos de hojas menos verdes no suelen ser aceptados. Por tanto, el estrés salino generalmente conduce a una disminución de la producción en el caso de cultivos hortícolas, debido a una inhibición del crecimiento de raíces y hojas, y a una menor calidad del producto final provocada por un cambio en el color de las hojas.

Los BE pueden aliviar los efectos de la salinidad aumentando la tolerancia del cultivo. El número de aplicaciones depende de la especie y de las condiciones de estrés salino. Los mecanismos endógenos para enfrentar la salinidad son similares a los observados en plantas sometidas a sequía. Se han obtenido buenos resultados con HP de origen vegetal, que han mejorado la tolerancia a la salinidad en diversos cultivos hortícolas, como la lechuga, aumentando así el rendimiento y la acumulación de materia seca. También los tratamientos con *Azospirillum brasilense* han mostrado resultados positivos en lechuga (*Lactuca sativa* L.), pimiento dulce (*Capsicum annuum* L.), garbanzos (*Cicer arietinum* L.) y habas (*Vicia faba* L.) cultivados en un ambiente de alta salinidad. En concreto, en las plantas de lechuga inoculadas, aumentó el peso fresco y seco, el contenido de ácido ascórbico y el porcentaje de germinación, así como la mejora de la apariencia visual del producto final debido a los niveles más altos de clorofila. En garbanzos y habas, la inoculación alivió el estrés causado por la salinidad, aumentando el crecimiento de raíces y brotes en comparación con las plantas no inoculadas. En pimiento dulce, un cultivo sensible a la sal, la inoculación con BE mostró un efecto positivo, mitigando los efectos nocivos del NaCl. El peso seco, de hecho, fue mayor que el de las plantas no inoculadas con varias concentraciones de sal. Además, la inoculación también aumentó la tasa de asimilación de CO_2 (Bulgari *et al.*, 2019; Franzoni *et al.*, 2022). También se sabe que los AH tienen un gran efecto beneficioso estimulando el crecimiento de brotes y raíces y mejorando la tolerancia al estrés ambiental. Estas actividades se confirmaron en varios cultivos como pimientos dulces, frijoles y pepinos cultivados en diferentes condiciones de estrés salino. Los compuestos bioactivos presentes en los extractos de algas también pueden mejorar la tolerancia de las plantas frente al estrés abiótico. La aplicación de dos extractos de *Ascophyllum nodosum* en lechuga y fresa se asociaron con un aumento significativo en el rendimiento y el peso seco de la raíz, a pesar de la condición de salinidad adversa. La aplicación de otros dos extractos de algas (*Sargassum muticum* y *Jania Rubens*) sobre garbanzos alivió significativamente los efectos negativos de la sal a través de la regulación del metabolismo de los AA y el contenido iónico y mejoró la defensa antioxidante. Se identificaron diversos AA como serina, treonina, prolina y ácido aspártico en las raíces, como responsables de la respuesta frente al estrés salino (Bulgari *et al.*, 2019).

Wen *et al.* (2024) demostraron que los AMF (*Rhizophagus irregularis*) y el biocarbón (biochar) mejoran sinérgicamente el crecimiento y las características fisiológicas del conocido como pasto varilla (*Panicum virgatum*) bajo estrés salino-alcalino. Su aplicación combinada aumentó significativamente la biomasa de la planta, la eficiencia fotosintética y la actividad de las enzimas antioxidantes en comparación con los tratamientos individuales. El tratamiento combinado también mejoró los parámetros de respuesta a la luz, la conductancia estomática y la tasa máxima de transferencia de electrones, ofreciendo una estrategia prometedora para mitigar el estrés salino-alcalino y mejorar la productividad del cultivo (Carillo *et al.*, 2025).

En la revisión realizada por Meena *et al.* (2025) se indica que la aplicación

foliar de AH, GB y Q reduce los efectos adversos de la salinidad en varios cultivos, como el trigo, el maíz y la cebada. Además, BE microbianos como *Bacillus subtilis* y *Bacillus pumilus* son capaces de modular el metabolismo del ascorbato, aldarato y glioxilato, las vías del metabolismo del dicarboxilato, y la de las interconversiones de pentosa y glucuronato del cultivo de algodón para aumentar la tolerancia al estrés por salinidad. En el especial editado por Rouphael y Colla, (2020b) el lector puede ampliar la información sobre el efecto beneficioso de los BE sobre el estrés salino.

C) *Estrés térmico*

Toda planta se caracteriza por unas condiciones de temperatura óptimas para su completo desarrollo. Cuando se producen temperaturas anormales para un cultivo, tanto superiores como inferiores a las óptimas, este se ve afectado y reacciona con respuestas bioquímicas y fisiológicas que pueden ser más o menos acentuadas dependiendo de la intensidad y duración del estrés. La disminución de la temperatura es uno de los estreses abióticos más peligrosos y afectan gravemente la producción ya que reducen el metabolismo de las plantas y retrasan las respuestas fisiológicas. Las bajas temperaturas causan principalmente daños a las membranas celulares, con desestabilización en las capas de fosfolípidos, lo que lleva a la muerte en casos graves o al retraso del crecimiento en los más leves. Las altas temperaturas, por su parte, también pueden causar daños a los cultivos como resultado de alteraciones de las membranas celulares (pérdida de la compartimentación celular), lo que provoca trastornos metabólicos y pérdida de las funcionalidades enzimáticas (alterando la síntesis y la actividad de las proteínas e inactivando las enzimas).

Las anomalías térmicas, tanto en términos del valor medio estacional, debido al cambio climático, como de la extensión de los intervalos, pueden obligar gradualmente al desplazamiento de muchos cultivos hacia zonas de mayor latitud, provocando que los ambientes cada vez sean menos aptos para el cultivo de ciertas especies tradicionales, por lo que se hace necesario seleccionar nuevas variedades con mayor tolerancia a regímenes de temperatura más elevados para mantener los niveles de producción.

Las plantas responden a las altas temperaturas aumentando la transpiración, para mejorar la termorregulación. Por lo tanto, el daño más grave se puede obtener en áreas geográficas con temperaturas superiores a 37 °C, donde se pueden asociar con episodios de baja disponibilidad de agua. Como consecuencia, determinadas actividades fisiológicas como la fotosíntesis o la respiración se ven afectadas. Además, generalmente, la planta cierra los estomas y aumenta el número de tricomas[28] para evitar la pérdida de agua. Asimismo, a nivel molecular se produce una variación de la expresión de genes implicados en la síntesis o actividad de enzimas antioxidantes relacionadas con la eliminación de ROS, osmolitos o transportadores. Una temperatura superior a la óptima inhibe la germinación de las semillas y retrasa el crecimiento de la planta. El estrés térmico podría también afectar negativamente al rendimiento, al interferir con la fase reproductiva, disminuyendo la vitalidad y la germinación del polen, inhibiendo la diferenciación y el desarrollo de las flores y reduciendo el cuajado de los frutos, lo que en última instancia reduce el crecimiento y el rendimiento.

Los BE utilizados contra el estrés térmico pueden actuar tanto aumentando la capacidad de absorción de agua de las plantas como estimulando la acumulación de sustancias con funciones protectoras para las membranas celulares (aumentando su estabilidad) y reduciendo o evitando la acumulación de ROS (Bulgari *et al.*, 2019; Franzoni *et al.*, 2022).

Según Franzoni *et al.* (2022), dos BEM comerciales (PGPR y AMF) han demostrado la capacidad de contrarrestar la reducción del crecimiento de las plantas bajo estrés por frío, aumentando los osmolitos, los compuestos antioxidantes y las sustancias que protegen las membranas celulares. También se han obtenido excelentes resultados con BE basados en algas, AA o microbianos que pueden inducir protección contra bajas temperaturas, mediante la acumulación de sustancias crioprotectoras y/o la activación de sistemas de reparación de membranas.

Sun *et al.* (2024) demostraron que la aplicación de mioinositol, en combinación con licor de maceración de maíz, mejora el crecimiento de las plántulas y la tolerancia al frío en pepino y tomate. Este tratamiento mejora los niveles de pigmentos fotosintéticos, reduce la pér-

---

[28] Estructuras desarrolladas a partir de células epidérmicas ubicadas en las partes aéreas de las plantas.

dida de los niveles de malondialdehído (MDA, marcador de peroxidación lipídica) y electrolitos, y regula al alza los genes que responden al frío, como CBF1 y COR. Para más información, consultar el especial editado por Rouphael y Colla (2020b).

D) Estrés por deficiencia de nutrientes

En los sistemas de cultivo, las deficiencias nutricionales pueden producirse por diversas razones como, por ejemplo, un manejo agronómico incorrecto o las diferentes condiciones del suelo (pH no óptimo). Las aplicaciones de BE permiten a las plantas alcanzar un mayor volumen de suelo y tener una mayor capacidad de absorción al inducir un aumento de la biomasa radicular. Así, dos BE, uno a base de extractos de algas (*Ascophyllum nodosum*) y otro procedente de un HP, fueron capaces de promover la capacidad de absorción de nutrientes a pesar de que estos se encontraban en bajas concentraciones. Partiendo de esta consideración, sería realista sugerir que todos los BE que inducen un aumento de la biomasa radicular podrían ayudar a paliar los efectos de las deficiencias nutricionales cuando no son fácilmente subsanables a través de la fertilización (Franzoni *et al.*, 2022).

2.5.3. Características de calidad

Los estreses abióticos no solo afectan el rendimiento sino también la calidad de estos productos, desencadenando cambios morfológicos, fisiológicos y bioquímicos que pueden alterar la apa-riencia visual y/o el valor nutricional de manera que, en determinados casos, el producto podría ser no comercializable.

Muchos investigadores han indicado que la mejora general de la productividad de las plantas provocada por el uso de BE puede deberse a una mayor asimilación de N, C y S, a una fotosíntesis mejorada, mejores respuestas al estrés, una senescencia alterada y mayor transporte de iones. También ayudan a aumentar la concentración de AA libres, proteínas, carbohidratos, compuestos fenólicos, pigmentos y diversas enzimas. Pueden reducir la concentración de ROS, activar el sistema de defensa antioxidante de las plantas y/o aumentar los niveles de compuestos fenólicos (Drobek *et al.*, 2019).

Los BE tienen un gran papel en las propiedades físicas y mecánicas, como la firmeza de frutas y productos hortícolas. Pueden endurecer las paredes celulares, aumentando su flexibilidad, lo que permite extender su vida útil para facilitar el almacenamiento y consumo. También los BE pueden variar el color y la forma de frutas y hortícolas. En general, el color del fruto está sustancialmente influenciado por el contenido de antocianinas. En árboles frutales tratados con BE hay mayor nivel de antocianinas en las etapas iniciales de crecimiento. Se sabe que el color más oscuro de la fruta se debe a un mayor contenido de antioxidantes. De igual forma, los BE pueden influir en su composición química. Se ha comprobado un sabor excelente en frutas que tenían sólidos disueltos por encima de 12° Brix, lo que se puede lograr después del uso de BE con polisacáridos, así como aquellos otros que

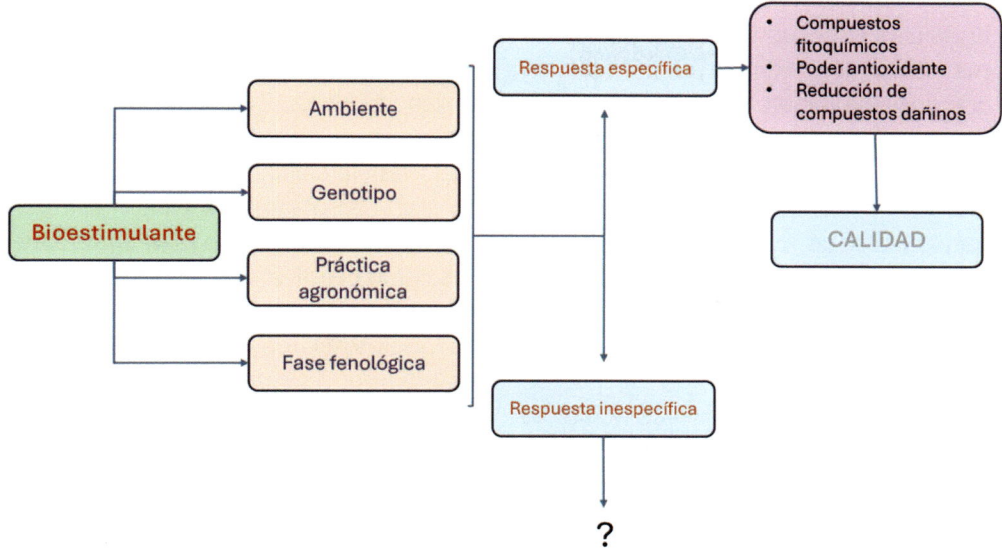

Figura 2.42. Respuesta del cultivo a los BE.

contienen AH, AF y ácidos carboxílicos. También ayudan a aumentar la proporción de sólidos disueltos y la acidez titulable. El nivel adecuado de acidez en las frutas es muy importante, porque los cambios en la acidez tienen un impacto significativo en el sabor de la fruta. Se ha observado que el empleo de BE que contienen compuestos fenólicos conlleva un aumento en la acidez de la fruta en el cultivo de frambuesas en comparación con el control. Por otro lado, se observa una disminución de la acidez del albaricoque con la aplicación de BE que contienen polisacáridos, AH, AF y ácidos carboxílicos (Drobek *et al.*, 2019).

El estudio de las respuestas de los cultivos a los BE sustenta la comprensión de su eficacia y permitirá potenciar los efectos positivos sobre la calidad de los productos tratados, a través del conocimiento de los procesos metabólicos que conducen a la activación de respuestas específicas, mediadas por moléculas señal, genes y factores de transcripción directamente ligados a la síntesis y acumulación de metabolitos de interés, que contribuyen a la definición de la calidad nutricional de los productos (Figura 2.42).

Los factores de calidad apreciados inmediatamente por los consumidores, por ejemplo en frutas y hortalizas, son el color, el tamaño y la ausencia de zonas dañadas o manchas. Todos estos factores contribuyen y definen el aspecto visual del producto. El consumidor se siente atraído principalmente por estos factores y, por lo general, la elección de los productos que compra está influida por ellos. Además, hoy en día, los consumidores están cada vez más concienciados con la calidad nutricional y los beneficios potenciales para la salud que aportan determinados compuestos presentes en los alimentos, especialmente los de origen vegetal.

La calidad nutricional de frutas y hortalizas está representada por factores como el contenido en nitratos, la composición mineral, el contenido en vitaminas, los compuestos antioxidantes como antocianinas, carotenoides, fenoles, glucosinolatos y los compuestos organosulfurados con propiedades anticancerígenas y/o fitoesteroles, entre otros. Las frutas y hortalizas tratadas con BE pueden potenciar la biosíntesis e inducir la acumulación de algunos de estos compuestos bioactivos y, por lo tanto, aumentar la calidad del producto (Colla *et al.,* 2015; Cocetta, 2023). La potenciación de uno u otro compuesto depende de la composición del BE y de la materia prima utilizada para su preparación, así como de la interacción de estos factores con la fitotecnia, el medio ambiente y el fondo genético de los cultivos considerados.

Los BE no solo impulsan el crecimiento y la producción de los cultivos, sino que también se ha observado que pueden enriquecer su valor nutricional y nutracéutico. La activación de la biosíntesis de estos compuestos protectores (metabolitos secundarios relacionados con el estrés) conocidos como fitoquímicos o fitonutrientes pueden aumentar su concentración, por ejemplo, en frutas y hortalizas, mejorando los efectos positivos sobre sus propiedades saludables. Esta doble función convierte a los BE en una herramienta valiosa para la agricultura moderna, permitiendo obtener productos agrícolas más abundantes y con mejores propiedades nutricionales.

Es abundante la bibliografía existente sobre el aumento de calidad que proporcionan los BE. Por ejemplo, los trabajos experimentales realizados por Amanda *et al.* (2009) con lechugas (*Lactuca sativa* L.) demostraron que la aplicación de un BE a base de extracto de algas aumentaba el rendimiento y mejoraba la calidad de las lechugas *baby leaf*. Las plantas tratadas mostraron un mayor contenido de pigmentos foliares como clorofila, antocianinas, fenoles y carotenoides. Se han encontrado resultados similares en la variedad de lechuga *Four Seasons*. Las plantas tratadas mostraron valores más elevados de vitamina C, potasio, materia seca y concentraciones más bajas de nitratos. Drobek *et al.* (2019) presentan una visión general sobre cómo la aplicación de BE puede modular el metabolismo primario y secundario de las especies hortícolas, lo que conduce a la síntesis y acumulación de moléculas antioxidantes lipofílicas e hidrofílicas. Según du Jardin *et al.* (2020), se ha demostrado un aumento del contenido de flavonoides en los tejidos vegetales mediante la aplicación de extractos de algas marinas en cultivos tan diversos como la vid, la patata, la cebolla, la col y el brócoli. Rouphael y Colla (2020a) afirman que la calidad del fruto del tomate se puede mejorar con la aplicación de BEM (*T. harzianum*) en términos de capacidad antioxidante, azúcares solubles totales, carotenoides, polifenoles totales y contenido de flavonoides, y que mejora la composición mineral de P, K, Ca, Mg, Fe, Mn y Zn. Se ha comprobado que la calidad de las manzanas y la calidad del fruto de la vid se pueden mejorar mediante la aplicación de un producto BE a base de extractos de algas de la variedad *A. nodosum*. La aplicación foliar de Se en olivos también aporta mejoras nutricionales y cualidades funcionales debido a su efecto de biofortificación y acumulación de antioxidantes. Se ha observado que los BE mejoran la estabilidad oxidativa y la vida útil de las frutas. También se ha comprobado que aplicaciones de AA mejoran las concentraciones de antocianinas totales e individuales, la expresión de los genes biosintéticos clave y la expresión de los factores de transcripción. También, la inoculación con AMF (*Rhizophagus intraradices* y *Funneliformis mosseae*) a un cultivo de azafrán impulsa significativamente la síntesis y acumulación de moléculas beneficiosas para la salud, como antocianinas, polifenoles y vitamina C. Franzoni *et al.*, (2022) describen diversos estudios al respecto; concretamente se cita un aumento significativo del contenido fenólico total en brócoli tratado con un BE elaborado con una mezcla de AA y filtrado de algas (*Ascophyllum nodosum*). En otro estudio se investigó el efecto de un BE comercial en frutos y hojas de pimiento y, mediante un enfoque metabolómico, se demostró que su aplicación provoca un aumento significativo en el nivel de carotenoides, lo que sugiere una activación de las enzimas responsables de su biosíntesis. También se citan aumentos en los niveles de carotenoides en hojas tratadas de rúcula (*Diplotaxis erucoides* L.) y de lechuga. En un estudio reciente sobre una variedad de uva de mesa, Peli *et al.* (2025) han observado que la aplicación al suelo de un HP mejora determinadas características de calidad de las uvas (mayores niveles de antocianina y azúcar, mayor diámetro del grano y preservación de su firmeza), donde el análisis transcriptómico reveló que el BE influye en la expresión de genes implicados en la aceleración de los procesos metabólicos específicos de la maduración, minimizando el desarrollo de granos verdes o inmaduros y las vías de ablandamiento de la pared celular, a la vez que promueve genes implicados en la síntesis de antocianinas.

2.6. Diseño, formulación y modos de aplicación

En los últimos años, muchas empresas han comenzado a desarrollar productos nutricionales, principalmente BE, diseñados específicamente para atender una necesidad fenológica concreta del cultivo, basándose en el análisis de las vías metabólicas (bioquímica de la planta) y los principios biológicos, que actúan de manera precisa y eficiente en los momentos clave del desarrollo de la planta (activación del desarrollo radicular, floración, cuaje, etc.) o para minimizar la tolerancia a distintos tipos de estrés abiótico, mejorar la absorción de nutrientes, reducir el agrietamiento de la fruta, etc.

El proceso de desarrollo de un BE vegetal se compone de siete etapas (Figura 2.43), cada una de las cuales afecta a la siguiente y, a su vez, puede retroalimentar o impulsar etapas previas del mismo (*feedback*). Este proceso comienza con la generación de nuevas ideas de productos BE, que se seleccionan teniendo en cuenta el nicho de mercado. El siguiente paso es el desarrollo del proceso de producción para generar muestras de los prototipos de

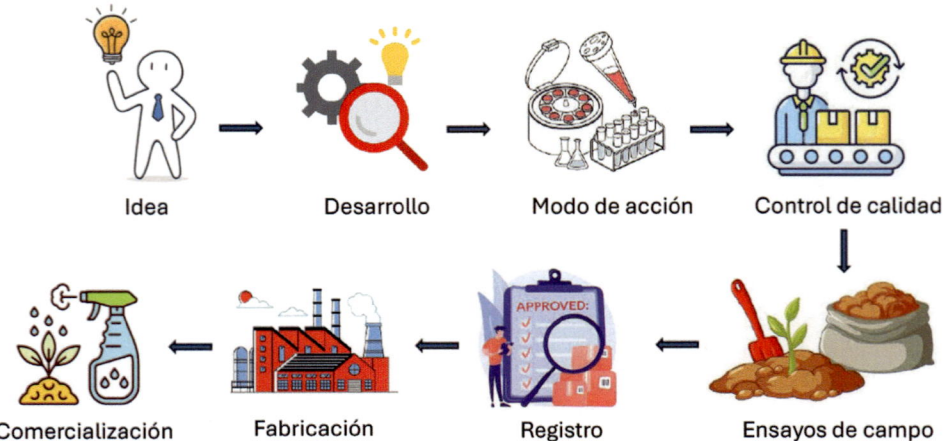

Idea   Desarrollo   Modo de acción   Control de calidad

Comercialización   Fabricación   Registro   Ensayos de campo

Figura 2.43. Esquema del proceso de desarrollo y comercialización de un BE.

productos. Es necesario realizar pruebas precisas de productos en un entorno controlado para evaluar la actividad BE y comprender sus modos de acción a nivel fisiológico y molecular. El control de calidad durante el proceso de producción y del producto terminado también es un paso importante para garantizar la efectividad de los BE. A continuación, se llevan a cabo ensayos en invernadero y campo, junto con pruebas moleculares y bioquímicas para optimizar la dosis, el momento y el método de aplicación de los BE en diferentes sistemas de cultivo. En la siguiente etapa, los productos con mejores resultados se registran ante la autoridad reguladora nacional y, si es conveniente, ante la europea. Por último, se procede a su fabricación y comercialización. La organización y gestión de los diferentes pasos es crucial para el éxito de todo el proceso. En el Anexo 4.2.6, se detallan algunas de las principales asociaciones dedicadas al estudio, promoción y al desarrollo de la industria de los BE.

Existen tres obstáculos principales que dificultan la introducción de nuevos BE en el mercado y que impiden que los agricultores aprovechen al máximo sus beneficios: 1) la alta variación en la calidad del producto, lo que dificulta la estandarización, y hace el rendimiento poco fiable, 2) el desconocimiento del mecanismo de acción fisiológico y molecular de muchos de los BE y 3) la falta de conocimiento por parte de los agricultores sobre los beneficios específicos y las estrategias agrícolas que podrían sinergizar sus efectos para obtener el máximo impacto a menor precio (Bonini *et al.*, 2020).

A la hora de elegir la formulación BE más adecuada para un determinado cultivo hay ciertos aspectos que deben tenerse en cuenta. Entre ellos se encuentran los siguientes:

- Diseño de la formulación:

  - Características: selección materia prima y/o componentes bioactivos, propiedades químicas, físicas y biológicas del producto final (estabilidad) y marco regulatorio.

- Fabricación: instalaciones de control de calidad y equipos de producción.
- Aplicación: especies de plantas, estado fenológico, dosis y modo de aplicación.
- Comercialización: seguridad, atractivo, economía, facilidad de uso, durabilidad.

• Desarrollo de la formulación:

- Estudios preliminares: preparación en laboratorio y recopilación de resultados.
- Etapa de investigación: vida útil, realización de ensayos a pequeña escala en campo, desarrollo de métodos analíticos, bioeficacia y fitotoxicidad.
- Etapa de fabricación: proceso de formulación, desarrollo y compatibilidad de mezcla en tanques.

• Propiedades del producto final:

- Ser biológicamente eficaz en el momento de la aplicación sin efectos secundarios indeseables.
- Contener niveles altos de ingredientes activos en su composición para tener los máximos efectos biológicos con el mínimo gasto.
- Ser capaz de proporcionar una dispersión fiable y eficaz.
- Tener fácil fabricación a gran escala a un costo aceptable.
- Proporcionar seguridad durante la fabricación, el emba-

laje, el almacenamiento y el transporte.
- Tener una vida útil adecuada.
- Ser aceptable y apropiado para las autoridades de registro y el consumidor.

Según Bonini et al., (2020), en todo este camino hay muchos aspectos y factores que hay que controlar para poder aumentar las garantías de éxito del producto final. En esa primera fase de diseño del BE es fundamental establecer una interacción continua entre el personal de I+D, los técnicos de campo y los departamentos de calidad y marketing para definir las oportunidades de mercado más prometedoras para la introducción del nuevo producto BE, considerando las ventajas del producto frente a sus posibles competidores. Una vez definida la idea preliminar de un nuevo producto, se recomienda realizar una revisión científica de artículos publicados para determinar sus fortalezas y debilidades. Los artículos científicos también pueden ser una gran fuente de nuevas ideas. Se realiza mucha investigación y se pueden encontrar nuevas cepas microbianas, materias primas innovadoras o compuestos activos examinando la literatura científica. La selección de la materia prima es importante para determinar, sobre todo, el coste del nuevo BE o, al menos, para intentar predecirlo. Se deben evitar las materias primas muy caras y se debe potenciar la utilización de residuos agroindustriales siguiendo el enfoque de la economía circular aunque, como sabemos, su composición pueda variar significativamente, lo que dificulta garantizar un producto comercial con una composición constante. Lo importante, independientemente del origen de la materia prima, es proporcionar cantidades adecuadas de moléculas bioactivas diana que garanticen la actividad BE del producto final. Sin embargo, como también es conocido, este enfoque no puede aplicarse a muchos BE, cuyas moléculas bioactivas no se han determinado inequívocamente y se desconoce su modo de acción. Incluso algunos de ellos solo ofrecen eficacia cuando se encuentran todos sus componentes formando "un conjunto". Son propiedades o debilidades que no suponen un problema, ya que los marcos regulatorios de la UE definen los BE por su función y no por su contenido. Otro aspecto clave es el mantenimiento de la calidad, seguridad y eficacia del producto durante toda su vida útil (la denominada estabilidad del producto). La estabilidad física de los productos líquidos es fundamental si se van a utilizar en aplicaciones foliares o mediante fertirrigación al suelo. La polimerización y precipitación de sustancias puede ocurrir en productos líquidos mediante diversos mecanismos de reacción que se ven afectados por la composición química, el pH y la temperatura. Es importante prevenir estos procesos mediante el ajuste del pH, el uso de coadyuvantes (por ejemplo, de ácido ascórbico para evitar oxidación sustancias bioactivas o de conservantes para impedir el desarrollo microbiano ya que pueden alterar las características fisicoquímicas del BE) y el almacenamiento a una temperatura adecuada (10-35 °C).

La estandarización del proceso de producción es imposible sin un control de calidad adecuado. Debido a la gran diversidad de fuentes y materias primas, la producción de BE es un proceso delicado y exigente, que requiere una atención minuciosa a los detalles y estándares de calidad para obtener los mejores resultados, ya que no existe una metodología general para su control, al contrario que para los fertilizantes. Es necesario un control preciso de la materia prima y del proceso de producción para evitar cualquier contaminación con compuestos y microorganismos indeseables. El control de calidad para los BE no microbianos debe incluir la apariencia, la solubilidad en agua, el pH, el contenido de materia orgánica, la humedad, la densidad y la composición mineral. Además, debido a su naturaleza compleja, que incluye numerosos compuestos bioactivos poco conocidos, la caracterización y el monitoreo de la calidad del producto mediante una huella química (análisis metabolómico), sería lo más apropiado. En el caso de los BEM, el control de calidad incluye la identidad genética de las cepas microbianas, la concentración de propágulos y su viabilidad, y el contenido de compuestos indeseables (por ejemplo, metales pesados) y microorganismos (es decir, patógenos para plantas y humanos). A continuación, es necesario realizar ensayos de campo para verificar la actividad del BE en condiciones reales de cultivo y comprender la interacción entre el BE, el genotipo y el entorno, así como para definir la dosis, el modo de aplicación y el momento adecuados para los diferentes cultivos evaluados. En este sentido, los cultivos de invernadero son muy apropiados para realizar varios ensayos en poco tiempo, lo que permite una evaluación más rápida de los productos, ya que se pueden realizar múltiples ciclos de cultivo al año en condiciones de cultivo protegido. Normalmente, aquellos productos con mejor rendimiento en invernadero se pueden probar en frutales y cultivos extensivos, aunque con la limitación de un ensayo al año debido al largo ciclo de crecimiento de estos cultivos. Para este fin, el uso de plataformas de fenotipado de plantas de alto rendimiento permite un aumento considerable en la capacidad de evaluar la actividad de los BE en el campo, con observaciones no destructivas, repetidas y objetivas, y sin la necesidad de una gran cantidad de mano de obra, ya que pueden equiparse con sensores multifuncionales (visible de alta resolución, fluorescencia de clorofila, infrarrojo térmico, hiperespectrales y láser 3D, etc.) para monitorear las características morfofisiológicas de los cultivos. El estudio de las características fenotípicas debe integrarse con análisis ómicos, para estudiar el mecanismo de acción del producto que permita a la empresa diseñar la estrategia y el posicionamiento del producto en el mercado global.

El escalado industrial de la producción es el paso final del proceso. Toda la experiencia previa en el desarrollo del proceso a nivel de laboratorio debe transferirse al departamento de ingeniería para evitar costos innecesarios o sesgos, ya que puede ser necesario diseñar nuevas máquinas, procesos e instalaciones de producción. Finalmente, una vez fabricado el nuevo BE, respaldado por datos científicos y ensayos de eficacia, el paso final es posicionarlo estratégicamente en el mercado. Una estrategia de posicionamiento requiere

un conjunto de acciones y procesos para mejorar la imagen y la visibilidad de la marca, la empresa y el producto. Una comunicación de marketing y un soporte técnico adecuados son imprescindibles para generar la necesidad del cliente por los productos BE y diferenciar el producto del de la competencia. Es importante tener en cuenta que las decisiones de compra se ven afectadas no solo por factores racionales como la rentabilidad económica (costo de la aplicación del BE frente a beneficios en términos de aumento del rendimientos o mejora de la calidad) y la utilidad (solución de problemas técnicos del agricultor), sino también por aspectos emocionales. Por lo tanto, generar confianza y credibilidad con los clientes potenciales es crucial para conseguir el éxito comercial de un nuevo producto BE.

En el caso particular de los BEM, la selección de los inoculantes (microorganismos) es de suma importancia para el éxito de las formulaciones, ya que determinará su capacidad para ser producido en grandes concentraciones de biomasa efectiva en el menor tiempo posible, además de sus asociaciones con la planta hospedera y las interacciones entre las cepas con la matriz orgánica, ya que determinará su cinética de crecimiento y reproductividad, lo que puede marcar la diferencia en cuanto a su actividad y efectividad. Además, es esencial considerar la compatibilidad de diferentes cepas microbianas en un mismo producto. Deben evitarse consorcios microbianos con microorganismos incompatibles (por ejemplo, AMF y *T. harzianum*). El rendimiento de un inoculante suele ser el principal factor limitante para su comercialización, ya que, por ejemplo, una determinada cepa bacteriana puede funcionar de manera óptima bajo condiciones de laboratorio controladas, sin embargo, su formulación no ser efectiva.

En este punto, es importante aclarar o distinguir entre "aislado microbiano", referido al ingrediente activo (cepa bacteriana o propágulo), que puede desarrollar su actividad como BE de las plantas después de su inoculación, "portador", que se refiere al sustrato o soporte inerte (sólido, líquido o en gel) que se emplea en el proceso de formulación e "inoculante", referido al producto que contiene el microorganismo o consorcio de microrganismos vivos con función BE y que representa la parte biológica del "formulado" que sería el producto comercial que agrupa al inoculante, al portador y a una serie de aditivos que mejoran la estabilidad, viabilidad, adhesión, conservación o eficacia del producto.

Una formulación ideal debe cumplir con los siguientes criterios: i) estabilizar al microorganismo y extender su vida útil; ii) proteger al ingrediente activo de factores ambientales externos hasta llegar a su sitio de acción, y iii) facilitar su aplicación en condiciones de campo (Bonilla-Buitrago et al., 2021).

Así, el proceso de formulación implica la preparación del inóculo, la inclusión de aditivos, la selección del mejor vehículo o soporte, la esterilización del material, el escalado, el control de calidad y un envasado adecuado. La formulación de un BEM se considera una mezcla que comprende una o más cepas viables (activas) de microorganismos, cuyo objetivo es mejorar las actividades metabólicas de las plantas en el

sitio de aplicación. El objetivo de la formulación es proporcionar una larga vida útil a los microorganismos. El material portador sirve como soporte para la proliferación de microorganismos y asegura su establecimiento en la planta. Los aditivos protegen la formulación de cualquier condición ambiental desfavorable y mejoran sus propiedades. El escalado proporciona condiciones óptimas de crecimiento para su proliferación (Fasusi et al., 2021).

Para las formulaciones basadas en BEM, la recolección, el procesamiento y el envasado de inóculos son puntos críticos del proceso de producción. Durante la cosecha y el procesamiento, es importante evitar cualquier daño, sobre todo al mezclar con otras formulaciones, lo que facilita la aplicación del inóculo y preserva la eficacia a lo largo del tiempo de almacenamiento y durante la regeneración tras su aplicación en los cultivos (vida útil). El embalaje debe preservar la vida útil del producto, limitando la actividad de la radiación UV y humidificando los inóculos sólidos. Una vez seleccionado el proceso de producción más adecuado, se generan prototipos de los nuevos productos BE a escala de laboratorio para realizar pruebas adicionales de actividad. Se han desarrollado diversos procesos para maximizar, por ejemplo en el caso de AMF, la producción de propágulos altamente viables para su uso como inóculos. Los propágulos se pueden producir mediante tres procesos diferentes (Bonini et al., 2020):

- Cultivo de hongos micorrízicos y plantas huésped en condiciones de campo.

- Cultivo de hongos micorrízicos y plantas hospedantes en sustrato inerte (perlita, vermiculita o arena) esterilizado en invernadero.
- Cultivo *in vitro* de hongos micorrízicos y raíces pilosas de zanahoria (*hairy roots*) en un medio de cultivo artificial en condiciones de laboratorio.

La calidad del inóculo (misma cepa de hongo) obtenida mediante diferentes procesos de producción difiere considerablemente. Así, el inóculo producido en campo sería el modo más cercano a las condiciones naturales, es más económico que el obtenido en laboratorio, pero presenta algunas desventajas, como la variabilidad en la concentración de propágulos, la variación en el rendimiento y un alto riesgo de contaminación con fitopatógenos ya que es más difícil controlar las condiciones ambientales. El inóculo producido en invernadero es el más utilizado, ya que está libre de patógenos (se elimina la influencia del microbioma nativo), posee un gran potencial de micorrización a lo largo del tiempo (alta concentración de esporas) y permite estudiar directamente la interacción entre un hongo específico y una planta hospedadora en determinadas condiciones (temperatura, humedad, luz, etc.) eliminando las limitaciones de las condiciones en campo. En el caso de la producción *in vitro* se obtienen esporas de alta pureza (libres de patógenos) con un control absoluto de la cepa micorrízica. Sin embargo, son más pequeñas, con bajas reservas de sustancias y paredes celulares delgadas, lo que hace que el inóculo producido *in vitro* sea menos efectivo en comparación con el producido en invernadero, además que es una técnica mucho más costosa económicamente, sobre todo en la inversión inicial, y su aplicación está limitada a un número limitado de aislados micorrícicos.

En el caso de la producción de inóculos bacterianos, los criterios de calidad de las formulaciones bacterianas son: i) la pureza de la formulación, ii) que las cepas bacterianas deben tener un rápido crecimiento y colonización en el ambiente donde son aplicadas, iii) la alta capacidad de ejercer cualquiera de los efectos agronómicos beneficiosos (fijación de N, solubilización de P, producir fitohormonas, etc.) y iv) la resistencia a estreses abióticos.

En general, las formulaciones de BEM son líquidas (suelen contener formas activas de los microorganismos) o sólidas (normalmente con propágulos durmientes) con una concentración mínima de microorganismos que garanticen la eficiencia agronómica, normalmente entre 10^7-10^9 ufc. mL^{-1} o g^{-1}. Las formulaciones líquidas suelen incluir el medio de fermentación completo o solo el microorganismo en suspensión mezclado con agua o aceite y sustancias poliméricas y/o surfactantes que permiten incrementar su adherencia, estabilidad y capacidad de dispersión, mientras que en las formulaciones sólidas se suelen emplear soportes inorgánicos u orgánicos para obtener microgránulos o polvos pero solubles en agua para mejorar su aplicación en semillas y raíces. También existen formulaciones de microorganismos protegidos en matrices poliméricas como macro y microesferas de alginato, perlas de gel, cremas, etc. Normalmente, en el mercado, la mayoría de los BEM se encuentran formulados en forma líquida, ya que su proceso de elaboración es más sencillo y tiene un menor costo en comparación con las formulaciones sólidas, sin embargo, al contener formas activas y no aletargadas, como en el caso de las formulaciones sólidas, se caracterizan por una menor vida media.

Por ejemplo, en la producción industrial de *Azotobacter, Azospirillum* o *Rhizobium* las células bacterianas crecen en biorreactores en medio líquido y son recogidas por absorción en portadores estériles específicos para obtener un producto final con al menos 10^7 células g^{-1}. Finalmente, a los formulados comerciales, para aumentar su periodo de vida media, simplificar la aplicación y aumentar la efectividad (establecimiento microbiano en campo) se les suele añadir, en este caso como coadyuvantes, azúcares y materiales inertes.

Sin embargo, como ya hemos comentado, tras su introducción en el suelo, los inoculantes microbianos deben competir con los microorganismos nativos del suelo por los nutrientes y el nicho ecológico y sobrevivir frente a la biota depredadora. Esto hace que, aunque determinadas formulaciones muestren gran eficacia en ensayos bajo condiciones controladas (invernaderos o cámaras de cultivo), esta no se pueda trasladar directamente a las diferentes condiciones de campo. Ello es debido a: i) la rápida disminución del tamaño de las poblaciones de células activas, ii) la pobre colonización en campo y/o iii) la baja producción de metabolitos de interés. Son circunstancias que están influenciadas por el tipo de suelo (textura, pH, temperatura y humedad, etc.), las

competencias tróficas, las relaciones antagónicas y las interacciones depredadoras con las poblaciones de la fauna y el microbioma nativo.

Atendiendo a nuestra legislación nacional y de acuerdo con el Anexo VII del Real Decreto 999/2017, los productos especiales a base de micorrizas y organismos no micorrícicos deberán expresar la concentración de microorganismos, como ufc mL^{-1} (productos líquidos) o ufc g^{-1} (productos sólidos) en el caso de las bacterias y, en el caso de los hongos, como número de propágulos mL^{-1}/g^{-1} dependiendo de si el producto es líquido o sólido. Además, los criterios exigidos para su registro y comercialización incluyen:

1. Identificación y caracterización de los microorganismos: los microorganismos i) deberán identificarse a nivel género y especie con base en la secuencia del gen 16s en procariotas (bacterias) y la del ITS18s, en caso de los eucariotas (hongos), ii) deberán describirse el método de aislamiento y cuantificación, las condiciones de crecimiento en el laboratorio de los microorganismos y de la purificación del material genético para poder realizar sus características moleculares y iii) deberán describirse las condiciones de la PCR (Reacción en cadena de la polimerasa) para amplificar la secuencia a la que hace referencia el apartado i).

2. Demostraciones de eficiencia agronómica con condiciones de uso, dosis, formas de aplicación, cultivos, incompatibilidad e inter-

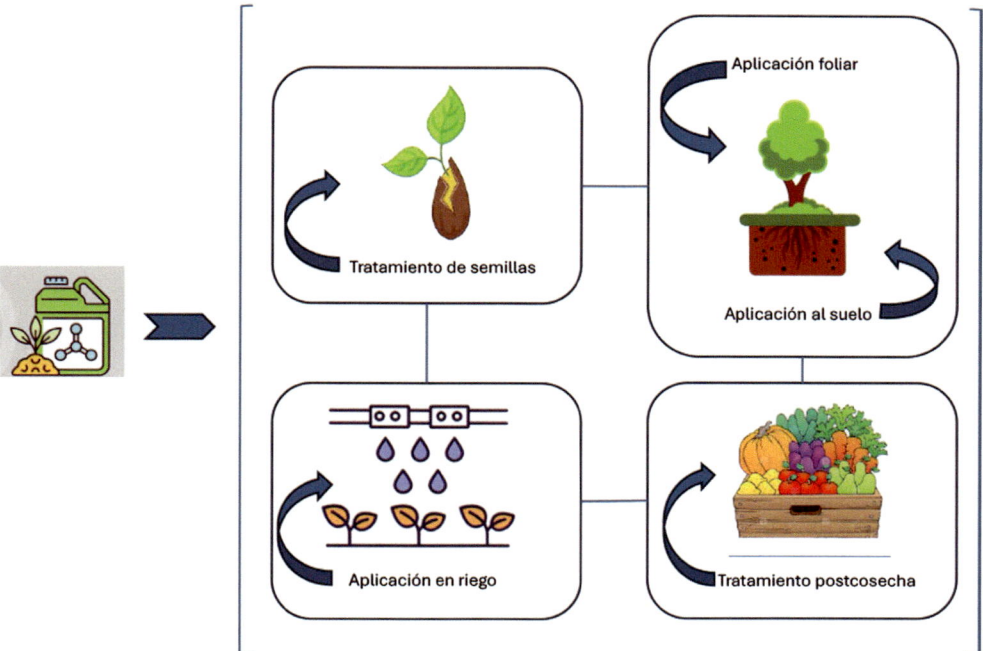

Figura 2.44. Métodos de aplicación de BE.

ferencias detectadas. Se establecen los siguientes grandes grupos: cultivos hortícolas directo al suelo o sobre sustratos, cultivos herbáceos extensivos, cultivos leñosos y producción de planta en semilleros (mejorando la producción de planta) o vivero (enraizamiento de leñosos).

Los BE pueden aplicarse con una dosis determinada en forma foliar o directamente a los suelos y semillas (Figura 2.44). Cuando se aplican por vía foliar, los BE son absorbidos a través de la cutícula, las células epidérmicas y los estomas, mientras que, cuando son aplicados por vía radicular, lo hacen a través de las células epidérmicas de la raíz y se distribuyen por toda la planta a través del xilema. Generalmente, los BE no mi-

crobianos son más eficaces cuando se aplican por vía foliar que por vía edáfica. En este caso, es recomendable su aplicación por la mañana, cuando los estomas están abiertos y la tasa de asimilación está en su punto máximo.

La dosis (D) de aplicación de un ingrediente activo (IA) indica la cantidad (m_{IA}) en gramos (g) por unidad de área (A) tratada (normalmente por ha), de acuerdo con la siguiente expresión:

$$D = M_{IA}/A$$

Por su parte, el volumen de distribución (V_D) viene referido al volumen (V) en litros (L) de agua, más IA junto con los coadyuvantes por unidad de área (A) tratada (ha):

$$V_D = V/A$$

En el caso de que el compuesto se encuentre diluido, a una determinada concentración [IA], en g_{IA}/L o L_{IA}/L, se puede establecer la siguiente relación entre D y V_D:

$$V_D = D\,/[IA]$$

La aplicación del BE se puede realizar principalmente mediante:

- Tratamiento de semillas (en presiembra): Es una técnica cada vez más popular hoy en día para optimizar la germinación y las primeras fases de desarrollo de la planta (plántulas), ya que ha demostrado tener distintos efectos positivos, como el aumento del porcentaje de germinación y biomasa fresca y la mejora del enraizamiento. Además puede proporcionar protección bajo condiciones de estrés abiótico (disminución del contenido de H_2O_2) y contra patógenos desde el momento de su plantación. La *imprimación* y la *cobertura de semillas* son dos métodos eficientes de aplicar los BE. La imprimación de semillas es un proceso por el que las semillas se hidratan directamente con el BE. En el de cobertura, las semillas son recubiertas con pequeñas cantidades de un material de relleno aglutinante previamente mezclado con el BE en cuestión. Es especialmente útil para BEM como PGPR y hongos micorrícicos, promoviendo así el rendimiento de los cultivos.
- Tratamientos foliares: Estos se realizan con diferente maquinaria en función del cultivo a tratar. En los cultivos herbáceos y en horticultura a campo abierto se utilizan pulverizadores de barra, mientras que en los cultivos leñosos se emplean pulverizadores donde el producto se reduce a pequeñas gotas de tamaño muy variable, que son transportadas a la superficie foliar de la planta por un flujo de aire (atomizadores y/o nebulizadores). Los BE aplicados mediante espray foliar, como los extractos de algas o los HP, influyen directamente en el crecimiento vegetal mediante la aportación de moléculas que pueden alterar las rutas metabólicas. También pueden causar efectos a corto plazo en el pH celular o en el balance electroquímico. Como la epidermis de las hojas suele estar cargada negativamente (presencia grupos carboxílicos desprotonados al pH ligeramente básico del floema) y es de naturaleza hidrofóbica (cutícula), la absorción de iones positivos y moléculas hidrófilas puede quedar limitada. Por lo tanto, los BE tienen que ser convenientemente formulados para optimizar su solubilidad, carga eléctrica, pH, tensión superficial, capacidad de retención y dispersión.
- Tratamientos al suelo: De este modo, los BE entran en contacto con la superficie ocupada por las raíces y son absorbidos por estas. Para ello, normalmente se utiliza el sistema de fertirrigación a través de microrriego (gota-go-

ta) y mediante microaspersores. Los BE aplicados directamente al suelo como los HP, SH, EAM y BEM pueden modificar la arquitectura de la raíz, aumentar la asimilación y la eficiencia en el uso de nutrientes, promover la micorrización de las raíces y su desarrollo o estimular el crecimiento de microorganismos beneficiosos en la rizosfera, aumentando la salud de las plantas mediante la acción en el suelo o en la ecología microbiana de la zona de la raíz.

• Tratamiento post-cosecha: En caso de ser necesario para aumentar la vida útil de frutas y productos hortícolas. Generalmente, después de utilizar un BE, los frutos pueden volverse más resistentes al daño mecánico, lo que permite una extensión del tiempo de almacenamiento y de consumo.

Hay cinco tipos principales de formulaciones de BE (Bose y Pal, 2023):

1. Los polvos mojables (*wettable powders*, WP) se preparan utilizando un 50% o más de concentrado seco de BE activo micronizado, el cual se mezcla con un agente dispersante, un agente humectante y un diluyente finamente molido. El agente dispersante actúa inhibiendo la aglomeración de partículas, mientras que el agente humectante proporciona la garantía de una humectación efectiva del principio activo en el agua. El diluyente sólido más utilizado en la producción de polvos mojables es la arcilla debido a sus propiedades únicas.

2. El polvo para espolvoreo (*dustable powder*, DP) es una formulación BE que se prepara mediante la adsorción de extractos de plantas o cualquier otra partícula activa sobre un material fino, inerte y sólido, por ejemplo, arcilla, talco o tiza. Como estas partículas están secas y no se humedecen antes de su aplicación en los cultivos, sus tamaños son generalmente mayores, oscilando entre 25 y 35 µm.

3. Los concentrados emulsionables (*emulsifiable concentrates*, EC) son mezcla de emulsionantes, coadyuvantes y principios activos mezclados en un aceite volátil. Esta formulación es estable solo cuando se disuelve en agua dentro del tanque de pulverización. Los agentes emulsionantes utilizados suelen ser productos químicos con cadenas largas y forman un complejo agua-aceite que no permite que el aceite y el agua se separen. Cuando se diluyen en agua en el tanque de aplicación, las formulaciones generan una emulsión espontánea con gotas cuyo tamaño varía de 0,1 a 1,0 µm de diámetro.

4. Los líquidos solubles (*soluble liquids*, SL) constituyen la forma más sencilla entre todos los tipos de formulaciones de BE. Un líquido o concentrado soluble es una formulación BE que es clara en apariencia y se aplica solo después de la dilución en agua. Los concentrados solubles utilizan

agua o un disolvente miscible en agua. Los compuestos polares como ácidos húmicos, extractos de plantas polares, aminoácidos y otros son muy útiles en la producción de esta formulación. Aquí el proceso rara vez necesita agitación en agua dentro del tanque de pulverización. Los SL son muy eficaces para contener la forma de sal del BE, lo que conduce a una mayor concentración de sal en el tanque de pulverización en comparación con otras formulaciones de BE. Aun teniendo en cuenta sus ventajas, esta formulación no es apropiada en determinados casos debido a la limitada solubilidad en agua del BE formulado.

5. Los gránulos dispersables en agua (*water dispersible granules*, WDG) son formas modificadas de polvos mojables que se producen por agregación para formar gránulos uniformes. Esto aumenta la facilidad de manejo y también son eficientes en la eliminación de micropartículas respirables. Los WDG son una alternativa a los polvos mojables y usan los mismos ingredientes, incluyendo arcilla y dispersantes, pero generalmente tienen niveles más bajos de diluyente y niveles más altos de actividad. Los ingredientes utilizados en este proceso permiten una eficacia óptima de las partículas activas debido a sus finos tamaños, lo que también evita la obstrucción en la boquilla. Las formulaciones de WDG incluyen mate-

riales diversos, como agentes dispersantes al 5-15% (condensados de sulfonato de naftaleno-formaldehído, lignosulfonatos), ingredientes activos (algas marinas, ácidos húmicos) y aglutinante (lactona). Otros componentes incluyen agentes desintegrantes o rellenos (por ejemplo, sílice precipitada, arcilla), donde los ingredientes activos constituyen el 50-90% de la masa total. Cabe destacar la uniformidad en el tamaño de partícula (1-2 mm) y la formación de una suspensión homogénea y estable.

2.7. Mercado de bioestimulantes e investigación científica

El uso de BE en agricultura ha cobrado un gran impulso en los últimos años, debido a una mayor conciencia entre los agricultores sobre los beneficios de estos productos en el crecimiento y rendimiento de los cultivos. El tamaño del mercado de BE a nivel global se estimó en 4.100 millones de dólares en 2024 y se espera que alcance los 6.600 millones de dólares en 2029, con una tasa de crecimiento compuesta anual (CAGR)[29] del 10,2% durante el período previsto (2024-2029) (Mordor

---

[29] La tasa de crecimiento anual compuesta muestra el incremento anual de una variable durante un período de tiempo superior a un año, donde la variación anual de la variable base se va incorporando a la misma a lo largo del tiempo.

Intelligence, 2025)[30]. Europa dominó el segmento de BE, con una cuota de mercado del 40,6% en 2022, valorado en 1.300 millones de dólares, siendo Francia, el mayor consumidor.

La Comisión Europea (CE) ha fijado el objetivo de que los países miembros conviertan el 25% de sus respectivas tierras agrícolas en cultivos orgánicos. Los BE son un ingrediente crítico para ello. Alemania desempeña un papel de liderazgo en el logro de estos objetivos invirtiendo en I+D para mejorar la eficacia de los BE. Entre los factores que están impulsando el crecimiento del mercado de BE en Europa destaca la regulación eficaz, porque la aplicación del Reglamento (UE) 2019/1009 ha proporcionado un marco legal claro para la comercialización de BE. También destacan las estrategias europeas como, por ejemplo, la iniciativa "De la granja a la mesa", que busca reducir el uso de fertilizantes en un 20% y la pérdida de nutrientes en un 50% para 2030. Por otra parte, se encuentra el criterio de la sostenibilidad, en el que los BE ofrecen una alternativa más respetuosa con el medio ambiente frente a los agroquímicos tradicionales. En España, la industria de BE está experimentando un crecimiento significativo. Según datos de la AEFA (Asociación Española de Fabricantes de Agronutrientes), el mercado total de BE alcanzó 83 millones de euros en 2023, representando el 20,7% del sector de agronutrientes especia-

les[31]. La facturación del sector en 2023 fue de aproximadamente 755 millones de euros y el crecimiento en facturación de ventas fue del 4,4% tras 5 años consecutivos de aumento. Las empresas españolas, representadas por AEFA, están bien posicionadas para capitalizar estas oportunidades. Su experiencia en el desarrollo y la producción de BE de alta calidad, combinada con una fuerte orientación a la innovación, les permite competir con éxito en un mercado cada vez más exigente. En 2023, la facturación de BE microbianos representó el 4% de la facturación total de las empresas de AEFA. Dentro de este grupo, los biofertilizantes bacterianos predominaron, representando el 63% frente al 37% de los productos a base de hongos.

América del Norte es el segundo mercado más grande de BE, con un valor de mercado de 840,2 millones de dólares en 2022. Los países de la región están introduciendo políticas para aumentar la agricultura orgánica, como la Iniciativa de Transición Orgánica del USDA en EE.UU., con una inversión de 300 millones de dólares en 2022. La región de Asia y el Pacífico ocupa la tercera posición en el mercado de BE, siendo China el mayor consumidor de fertilizantes del mundo. De manera similar, América del Sur y África también han sido testigos de un cambio en el mercado de BE debido a una mayor conciencia entre los productores. En la Figura 2.45 se puede observar la tasa de crecimiento compuesta anual estimada para el periodo 2023-2029 para

---

[30] Mordor Intelligence. 2025. Análisis de tamaño y participación del mercado de bioestimulantes, tendencias de crecimiento y previsiones hasta 2029. https://www.mordorintelligence.com/es/industry-reports/global-plant-biostimulant-market-industry.

[31] AEFA. 2025. https://aefa-agronutrientes.org/wp-content/uploads/informes-aefa/memoria-de-sostenibilidad-aefa-2023.pdf.

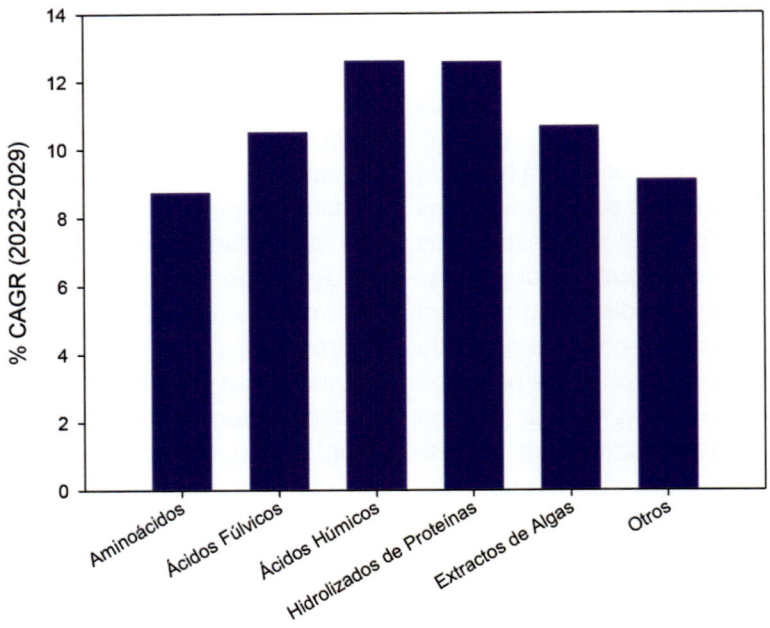

Tipos de BE

Figura 2.45. Tasa de crecimiento compuesta anual estimada de los principales grupos de BE para el periodo 2023-2029.

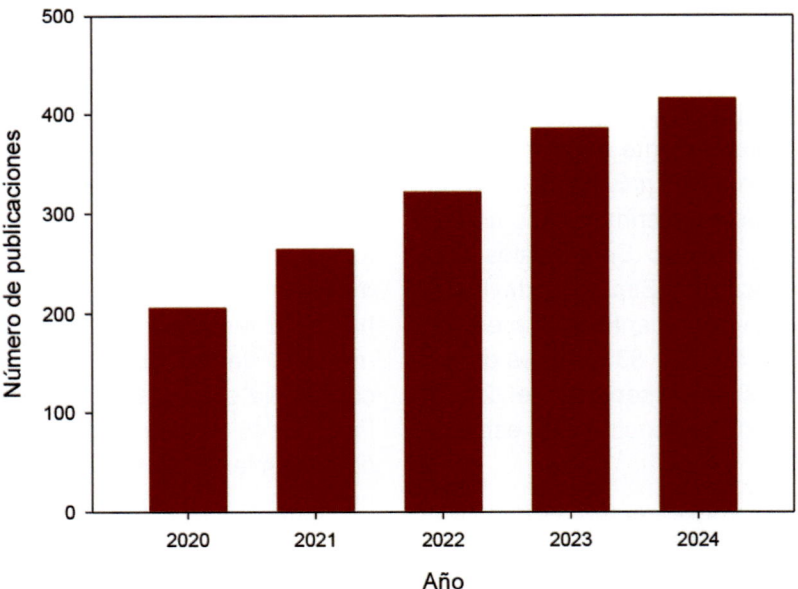

Año

Figura 2.46. Evolución en el número de publicaciones científicas sobre BE en el periodo 2020-2024 (fuente: WoS).

los principales tipos de BE según datos de Mordor Intelligence.

Sin duda, el crecimiento en el mercado de BE ha ido en convergencia con el desarrollo de la investigación científica en el campo de los BE durante los últimos años. De acuerdo con la Web of Science® (WoS), que es la fuente de datos bibliográficos más antigua del mundo y la más completa y utilizada para evaluar y analizar la investigación (Birkle *et al.*, 2020), y utilizando el siguiente motor de búsqueda: Título: *"biostimulan** OR *"bio-stimulan*"* AND *"plant"*, durante el último lustro (2020-2024) se identifican 1.594 resultados, tal y como se puede observar en la Figura 2.46, donde se aprecia un crecimiento continuado en el número de publicaciones año tras año, lo que indica el interés científico por estudiar los efectos de los BE en agricultura.

Analizando el desglose de los artículos científicos publicados en este periodo por sustancia BE, excluyendo microorganismos, se puede observar que las algas marinas y las sustancias húmicas fueron las más estudiadas, seguidas de los hidrolizados proteicos, las microalgas y el silicio. En concreto, las microalgas se han introducido recientemente en el campo de los BE y, por tanto, las publicaciones relacionadas con esta categoría son recientes. En cambio, para los BE microbianos, la mayoría de los estudios se han centrado en hongos micorrícicos y microorganismos fijadores de N. En lo referente a los efectos de los BE, la investigación se ha centrado preferentemente en evaluar la resistencia al estrés abiótico, seguida de la mejora de la calidad del producto y de la mejora de la absorción de

nutrientes. En cuanto a la distribución geográfica de los estudios publicados, Italia es líder, seguida por Brasil, Polonia, España y EE.UU.

Dado que Italia es el país líder en el mundo en cuanto a número de publicaciones científicas en el sector de los BE, es obvio que los mejores científicos provienen de universidades e instituciones de investigación italianas, entre los que cabe destacar a los profesores Giuseppe Colla de la Universidad de la Tuscia, que dirige el Comité Científico de biostimulant.com, Youssef Rouphael de la Universidad de Nápoles, Luigi Lucini de la Universidad Católica del Sagrado Corazón (Piacenza) y Petronia Carillo, de la Universidad de Campania, todos ellos también miembros del comité científico de *biostimulant.com*. Los citados investigadores, junto al profesor Patrick Du Jardin, de la Universidad de Lieja (Bélgica), el profesor Patrick H. Brown, de la Universidad de Davis (CA, USA) y sus respectivos equipos, constituyen el eje central que vertebra la investigación sobre BE a nivel mundial.

2.8. Referencias

Alarcón V.A. 2000. Nutrición mineral: elementos esenciales y dinámica en el sistema suelo-planta. En *Tecnología para cultivos de alto rendimiento*. (pp. 109-129). Novedades Agrícolas. Murcia, España.

Ali, O., Ramsubhag, A., Jayaraman, J. 2021. Biostimulant properties of seaweed extracts in plants: Implications towards sustainable crop production. *Plants*, 10, 531.

Amanda, A., Ferrante, A., Valagussa, M., Piaggesi, A. 2009. Effect of biostimulants on quality of baby leaf lettuce grown under plastic tunnel. *Acta Horticulturae*, 807, 407-412.

Ansari, M., Devi, B.M., Sarkar, A., Chattopadhyay, A., Satnami, L., Balu, P., et al. 2023. Microbial exudates as biostimulants: role in plant growth promotion and stress mitigation. *Journal of Xenobiotics*, 13, 572-603.

Araya, N.A., Mokgehle, S.N., Mofokeng, M.M., Ndayakunze, A., Masondo, N.A., Malaka, M. J., Amoo, S.O. 2025. Understanding the modes and mechanisms of action of plant biostimulants for improved crop productivity. *Biostimulants for Improving Reproductive Growth and Crop Yield*, 31-72.

Arnao, M.B., Cano, A., Hernández-Ruiz, J. 2023. Research in plant melatonin: original and current studies. *Melatonin Research*, 6, 224-228.

Arnao, M.B., Hernández-Ruiz, J. 2015. Functions of melatonin in plants: a review. *Journal of Pineal Research*, 59, 133-150.

Arnao, M.B., Hernández-Ruiz, J. 2019. Melatonin as a chemical substance or as phytomelatonin rich-extracts for use as plant protector and/or biostimulant in accordance with EC legislation. *Agronomy*, 9, 570.

Ashraf, M.F. M., Foolad, M.R. 2007. Roles of glycine betaine and proline in improving plant abiotic stress resistance. *Environmental and Experimental Botany*, 59, 206-216.

Atero-Calvo, S., Navarro-León, E., Ríos, J.J., Blasco, B., Ruiz, J.M. 2024. Humic substances-based products for plants growth and abiotic stress tolerance. En Husem, A. (ed.). *Biostimulants in Plant Protection and Performance* (pp. 89-106). Elsevier. Ámsterdam, Holanda.

Axelrod, J., Weissbach, H. 1960. Enzymatic O-methylation of N-acetylserotonin to melatonin. *Science*, 131, 1312.

Bahuguna, A., Sharma, S., Rai, A., Bhardwaj, R., Sahoo, S. K., Pandey, A., Yadav, B. 2022. Advance technology for biostimulants in agriculture. En Shing, H.B., Vaishnav, A. (eds.) *New and future developments in microbial biotechnology and bioengineering* (pp. 393-412). Elsevier. Ámsterdam, Holanda.

Bano, A., Waqar, A., Khan, A., Tariq, H. 2022. Phytostimulants in sustainable agriculture. *Frontiers in Sustainable Food Systems*, 6, 801788.

Barceló C.J., Nicolás R.G., Sabater G.B., Sánchez T. 1995. *Fisiología vegetal*. 7ª ed. Ediciones Pirámide S.A. Madrid.

Barone, V., Bertoldo, G., Magro, F., Broccanello, C., Puglisi, I., Baglieri, A., Cagnin, M., Concheri, G., Squartini, A., Nardi, S., Stevanato, P. 2019. Molecular and morphological changes induced by leonardite-based biostimulant in beta vulgaris L. *Plants*, 8, 181.

Battacharyya, D., Babgohari, M.Z., Rathor, P., Prithiviraj, B. 2015. Seaweed extracts as biostimulants in horticulture. *Scientia Horticulturae*, 196, 39-48.

Bhupenchandra, I., Devi, S.H., Basumatary, A., Dutta, S., Singh, L.K., Kalita, P., et al. 2020. Biostimulants: potential and prospects in agriculture. *International Research Journal of Pure and Applied Chemistry*, 21, 20-35.

Birkle, C., Pendlebury, D.A., Schnell, J., Adams, J. 2020. Web of Science as a data source for research on scientific and scholarly activity. *Quant. Sci. Stud.*, 1, 363-376.

Bona, E., Todeschini, V., Cantamessa, S., Cesaro, P., Copetta, A., Lingua, G., Gamalero, E., Berta, G., Massa, N. 2018. Combined bacterial and mycorrhizal inocula improve tomato quality at reduced fertilization. *Scientia Horticulturae*, 234, 160-165.

Bonilla Buitrago, R.R., González de Bashan, L.E., Pedraza, R.O., Estrada Bonilla, G.A., Pardo Díaz, S., Mazo Molina, D.C., et al. 2021. *Bacterias promotoras de cre-*

cimiento vegetal en sistemas de agricultura sostenible. Agrosavia, Colombia.

Bonini, P., Cirino, V., Reynaud, H., Rouphael, Y., Cardarelli, M., Colla, G. 2020. Designing and formulating microbial and non-microbial biostimulants. En *Biostimulants for sustainable crop production* (pp. 275-296). Burleigh Dodds Science Publishing.

Bose, B., Pal, H. 2023. Biostimulants in Sustainable Agriculture. En Hasanuzzaman, M., Hawrylak-Nowak, B., Islam, T., Fujita, M. (eds.). *Biostimulants for Crop Production and Sustainable Agriculture.* 1-20. CABI International. Wallingford, GB.

BPIA. 2022. United States Biostimulant Industry Recommended Guidelines to Support Efficacy, Composition, and Safety of Plant Biostimulant Products. http://www.bpia.org/wp-content/uploads/2022/02/Biostimulant-Efficacy-Comp.-and-Safety-Claims-022822.pdf.

Bringhurst, R.M., Cardon, Z.G., Gage, D.J. 2001. Galactosides in the rhizosphere: utilization by *Sinorhizobium meliloti* and development of a biosensor. *Proceedings of the National Academy of Sciences*, 98, 4540-4545.

Brown, P.H. 2023. Biostimulants: Their Function and Role in Modern Agriculture, Regulatory Challenges and Opportunities. En *ASA, CSSA, SSSA International Annual Meeting.* ASA-CSSA-SSSA.

Brown, A., Al-Azawi, T.N.I., Methela, N.J., Rolly, N.K., Khan, M., Faluku, M., Huy, V.N., Lee, D.S., Mun, B.G., Hussian, A., Yun, B.W. 2024. Chitosan-fulvic acid nanoparticles enhance drought tolerance in maize via antioxidant defense and transcriptional reprogramming. *Physiologia Plantarum*, 176, 14455.

Brown, P., Saa, S. 2015. Biostimulants in agriculture. *Frontiers in Plant Science*, 6, 671.

Bulgari, R., Franzoni, G., Ferrante, A. 2019. Biostimulants application in horticultural crops under abiotic stress conditions. *Agronomy*, 9, 306.

Canellas, L.P., Olivares, F.L., Aguiar, N.O., Jones, D.L., Nebbioso, A., Mazzei, P., Piccolo, A. 2015. Humic and fulvic acids as biostimulants in horticulture. *Scientia Horticulturae*, 196, 15-27.

Carillo, P., Avice, J.C., Vasconcelos, M.W., Du Jardin, P., Brown, P.H. 2025. Biostimulants in agriculture. *Physiologia Plantarum*, 177, 1-4.

Cerruti, P., Campobenedetto, C., Montrucchio, E., Agliassa, C., Contartese, V., Acquadro, A., Bertea, C.M. 2024. Antioxidant activity and comparative RNA-seq analysis support mitigating effects of an algae-based biostimulant on drought stress in tomato plants. *Physiologia Plantarum*, 176, 70007.

Chaachouay, N., Azeroual, A., Bencherki, B., Douira, A., Zidane, L. 2024. Use of melatonin in plants' growth and productions. En Husen, A. (Ed.). *Biostimulants in Plant Protection and Performance* (pp. 107-115). Elsevier. Ámsterdam, Holanda.

Chen Q, Hou S, Pu X, Li X, Li R, Yang Q, Wang X, Guan M, Rengel Z. 2022. Dark secrets of phytomelatonin. *Journal of Experimental Botany*, 73, 5828-5839.

Chen, Q., Arnao, M.B. 2022. Phytomelatonin: an emerging new hormone in plants. *Journal of Experimental Botany*, 73, 5773-5778.

Colla, G., Hoagland, L., Ruzzi, M., Cardarelli, M., Bonini, P., Canaguier, R., Rouphael, Y. 2017. Biostimulant action of protein hydrolysates: Unraveling their effects on plant physiology and microbiome. *Frontiers in Plant Science*, 8, 2202.

Colla, G., Nardi, S., Cardarelli, M., Ertani, A., Lucini, L., Canaguier, R. 2015. Protein hydrolysates as biostimulants in horticulture. *Scientia Horticulturae*, 196, 28-38.

Colla, G., Rouphael, Y. 2015. Biostimulants in horticulture. *Scientia Horticulturae*, 196, 1-2.

Colla, G., Rouphael, Y., Cardarelli, M., Lucini, L., Ertani, A. 2020. Biostimulant action of protein hydrolysates on crops. En Rouphael, Y., du Jardin, P., Brown, P., De Pascale, S., Colla, G. (eds.). *Biostimulants for sustainable crop production* (pp. 125-148). Burleigh Dodds Science Publishing. Cambridge, GB.

Cocetta, G. 2023. Effetti dall'applicazione dei biostimolanti sulla qualità e sul valore nutrizionale delle colture orticole. En Ferrante A. (ed.). *Biostimulanti in agricultura*. 2ª ed. Edagricole. Milán, Italia.

Daniel, A.I., Fadaka, A.O., Gokul, A., Bakare, O.O., Aina, O., Fisher, S. et al. 2022. Biofertilizer: the future of food security and food safety. *Microorganisms*, 10, 1220.

Danús, H., Vera, S. 2010. *Carbón, protagonista del pasado, presente y futuro*. RIL Editores. Chile.

Drobek, M., Frąc, M., Cybulska, J. 2019. Plant biostimulants: Importance of the quality and yield of horticultural crops and the improvement of plant tolerance to abiotic stress-A review. *Agronomy*, 9, 335.

du Jardin, P. 2012. The science of plant biostimulants-A bibliographic analysis. Final report. Contract 30-CEO455515/00-96, 16. https://op.europa.eu/es/publication-detail/-/publication/5c1f9a38-57f4-4f5a-b021-cad867c1ef3c.

du Jardin, P. 2015. Plant biostimulants: Definition, concept, main categories and regulation. *Scientia Horticulturae*, 196, 3-14.

du Jardin, P. 2020. Plant biostimulants: a new paradigm for the sustainable intensification of crops. En Rouphael, Y., du Jardin, P., Brown, P., De Pascale, S., Colla, G. (eds.). *Biostimulants for sustainable crop production* (pp. 3-30). Burleigh Dodds Science Publishing. Cambridge, GB.

du Jardin, P., Xu, L., Geelen, D. 2020. Agricultural functions and action mechanisms of plant biostimulants (PBs) an introduction. En Geelen, D., Xu, L. (eds.). *The chemical biology of plant biostimulants.* (pp. 1-30). John Wiley & Sons Ltd. Hoboken, NJ. EE UU.

EBIC, 2025. European Biostimulants Industry Council. https://biostimulants.eu.

El Boukhari, M.E.M., Barakate, M., Bouhia, Y., Lyamlouli, K. 2020. Trends in seaweed extract based biostimulants: Manufacturing process and beneficial effect on soil-plant systems. *Plants*, 9, 1-23.

EPA, 2019. Draft Guidance for Plant Regulator Products and Claims, Including Plant Biostimulants.https://www.epa.gov/sites/default/files/2020-11/documents/pbs-guidance-updated-draft-guidance-document-2020-11-13_0.pdf.

Epstein, E. 2001. Silicon in plants: facts vs. concepts. En Datnoff, L.E., Snyder, G.H., Korndorfer, G.H. (eds.). *Silicon in Agriculture. Studies in Plant Science.* (pp. 1-15). Elsevier, Ámsterdam, Holanda.

Epstein, E., 1994. The anomaly of silicon in plant biology. *Proceedings National Academy Sciences U.S.A.*, 91, 11-17.

Ertani, A., Schiavon, M., Nardi, S. 2017. Transcriptome-wide identification of differentially expressed genes in *Solanum lycopersicon* L. in response to an alfalfa-protein hydrolysate using microarrays. *Frontiers in Plant Science,* 8, 1159.

Ertani, A., Schiavon, M., Nardi, S. 2020. Humic substances (HS) as plant biostimulants in agriculture. En Rouphael, Y., du Jardin, P., Brown, P., De Pascale, S., Colla, G. (eds.). *Biostimulants for sustainable crop production* (pp. 55-76). Burleigh Dodds Science Publishing. Cambridge, GB.

Espinosa-Antón, A.A., Hernández-Herrera, R.M., González-González, M. 2020. Extractos bioactivos de algas marinas como bioestimulantes del crecimiento y la protección de las plantas. *Biotecnología Vegetal*, 20, 257-282

Estrada-Ortiz, E., Trejo-Téllez, L.I., Gómez-Merino, F.C., Núñez-Escobar, R., Sandoval-Villa, M. 2013. The effects of phosphite on strawberry yield and fruit quality. *Journal of Soil Science and Plant Nutrition*, 13, 612-620.

FAO, 1998. Guide to efficient plant nutrition management. Roma, Italia, pp. 1-18 https://vtechworks.lib.vt.edu/server/api/core/bitstreams/2bc4c1e1-aed4-4e5d-beb6-6d555cb49319/content.

Fasusi, O.A., Cruz, C., Babalola, O.O. 2021. Agricultural sustainability: microbial bio-fertilizers in rhizosphere management. *Agriculture*, 11, 163.

Fawzy, Z.F. 2012. Response of growth and yield of cucumber plants (*Cucumis sativus* L.) to different foliar applications of humic acid and bio-stimulators. *International Research Journal of Applied and Basic Sciences*, 6, 630-637.

Ferrante, A. 2023. *Biostimulanti in agricoltura*. (2ª ed.). Edagricole. Milán, Italia.

Finez, D.D.E., Talimbay, J.E. 2023. Advantages and disadvantages of using inorganic fertilizers for agriculture. *International Journal of Transdisciplinary Research and Innovations*, 1, 1-7.

Franzoni, G., Cocetta, G., Prinsi, B., Ferrante, A., Espen, L. 2022. Biostimulants on crops: Their impact under abiotic stress conditions. *Horticulturae*, 8, 189.

Fuentes-Yagüe, J.L. 1999. *El suelo y los fertilizantes*. Eds. Mundi-Prensa y Ministerio de Agricultura y Pesca. Madrid.

Fusco, G., Nicastro, R., Woodrow, P., Carillo, P. 2023. Animal-versus plant-derived protein hydrolysates: different composition and mechanisms of action. https://www.biostimulant.com/animal-versus-plant-derived-protein-hydrolysates-different-composition-and-mechanisms-of-action/.

García-García, A.L., García-Machado, F.J., Borges, A.A., Morales-Sierra, S., Boto, A., Jiménez-Arias, D. 2020. Pure organic active compounds against abiotic stress: a biostimulant overview. *Frontiers in Plant Science*, 11, 1839.

Gautam, A., Chauhan, A., Singh, A., Mundepi, S., Pant, M., Husen, A. 2024. Use of seaweed extract-based biostimulants in plant growth, biochemical constituents, and productions. En Husem, A. (ed.). *Biostimulants in Plant Protection and Performance* (pp. 129-148). Elsevier. Ámsterdam, Holanda.

González-Fariña, J.J. 2022. *The Use of Seaweed Extracts as Biostimulants*. Universidad de La Laguna. España.

Geelen, D., Xu, L. 2020. *The Chemical Biology of Plant Biostimulants*. John Wiley & Sons Ltd. Hoboken, NJ. EE UU.

Gupta, T., Chakraborty, D., Sarkar, A. 2021. Structural and functional rhizospheric microbial diversity analysis by cutting-edge biotechnological tools. En Pudake, R.N., Sahu, B.B., Kumari, M., Sharma A.K. (eds.). *Omics science for rhizosphere biology*. (pp. 149-170). Springer Nature, Singapur.

Hasanuzzaman, M., Hawrylak-Nowak, B., Islam, T., Fujita, M. 2022. *Biostimulants for crop production and sustainable agriculture*. CAB International. Wallingford, GB.

Hidangayum, A., Dwivedi, P., Katiyar, D., Hemantaranjan, A. 2019. Application of chitosan on plant responses with special reference to abiotic stress. *Physiology and Molecular Biology of Plants*, 25, 313-332.

Hayes, M.H.B. 1985. Extraction of humic substances from soil. En Aiken, R.G., Mcknight, D., Wershaw, R.L., MacCarthy, P. (eds.). *Humic Substances in Soil, Sediment, and Water*. (pp. 329-362). Wiley. NY, EE UU.

Herve, J.J. 1994. Biostimulants, a new concept for the future; prospects offered by the chemistry of synthesis and biotechnology. *Comptes rendus de l'Académie d'agriculture de France*, 80, 91-102.

Hussein, M.M. 2023. The Benefits and Drawbacks of Chemical and Organic Fertilizers, as well as which is best for

Plants. *International Journal of Aquatic Science*, 14, 550-555.

Ibáñez, A., Garrido-Chamorro, S., Vasco-Cárdenas, M.F., Barreiro, C. 2023. From lab to field: biofertilizers in the 21st century. *Horticulturae*, 9, 1306.

Iriti, M., Faoro, F., 2009. Chitosan as a MAMP, searching for a PRR. *Plant Signaling & Behaviour*, 4, 66-68.

Jacott, C.N., Murray, J.D., Ridout, C.J. 2017. Trade-offs in arbuscular mycorrhizal symbiosis: disease resistance, growth responses and perspectives for crop breeding. *Agronomy*, 7, 75.

Jiménez-Arias, D., García-Machado, F.J., Morales-Sierra, S., Luis, J.C., Suarez, E., Hernández, M., Valdés, F., Borges, A.A. 2019. Lettuce plants treated with l-pyroglutamic acid increase yield under water deficit stress. *Environmental and Experimental Botany*, 158, 215-222.

Jiménez-Arias, D., Hernández, A. E., Morales-Sierra, S., García-García, A.L., García-Machado, F.J., Luis, J.C., Borges, A.A. 2022. Applying biostimulants to combat water deficit in crop plants: research and debate. *Agronomy*, 12, 571.

Karathanasis, A.D. 2002. Mineral equilibrium in environmental soil systems. En Dixon, J.B., Weed, S.B. (eds.). *Soil mineralogy with environmental applications*. (pp. 109-151). Soil Science Society America. Madison, WI, EE UU.

Katiyar, D., Singh, B., Lall, A.M., Haldar, C., 2011. Efficacy of chitooligosaccharides for the management of diabetes in alloxan induced mice: A correlative study with antihyperlipidemic and antioxidative activity. *European Journal of Pharmacology Science*, 44, 534-543.

Kauffman, G.L., Kneivel, D.P., Watschke, T.L. 2007. Effects of a biostimulant on the heat tolerance associated with photosynthetic capacity, membrane thermostability, and polyphenol production of perennial ryegrass. *Crop Science*, 47, 261-267.

Khalid, M., Rehman, H.M., Ahmed, N., Nawaz, S., Saleem, F., Ahmad, S., et al. 2022. Using exogenous melatonin, glutathione, proline, and glycine betaine treatments to combat abiotic stresses in crops. *International Journal of Molecular Sciences*, 23, 12913.

Khan, W., Menon, U., Subramanian, S., Jithesh, M., Rayorath, P., Hodges, D., Critchley, A., Craigie, J., Norrie, J., Prithiviraj, B. 2009. Seaweed extracts as biostimulants of plant growth and development. *Journal of Plant Growth Regulation*, 28, 386-399.

Kinnersley, A.M. 1993. The role of phytochelates in plant growth and productivity. *Plant Growth Regulation*, 12, 207-218.

Kononova, M.M. 1981. *Materia orgánica del suelo*. Oikos-Tau, S.A. Barcelona.

Kumar, A., Dewangan, S., Lawate, P., Bahadur, I., Prajapati, S. 2019. Zinc-solubilizing bacteria: a boom for sustainable agriculture. En Sayyed, R.Z., Kumar, N., Reddy, M.S. (eds.). *Plant growth promoting rhizobacteria for sustainable stress management*. Microorganisms for Sustainability, vol 12. (pp. 139-155). Springer, Singapur.

Kumar, S., Sindhu, S.S., Kumar, R. 2022. Biofertilizers: An ecofriendly technology for nutrient recycling and environmental sustainability. *Current Research in Microbial Sciences*, 3, 100094.

Kumaresapillai, N., Basha, R.A., Sathish, R. 2011. Production and evaluation of chitosan from *Aspergillus niger* MTCC strains. *Iranian Journal Pharmaceutical Research*, 10, 553-558.

Kumari, M., Swarupa, P., Kesari, K.K., Kumar, A. 2023. Microbial inoculants as plant biostimulants: A review on risk status. *Life*, 13, 12.

Laane, H.M. 2018. The effects of foliar sprays with different silicon compounds. *Plants-BASEL*, 7, 45.

Labrador, J. 1996. *La materia orgánica en los agrosistemas*. Ministerio de Agricultura, Pesca y Alimentación. Mundi Prensa. Madrid.

Lamar, R.T. 2020. Possible role for electron shuttling capacity in elicitation of PB activity of humic substances on plant growth enhancement. En Geelen, D., Xu, L. (eds.). *The chemical biology of plant biostimulants*, (pp. 97-121). John Wiley & Sons Ltd. Hoboken, NJ, EE UU.

Leporino, M., Rouphael, Y., Bonini, P., Colla, G., Cardarelli, M. 2024. Protein hydrolysates enhance recovery from drought stress in tomato plants: phenomic and metabolomic insights. *Frontiers in Plant Science*, 15, 1357316.

Lerner, A.B., Case, J.D., Takahashi, Y., Lee, T.H., Mori, W., 1958. Isolation of melatonin, the pineal gland factor that lightens melanocytes1. *Journal of the American Chemical Society*, 80, 2587-2587.

Li, W., Jiang, X., Xue, P., Chen, S., 2002. Inhibitory effects of chitosan on superoxide anion radicals and lipid free radicals. *Chinese Science Bulletin*, 47, 887-889.

Li, N., Li, J., Xie, J., Rui, W., Pu, K., Gao, Y., et al. 2025. Glycine betaine and plant abiotic stresses: unravelling physiological and molecular responses. *Plant Science*, 355, 112479.

Loera-Quezada, M.M., Leyva-González, M.A., López-Arredondo, D., Herrera-Estrella, L. 2015. Phosphite cannot be used as a phosphorus source but is non-toxic for microalgae. *Plant Science*, 231, 124-130.

López-Arredondo, D. L., Leyva-González, M. A., González-Morales, S. I., López-Bucio, J., Herrera-Estrella, L. 2014. Phosphate nutrition: improving low-phosphate tolerance in crops. *Annual Review Plant Biology*, 65, 95-23.

Lora, S.R. 1994. Factores que afectan la disponibilidad de nutrientes para las plantas. En Silva M.F. (ed.), *Fertilidad de suelos*. (pp. 29-56). Sociedad Colombiana de la Ciencia del Suelo, Bogotá.

Lugtenberg, B., Kamilova, F. 2009. Plant-growth-promoting rhizobacteria. *Annual Review of Microbiology*, 63, 541-556.

Malécange, M., Sergheraert, R., Teulat, B., Mounier, E., Lothier, J., Sakr, S. 2023. Biostimulant properties of protein hydrolysates: Recent advances and future challenges. *International Journal of Molecular Sciences*, 24, 9714.

Malusá, E., Vassilev, N. 2014. A contribution to set a legal framework for biofertilisers. *Applied Microbiology and Biotechnology*, 98, 6599-6607.

MAPA, 2025. Ministerio de Agricultura, Pesca y Alimentación. Consulta de productos fertilizantes. https://servicio.mapa.gob.es/regfertiwai/ConsultaFertilizante.aspx.

Marschner, H. 1998. *Mineral Nutrition of higher plants*. Academic Press, San Diego, CA, EE UU.

Meena, D.C., Birthal, P.S., Kumara, T.K. 2025. Biostimulants for sustainable development of agriculture: a bibliometric content analysis. *Discover Agriculture*, 3, 2.

Mercy, S., Mubsira Banu, S., Jenifer, I. 2014. Application of different fruit peels formulations as a natural fertilizer for plant growth. *International Journal of Scientific & Technology Research*, 3, 300-307.

Michalak, I., Tyśkiewicz, K., Konkol, M., Rój, E., Chojnacka, K. 2020. Seaweed extracts as plant biostimulants in agriculture. En Rouphael, Y., du Jardin, P., Brown, P., De Pascale, S., Colla, G. (eds.). *Biostimulants for sustainable crop production* (pp. 77-124). Burleigh Dodds Science Publishing. Cambridge, GB.

Mohammadi, M. A., Cheng, Y., Aslam, M., Jakada, B. H., Wai, M. H., Ye, K. et al. 2021. ROS and oxidative response systems in plants under biotic and abiotic stresses: revisiting the crucial role of phosphite triggered plants defense response. *Frontiers in Microbiology*, 12, 631318.

Monterisi, S., Zhang, L., García-Pérez, P., Alzate Zuluaga, M.Y., Ciriello, M., El-Nakhel, C., et al. 2024. Integrated multiomic approach reveals the effect of a Graminaceae-derived biostimulant and its lighter fraction on salt-stressed lettuce plants. *Scientific Reports*, 14, 107-10.

Moor, U., Põldma, P., Tõnutare, T., Karp, K., Starast, M., Vool, E., 2009. Effect of phosphite fertilization on growth, yield and fruit composition of strawberries. *Scientia Horticulturae*, 119, 264-269.

Morcillo, R.J.L., Baroja-Fernández, E., López-Serrano, L., Leal-López, J., Muñoz, F.J., Bahaji, A. et al. 2022. Cell-free microbial culture filtrates as candidate biostimulants to enhance plant growth and yield and activate soil-and plant-associated beneficial microbiota. *Frontiers in Plant Science*, 13, 1040515.

Mughunth, R.J., Velmurugan, S., Mohanalakshmi, M., Vanitha, K. 2024. A review of seaweed extract's potential as a biostimulant to enhance growth and mitigate stress in horticulture crops. *Scientia Horticulturae*, 334, 113312.

Muñoz, G., Valencia, C., Valderruten, N., Ruiz-Durántez, E., Zuluaga, F. 2015. Extraction of chitosan from *Aspergillus niger* mycelium and synthesis of hydrogels for controlled release of betahistine. *Reactive Functional Polymers*, 91-92, 1-10.

Nardi, S., Schiavon, M., Muscolo, A., Pizzeghello, D., Ertani, A., Canellas, L.P., Garcia Mina, J. M. 2024. Molecular characterization of humic substances and regulatory processes activated in plants, volume II. *Frontiers in Plant Science*, 15, 1413829.

Navarro, G., Navarro, S. 2013. *Química Agrícola*. Ed. Mundi-Prensa. Madrid, España.

Navarro, G., Navarro, S. 2023. *Fertilizantes. Química y acción*. 2ª ed. Ed. Mundi-Prensa. Madrid, España.

Nephali, L., Piater, L.A., Dubery, I.A., Patterson, V., Huyser, J., Burgess, K., Tugizimana, F. 2020. Biostimulants for plant growth and mitigation of abiotic stresses: A metabolomics perspective. *Metabolites*, 10, 505.

Nosheen, S., Ajmal, I., Song, Y. 2021. Microbes as biofertilizers, a potential approach for sustainable crop production. *Sustainability*, 13, 1868.

Pahari, A., Pradhan, A., Nayak, S K., Mishra, B.B. 2017. Bacterial siderophore as a plant growth promoter. En Patra, J., Vishnuprasad, C., Das, G. (eds). *Microbial Biotechnology*. (pp. 163-180). Springer, Singapur.

Paradikovic, N., Vinkovic, T., VinkovicVrcek, I., Zuntar, I., Bojic, M., Medic-Saric, M. 2011. Effect of natural biostimulants on yield and nutritional quality: An example of sweet yellow pepper (*Capsicum annuum* L.) plants. *Journal of the Science of Food and Agriculture,* 91, 2146-2152.

Pasković, I., Popović, L., Pongrac, P., Polić Pasković, M., Kos, T., Jovanov, P., Franić, M. 2024. Protein Hydrolysates-Production, Effects on Plant Metabolism, and Use in Agriculture. *Horticulturae*, 10, 1041.

Pathak, D., Suman, A., Dass, A., Sharma, P., Krishnan, A., Gond, S. 2024. Enhancing wheat growth and nutrient content through integrated microbial and non-microbial biostimulants. *Physiologia Plantarum*, 176, 14485.

Peli, M., Ambrosini, S., Sorio, D., Pasquarelli, F., Zamboni, A. Varanini, Z. 2025. The soil application of a plant-derived protein hydrolysate speeds up selectively the ripening-specific processes in table grape. *Physiologia Plantarum*, 177, 70033.

Philippot, L., Raaijmakers, J.M., Lemanceau, P., van der Putten, W.H. 2013.

Going back to the roots: The microbial ecology of the rhizosphere. *Nature Reviews Microbiology*, 11, 789-799.

Pichyangkura, R., Chadchawan, S. 2015. Biostimulant activity of chitosan in horticulture. *Scientia Horticulturae*, 196, 49-65.

Porta-Casanellas, J. López-Acevedo, M. Poch, R.M. 2019. *Edafología. Uso y protección de suelos*. Ed. Mundi-Prensa. Madrid, España.

Queiros, F., Ribeiro, C., Vilela, A., Aires, A., Barros, A.I., Schouten, R., Paula, A., Goncalves, B. 2019. Scientia horticulturae effects of calcium and growth regulators on sweet cherry (*Prunus avium* L.) quality and sensory attributes at harvest. *Scientia Horticulturae*, 248, 231-232.

Ramaekers, L., Remans, R., Rao, I.M., Blair, M.W., Vanderleyden, J., 2010. Strategies for improving phosphorus acquisition efficiency of crop plants. *Field Crop Research*, 117, 169-176.

Ramírez-Antonio, V.J., Trejo-Téllez, L.I., Gómez-Merino, F.C., Hidalgo-Contreras, J.V. 2023. Neodymium stimulates growth, nutrient concentration, and metabolism in sugarcane in hydroponics. *Sugar Technology*, 25, 1385-1395.

Ricci, M., Tilbury, L., Daridon, B., Sukalac, K. 2019. General principles to justify plant biostimulant claims. *Frontiers in Plant Science*, 10, 494.

Rouphael, Y., Colla, G. 2020a. Editorial: Biostimulants in Agriculture. *Frontiers in Plant Science*, 11, 40.

Rouphael, Y., Colla, G. 2020b. Toward a sustainable agriculture through plant biostimulants: From experimental data to practical applications. *Agronomy*, 10, 1461.

Rueda-López, I., Trejo-Téllez, L.I., Gómez-Merino, F.C., Peralta-Sánchez, M.G., & Ramírez-Olvera, S.M. 2024. Neodymium and zinc stimulate growth, biomass accumulation and nutrient uptake of lettuce plants in hydroponics. *Folia Horticulturae*, 36, 283-297.

Russo, R.O., Berlyn, G.P. 1992. Vitamin-humic-algal root biostimulant increases yield of green bean. *HortScience*, 27, 847-847.

Salisbury, F.B., Ross, C.W. 1992. *Plant physiology*. 4ª ed. Wadsworth. Belmont, CA, EE UU.

Sarraf, M., Janeeshma, E., Arif, N., Farooqi, M. Q. U., Kumar, V., Ansari, N. A., et al. 2023. Understanding the role of beneficial elements in developing plant stress resilience: Signalling and crosstalk with phytohormones and microbes. *Plant Stress*, 10, 100224.

Sattar, A., Naveed, M., Ali, M., Zahir, Z.A., Nadeem, S.M., Yaseen, M. et al. 2019. Perspectives of potassium solubilizing microbes in sustainable food production system: A review. *Applied Soil Ecology*, 133, 146-159.

Savci, S. 2012. An agricultural pollulant: chemical fertilizer. *International Journal Environmental Science Development*, 3, 77-80.

Savvas, D., Giotis, D., Chatzieustratiou, E., Bakea, M., Patakioutas, G. 2009. Silicon supply in soilless cultivations of zucchini alleviates stress induced by salinity and powdery mildew infections. *Environmental and Experimental Botany*, 65, 11-17.

Savvas, D., Ntatsi, G. 2015. Biostimulant activity of silicon in horticulture. *Scientia Horticulturae*, 196, 66-81.

Schnitzer, M. 1978. Humic substances: Chemistry and Reactions. En Schnitzer, M., Khan S.U. (eds.). *Soil Organic Matter*. (pp. 1-64). Elsevier. Ámsterdam, Holanda.

Schnitzer, M. 1991. Soil organic matter. The next 75 years. *Soil Science*, 151, 41-58.

Schulten, H.R., Schnitzer, M. 1993. A state-of-the-art structural concept for humic substances. *Naturwissenschaften*, 80, 29-30.

Shahrajabian, M.H.; Chaski, C.; Polyzos, N.; Tzortzakis, N.; Petropoulos, S.A. 2021.

Sustainable agriculture systems in vegetable production using chitin and chitosan as plant biostimulants. *Biomolecules*, 11, 819.

Shukla, P. S., Borza, T., Critchley, A. T., Prithiviraj, B. 2016. Carrageenans from red seaweeds as promoter of growth and elicitors of defense response in plants. *Frontiers in Marine Science*, 3, 1-9.

Singh, V., Kumar, B. 2024. A review of agricultural microbial inoculants and their carriers in bioformulation. *Rhizosphere*, 29, 100843.

Sommer, M., Kaczorek, D., Kuzyakov, Y., Breuer, J., 2006. Silicon pools and fluxes in soils and landscapes-a review. *Journal of Plant Nutrition and Soil Science*, 169, 310-329.

Sonkar, S., Pal, P., Singh, A. K. 2024. Role of protein hydrolysates in plants growth and development. En Husen, A. (ed.). *Biostimulants in Plant Protection and Performance* (pp. 61-72). Elsevier. Ámsterdam, Holanda.

Sparks, D.L., Huang, P.M. 1985. Physical chemistry of soil potassium. En Munson, R.D. (ed.). *Potassium in agriculture*. (pp. 201-265). ASA, CSSA and SSSA. Madison, WI, EE UU.

Stevenson, F.J. 1982. *Humus Chemistry*. Wiley, NY, EE UU.

Stevenson, F.J. 1994. *Humus chemistry: genesis, composition, reactions*. Wiley, NY, EE UU.

Stirk, W.A., Rengasamy, K.R., Kulkarni, M.G., van Staden, J. 2020. Plant biostimulants from seaweed: An overview. En Geelen, D., Xu, L. (eds.). *The Chemical Biology of Plant Biostimulants*. (pp. 31-55). John Wiley & Sons Ltd. Hoboken, NJ, EE UU.

Sun, S., Zhang, X., Wang, C., Yu, Q., Yang, H., Xu, W., Wang, T., Gao, L., Meng, X., Luo, S., Zhang, L., Chen, Q., Zhang, W. 2024. Combined application of myo-inositol and corn steep liquor enhances seedling growth and cold tolerance in cucumber and tomato. *Physiologia Plantarum*, 176, 14422.

Tarafdar, J.C. 2022. Biostimulants for sustainable crop production. En Singh, H.B., Vaishnav, A. (eds.). *New and future developments in microbial biotechnology and bioengineering. Sustainable Agriculture: Advances in Microbe-Based Biostimulants*. (pp. 299-313). Elsevier. Ámsterdam, Holanda.

Trejo-Téllez, L.I., Gómez-Merino, F.C. 2023. Editorial: Beneficial elements: novel players in plant biology for innovative crop production, volume II. *Frontiers in Plant Science*, 14, 1303462.

Trejo-Téllez, L.I., Gómez-Trejo, L.F., Gómez-Merino, F.C. 2023. Biostimulant effects and concentration patterns of beneficial elements in plants. En Pandey, S., Tripathi, D.K., Singh, V.P., Sharma, S., Chauhan, D.K. (eds.). *Beneficial Chemical Elements of Plants: Recent Developments and Future Prospects*. (pp. 349-369). John Wiley & Sons Ltd. Hoboken, NJ, EE UU.

Trejo-Téllez, L.I., Carbajal-Vázquez, V H., Lavín-Castañeda, J., Gómez-Merino, F.C. 2024. Phosphite as a sustainable and versatile alternative for biostimulation, biocontrol, and weed management in modern agriculture. *Processes*, 12, 2764.

Urbano, P. 2001. *Tratado de fitotecnia general*. Ed. Mundi-Prensa. 2ª ed. Madrid, España.

USDA. 2019. Report to President and Congress on Plant Biostimulants. https://agriculture.house.gov/uploadedfiles/usda_report_on_plant_biostimulants_12.20.2019.pdf.

Vantassel, D.L., Li, J.A., Oneill, S.D. 1993. Melatonin-identification of a potential dark signal in plants. *Plant Physiology*, 102, 117-117.

Varalakshmi, P., Swetha, K., Keerthi, U., Shanthi, P., Sudheera, T., Chandana, P.,

Parthasarathi, P., Vanajakshi, M., Anitha, S., Muralidhara Rao, D. 2022. A review: Vital role of biofertilizers in plant growth enhancement and maintenance of soil health. *International Journal of Recent Innovations in Academic Research*, 6, 50-61.

Vega-Frutis, R., Soria, H.N. 2020. Evaluación de bioinoculantes comerciales a base de hongos micorrizógenos Arbusculares. *PCTI*, 180.

Velasco-Clares, D., Navarro-León, E., Atero-Calvo, S., Ruiz, J. M., Blasco, B. 2024. Is the application of bioactive anti-stress substances with a seaweed-derived biostimulant effective under adequate growth conditions? *Physiologia Plantarum*, 176, 14193.

Vessey, J.K. 2003. Plant growth promoting rhizobacteria as bio-fertilizers. *Journal of Plant and Soil*, 225, 571-586.

Wang, S., Wang, F., Gao, G., 2015. Foliar application with nano-silicon alleviates Cd toxicity in rice seedlings. *Environmental Science and Pollution Research*, 22, 2837-2845.

Wen, Y., Shi, F., Zhang, B., Li, K., Chang, W., Fan, X., Dai, C.L., Song, F. 2024. *Rhizophagus irregularis* and biochar can synergistically improve the physiological characteristics of saline-alkali resistance of switchgrass. *Physiologia Plantarum*, 176, 14367.

Yakhin, O.I., Lubyanov, A.A., Yakhin, I.A., Brown, P.H. 2017. Biostimulants in plant science: a global perspective. *Frontiers in Plant Science*, 7, 2049.

Zellner, W., Datnoff, L. 2020. Silicon as a biostimulant in agriculture. En Rouphael, Y., du Jardin, P., Brown, P., De Pascale, S., Colla, G. (eds.). *Biostimulants for sustainable crop production* (pp. 149-196). Burleigh Dodds Science Publishing. Cambridge, GB.

Zulfiqar, F., Moosa, A., Ali, H.M., Bermejo, N.F., Munné-Bosch, S. 2024. Biostimulants: A sufficiently effective tool for sustainable agriculture in the era of climate change? *Plant Physiology and Biochemistry*, 211, 108699.

3

Bioplaguicidas

3.1. Introducción

Aunque las enfermedades de las plantas han ocasionado pérdidas desde tiempos inmemoriales, la Fitopatología es una ciencia de reciente desarrollo en comparación con otras (Lieber, 1982). Comenzó con la aceptación del concepto de patogenicidad entre 1750 y 1850 y continuó con la era del descubrimiento de los agentes causales: primero los hongos, luego las bacterias, los virus y, finalmente, los micoplasmas. Durante esta época, predominaron los fitopatólogos que destacaban el rol de los patógenos, sobre aquellos otros que otorgaban más importancia a los factores predisponentes para las enfermedades. Los parásitos responsables de causar daños en la planta se denominan "patógenos" (del griego *pathos*: enfermedad; *genesis*: inicio) (Rivera y Wright, 2020). La manifestación de cualquier enfermedad parasitaria dependerá de la relación entre varios factores que constituyen el denominado *patosistema* (Figura 3.1).

Los cultivos son afectados por plagas, enfermedades y malezas (malas hierbas) que reducen la vitalidad y la ca-

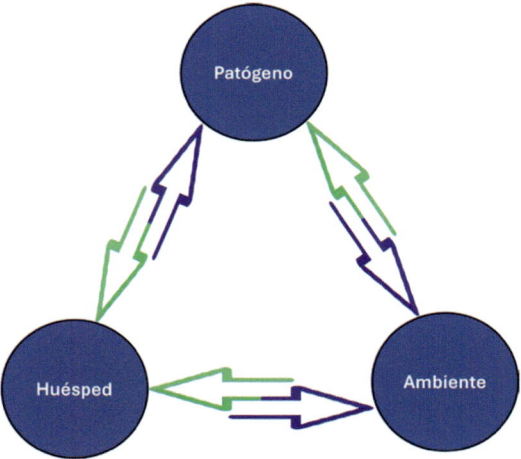

Figura 3.1. Componentes del triángulo de una enfermedad parasitaria.

pacidad de producción de las plantas (Ferragut y García-Marí, 2020). Las plagas incluyen fundamentalmente ácaros, insectos, nematodos, caracoles, aves y roedores. Las enfermedades están causadas por microorganismos (virus, bacterias y hongos) y las malezas son aquellas plantas que resultan indeseables para el agricultor en un momento dado porque compiten por la luz, nutrientes y agua con las plantas cultivadas.

Además de las afecciones no parasitarias sufridas por la planta debidas a la luz, temperatura, granizo (agentes atmosféricos), estrés hídrico, aire, pH y exceso o deficiencia de elementos químicos (agentes edáficos), existen tres grandes tipos de infecciones parasitarias: parasitismo animal, vegetal y virosis (Tabla 3.1).

Actualmente, existe la tendencia a incluir a todos los organismos perjudiciales antes mencionados bajo la denominación común de plagas agrícolas. De manera general,

una plaga agrícola es una población de organismos fitófagos (se alimentan de plantas) que disminuye la producción del cultivo, reduce el valor de la cosecha o incrementa sus costes de producción.

Dicho de otra manera,

cualquier especie, raza, o biotipo vegetal, animal o agente patógeno dañino para las plantas o productos vegetales es considerado plaga.

Se trata de un criterio esencialmente económico. No todas las poblaciones de organismos fitófagos constituyen plagas, ni todas las plagas presentan la misma gravedad o persistencia en sus daños (Rivera y Wright, 2020). Así, los criterios económicos y ecológicos permiten categorizar a las plagas. Los programas de manejo (control) integrado de plagas (MIP) se basan en la aplicación de criterios de decisión, en donde

Tabla 3.1. Tipos de infecciones parasitarias de las plantas

Parasitismo animal	Vertebrados	Mamíferos: Roedores e insectívoros
		Aves: Tordos y granívoras
	Artrópodos	Insectos: Mayor número de plagas y más dañinas
		Miriápodos: Ciempiés y milpiés
		Arácnidos: Ácaros
		Crustáceos: Especies terrestres de cangrejos
	Moluscos	Babosas y caracoles
	Gusanos	Nematodos
Parasitismo Vegetal	Fanerógamas	Plantas macroscópicas con raíz, tallo, hojas, flores y frutos (cuscuta, muérdago, etc.) y malas hierbas
	Criptógamas (hongos)	Plantas que carecen de hojas y frutos (parásitos y saprofitos). Parásitos (endo y ectoparásitos)
	Bacterias	Seres unicelulares desprovistos de clorofila
Virosis	Virus	Marchitez Manchada del Tomate (TSWV), Mosaico del Pepino (CMV), Rizado Amarillo del Tomate (TYLCV), Mosaico del Tabaco (TMV), Jaspeado del Tabaco (TEV) y otros

un factor clave es la cuantificación de la población plaga (Chaube y Pundhir, 2009). Dentro de estos criterios, el más significativo es el nivel de daño económico (NDE). No todos los insectos fitófagos que, de manera eventual o constante, se encuentran en un cultivo, causan daños económicos. La importancia económica de una plaga requiere conocer su Nivel o Umbral Económico para cada cultivo. Así, el NDE (*Economic Injury Level,* EIL), puede ser calculado con bastante aproximación a partir de la siguiente expresión:

$$NDE = \frac{A}{B \times C \times D \times F} \times G$$

donde, A es el coste de tratamiento por hectárea, B es el valor económico de mercado del producto, C se corresponde con las unidades de daño físico por plaga y por unidad de producción, D es la pérdida por unidad de daño, F es la eficacia del tratamiento en porcentaje de reducción del daño físico y G es la densidad de la población promedio de la plaga.

Por otra parte, el umbral económico o umbral de acción (UE), *Economic Threshold* (ET), es la densidad poblacional límite a partir de cuyo nivel deberán ser tomadas las medidas recomendables de control para evitar el daño económico que ocurriría si la población observada aumentara por encima de ese límite, y puede ser calculado mediante esta otra expresión:

$$UE = \frac{CC}{EC \times R \times P \times RR \times CS} \times FC$$

donde CC: coste de control; EC: eficiencia del control; R: rendimiento (esperado o conocido para la zona de producción); P: precio de la cosecha; RR: reducción del rendimiento; CS: coeficiente de supervivencia; FC: factor crítico (población promedio que causa daños con respecto a la población inicial).

En la Figura 3.2 se resumen los distintos tipos de plagas según criterios económicos y ecológicos. De todas ellas, la plaga primaria es la que origina los problemas más serios y difíciles de controlar en agricultura. Incluye a aquellas especies dominantes que se dan en condiciones normales dentro del agroecosistema. Poseen un NGE que está por encima del NDE, lo que las convierte en un inconveniente constante. Solo pocas especies pertenecen a esta categoría. Su condición es debido a que no se dan factores de represión eficientes (enemigos naturales, condiciones climáticas favorables, etc.).

Existen otras dos clasificaciones útiles para designar a las plagas en función de la parte de la planta dañada por el patógeno y la parte de la planta que se cosecha:

- *Plaga directa:* Cuando el organismo perjudica a los órganos de la planta que el agricultor va a cosechar, como, por ejemplo, las larvas de la polilla de la manzana que perforan los frutos o el gorgojo de los Andes que ataca a los tubérculos.
- *Plaga indirecta:* Cuando el organismo daña órganos de la planta que no son cosechables. Es el caso de las moscas minadoras que dañan las hojas del tomate o de la patata, no afectando a los órganos que se cosechan (frutos y tubérculos).

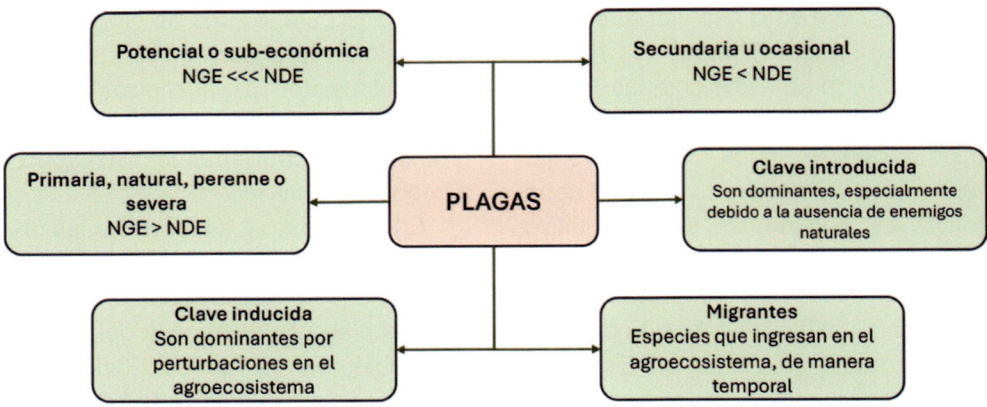

Figura 3.2. Clasificación de plagas agrícolas.

El concepto de plaga agrícola implica un descenso en el valor/beneficio económico que se obtiene de la cosecha. Puede tratarse de reducciones en cantidad de la cosecha, en la calidad del producto, o en el incremento de los costes de producción. Según la FAO, hasta un 40% (unos 220.000 millones de dólares) de la producción agrícola mundial se pierde por causa de las plagas que llegan a afectar a los diferentes cultivos a lo que debe agregarse un 5-10% de pérdidas durante el almacenamiento postcosecha (FAO, 2021).

Por otra parte, la creciente globalización del mercado en los últimos años, junto con el aumento de las temperaturas, ha dado lugar a una situación favorable para el movimiento y el establecimiento de plagas, con el consiguiente incremento del riesgo de graves pérdidas de rendimientos (Pérez-Lucas *et al.*, 2024). Además de favorecer la propagación de plagas, los efectos del cambio climático amenazan la supervivencia de especies de plantas e insectos benéficos y polinizadores de los cultivos más importantes desde el punto de vista económico y social, lo que supone una amenaza creciente para la seguridad alimentaria y el medio ambiente. El impacto del cambio climático sobre las plagas que afectan a las plantas constituye uno de los mayores retos a los que se enfrenta la agricultura en el momento actual. En este sentido, la cooperación internacional para investigar y asegurar la gestión eficaz de las plagas es una herramienta indispensable para mitigar el efecto del cambio climático sobre las mismas y su impacto económico-social directo en los procesos de producción de alimentos y también sobre la salud pública.

A lo largo de la historia de la humanidad, el control de plagas ha desempeñado un papel esencial en la protección de los cultivos. Los sumerios ya empleaban compuestos de azufre para controlar insectos y ácaros (2500 a.C) (Unsworth, 2010). Los antiguos egipcios usaban productos que contenían alcaloides, entre ellos la cicuta, el acónito y el opio, para controlar las plagas. Las civilizaciones prerromanas quemaban "ladrillos de azufre" como fumigantes, principalmente para el control de ácaros en una amplia variedad de cultivos, y los romanos usaron los gases de su combustión como insecticidas (Ascuasiati, 2012; Fishel, 2013). Los mismos usos del azufre fueron reportados por Homero en *La Odisea* (1000 a.C). Plinio el Viejo (23-79 a.C) en su obra *Historia natural* registró la mayoría de los primeros usos de insecticidas, mencionando la utilización del arsénico, así como el de extractos de tabaco y pimiento, el agua jabonosa, vinagre, aguacal, trementina, aceite de pescado, salmuera y lejía. Conforme la humanidad fue avanzando, se produjo un desequilibrio ecológico que provocó la manifestación de diversas poblaciones de especies que incidieron significativamente en la agricultura.

Sin duda, en la década de 1930 se inicia la era moderna en cuanto a la protección fitosanitaria de las plantas, con el desarrollo de los primeros compuestos orgánicos de síntesis, entre los que cabe destacar el tiocianato de alquilo (1930), la salicilanilida (1931), los fungicidas ditiocarbámicos (1934) o el cloranil (1938) (Matthews, 2018). Además, durante esta década, cabe destacar el empleo de azobenceno y disulfuro de carbono (fumigantes) o benceno, naftaleno y tiodifenil amina, todos ellos con propiedades insecticidas.

Sin embargo, la protección fitosanitaria adquiere su revolución con la industrialización de los plaguicidas orgánicos de síntesis iniciada en 1939 cuando el químico suizo Paul Müller descubre las propiedades insecticidas del diclorodifeniltricloroetano (DDT), que fue el primero de los denominados "plaguicidas de segunda generación",

producidos en laboratorio y de naturaleza sintética (Miller, y Spoolman, 2009). El primer éxito del DDT fue la eliminación de piojos y mosquitos responsables de transmitir enfermedades como el paludismo o el tifus, lo cual le llevó a conseguir el Premio Nobel de Medicina en 1948. Pronto, el DDT se convirtió en el plaguicida más utilizado, avivado por la urgente producción de alimentos durante la Segunda Guerra Mundial (1939-1945) y el interés de encontrar posibles agentes de lucha química (Gupta, 2007). Todo ello motivó una investigación industrial masiva que condujo a la obtención de múltiples clases y familias de plaguicidas.

Así, de manera progresiva, al DDT le sucedieron otros derivados organoclorados entre los que cabe destacar el hexaclorociclohexano o HCH (1942), formado por cinco isómeros posicionales (α, β, δ, Y y ϵ donde el isómero Y, conocido como lindano en honor a su descubridor Van der Linden, era el más activo), el metoxicloro (1948), varios derivados ciclodiénicos (aldrín, dieldrín, endrín, isodrín, metolacloro, clordano y/o endosulfán, etc.), todos los cuales fueron alcanzando su máxima popularidad a mediados de la década de 1950 (Figura 3.3).

También en esta época aumenta de forma significativa el uso de los aceites minerales derivados del petróleo constituidos por mezclas de hidrocarburos, aunque se pueden encuadrar dentro del grupo de los clásicos, y pueden ser de cuatro tipos: parafínicos, olefínicos, nafténicos y aromáticos. Poseen acción insecticida y acaricida, y pueden ser clasificados como aceites estivales o de verano e invernales (Barberá, 1974).

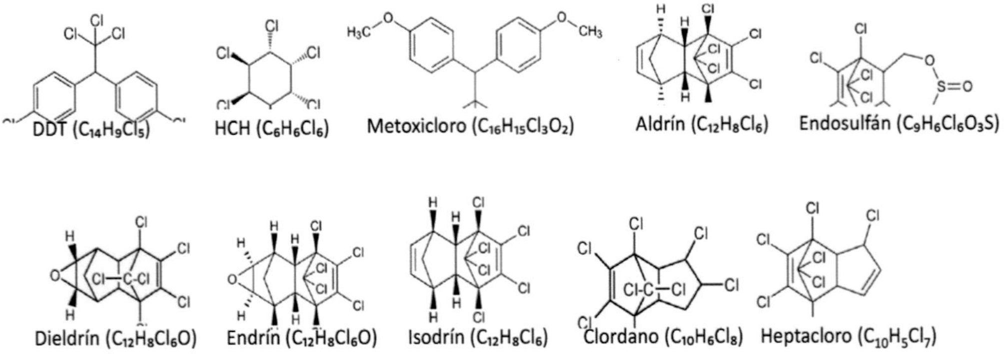

Figura 3.3. Principales representantes del grupo de insecticidas organoclorados.

Otro grupo de plaguicidas que adquieren importancia en esta época, y sobre todo a partir de las primeras restricciones de uso del DDT (1960), son los compuestos organofosforados, cuya actividad biocida ya se conocía desde el año 1932, cuando Willy Lange y Gerda von Krueger obtuvieron los ésteres del ácido fluorofosfórico (H_2PO_3F) y comprobaron sus propiedades tóxicas. Hoy en día, los organofosforados, debido a sus propiedades insecticidas, acaricidas, fungicidas, nematicidas, herbicidas, defoliantes, etc., constituyen uno de los grupos de mayor interés, especialmente los de acción insecticida. Paralelamente, en esta época comienzan a desarrollarse otros compuestos con actividad insecticida derivados del ácido carbámico ($HO\text{-}CO\text{-}NH_2$), los carbamatos. Ambos grupos, organofosforados y carbámicos, tienen el mismo modo de acción, inhibiendo la acción de la acetilcolinesterasa (Navarro *et al.*, 2023).

Los daños originados por las malas hierbas también preocupaban desde hacía mucho tiempo. A partir de 1945 se lanzó comercialmente el 2,4-D, el primer herbicida selectivo con capacidad para controlar las especies dicotiledóneas (provoca un crecimiento incontrolado y marchitamiento de las hojas que induce la muerte de la planta), sin afectar a las monocotiledóneas (Kennepohl *et al.*, 2010). En las décadas siguientes se comercializaron casi 300 ingredientes activos con actividad herbicida. Entre ellos cabe destacar a los derivados ureicos, triazinas, carbamatos, dinitroanilinas, glifosato y/o sulfonilureas, entre otros (Navarro *et al.*, 2023).

A partir de la década de 1950, la aplicación de estos plaguicidas de síntesis fue considerada un factor beneficioso en la agricultura por la posibilidad de obtener alimentos más baratos. Desde entonces se sintetizaron cientos de otros plaguicidas con ligeras modificaciones en sus moléculas y su uso fue aumentando progresivamente a medida que aumentaba la población humana y la producción de cultivos, especialmente a partir de la *Revolución Verde* (1960-1980) provocando un gran rendimiento en la productividad agrícola.

Un factor decisivo de la *Revolución Verde* fue el desarrollo y aplicación de los numerosos plaguicidas desarrollados para combatir una gran variedad de parásitos y malas hierbas lo que permitió mantener la cantidad y calidad de la producción agroalimentaria, sin atender a los posibles efectos perjudiciales que pudieran provocar sobre el medio ambiente y la salud humana. Así, los beneficios aportados por la química fueron acompañados de una serie de perjuicios, algunos de ellos tan graves que ahora representan una amenaza para muchos ecosistemas, como consecuencia de la perturbación de las relaciones depredador-presa y la pérdida de biodiversidad.

Pero no fue hasta 1962 cuando Rachel L. Carson (1907-1964), famosa bióloga marina y conservacionista estadounidense, destacó en su libro *Primavera silenciosa* los problemas que podían surgir por el uso indiscriminado de estos productos químicos de síntesis, avisando de que los insecticidas organoclorados, fundamentalmente, se habían diseminado por todo el planeta llegando hasta las tierras vírgenes más remotas y contaminando prácticamente a todos los seres vivos. Carson marcó un hito, ya que presentó las primeras pruebas de dicho impacto sobre las aves y demás fauna silvestre, provocando el interés social por estudiar y descubrir los posibles efectos ecotoxicológicos de los plaguicidas (Carson, 1962, 2002).

Hasta ese momento, no se habían advertido las graves consecuencias de esta "silenciosa invasión", que estaba trastornando el desarrollo sexual y la reproducción, no solo de numerosas poblaciones animales sino también de los seres humanos, pero se despertó una mayor concienciación de los posibles efectos futuros que podría ocasionar el uso masivo y, sobre todo, el mal uso de estos productos.

En 1992, la OMS, junto con el Programa de las Naciones Unidas para el Medio Ambiente (PNUMA), realizó una evaluación del alcance y gravedad de la exposición a los plaguicidas en la salud humana a través de distintos informes y estudios elaborados. Como ejemplo, cabe destacar el estudio de Pimentel (1980) sobre la gravedad de los costes ambientales y sociales (costes indirectos) que resultaban del uso de plaguicidas en EE UU, cifra que alcanzaba los 839 millones de dólares atribuidos, entre otras causas, a pérdidas en el ganado y población de abejas por intoxicación o envenenamiento, reducción de enemigos naturales por la resistencia a los plaguicidas, pérdidas de cultivos y árboles, pérdidas de peces y vida silvestre, etc. Dicha cifra representa solo una pequeña porción de los costos reales, ya que el estudio dejaba sin evaluar el coste de daños provocado por intoxicación de los 45.000 casos mortales y no mortales registrados en humanos.

Las primeras y alarmantes evidencias científicas obtenidas después de décadas de investigación en estudios de campo, experimentos de laboratorio y a través de estadísticas a la población humana se conocieron con la obra titulada *Nuestro futuro robado* (1996), escrita por Theo Colborn y Pete Myers (científicos ambientales) y Dianne Dumanoski (periodista especializada en medio ambiente) (Colborn *et al.*, 1996), donde se exponían los defectos congénitos, anomalías sexuales y trastornos de los procesos normales de reproducción y desarrollo en poblaciones silvestres que estas sustancias de síntesis podían ocasionar al suplantar a las hormonas naturales, naciendo así el concepto de disruptor endocrino[1].

Por este motivo, para prevenir los daños causados por el uso incontrolado y desmedido de plaguicidas, las instituciones a nivel internacional desarrollaron acuerdos y convenios, como el Código Internacional de Conducta para la Distribución y Utilización de Plaguicidas (1985) adoptado por la FAO, que sirvió de marco normativo rector para establecer las primeras normas de conducta voluntarias para todas las entidades públicas y privadas que participan en la distribución y utilización de plaguicidas, y que ha sido revisado en varias ocasiones, hasta 2014 (FAO, 2015). Desde su adopción ha servido como el estándar mundialmente aceptado para el manejo de plaguicidas. Dicho documento fue apoyado cuatro años más tarde por el PNUMA, y juntos establecieron las bases para crear, en 1998, el Convenio de Rotterdam[2], donde dichas normas de comercio se extendieron a cualquier producto químico peligroso. Desde la última revisión (2019) existen 52 productos químicos en el Anexo III, 35 de los cuales son plaguicidas (incluyendo cuatro formulaciones extremadamente peligrosas). Además, desde 1971, el Centro Internacional de Investigaciones sobre el Cáncer de Naciones Unidas (IARC) ha evaluado toxicológicamente más de 1.000 materias activas, de las que 128 han sido catalogadas como carcinogénicas para humanos, 95 con alta probabilidad y 323 con posibilidad de serlo, excluyendo a las 500 restantes.

Por esta razón, a partir de la década de 1990, la búsqueda se centra en el desarrollo de nuevos plaguicidas a partir de la modificación de las moléculas ya existentes, pero con una mayor selectividad y mejores perfiles ambientales y toxicológicos. En el año 2001, en Suecia, se establece el Convenio de Estocolmo sobre contaminantes orgánicos persistentes (COPs[3]), un acuerdo multilateral que, bajo los auspicios del PNUMA, adoptó medidas de control para eliminar y/o restringir la producción, utilización, exportación e importación de múltiples productos halogenados que se caracterizan por una hidrosolubilidad baja y una liposolubilidad elevada, lo que da lugar a su bioacumulación en el tejido adiposo, y ser semivolátiles, rasgo que les permite recorrer largas distancias en la atmósfera antes de su deposición.

Así, los estudios, códigos y convenios creados debido a los peligros potenciales del uso indiscriminado de estas sustancias, posibilitó que, a lo largo de los siguientes años, la mayoría de aquellos plaguicidas fueran identificados como un peligro a corto, medio o largo plazo para el medio ambiente y la

---

[1] Sustancias químicas que suplantan a las hormonas naturales, trastornando los procesos normales de reproducción y desarrollo.

[2] Convenio de Rotterdam sobre el Procedimiento de Consentimiento Fundamentado Previo Aplicable a Ciertos Plaguicidas y Productos Químicos Peligrosos Objeto de Comercio Internacional (revisado en 2023).

[3] Compuestos orgánicos que, en diversa medida, resisten la degradación fotolítica, biológica y química.

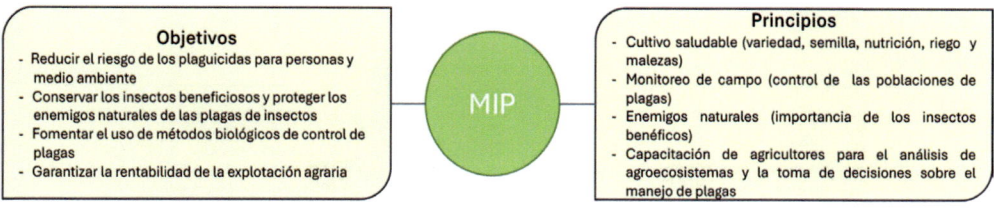

Figura 3.4. Objetivos y principios del MIP.

salud humana, y actualmente estén prohibidos o rigurosamente restringidos mediante las correspondientes legislaciones a nivel nacional, especialmente en aquellos países más desarrollados. La CE a través de la Pesticides Database informa de todas las "sustancias activas"[4] de uso prohibido o "no aprobadas" para su uso como plaguicidas en la UE (CE, 2024).

Comenzó así una época de transición que podríamos denominar lucha química aconsejada o dirigida, basada en el empleo de plaguicidas de amplio espectro, pero no de acuerdo con un calendario fijo, sino siguiendo las recomendaciones de los técnicos, con lo que se consigue reducir el número de tratamientos fitosanitarios y, en muchos casos, el coste económico, mejorando los aspectos ecotoxicológicos y reduciendo el impacto ambiental (Gómez-Orea y Gómez-Villarino, 2013). Esta lucha dirigida o razonada es la etapa previa a la protección integrada, donde los plaguicidas se utilizan exclusivamente cuando las pérdidas ocasionadas por una plaga sean superiores al coste del tratamiento (Altieri y Nicholls,

2004). En la Figura 3.4 se esquematizan los objetivos y principios del MIP.

Los conocimientos básicos para un adecuado manejo de plagas, enfermedades y malezas se pueden concretar en los siguientes: i) identificación de las plagas y su nivel de infestación, ii) biología y ecología de las especies predominantes, iii) determinación del efecto competitivo y los umbrales económicos de las especies predominantes y iv) métodos de control que sean técnicamente efectivos, económicamente viables y seguros para el medio ambiente. Además, hay que tener en cuenta el control legal que se lleva a cabo mediante la implementación de resoluciones, leyes, disposiciones y programas implementados por los diferentes organismos gubernamentales como por ejemplo el pasaporte fitosanitario. En la Figura 3.5 se resumen los principales métodos empleados en los programas de MIP.

El MIP no prescinde de los plaguicidas, pero usa solo productos autorizados, cuando son estrictamente necesarios y bajo rigurosas medidas de control. Cuando no son utilizados de manera adecuada pueden ocasionar resistencia a plagas, pérdida de eficacia, aparición de residuos en los productos cosechados, efectos tóxicos en humanos y animales y contaminación ambiental (agua, suelo, aire y biota).

---

[4] Se entiende por sustancias activas aquellas, incluidos los microorganismos, que ejercen una acción general o específica contra los organismos nocivos o en los vegetales, partes de vegetales o productos vegetales (BOE-A-2002-22649).

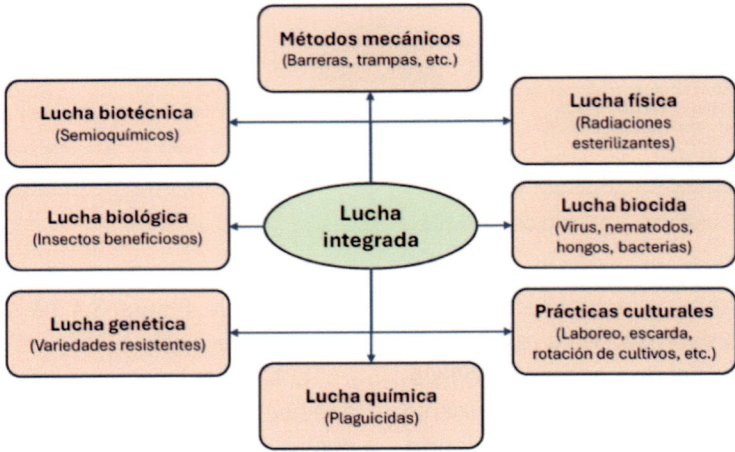

Figura 3.5. Técnicas de lucha integrada.

La protección del medio ambiente y la conservación de espacios naturales son objetivos esenciales de la Política Agraria Común (PAC) de la UE. En este sentido, la Directiva 2009/128/CE establece un marco para conseguir un uso sostenible de los plaguicidas mediante la reducción de los riesgos y los efectos del uso de los plaguicidas en la salud humana y el medio ambiente, y el fomento de la gestión integrada de plagas y de planteamientos o técnicas alternativos, como las opciones no químicas a los plaguicidas.

Hoy en día, las consecuencias medioambientales y sanitarias del uso de plaguicidas están recogidas ampliamente por una numerosa y diversa literatura científica. Basta decir, que bajo el criterio de búsqueda "*Pesticides AND Environmental*", aparecen casi 40.000 citas incluidas en la Web of Science (WoS®) durante el periodo 2000-2024 y con el criterio de "*Pesticides AND Health*", se encuentran más de 24.000 en el mismo periodo de tiempo.

Todo ello, junto con el asentado interés social por los problemas relacionados con la seguridad alimentaria, encabezado por los propios consumidores y respaldado por infinidad de comités y organizaciones, tanto a nivel nacional como comunitario, ha dado lugar en estos últimos años a una presión considerable en Europa para bajar los niveles de residuos de plaguicidas en los alimentos, para buscar productos fitosanitarios alternativos a los convencionales, de origen natural y más seguros, que presenten un perfil de menor riesgo toxicológico, o nuevas formas de actuación sobre la plaga, que contribuyan a dotar a los agricultores de un mayor abanico de herramientas en aras de la tan ansiada agricultura sostenible que favorezca la prevención. Para ello, por un lado, es necesaria la innovación, con vistas a desarrollar alternativas viables para la protección contra las plagas actuales y futuras, que reduzcan el uso dependiente de los plaguicidas. Por otro lado, hace falta investigación que asegure tanto la eficacia de estas nuevas materias activas, como el conocimiento de su comportamiento y dinámica en el medio ambiente, que garantice el bajo riesgo potencial de estos compuestos y que pueda conducir a una agricultura respetuosa con el mismo, económicamente viable y socialmente responsable. En este sentido, la alternativa más común y efectiva la constituyen los agentes de control basados en microorganismos vivos y otros "productos naturales", lo que en la literatura científica se conocen como "bioplaguicidas (BP)".

En los últimos años, los BP, término que incluye mayoritariamente a bioinsecticidas, bionematicidas, bioherbicidas y biofungicidas, han surgido con el objetivo de convertirse en una alternativa a los plaguicidas químicos de síntesis ya que, a priori e intrínsecamente, no representan una amenaza para los agroecosistemas ni para la salud humana o, por lo menos, son mucho menos nocivos que sus homólogos, los plaguicidas sintéticos, por lo que su demanda y producción están aumentando a nivel global. Los BP, de forma general, pueden distinguirse de los sintéticos por su origen natural, sus modos de acción únicos, la alta especificidad, bajo rango de actuación sobre plagas y también por sus bajas concentraciones de uso. Cuando se suman todas estas características, las ventajas de los BP en la protección de cultivos sugieren que la utilización de esta clase de plaguicidas puede ser una propuesta muy atractiva. Algunos BP se han utilizado con éxito en sistemas de MIP, así como en el tratamiento de enfermedades y plagas que han desarrollado resistencia a los plaguicidas sintéticos. En la Figura 3.6 se esquematizan las principales diferencias entre los BP y los plaguicidas sintéticos.

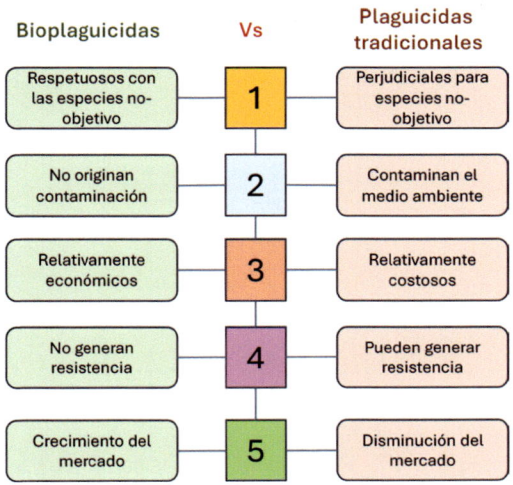

Figura 3.6. Principales diferencias entre los BP y los plaguicidas sintéticos.

El bajo riesgo y la eficacia de los BP los convierten en un elemento valioso para incorporar a los programas de MIP y son compatibles con muchos otros productos biológicos. El uso de estos productos en el MIP puede ayudar a disminuir la dependencia de plaguicidas químicos y, al hacerlo, los agricultores pueden establecer sistemas agrícolas más productivos y ambientalmente sostenibles, garantizando la seguridad alimentaria y la salud de los ecosistemas.

Los BP se pueden utilizar para controlar plagas de artrópodos, patógenos bacterianos o fúngicos, nematodos, malezas y/o moluscos. Algunas formulaciones o ingredientes activos tienen múltiples funciones y pueden ser eficaces contra más de una categoría de plagas. Aunque algunos ingredientes activos

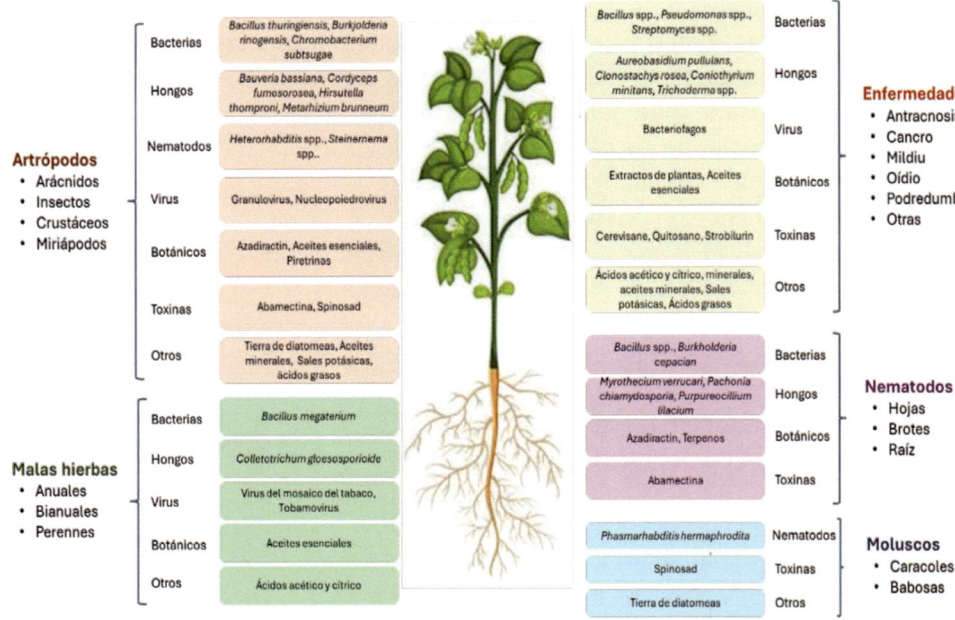

Figura 3.7. Principales BP clasificados en función de la plaga que combaten.

son muy específicos de una plaga en particular o especies relacionadas, otros tienen una actividad de amplio espectro. En la Figura 3.7 se esquematizan algunos de los principales BP (microbianos, extractos botánicos, toxinas producidas por microorganismos y otros compuestos orgánicos, minerales y otras sustancias naturales) en función de la plaga que controlan.

Además, debido a las políticas que abogan por minimizar de forma general el uso de los productos químicos en la agricultura y en particular de los plaguicidas sintéticos, la mayoría de los países están aumentando sus esfuerzos en desarrollar legislaciones que promuevan su uso y proporcionen cierta flexibilidad en su regulación. Sin embargo, las leyes varían de un país a otro y, no solo no existe un modelo uniforme que pueda simplificar su proceso de re-

gulación y registro, sino que ni siquiera existe un consenso en cuanto a su concepto y definición (Arora *et al*., 2016).

3.2. Concepto y clasificación

Realmente no existe una definición acordada globalmente para definir a los denominados BP. El término "bioplaguicida" se utiliza, de manera general, para cubrir una amplia variedad de agentes y productos fitosanitarios que se usan para el control de plagas, enfermedades y malezas, con el objetivo de identificar su procedencia biológica y no sintética. Por lo tanto, son agentes naturales o compuestos que se obtienen de animales (vertebrados e invertebrados), plantas y microorganismos (bacterias, hongos, virus y protozoos)

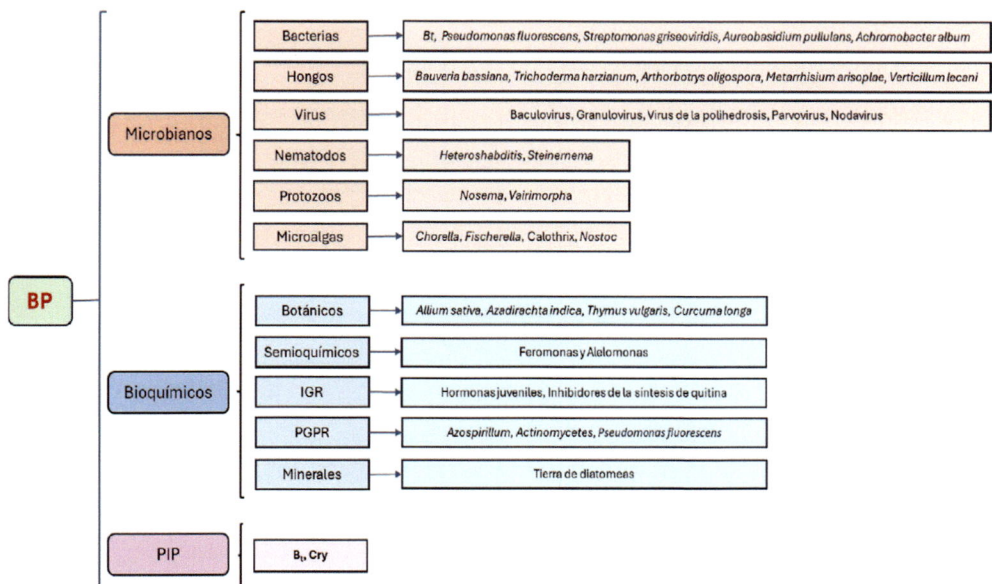

Figura 3.8. Clases de bioplaguicidas y ejemplos (adaptada de Yadav *et al.*, 2022).

para prevenir daños en los cultivos. Algunos autores discrepan de esta definición global y abogan por reservar dicho término exclusivamente para los organismos vivos (Glare *et al.*, 2012), sin incluir los productos derivados del metabolismo de organismos vivos como los semioquímicos y/o los extractos de plantas. De manera esquemática, en la Figura 3.8 se especifican las tres grandes categorías de BP y algunos ejemplos de cada uno de ellos.

3.2.1. Bioplaguicidas microbianos

Los bioplaguicidas microbianos (BPM) están formulados a base de microorganismos vivos (bacterias, hongos, virus, nemátodos y protozoos o algas) y productos bioactivos (metabolitos) procedentes de su metabolismo (Butu *et al.*, 2022; Meshram *et al.*, 2022; Haroon *et*

al., 2024; Glare y Nollet, 2024), sobre un medio inerte (sustrato) formado por ingredientes naturales, que garantiza su estabilidad durante la producción, procesado y almacenamiento de los microorganismos y su efectividad frente al objetivo una vez liberados al medio ambiente (Figura 3.9).

Debido a que estos agentes causan diversas enfermedades en otros organismos, dicha capacidad se ha utilizado para controlar muchos tipos diferentes de plagas, normalmente mediante patogenicidad, exclusión competitiva o síntesis de toxinas micoplasmáticas o bacterianas (Yadav y Devi, 2017; Meshram *et al.*, 2022; Glare y Nollet, 2024). Su principal ventaja es la seguridad que proporcionan. Cada agente o ingrediente activo es muy selectivo y preciso para un determinado tipo de plaga, por lo que ofrecen un reducido impacto, es decir son esencialmente inofensivos y

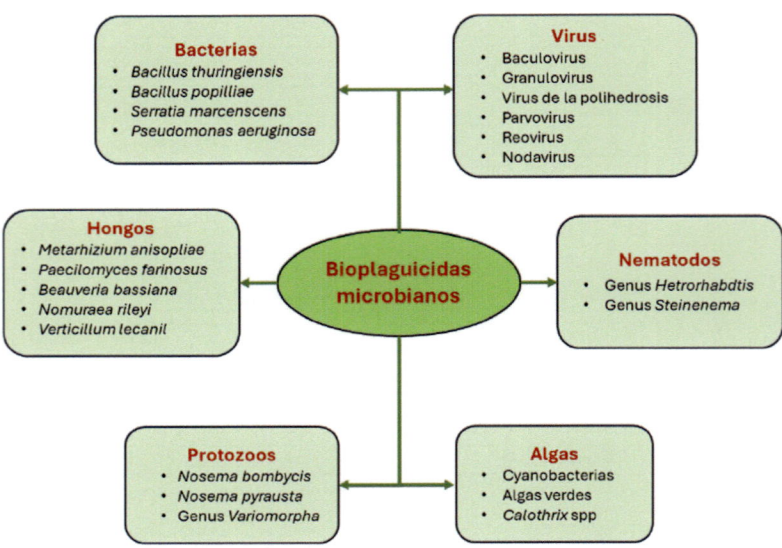

Figura 3.9. Esquema de los principales BP microbianos.

no patógenos sobre el resto de organismos no objetivo (beneficiosos), animales y seres humanos (Arakere *et al.*, 2022; Meshram *et al.*, 2022; Haroon *et al.*, 2024). Por lo general, la población de BPM disminuye a medida que lo hace su organismo huésped (la plaga). Las esporas latentes pueden permanecer en el medio ambiente, pero solo germinan cuando regresa su organismo hospedador. Por ejemplo, hay hongos que controlan determinadas malas hierbas y otros que matan insectos específicos. Además, la mayoría se pueden usar en combinación con otros plaguicidas químicos sintéticos porque, en su mayor parte, no dañan el producto microbiano ni lo inactivan (Meshram *et al.*, 2022; Haroon *et al.*, 2024).

En la revisión realizada por Glare y Nollet (2024) se cita que, hasta ahora, se han descrito más de 3.000 especies de microorganismos causantes de enfermedades en los insectos. Hasta la fecha, se han identificado más de 100 bacterias, se han aislado más de 1.000 virus como patógenos de insectos y se han descrito e identificado más de 800 especies de hongos entomopatógenos y 1.000 especies de protozoos patógenos. Los dos grupos principales de nematodos entomopatógenos son *Steinernema* (55 especies) y *Heterorhabditis* (12 especies). Entre los BP de base microbiana disponibles en un total de 15 países o regiones, la UE informa de 547 productos; 24 bactericidas, 167 fungicidas, ocho herbicidas, 302 insecticidas y 46 nematicidas basados en 247 especies de nematodos, bacterias, hongos y virus. Además, estos mismos autores afirman que varios analistas de mercado han constatado que los BPM fueron el grupo de BP de más rápido crecimiento en 2022.

Según Arakere *et al.* (2022) existen miles de microorganismos utilizados con éxito como BP, de los cuales, alrededor de 200 están disponibles para su uso en los 34 países afiliados a la OCDE y se han registrado oficialmente para su uso en la UE, EE UU, Australia, Canadá y los países asiáticos, con actividad para ser utilizados como bioherbicidas, bioinsecticidas, biofungicidas, etc. en formulaciones sólidas o líquidas. Así, los BPM se encuentran entre los principales agentes de control biológico comercializados. El 90% de los BP disponibles actualmente son de origen microbiano, debido a su rápida y rentable producción, la alta especificidad y eficiencia frente a la plaga objetivo, la rápida descomposición y su seguridad. El BPM más popular es el *Bacillus thuringiensis* (Bt), bacteria utilizada para eliminar diferentes tipos de plagas, mientras que el hongo *Trichoderma* spp. es el más empleado contra los fitopatógenos debido a su gran efectividad.

De acuerdo con Mishra *et al.* (2015), del total mundial de BP presentes en el mercado los bacterianos representan el 74%, los fúngicos el 10%, los procedentes de virus el 5%, los depredadores el 8% y otros BP el 3%.

Entre los microorganismos comerciales utilizados ampliamente para gestionar y controlar plagas comunes según Butu *et al.*, (2022) podemos destacar entre otros, los siguientes:

- Bacterias: *Bacillus* sp*., Pseudomonas fluorescens, Enterobacter* sp., *Streptomyces* sp., *Serratia marcescens, Burkholderia cepacia, Agrobacterium radiobacter, Agrobacterium tumefaciens, Alcaligenes* sp*., Erwinia amylovora.*
- Hongos: *Trichoderma* sp*., Beauveria bassiana, Fusarium oxyspo-*

rum, Verticillium chlamydosporium, Verticillium lecanii, Streptomyces (*griseoviridis y lydicus*), *Piriformospora indica, Pythium oligandrum, Candida oleophila, Aspergillus niger.*
- Virus: Virus del mosaico, baculovirus, virus de la polihedrosis nuclear.
- Microalgas*: Anabaena laxa, Chlorella vulgaris, Fischerella ambigua, Haematococcus pluviallis, Nostoc* sp., *Spirulina platensis, Lyngbya* sp.
- Nemátodos*: Steinernema* (*carpocapsae, feltiae y kraussei*), *Heterohabditis bacteriophora, Heterohabditis downesi.*
- Protozoos: *Nosema locustae.*

En la Tabla 3.2 se resumen los principales microorganismos empleados para el control de plagas y su modo de acción. Actualmente la CE tiene autorizadas 71 sustancias activas de naturaleza microbiana, de las cuales 26 están consideradas como sustancias activas de bajo riesgo toxicológico (SABRT). Además, otras 26 se encuentran en evaluación, pendientes de aprobación y, finalmente, otras 21 no han sido aprobadas, como, por ejemplo, las bacterias *Agrobacterium radiobacter* (K84) y *Bacillus sphaericus*, entre otras, los hongos *Trichoderma polysporum* (IMI 206039) o *Fusarium* sp. (L13) y los virus *Mamestra brassica, Nuclear polyhedrosis* o *Spodoptera exigua* (EFSA, 2024).

Un BPM debe ser genéticamente constante, eficaz en bajas concentraciones, fácil de producir en masa en medios de cultivo económicos y muy eficaz contra una amplia gama de pató-

Tabla 3.2. Modo de acción de los microrganismos en el control de plagas

Organismo	Modo de acción	Plagas a combatir
Bacterias	Generan toxinas perjudiciales para ciertos insectos cuando penetran en su interior	Lepidópteros, escarabajo japonés y otros
Hongos	Controlan los insectos creciendo en ellos y secretando enzimas que debilitan la cutícula del insecto, para finalmente eliminar a la plaga infectada	Saltamontes, áfidos, ácaros y otros
Virus	Interrumpen el comportamiento alimentario de los insectos, de manera que mueren de hambre	Lepidópteros, himenópteros, artrópodos y otros
Protozoos	El comportamiento alimentario de los insectos se ve interrumpido cuando son ingeridos, dando lugar a la muerte del insecto	Gorgojos de la vid, escarabajo japonés, babosas, caracoles y otros
Nematodos	Entran a través de la cutícula por las aperturas naturales del insecto y eliminan a los organismos objetivo	Gorgojos de la vid, gorgojos de la raíz de la fresa, gusanos del arándano y otros

genos (Kumar *et al.*, 2019). Su eficacia depende del agente microbiano (mecanismo de acción, acondicionamiento, dosis, métodos de aplicación), tipo de patógeno (sensibilidad), huésped (tipo de cultivo y propiedades físicas) y condiciones ambientales (factores bióticos y abióticos, residuos químicos, disponibilidad de nutrientes, temperatura y humedad) (Bonaterra *et al.*, 2022).

En este apartado también debemos señalar que últimamente existe un gran interés en muchos microorganismos endófitos asociados a las plantas, principalmente hongos y bacterias, considerados fuentes de nuevos agentes, genes y compuestos bioactivos que colonizan tanto la rizosfera como la filosfera, ya que pueden contribuir a la salud de la planta. En el capítulo 2 se ha hecho referencia a las propiedades o efectos disuasorios contra plagas y patógenos (inhibir el estrés de tipo biótico) de las PGPR.

Estos mecanismos indirectos consisten en la producción de sustancias antibióticas, enzimas líticas, sideróforos o la activación de genes de defensa.

A) BP bacterianos

Las bacterias utilizadas como BPM pueden dividirse en cuatro categorías (Koul, 2011; Vedamurthy *et al.,* 2022):

- Formadoras de esporas cristalíferas. Ej: *Bacillus thuringiensis.*
- Patógenas obligadas. Ej: *Bacillus popilliae.*
- Patógenas potenciales. Ej: *Serratia marcesens.*
- Patógenos facultativos. Ej: *Pseudomonas aeruginosa.*

Según Singh y Mazumdar (2022), aunque se han identificado más de 100 clases de bacterias entomopatógenas (usualmente utilizadas como insecticidas, aunque también pueden emplearse para controlar bacterias, hongos o virus indeseables), solo unas pocas de ellas se utilizan comercialmente como BP. Las principales pertenecen a los filos[5] *Bacillota (Bacillaceae, Paenibacillaceae y Pasteuriaceae), Actinobacteria (Pseudonocardiaceae y Actinomycetaceae) y Proteobacterias (Enterobacteriaceae, Pseudomonadaceae, Yersiniaceae, Burkholderiacea y Neisseriaceae).*

Los BP bacterianos tienen diferentes mecanismos para el control de plagas, patógenos y malezas, actuando como competidores o inductores de resistencia del huésped en la planta o inhibiendo el crecimiento, la alimentación, el desarrollo o la reproducción de una plaga o patógeno. Los principales modos de acción son i) la producción de lipopéptidos (antibióticos), ii) de sideróforos, iii) de enzimas líticas, iv) cristaltoxinas y v) la inducción de una resistencia sistémica a la planta.

Entre todas las bacterias entomopatógenas, las formadoras de esporas (la gran mayoría del género *Bacillus*) han sido las más ampliamente adoptadas y estudiadas para uso comercial debido a su seguridad y eficacia. Varias especies han sido desarrolladas como BP con un gran éxito comercial, tal y como se puede observar en la Tabla 3.3, pudiendo destacar: *B. amyloliquefaciens, B. subtilis, B. pumilus* y, sobre todo, *B. thuringiensis*, debido a su gran capacidad de colonización y replicación y su alta resistencia bajo condiciones de estrés

abiótico (asociada a la formación de endosporas), lo que les permite sobrevivir, facilitando su producción y almacenamiento durante largos periodos de tiempo (Villarreal-Delgado *et al.*, 2018).

Esta bacteria fue descubierta en Japón en 1901 por el biólogo japonés Shigetane Ishiwata, quien la denominó *Bacillus sotto* y fue descrita como el agente causal de un tipo de enfermedad observada en el gusano de seda (*Bombyx mori*: Lepidoptera) (Ishiwata, 1901), aunque dicho hallazgo pasó prácticamente inadvertido para los patólogos de la época. Ishiwata también propuso que la patogenicidad podía deberse a la producción de toxinas insecticidas, al percatarse de que las larvas afectadas resultaban rápidamente paralizadas, de manera previa a la propagación del bacilo (Ishiwata, 1905). En 1911, cuando Ernst Berliner reaisló la bacteria de larvas infectadas de *Ephestia kuehniella* (Lepidoptera), la denominó *Bacillus thuringiensis*, en honor a que su hallazgo se produjo en la provincia alemana de Turingia (Berliner, 1915). Fue Berliner quien observó, además, la presencia de ciertas inclusiones cristalinas próximas a la espora, responsables de su toxicidad. Posteriormente, en 1928, *Bt* fue utilizada por primera vez con el objetivo de combatir plagas de los cultivos, concretamente *Ostrinia nubilalis* (Lepidoptera) (Husz, 1928). En 1938, se registra y comercializa el primer insecticida *Bt* en Francia bajo el nombre de Sporeine. Este formulado estaba básicamente compuesto por una mezcla de cristales paraesporales y esporas y se utilizó inicialmente para el control de la polilla de la harina (*Plodia interpunctella*: Lepidoptera). Posteriormente, Angus (1954)

---

[5] El filo representa características más amplias, mientras que el género se centra en las similitudes detalladas entre los organismos.

Tabla 3.3. Productos comerciales de origen bacteriano y género *Bacillus* (MAPA, 2024)

Sustancia Activa		Nombres Comerciales	Efecto
B. amyloliquefaciens	Cepa AH2	Botrybel	Biofungicida de amplio espectro
	Cepa FZB24	Taegro®	Biofungicida de amplio espectro
	Cepa MBI 600	Serifel®/Integral® Pro	Biofungicida de amplio espectro
	Cepa D747	Amylo-X WG®/Valcure®	Biofungicida preventivo de amplio espectro
B. pumilus	Cepa QST 2808	Sonata®	Biofungicida foliar preventivo
B. subtilis	Cepa IAB/BS03	Mildore™/Fungisei®	Biofungicida-bactericida de amplio espectro
B. thuringiensis aizawai	CEPA ABTS-1857	Florbac®/Xentari®GD	Bioinsecticida contra larvas de lepidópteros
	CEPA GC-91	Turex®	Bioinsecticida contra larvas de lepidópteros
B. thuringiensis israelensis	Cepa AM65-52	Gnatrol SC	Bioinsecticida contra dípteros (Sciaridae)
B. thuringiensis kurstaki	Cepa ABTS-351	Foray®48B/Dipe®DF/ Esmalk®/Biobit®32 / Bactur 2X/Bazthu-32/ Geoda	Bioinsecticida contra larvas de lepidópteros (orugas)
	Cepa EG2348	Rapax® AS	
	Cepa PB 54	Bioscrop BT16/ Lepiback®/Belthirul/ Bioscrop BT 32/ Epsilon®	
	Cepa SA 11	Delfin®	
	Cepa SA 12	Costar®	

describió la relación que existía entre la actividad insecticida de *Bt* y la presencia de cristales parasporales. Paralelamente, las contribuciones de Hannay y Fitz-James (1955) permitieron determinar que estos cristales eran de naturaleza proteica. González *et al.* (1981) describieron, además, la presencia de ciertos plásmidos en el genoma de *Bt* como los responsables de la capacidad para producir cristales paraesporales, atribuyendo su síntesis a ciertos genes codificados en dichos plásmidos. En 1995, se produjo la primera planta de patata transgénica, la cual fue comercializada por Monsanto bajo el nombre de NewLeaf. A partir de este momento, se obtuvieron también plantas de maíz y algodón *Bt*. Su éxito fue, sin duda, rotundo, y marcó el inicio de una nueva era en la agricultura moderna (Figura 3.10). Así, las distintas subespecies y cepas de la bacteria *Bt* han sido utilizadas en el control de plagas durante los últimos 60 años, demostrando su eficacia y seguridad para los seres humanos, los animales y el medio ambiente.

Bt es una bacteria Gram positiva, aeróbica y esporulante, que se puede encontrar de forma natural en suelos y superficies foliares y que posee una gran resistencia a condiciones ambientales adversas. *Bt* es capaz de sintetizar y excretar durante el crecimiento vegetativo proteínas Vip (*vegetative insecticidal protein*) con actividad insecticida y, sobre todo, durante la fase de formación de esporas (esporulación), unas inclusiones cristalinas proteicas adyacentes a la espora (*Cry*, por *Crystal* y *Cyt*, por *Cytolytic*), también conocidas como δ-endotoxinas o cristaltoxinas (se han descrito más de 700) con actividad insecticida muy importante y una gran especificidad para los organismos objetivo (más de 150 tipos de insectos artrópodos) (Figura 3.11). Entre ellos, se incluyen principalmente los lepidópteros (polillas y mariposas), que son los que más daños causan a los cultivos, pero también coleópteros o escarabajos, dípteros (moscas y mosquitos), hemípteros (pulgones y chinches) y algunos nematodos que afectan a numerosos tipos de cereales, oleaginosas, frutas y hortalizas como maíz, arroz, algodón, patata, tomate y otros, lo que convierte a *Bt* en un eficaz agente contra plagas (Areco *et al.*, 2019; Bhar *et al.*, 2022; Nollet

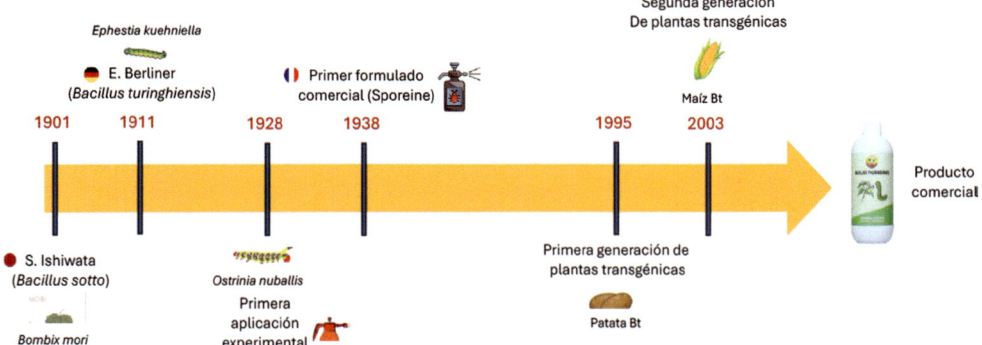

Figura 3.10. Cronología del descubrimiento, desarrollo y evolución de *Bt* como bioinsecticida (adaptada de Areco *et al.*, 2019).

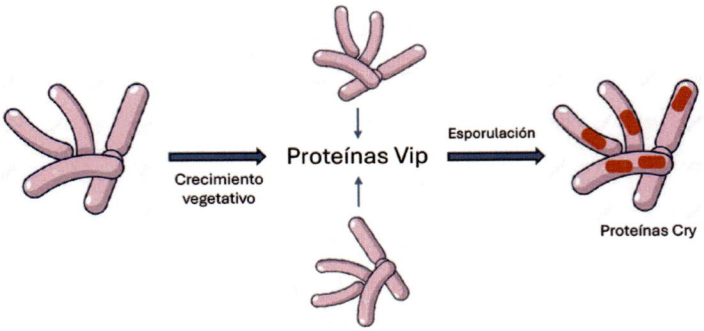

Figura 3.11. Ciclo biológico de *Bt* y producción de proteínas insecticidas durante las fases de crecimiento vegetativo (proteínas Vip) y esporulación (proteínas Cry) (adaptada de Areco *et al.*, 2019).

2023; Ali *et al.,* 2024; Sherwani y Khan, 2024).

Al ser ingerido por las larvas de insectos, *Bt* libera las endotoxinas (proteínas cristalinas) que se adhieren al revestimiento intestinal del intestino medio, solubilizándose al entrar debido al pH alcalino del intestino del insecto y desencadenando un proceso de formación de poros líticos en la membrana epitelial que provoca la alteración de su permeabilidad y, por lo tanto, de las funciones de la barrera intestinal (lisis) paralizando así el sistema digestivo y, en última instancia, provocando la muerte por inanición de las larvas en 48 h (Figura 3.12) (Ruiu, 2018; Areco *et al.*, 2019; Kumari *et al.,* 2022; Meshram *et al.,* 2022; Vedamurthy *et al.,* 2022; Nollet, 2023; Sherwani y Khan, 2024).

Las proteínas Vip no requieren el proceso de solubilización, ya que son excretadas por la bacteria en forma soluble. Alternativamente, las esporas ingeridas pueden encontrar un ambiente favorable para su germinación, entrando en fase de crecimiento vegetativo y rematando a las larvas moribundas por

la generación de septicemia generalizada (Areco *et al.,* 2019).

Las especies de insectos objetivo se determinan en función de si *Bt* produce una proteína capaz de unirse irreversiblemente a un receptor intestinal larvario. Las principales características responsables de la popularidad de estas toxinas radican en la especificidad para el organismo diana, su naturaleza no tóxica para animales vertebrados, plantas y humanos, y su biodegradabilidad (Argôlo-Filho y Loguercio, 2014). La inocuidad hacia los animales y humanos es debida a que la alteración de la proteína cristalina en toxina activa requiere un entorno alcalino como el intestino del insecto, que no existe en la mayoría de los mamíferos (Kumari *et al.,* 2022).

Las distintas secuencias genéticas de las toxinas generadas dan lugar a una afinidad diferente con los receptores del intestino medio de los insectos, por lo que diferentes cepas se caracterizan por diversas toxinas proteínicas insecticidas que proporcionan especificidad insecticida a cada cepa. Por lo

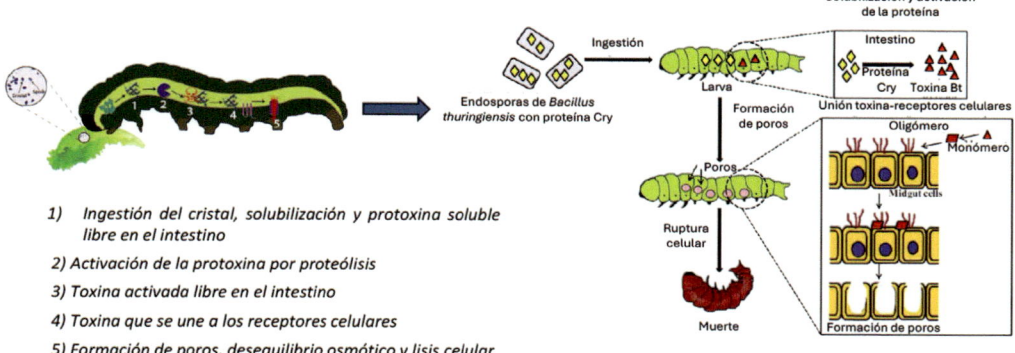

1) Ingestión del cristal, solubilización y protoxina soluble libre en el intestino

2) Activación de la protoxina por proteólisis

3) Toxina activada libre en el intestino

4) Toxina que se une a los receptores celulares

5) Formación de poros, desequilibrio osmótico y lisis celular

Figura 3.12. Modo de acción de las toxinas Cry de *Bt* en lepidópteros (adaptada de Peralta y Palma, 2017).

tanto, las diferentes cepas *Bt* solo son eficaces contra un estrecho rango de objetivos. Desgraciadamente, el uso excesivo de la toxina *Bt* ha provocado que algunos insectos hayan desarrollado resistencia a ella y a su modo de acción específico. Esto está motivando que los investigadores incidan en el desarrollo de nuevas cepas y toxinas de *Bt* con un modo de acción diferente, que puedan ser menos susceptibles a la resistencia evolutiva (Ruiu, 2018; Ortiz y Sansinenea, 2022; Vedamurthy *et al.,* 2022: Sherwani y Khan, 2024).

La actividad de *Bt* en el follaje de los cultivos o en aplicaciones vía suelo también puede potenciarse mediante manipulación genética. Las endotoxinas *Bt* se utilizan habitualmente en la tecnología de recombinación del ADN para modificar genes y crear variedades de cultivos resistentes a las plagas, denominados protectores incorporados a las plantas (PIP). Estos cultivos incluyen material genético que codifica varias proteínas cristalinas insecticidas, que dan protección contra plagas de insec-

tos agrícolas cuando se introducen en cantidades bajas (ppm) en el tejido de la planta objetivo (Ali *et al.,* 2024). *Pasteuria* spp. se está utilizando para controlar los nematodos que causan grandes daños a los cultivos agrícolas al alimentarse de las raíces de las plantas. Estas bacterias son parásitos obligados que necesitan un huésped específico para completar su ciclo vital (Sherwani y Khan, 2024). La expresión de ciertas toxinas Cry en cultivos transgénicos ha contribuido a un control eficaz de las plagas de insectos, lo que se ha traducido en una reducción significativa del uso de insecticidas químicos (Nollet, 2024). Entre las subespecies más utilizadas de *Bt* para la producción de BP contra las plagas de insectos lepidópteros se pueden destacar las cepas *kurstaki, aizawai* e *israelensis,* fundamentalmente. El gobierno de España, a través del MAPA, pone a disposición del público en general una base de datos con todos los productos fitosanitarios autorizados atendiendo a la legislación vigente (MAPA, 2024). Los principales productos comerciales de origen bacteriano y del género *Bacillus* registrados en España se pueden consultar en la Tabla 3.3.

Según Ortiz y Sansinenea (2022), actualmente, los BP basados en *Bt* tienen una participación significativa en el mercado mundial de este grupo de productos y, además, se prevé que aumente en los próximos años debido la creciente necesidad de consumir alimentos libres de plaguicidas de síntesis. Actualmente la mayoría de estos BP van dirigidos al segmento de los artrópodos debido a su eficacia. Su impulso y sustento en el mercado se debe a diversos factores como: i) su eficacia en pequeñas cantidades, lo que contribuye a una exposición limitada, ii) su fácil disponibilidad y iii) su rápida descomposición, mínimo nivel residual y alto respeto por el medio ambiente. El mercado en Europa ocupa el segundo lugar en términos de dominio a nivel mundial, debido a la presencia de fabricantes destacados principalmente en Francia, Italia y España donde el uso de BP basados en *Bt* goza de amplia aceptación. Además, según Lacey *et al.* (2015), su éxito se debe a que los productos basados en *Bt* son relativamente baratos y fáciles de formular, tienen una vida útil prolongada y pueden aplicarse utilizando equipos convencionales. Incluso su uso es compatible con otras estrategias como el control biológico, usando enemigos naturales y los tratamientos químicos.

Las bacterias tienden a producirse en grandes biofermentadores e incluyen una combinación de esporas, proteínas cristalinas y portadores inertes (Sanahuja *et al.*, 2011). Según da Silva *et al.* (2022), aunque *Bt* se cultiva fácil-

mente en laboratorio, su producción a gran escala todavía presenta cierta complejidad debido principalmente a los nutrientes necesarios (requiere C, N y diferentes sales como $FeSO_4$, $ZnSO_4$, $MnSO_4$ y $MgSO_4$) para la producción de cristales. Sin embargo, cada aislado de *Bt* puede tener una necesidad específica en cuanto a esos nutrientes, por lo que un aporte inadecuado puede limitar su producción. Los principales factores evaluados durante el crecimiento de *Bt* son la masa celular, las unidades formadoras de colonias, las esporas viables y la mortalidad del insecto objetivo, que varía dependiendo de la cepa de *Bt*.

Los BP suelen desarrollarse utilizando no solo bacterias formadoras de esporas, como las perteneciente a la familia *Bacillaceae,* sino también las que pertenecen a familias no formadoras de esporas, como *Pseudomonadaceae,* por ejemplo, *Pseudomonas* spp. *(Rhodesiae, Fluorescens, Chlororaphis, Aeruginosa)* y Enterobacteriaceae, por ejemplo, *Enterobacter cloacae* y *Enterobacter aerogenes* (Arakere *et al.* 2022; Sherwani y Khan, 2024). Las bacterias del género *Pseudomonas* tienen una fuerte actividad antagónica hacia varios patógenos de plantas, principalmente los transmitidos por el suelo como *Fusarium* spp. *y Rhizoctonia* spp., ya que suelen residir en la rizosfera. Una de sus características principales es que son importantes productores de metabolitos bioactivos, como antibióticos, péptidos cíclicos o enzimas que inhiben las infecciones por patógenos fúngicos de las plantas. Recientemente *P. chlororaphis* (cepa PCL1606) ha sido usada con éxito, sin afectar a las comunidades microbianas autóctonas (bacterias y hongos), contra *Rosellinia necatrix*, hongo fitopatógeno causante de la podredumbre blanca radicular del aguacate, aunque también afecta a almendro, manzano, olivo y cítricos (Tienda *et al.*, 2020).

Uno de los grupos bacterianos más estudiados para su uso como BP, conocidos por producir metabolitos bioactivos, son las actinobacterias y, entre estas, *Streptomyces* spp., formadora de esporas y una de las más representativas. Aunque estas bacterias son muy conocidas por la industria farmacéutica por su capacidad para producir antibióticos, diversos estudios han demostrado que también son capaces de producir compuestos antimicrobianos: fitohormonas (principalmente ácido indol-3-acético, AIA), enzimas, compuestos orgánicos volátiles (VOC) sideróforos, antibióticos, ácidos orgánicos y otros compuestos bioactivos (Butu *et al.*, 2022; Nazari *et al.*, 2023). Según LeBlanc (2022), las bacterias *Streptomyces* constituyen uno de los agentes microbianos más eficaces para el tratamiento de la marchitez vascular transmitida vía suelo por el hongo *Fusarium oxysporum* en cultivos de fresa y plátano en comparación con otros hongos utilizados como micofungicidas. Además, también se ha demostrado que determinadas cepas de *Streptomyces* spp. producen una variedad de toxinas como los derivados de lactonas macrocíclicas con efecto insecticida que actúan sobre el sistema nervioso periférico induciendo parálisis en el insecto objetivo (la oruga de la col y la mosca de la fruta; *Helicoverpa armígera* y *Drosophila melanogaster,* respectivamente) (Butu *et al.*, 2022; Vedamurthy *et al.*, 2022). En la Tabla 3.4 se muestran algunos de los productos comerciales preparados a partir de los géneros *Pseudomonas y Streptomyces.*

El desarrollo de un BP bacteriano requiere varios pasos e incluye: i) aislamiento y selección de cepas mediante métodos de cribado capaces de analizar un elevado número de microorganismos, ii) caracterización, incluida la identificación, la determinación de los caracteres fenotípicos y genotípicos y los mecanismos de acción y su eficacia en pruebas piloto y de demostración, iii) producción en masa y una formulación adecuada, que permitan aumentar la

Tabla 3.4. Productos comerciales de naturaleza bacteriana, géneros *Pseudomona* y *Streptomyces* (MAPA, 2024)

Sustancia Activa	Nombres Comerciales	Efecto
Pseudomonas chlororaphis. Cepa MA342	Cedomon/Cerall	Biofungicida (enfermedades transmitidas por semillas)
Pseudomonas sp. Cepa DSMZ 13134	Proradix®	Biofungicida preventivo
Streptomyces Cepa K61 (antes *S. griseoviridis*)	Mycostop®	Biofungicida preventivo

efectividad y asegurar su estabilidad. Por último, se requiere el desarrollo de un sistema de monitorización para detectar y cuantificar el BP en el medio ambiente y realizar pruebas toxicológicas y estudios de impacto ambiental más extensos con el objetivo de registrar su uso (Bonaterra *et al.*, 2022). Como ejemplo, cabe destacar spinosad y abamectina, dos insecticidas biológicos de gran utilización en el momento actual (Figura 3.13). Spinosad tiene como ingrediente activo la espinosina, lactona macrocíclica con actividad insecticida por ingestión y contacto. Este compuesto es mezcla de dos ingredientes activos, los metabolitos espinosina A y espinosina D, metabolitos secundarios producidos por la bacteria *Saccharopolyspora spinosa*, presente en el suelo y perteneciente a los Actinomicetos. Es un insecticida biológico (natural), que activa los receptores acetilcolina-nicotínicos de las células nerviosas postsinápticas, produciendo temblores y posterior parálisis del insecto. Es un agente no sistémico, que actúa por ingestión y contacto para el control de insectos diversos, incluyendo lepidópteros, trips y moscas de la fruta. Tiene un bajo impacto sobre la fauna benéfica por lo que se puede utilizar en programas de MIP. Por su parte, la abamectina es una mezcla que contiene más del 80% de avermectina B_{1a} y menos del 20% de avermectina B_{1b} (metabolitos secundarios). La avermectina es un derivado de las lactonas macrocíclicas con propiedades antihelmínticas e insecticidas que actúa inhibiendo la función del sistema nervioso dentro del parásito, lo que conduce a su parálisis y finalmente a su muerte. Tiene actividad insecticida y acaricida con acción translaminar y sistémica localizada, de amplio espectro y producida por *Streptomyces avermitilis*, perteneciente también a los Actinomicetos (Gwynn, 2014).

Actualmente, la UE tiene registradas 21 sustancias activas de naturaleza bacteriana, que podríamos considerar BP, aunque solo cinco de ellas tienen la consideración de bajo riesgo toxicológico, como se puede observar en el Anexo 4.3.1 Además de las 21 sustancias autorizadas, otras ocho sustancias acti-

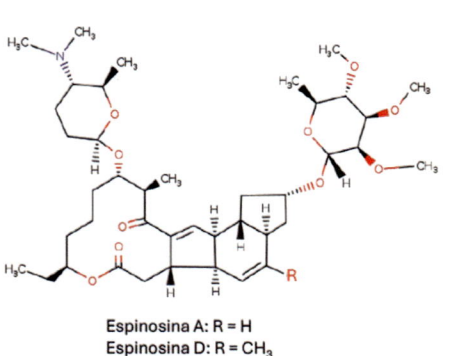

Espinosina A: R = H
Espinosina D: R = CH$_3$

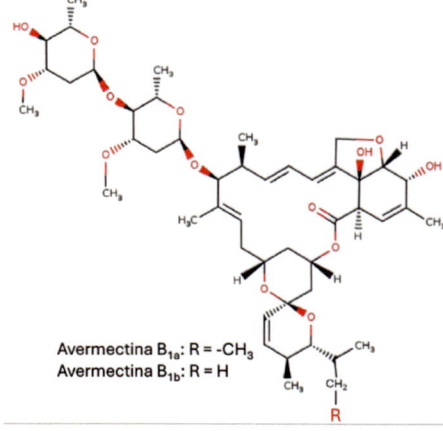

Avermectina B_{1a}: R = -CH$_3$
Avermectina B_{1b}: R = H

Figura 3.13. Estructuras de spinosad y abamectina.

vas (*B. amyloliquefaciens,* cepa AT-332 y cepa FZB42, *B. licheniformis,* cepa FMCH001, *B. subtilis,* cepa FMCH002 y RTI477, *B. nakamurai,* cepa F727, *B. thuringiensis,* cepa RTI545, y *B. velezensis,* cepa RTI301) están pendientes de aprobación.

B) BP fúngicos

Los hongos entomopatógenos o micoBP comprenden el grupo más grande de microorganismos patógenos (más de 750 especies) y posiblemente uno de los métodos de control biológico más usados y con mayor potencial en la gestión de plagas agrícolas, debido probablemente a su modo y amplio rango de acción que, a menudo, es eficaz en cantidades muy pequeñas y se descompone rápidamente, lo que genera una menor exposición y menores problemas medioambientales. El efecto se realiza principalmente por contacto y no por ingestión (no necesitan ser ingeridos para ser efectivos), donde un solo aislado es capaz de controlar varias especies de organismos objetivo con bastante rapidez. Además es complejo, por lo que es muy poco probable que se pueda desarrollar resistencia a los mismos. El principal inconveniente radica en que el proceso de infección normalmente requiere condiciones favorables de humedad y temperatura para propagarse (Kumar *et al.,* 2019; Basnet *et al.,* 2022; Singh y Mazumdar 2022; Sherwani y Khan, 2024).

Los micoBP resultan efectivos (provocan infecciones fúngicas) contra una gran variedad de microorganismos patógenos, principalmente en especies de lepidópteros, homópteros, coleópteros, dípteros e himenópteros, es decir, pulgones, trips, cochinillas, moscas blancas, pulgones, mosquitos, escarabajos y todo tipo de ácaros al diseminarse en el medio ambiente, pero también actúan como parásitos de bacterias, nematodos, hongos y malas hierbas (Kumar *et al.,* 2019; Ferreyra-Suárez *et al.,* 2024). Entre todos ellos podemos destacar los que tienen actividad bioinsecticida (Kumar *et al.,* 2019; Arakere *et al.* 2022; Meshram *et al.,* 2022; Kumari *et al.,* 2022):

- *Beauveria bassiana*: contra una amplia gama de insectos; pulgones, mosca blanca (*Bemisia tabaci*), trips (*Frankliniella occidentalis*), larvas de lepidópteros y coleópteros (*Diabrotica, Sitophilus,* etc.) y ácaros (araña roja).
- *Metarhizium anisopliae*: generalista de un gran número de insectos, saltamontes, langostas, chinches, picudos, gorgojos, termitas.
- *Lecanicillium lecanii* (anteriormente *Verticillium lecanii*): contra mosca blanca, varias especies de pulgones y en menor medida trips y araña roja.
- *Isaria fumosorosea* (antes *Paecilomyces fumosoroseus*): contra mosca blanca, pulgones, trips, larvas de lepidópteros
- *Hirsutella thompsonii:* especialmente eficaces contra ácaros fitófagos (*Polyphagotarsonemus latus, Tetranychus urticae*).

Beauveria y *Metarhizium* son, sin duda, los más versátiles y ampliamente formulados comercialmente. Su inclusión en planes de manejo integrado permite reducir la resistencia a insecticidas, preservar la biodiversidad entomológica y mantener un equilibrio ecológico más sostenible en los agroecosistemas. Concretamente, *Beauveria bassiana* es uno de los más eficaces para controlar una amplia gama de plagas de insectos y artrópodos en una gran variedad de cultivos de gran importancia como frutales, cítricos y hortalizas. Tiene la capacidad de matar al hospedador a los pocos días de producir la infección. Algunos de los principales productos comerciales registrados en España de naturaleza fúngica y actividad insecticida como las distintas cepas de *Beauveria bassiana* se muestran en la Tabla 3.5.

Los hongos entomopatógenos infectan a sus hospedadores (principalmente insectos) mediante un método combinado (enzimático y mecánico) a través de la producción de moléculas biológicamente activas (metabolitos) y la adhesión y penetración en el hospedador (micoparasitismo). El modo de acción consta de cinco fases (Figura 3.14) (Kumar *et al.*, 2019; Singh y Mazumdar 2022; Vedamurthy *et al.*, 2022):

- *Adhesión*. El proceso se inicia con la producción de una espora infecciosa (conidio) por parte del hongo que contacta y se deposita en la superficie del insecto.

Tabla 3.5. Productos comerciales de naturaleza fúngica utilizados como insecticidas (MAPA, 2024)

Sustancia Activa		Nombres Comerciales	Actividad
Beauveria bassiana	Cepa 147	Ostrinil®	Bioinsecticida (*Paysandisia archon* y *Rhynchophorus ferrugineus*)
	Cepa ATCC 74040	Naturalis®	Bioinsecticida de amplio espectro
	Cepa GHA	Botanigard®	Bioinsecticida de amplio espectro
	Cepa NPP111B005	Serenisim®	Bioinsecticida (*Rhynchophorus ferrugineus*)
	Cepa PPRI 5339	Velifer®	Bioinsecticida de amplio espectro
Isaria fumosoroseacepa Cepa Apopka97		Preferal®	Bioinsecticida para mosca blanca (*Trialeurodes*)
Paecilomyces fumosoroseus Cepa Fe 9901		Nofly® WP	Bioinsecticida para mosca blanca, pulgón y trips
Metarhizium brunneum Cepa Ma 43		Lalguard M52 OD	Bioinsecticida para ácaros, trips y mosca blanca

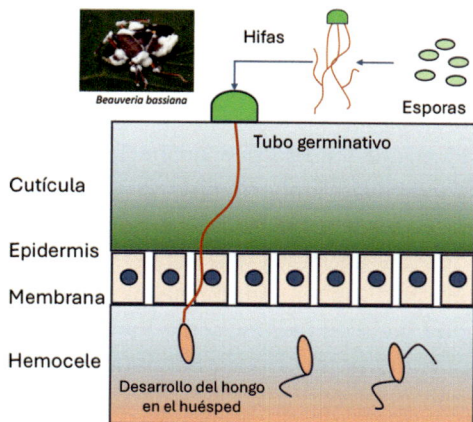

Figura 3.14. Esquema del modo de acción del micoparasitismo.

- *Germinación*. Se produce la fijación a la cutícula del hospedador (insecto) mediante el desarrollo del tubo germinativo y el órgano sujetador (apresorio).
- *Penetración*. A través de esa unión, el hongo excreta diferentes tipos de enzimas (lipasas, proteasas y quitinasas), para favorecer la penetración a través de las partes blandas de la cutícula en el cuerpo del hospedador y permitir que el micelio se desarrolle internamente.
- *Fase parasítica*. Tras su penetración, el micelio se desarrolla y coloniza al hospedador produciendo diferentes tipos de conidios o esporas. Durante su crecimiento, el hongo produce y libera una variedad de metabolitos que favorecen su crecimiento y actúan como factores de virulencia o toxinas que, en última instancia, conducen a la muerte del hospedador, afectado por la acción bioquímica y mecánica

del hongo, en un tiempo que varía entre 2-15 días después de la infección, dependiendo de la cepa y especie fúngica y de las características del huésped.

- *Fase saprofítica*. Simultáneamente, nuevos conidios o esporas se producen en los tejidos en descomposición del insecto muerto y fuera del cuerpo del huésped infectado para asegurar su propagación en el medio ambiente.

En el caso de *Beauveria bassiana,* al entrar a través de la cutícula del hospedador comienza a producir una serie de hifas fúngicas y libera diversos metabolitos secundarios tóxicos que causan la mortalidad del hospedador infectado. Los metabolitos incluyen péptidos (beauveriolidos, beauvericina y bassianolidos), policétidos y pigmentos no peptídicos (oosporeína, bassianina y tenelina) y otros metabolitos como ácido oxálico.

De igual forma, diversas especies de hongos pueden ser efectivas contra otra gran variedad de hongos patógenos foliares y transmitidos por el suelo que causan enfermedades graves a los cultivos. Son los denominados micofungicidas. Ejemplos:

- *Trichoderma* sp. (*harzianum, asperellum, viride* y *atroviride*): contra *Botrytis cineria, Ceratobasidium, Fusarium, Pythium, Rhizoctonia, Macrophomina, Sclerotium,* etc.
- *Ampelomyces quisqualis*. Un hiperparásito del oídio (Erysiphales).

- *Gliocladium* sp. (ahora reclasificados dentro de *Clonostachys* sp.): Por ejemplo, *Clonostachys rosea*, eficaz contra patógenos transmitidos por el suelo, *Botrytis*, *Fusarium*, *Sclerotinia*.
- *Chaetomium* (*globosum* y *cupreum*): con actividad de biocontrol contra la podedumbre de la raíz causada por *Fusarium*, *Phytophthora*, *Pythium*, *Sclerotinia*, *Sclerotium*, etc.

Trichoderma es un hongo natural con una enorme capacidad para antagonizar los patógenos de las plantas debido principalmente a la presencia de fuertes enzimas hidrolíticas y antibióticos en su pared celular, aunque su modo de acción puede ser por: i) competencia por el espacio y los nutrientes, ii) antibiosis, liberación de metabolitos nocivos (antifúngicos) que inhiben el crecimiento del patógeno, como gliotoxina, viridina, harzina, peptaiboles, iii) micoparasitismo, que penetra y degrada las hifas del patógeno mediante la producción de enzimas extracelulares como celulasas, quitinasas y glucanasas e iv) inducción de resistencia sistémica en la planta huésped (Manoharachary, 2022).

Algunas especies de *Trichoderma* (*T. harzianum*, *T. viride* y *T. virens*) son comunes en el suelo y las raíces de varias plantas y se aíslan fácilmente de la superficie de la raíz (rizosfera) y de la materia orgánica descompuesta (restos vegetales en descomposición). Son de rápido crecimiento y tienen alta capacidad reproductiva. Este hongo tiene la capacidad de sobrevivir en condiciones desfavorables, es eficiente en la utilización de los nutrientes del suelo y ade-

más también actúa como BE endófito, ya que promueve el crecimiento de las plantas. Las cepas endofíticas, al interactuar con las raíces de las plantas, alteran su fisiología y estimulan la producción de fitohormonas, que mejoran la absorción de fertilizantes nitrogenados, la adaptación a factores de tipo abiótico (estrés hídrico, salinidad, toxicidad metales pesados, etc.) y la producción de metabolitos secundarios tóxicos que disuaden a los patógenos (Kumar *et al.*, 2019; Manoharachary, 2022; Sherwani y Khan, 2024).

En el mercado mundial existen numerosas formulaciones basadas en *Trichoderma*, representando alrededor del 60% de todos los micoBP disponibles. Los métodos habituales de aplicación incluyen el tratamiento al suelo, la imprimación de semillas y la pulverización foliar uniforme. Son conocidos por ser eficientes, ecológicos y baratos, ya que minimizan o son capaces de sustituir la necesidad de utilizar plaguicidas de síntesis química. *Trichoderma* sp. es eficaz contra el tizón o marchitez del pimiento (*Phytophthora* sp. y *Fusarium* sp.), podredumbre de la raíz y tizón de la vaina (*Rhizoctonia* sp., *Macrophomina* sp., *Sclerotium* sp., *Sclerotinia* sp., *Botrytis* sp.), manchas foliares (*Alternaria* sp.) y muchas otras, en cereales (maíz, trigo, arroz, sorgo), legumbres (judía, garbanzo, etc.), oleaginosas (cacahuete, girasol, mostaza, etc.), frutas y hortalizas (tomate, berenjena, patata etc.) y otros cultivos de gran importancia económica (algodón y caña de azúcar). Se han desarrollado multitud de formulaciones comerciales (polvos humectables, gránulos dispersables en agua, suspensiones acuosas, suspensión de cápsulas nanoemulsiones y nanosuspensiones, aceites emulsionables, etc.) (Manoharachary, 2022). Algunos de los principales productos comerciales registrados en España de naturaleza fúngica y actividad fungicida, como las distintas cepas de *Trichoderma*, se muestran en la Tabla 3.6.

Además, como hemos comentado anteriormente otras especies tienen importancia en agricultura como micofungicidas:

- *Ampelomyces quisqualis* es un hongo anamórfico micoparásito del oídio mediante antibiosis y parasitismo. El hongo *A. quisqualis* fue el primer organismo identificado como un hiperparásito del oídio. El M-10 *de Ampelomyces quisqualis* está aprobado por la EPA y ha sido comercializado y desarrollado por Ecogen Inc. Este micofungicida incluye conidios de *A. quisqualis* y se

Tabla 3.6. Productos comerciales utilizados como micoBP (MAPA, 2024)

Sustancia activa	Nombres comerciales	Plaga objetivo
Trichoderma asperellum. Cepa ICC012 + *Trichoderma gamsii.* Cepa ICC080	Blindar® Bioten® Remedier®	Podredumbres (*Sclerotinia, Verticillium, Pythium, Phytophthora,* etc.)
Trichoderma asperellum. Cepa T34	T34 Biocontrol®	*Botrytis, Pythium, Phytophtora, Rhizoctonia, Fusarium,* etc.
Trichoderma asperellum. TV1	Xedavir®	*Pythium, Phytophtora, Rhizoctoniai* y *Verticillium*
Trichoderma atroviride. Cepa SC1	Vintec®	*Botrytis, Sclerotinia, Monilinia,* etc.
Trichoderma atroviride. Cepa I-1237	Tri-Soil® Esquive WP	*Rhizoctonia y Sclerotinial eutipiosis* (*Eutypa lata*), *Esca* (*togninia*), yesca (*Phaeomoniella*) y BDA
Trichoderma harzianum. Cepa T-22	Trianum-G Trianum P	*Pythium, Rhizoctonia, Fusarium, Sclerotinia* y *Microdochium*
Ampelomyces quisquali. Cepa AQ10	AQ 10®	Oídio
Coniothyrium minitans. CON/M/91-08 (DSM 9660)	Lalstop® Contans WG	Pudrición blanca (*Sclerotium cepivorum*)
Clonostachys rosea (*Gliocladium Catenulatum*). Cepa J1446	Lalstop® G46 WG	*Botrytis, Pythium, Phytophtora, Rhizoctonia, Didymella* y *Fusarium*

formula como gránulos solubles en agua para el control del mildiu en varios tipos de frutas y vegetales. La UE a través Reglamento de Ejecución (UE) 2018/1075, aprobó la renovación de aprobación de la sustancia activa *Ampelomyces quisqualis* (cepa AQ10), como sustancia activa de bajo riesgo toxicológico bajo el nombre comercial de AQ10, autorizado para el control de mildiu en vid y uva de mesa, tomate, pimiento y berenjena (Kumar *et al.,* 2019; CE, 2024).

- Las especies de *Gliocladium* son saprófitos[6] generales del suelo y se ha puesto de manifiesto que numerosas especies son parásitos de varios patógenos de plantas, por ejemplo, *Fusarium, Pythium, Phytophtora, Rhizoctonia* (suelo), *Didymella, Botrytis, Verticillium, Alternaria, Cladosporium* (hoja), etc. Estas especies destruyen al huésped fúngico por contacto directo con las hifas. *Gliocladium catenulatum* (cepa JI446) también ha sido empleado como polvo humectable registrado por la EPA con el nombre de Primastop. La UE a través Reglamento de Ejecución (UE) 2019/151 aprobó la renovación de aprobación de la sustancia activa *Clonostachys rosea,* cepa J1446, como sustancia activa de bajo riesgo toxicológico, anteriormente aprobada como sustancia activa (Directiva 2005/2/CE)

bajo la antigua denominación taxonómica *Gliocladium catenulatum* (cepa J1446). Se comercializa bajo el nombre de Prestop®, autorizado para el control de hongos transmitidos por las semillas y el suelo, como *Fusarium, Pythium, Phytophtora, Rhizoctonia* y *Helminthosporium* (Kumar *et al.,* 2019; CE, 2024).

- Las especies de *Chaetomium* son antagonistas potenciales de varios hongos patógenos transmitidos por el suelo y por semillas. Numerosas especies de *Chaetomium* suprimen su crecimiento a través de la competencia (por el sustrato y los nutrientes), el micoparasitismo, la antibiosis o varias combinaciones de estos. *Chaetomium globosum* y *C. cupreum* se han aplicado con éxito para controlar la podredumbre de la raíz en cítricos (*Phytophthora parasitica*) y fresas (*Fragaria* spp.), marchitez del tomate (*Fusarium oxysporum* y *F. lycopersici*), pudrición basal del maíz (*Sclerotium rolfsii*) o antracnosis (*Colletotrichum* spp.). Estos taxones se han comercializado bajo el nombre de ketomium® en los países asiáticos. En la UE no está registrado como BP (Kumar *et al.,* 2019; Soytong *et al.,* 2021).

- Otros: *Coniothyrium minitans* es un celomiceto anamórfico que se ha reportado como un micoparásito de las especies de *Sclerotinia*. Se ha utilizado eficazmente para controlar enfermedades en numerosos cultivos,

---

[6] Organismo que se desarrolla o vive sobre otro ser muerto o en descomposición.

como lechuga, pepino, colza, se-millas oleaginosas, etc., sobre todo después de la cosecha para evitar la contaminación del suelo por el patógeno. La UE, a través del Reglamento de Ejecución (UE) 2017/842, aprobó la renovación de aprobación de la sustancia activa *Coniothyrium minitans* (cepa CON/M/91-08), como sustancia activa de bajo riesgo toxicológico para el control de *Sclerotinia sclerotiorum* (podredumbre blanca). La utilización de cepas no patógenas de *Fusarium oxysporum* para controlar la marchitez por *Fusarium* ha sido probada en varios cultivos, pero no se ha desarrollado comercialmente debido a la falta de comprensión de su genética, biología y ecología. De hecho, la cepa *Fusarium* sp. L13 *no* ha sido aprobada por la UE como sustancia activa. *Pythium oligandrum* ha demostrado su capacidad para controlar patógenos transmitidos por el suelo. Las oosporas de *Pythium oligandrum* se han utilizado en tratamientos de semillas, minimizando la enfermedad de marchitamiento causada por *P. ultimum* en la remolacha azucarera. La UE, a través Reglamento de Ejecución (UE) 2022/2314, aprobó la renovación de aprobación de la sustancia activa *Pythium oligandrum* (cepa M1), como sustancia activa, bajo el nombre comercial de Polyversum, autorizada para el control de *Sclerotinia sclero-*

tiorum y *Leptoshaeria maculans* en colza y para el control de *Ear fusarioses* (*Fusarium* sp.) en trigo y cebada de primavera. Recientemente, *Pythium oligandrum,* cepa B301 también ha sido aprobada como sustancia activa a través del Reglamento de Ejecución (UE) 2025/102 bajo el nombre comercial de 17PYO1B, autorizado para el control de una gran cantidad de patógenos fúngicos en uva de vino. Otros hongos que se pueden emplear como micoBP son los de la especie *Aspergillus,* siendo útiles contra la podredumbre blanca (*Sclerotinia sclerotiorum*). Actualmente *Aspergillus flavus* (cepa MUCL 54911) se encuentra pendiente de aprobación por la UE (Kumar *et al.,* 2019; CE, 2025).

Actualmente, la UE tiene registradas 32 sustancias activas de naturaleza fúngica, catalogadas como BP, teniendo 14 de ellas la consideración de bajo riesgo toxicológico como se puede observar en el Anexo 4.3.2. Además, en el caso de *Beauveria bassiana,* la CE tiene pendientes de evaluación las cepas BOV1y R444; para *Metarhizium* spp. están pendientes de evaluación las siguientes subclases y cepas: *M. brunneum* (BNL102), *M brunneum* (Cb15-III), *M. pingshaense* (CF62), *M. pingshaense* (CF69), *M. pingshaense* (CF78). En el caso de *Trichoderma* spp están en situación pendiente de evaluación *T. afroharzianum* (Th2RI99), *T. atroviride* (77B), *T. harzianum* (T78) y *T. harzianum* (B97) (CE, 2024).

C) BP víricos

Los BP víricos o baculovirus son patógenos (comprenden 76 especies) usados contra insectos y otros artrópodos. A diferencia de otros microorganismos que se utilizan en el desarrollo de BP, estos no se clasifican como organismos vivos, sino como partículas microscópicas que se replican parasitariamente. La familia Baculoviridae es la más numerosa y ampliamente estudiada como BP en el control de insectos de importancia agrícola. Se clasifican en dos familias principales: los granulovirus (GV), que incluyen a los virus de la granulosis, y los de la nucleopoliedrosis o núcleopoliedrovirus (NPV). Los baculovirus están compuestos por una doble cadena de ADN (material genético necesario para su establecimiento y reproducción) cuyos viriones tienen forma de bastoncillos (40-70 nm x 250-400 nm) y están incluidos dentro de cuerpos de inclusión protegidos por una cubierta proteica llamada poliedro (Caballero y Willians, 2008; Kumari *et al.*, 2022; Sherwani y Khan, 2024).

La infectividad del virus está asociada a la producción o liberación de cuerpos cristalinos de oclusión (virones, partículas de ADN fisiológicamente activas) en el entorno de la célula huésped. La morfología de estos cuerpos de oclusión tiene forma de poliedro en los NPV y forma granular en los GV. Los cuerpos de oclusión sirven como cápsulas protectoras para los virus, protegiéndolos frente a factores externos como la luz solar o a condiciones desfavorables en el intestino del huésped. Así, una vez ingeridos por el huésped (normalmente un insecto), los cuerpos cristali-nos de oclusión se disuelven en el ambiente alcalino (pH = 9-11) del intestino del huésped, liberando los virus. A continuación, los virus derivados de la oclusión infectan las células del intestino medio, iniciando una infección localizada. El virus aprovecha las células del insecto para replicarse, propagando la infección de forma sistémica por todo el cuerpo del huésped, lo que interfiere en su fisiología (dificultad para absorber nutrientes), reproducción y movilidad, provocando finalmente la muerte del insecto (Figura 3.15). Tras la muerte, múltiples partículas virales infecciosas del insecto objetivo, listas para su propagación, quedan a disposición de otras larvas para su consumo como parte del ciclo continuo de vida y muerte, provocando la inhibición de la plaga (Kumari *et al.*, 2022; Razaq y Shah, 2022; Sherwani y Khan, 2024).

Los baculovirus actúan específicamente sobre los insectos. Los NPV son eficaces contra lepidópteros (mariposas y polillas), himenópteros (hormigas, abejas y avispas) y dípteros (moscas), mientras que GV solo atacan a lepidópteros y no se ha informado de que tengan efectos perjudiciales sobre otros organismos vivos, ya que no hay ningún caso de patogenicidad registrado hasta la fecha, por lo que son grandes candidatos para el desarrollo de BP (Kumari *et al.*, 2022; Sherwani y Khan, 2024)

Aunque los BP virales son altamente específicos, su utilidad en el manejo de plagas ha sido limitada debido a su estrecho rango de plagas, alto coste de producción, baja eficiencia y alta sensibilidad a la luz UV. Estas deficiencias se están superando con el fin de mejorar su potencial insecticida, porque están

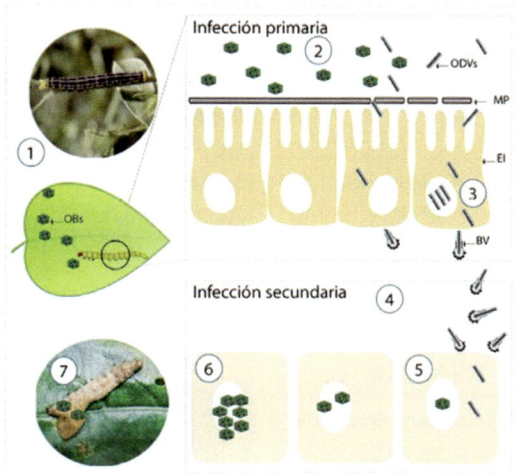

Infección primaria

Infección secundaria

1. Los cuerpos de oclusión de los baculovirus (OBs) son ingeridos por el estadio larval debido a que se encuentran contaminando su alimento (hojas, tallos y frutos).
2. En el intestino medio, los OBs se disuelven debido a la acción de proteasas intestinales y liberan los viriones (ODVs).
3. En el epitelio intestinal los ODV pueden iniciar un ciclo de replicación generando el fenotipo de los viriones brotantes (BV) o alternativamente dirigirse hacia la membrana basal del epitelio y salir de la célula como BV.
4. Se inicia la infección secundaria hacia otros tejidos del hospedador.
5. Los BV replican su material genético y comienza la síntesis de la proteína que constituye los cuerpos de oclusión, formándose de esta forma los OBs.
6. En etapas finales del ciclo, las células se encuentran con una gran cantidad de OBs.
7. Al morir la larva como consecuencia de la infección viral, los OB son liberados al medio contaminando las fuentes de alimentación del estadio larval de los hospedadores.

Figura 3.15. Representación esquemática de la estructura y el ciclo de infección de los baculovirus (adaptada de Salvador *et al.*, 2021).

siendo modificados genéticamente con baculovirus recombinantes que liberan ciertos tipos de toxinas, hormonas y enzimas específicas de los insectos. Los insectos que se alimentan de estos cultivos modificados genéticamente son vulnerables a las proteínas tóxicas y al hospedador infectado, pudiendo morir por acción de las toxinas, además de por las acciones virales directas (Razaq y Shah, 2022). Sin embargo, es necesario un conocimiento profundo de los genes clonados que pasan de un organismo a otro para poder evaluar de manera correcta sus impactos sobre la biodiversidad.

Actualmente, la UE tiene registradas nueve sustancias activas de naturaleza vírica, teniendo todas ellas, a excepción de *Spodoptera littoralis* (Nucleopoliedrovirus, SpliNPV), la consideración de BP de bajo riesgo toxicológico, como se puede observar en el Anexo 4.3.3. Además, pendiente de evaluación por parte de la CE se encuentran el baculovirus

contra *Adoxophyes orana* (consorcio de virus), el núcleopoliedrovirus *Cryptophlebia peltastica* (cepa sudafricana) y el granulovirus *Phthorimaea operculella* (PhopGV) (EC, 2024). En la Tabla 3.7 se pueden observar los principales productos comerciales registrados en España de naturaleza vírica.

D) Microorganismos endófitos

Los microorganismos endófitos (ME) colonizan los tejidos internos de las plantas durante parte de su ciclo de vida sin causar enfermedades ni síntomas visibles de daño. Estos microorganismos pueden ser bacterias, hongos, virus u otros organismos unicelulares. Los ME establecen una relación simbiótica o mutualista con las plantas, con lo que ambas partes se benefician de la interacción. A cambio de un ambiente protegido y nutrientes suministrados por la planta, los ME proporcionan múltiples beneficios que promueven el crecimien-

Tabla 3.7. Productos comerciales de naturaleza vírica registrados en España (MAPA, 2024)

Sustancia activa		Nombres comerciales	Efecto/plaga
Cydia pomonella. Granulovirus	mexicano	Carpostop® Carpovirusina®	Bioinsecticida: Carpocapsa o polilla del manzano (*Cydia pomonella*)
	R5	Carpovirusina® Evo2	
	CpGV V15	Granupom Top Madex® Top	
	CpGV V22	Granupom Twin Madex®Twin	
Spodoptera exigua nucleopoliedrovirus múltiple (SeMNPV)	Cepa BV-0004	Spexit®	Bioinsecticida: Gardama (*Spodoptera exigua*)
Spodoptera littoralis nucleopoliedrovirus (SpliNPV)	aislado BV-0005	Littovir®	Bioinsecticida: Rosquilla negra (*Spodoptera littoralis*)
Helicoverpa armigera nucleopoliedrovirus (HearNPV)	*Helicoverpa armigera* nucleopoliedrovirus (HearNPV). Cepa DSMZ: BV-0003	Helicovex® Verpavex®	Bioinsecticida: Heliothis (*Helicoverpa armigera*)
Virus del mosaico del pepino	Virus del mosaico del pepino. Cepa CH2, aislado 1906	PMV®-01	Virus del Mosaico del Pepino Dulce (PepMV) en cultivos de tomate
Virus del mosaico del pepino	Cepa EU. Aislado atenuado Abp1	AbioProtect®	Virus del Mosaico del Pepino Dulce (PepMV) en cultivos de tomate (EU y CH2) y otras cepas
	Cepa Chilena. Aislado atenuado Abp2		
Virus del mosaico del pepino dulce	Cepa atenuada VC1 y VX1	V10	Virus del Mosaico del Pepino Dulce (PepMV) en cultivos de tomate (EU, LP, CH_2 y US_1)

to y la salud de las plantas (Xia *et al.* 2022; Glare y Nollet, 2024).

Los ME son capaces de colonizar diferentes tejidos de la planta, como hojas, tallos, raíces, semillas e incluso tejidos reproductivos. Pueden residir en el interior de las células vegetales o en espacios intercelulares. Al habitar en el interior de las plantas, estos microorganismos pueden desencadenar respuestas de defensa y promover el crecimiento y desarrollo saludables de las plantas hospedadoras. Contribuyen a la biodiversidad, promueven la resistencia de las plantas a enfermedades y estrés ambiental, mejoran la absorción de nutrientes y participan en la fijación de N.

Las bacterias endófitas destacan por su capacidad de producir toxinas letales para los insectos. Estas toxinas, presentes en diferentes formas, desempeñan un papel crucial en el debilitamiento y la eliminación de las poblaciones de plagas. Dentro del cuerpo del insecto, estas bacterias se multiplican y liberan enzimas y toxinas que dañan órganos y tejidos vitales, debilitando el sistema inmunológico del insecto y produciendo su muerte. Además, estos microorganismos tienen la capacidad de competir con los insectos por los nutrientes, lo cual resulta en efectos devastadores para ellos. Estas bacterias se reproducen dentro de los insectos huéspedes, siendo selectivas en su capacidad para causar enfermedades. Así, afectan a los insectos dañinos sin perjudicar a otros organismos beneficiosos, como depredadores naturales y polinizadores. Algunas bacterias endófitas producen sustancias químicas que interfieren con la regulación hormonal de los insectos, pudiendo afectar al crecimiento, desarrollo y reproducción de estos, causando malformaciones, esterilidad o incluso la muerte. Gracias a características como su especificidad en la acción patogénica, su capacidad de colonización y persistencia en el interior de las plantas y su habilidad para establecer relaciones beneficiosas con la planta, estos ME presentan un gran potencial para contribuir a la gestión sostenible de los problemas fitosanitarios en agricultura convirtiéndose en un valioso aliado para el agricultor.

La interacción simbiótica entre los ME y las plantas es el punto de partida para comprender cómo estos microorganismos estimulan las respuestas de defensa de las plantas. La colonización de los tejidos internos provoca una serie de respuestas fisiológicas en la planta, que incluyen la producción de fitohormonas y la activación de vías de señalización. Uno de los mecanismos clave mediante el cual los ME estimulan las defensas de las plantas se basa en la producción de compuestos bioactivos. Estos compuestos, que pueden ser antimicrobianos, antifúngicos y/o insecticidas, desempeñan un papel importante en la protección de la planta contra patógenos y plagas. Algunos ejemplos de estos compuestos incluyen péptidos antimicrobianos, enzimas degradadoras de paredes celulares y metabolitos secundarios con actividad biológica. Los ME también desempeñan un papel crucial en la activación del sistema inmunológico de las plantas. Además, se ha observado que los ME pueden modular la expresión de genes involucrados en la síntesis de fitohormonas, lo que influye en la respuesta de defensa de la planta. Otro mecanismo importante por el cual los ME estimulan las defensas de las plantas es a través de la inducción de la resistencia sistémica adquirida (RSA), fenómeno en el que la exposición a un microorganismo beneficioso o a sus productos metabólicos activa mecanismos de defensa generalizados en toda la planta, mejorando así su capacidad para resistir futuras infecciones. Los ME pueden desencadenar la RSA al modular la expresión de genes relacionados con la señalización de defensa, como genes de proteínas quinasas y factores de transcripción.

La RSA se caracteriza por la activación de una serie de respuestas bioquímicas y fisiológicas en toda la planta. Uno de los eventos clave en la RSA es la activación de un conjunto de genes responsables de la producción de proteínas desencadenantes de la respuesta de defensa. Estas proteínas tienen propiedades antimicrobianas y pueden inhibir el crecimiento de patógenos, reforzando la resistencia de la planta. Además de la producción de las citadas proteínas, la RSA implica cambios en la expresión de genes relacionados con la señalización y la síntesis de fitohormonas. Se ha observado que los ME pueden modular la producción de fitohormonas, como los ácidos salicílico (AS), jasmónico (AJ) y abscísico (AA), las cuales desempeñan un papel crucial en la regulación de las respuestas de defensa de la planta. La RSA también implica la generación de señales sistémicas que se propagan desde la zona de infección inicial a otras partes de la planta. Estas señales permiten que la planta active respuestas de defensa en tejidos distantes, preparándolos para futuros ataques.

Además de estimular las respuestas de defensa en las plantas, los ME ofrecen beneficios adicionales. Estos microorganismos pueden mejorar la calidad del suelo al promover la descomposición de la materia orgánica y la disponibilidad de nutrientes. También pueden aumentar la tolerancia de las plantas a condiciones ambientales adversas, como sequías y salinidad, a través de la producción de compuestos protectores y la mejora de la absorción de agua y nutrientes. En la Tabla 3.8 se muestra una selección de los principales ME y las plagas que controlan.

Tabla 3.8. Ejemplos de microorganismos endófitos y plagas a controlar

Microorganismo	Plagas controladas
Bacillus thuringiensis	Orugas, larvas de mosquitos
Beauveria bassiana	Escarabajos, ácaros, moscas
Metarhizium anisopliae	Escarabajos, gorgojos, pulgones
Heterorhabditis bacteriophora	Larvas de escarabajos, moscas
Steinernema feltiae	Trips, larvas de moscas
Paecilomyces fumosoroseus	Ácaros, trips, moscas blancas
Isaria fumosorosea	Mosquitos, pulgones, trips, ácaros
Verticillium lecanii	Áfidos, moscas blancas, trips, cochinillas
Lecanicillium lecanii	Pulgones, moscas blancas, trips
Purpureocillium lilacinum	Nematodos, moscas de la fruta, pulgones

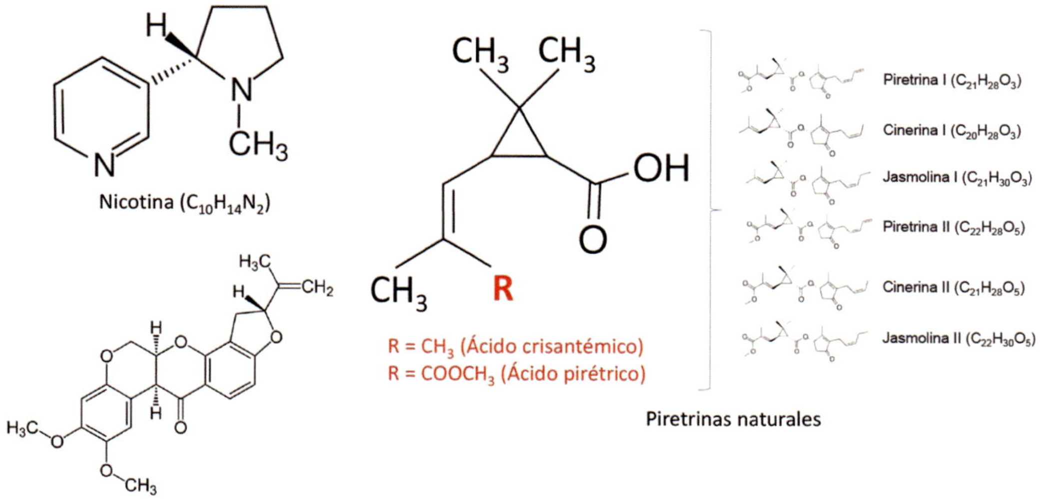

Nicotina ($C_{10}H_{14}N_2$)

R = CH₃ (Ácido crisantémico)
R = COOCH₃ (Ácido pirétrico)

Piretrina I ($C_{21}H_{28}O_3$)
Cinerina I ($C_{20}H_{28}O_3$)
Jasmolina I ($C_{21}H_{30}O_3$)
Piretrina II ($C_{22}H_{28}O_5$)
Cinerina II ($C_{21}H_{28}O_5$)
Jasmolina II ($C_{22}H_{30}O_5$)

Piretrinas naturales

Figura 3.16. Estructuras de nicotina, rotenona y piretrinas (Navarro *et al.*, 2023).

3.2.2. Compuestos botánicos

Durante muchos años, los plaguicidas botánicos se han considerado como una alternativa a los sintéticos, debido a su riesgo limitado para el medio ambiente y los seres humanos. No se ha determinado exactamente cuándo los humanos comenzaron a utilizar las plantas y sus metabolitos como plaguicidas, pero ya se relaciona con el inicio de la agricultura. En Europa y América del Norte, los plaguicidas botánicos se aplican desde hace más de 150 años, mucho antes del descubrimiento de las principales clases de plaguicidas sintéticos. En África, el uso de varias plantas, debido a su actividad supresora de plagas, tiene una tradición centenaria transmitida de generación en generación. Durante el siglo XIX y el primer tercio del XX, se emplearon fundamentalmente productos de origen natural como nicotina, rotenona o piretrinas (Figura 3.16).

En la agricultura moderna, ya se han registrado algunos plaguicidas botánicos en el manejo de diferentes plagas de cultivos, como el aceite de neem[7] y las piretrinas. Los beneficios del uso de BP incluyen su baja persistencia y residualidad, evitando la contaminación ambiental y minimizando los efectos adversos sobre los organismos vivos y, además, son menos propensos a la resistencia a las plagas (Acheuk *et al.*, 2022; Singha *et al.*, 2024). En la Figura 3.17 se muestran las estructuras de los principales grupos de BP botánicos y en el Anexo 4.3.4 las de algunos los principales representantes de este grupo.

---

[7] El neem (*Azadirachta indica*), es un árbol perteneciente a la familia Meliaceae, originario de la India y Birmania, que vive en regiones tropicales y subtropicales, y cuyas hojas tienen actividad antioxidante.

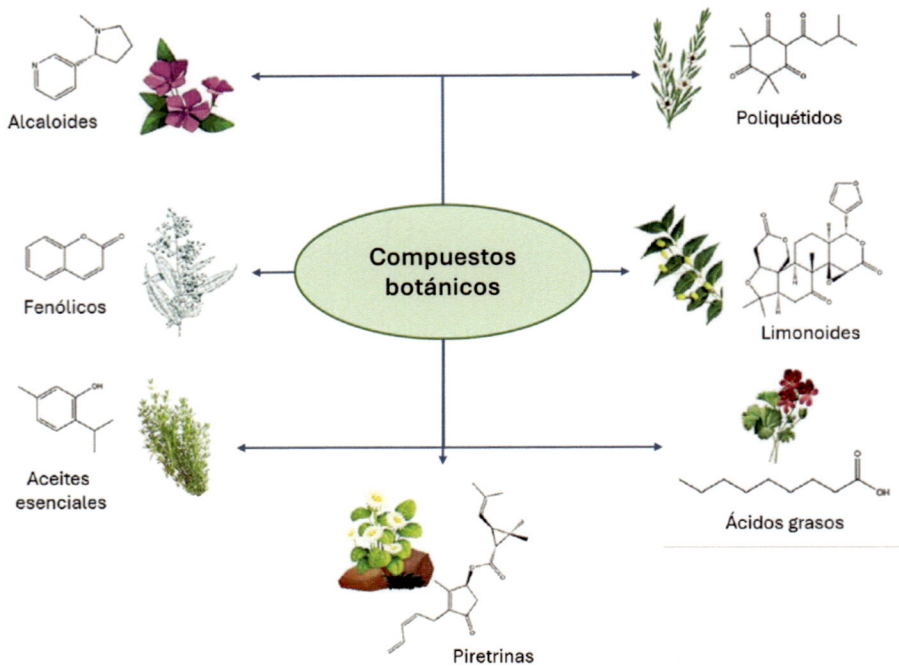

Figura 3.17. Principales grupos de compuestos botánicos con actividad bioplaguicida.

Los alcaloides constituyen un grupo de compuestos químicos con estructuras muy variadas, caracterizadas por su bajo o medio peso molecular, así como por la presencia de uno o más anillos heterocíclicos que contienen nitrógeno, derivados de aminoácidos. Estos compuestos se encuentran en cantidades significativas en varias especies de plantas, pertenecientes a familias como Annonaceae, Fabaceae o Solanaceae, entre otras. Muchos de ellos exhiben actividad insecticida a bajas concentraciones, como, por ejemplo: anabasina (*Anabasis aphylla*), nicotina (*Nicotiana rustica*), rianodina (*Ryania speciosa*), o veratridina (*Schoenocaulon officinale*). La toxicidad de los alcaloides se atribuye a su capacidad para afectar el sistema nervioso central, interferir con las membranas celulares y alterar el transporte de iones, lo que lleva a disfunciones metabólicas en el insecto. Además, se ha observado que las mezclas complejas de alcaloides y otros compuestos bioactivos pueden tener efectos sinérgicos, potenciando la actividad insecticida y ofreciendo ventajas en la prevención de la resistencia de plagas y patógenos.

La nicotina ($C_{10}H_{14}N_2$) ha sido utilizada como insecticida desde mediados del siglo XVII, aunque su estructura no se puso de manifiesto hasta 1809. Es un alcaloide[8] que se obtiene de la planta del tabaco (*Nicotiana tabacum* L.). Para su obtención se utiliza la parte de

_____

[8] Compuesto que contiene nitrógeno en su estructura, normalmente formando parte de un anillo heterocíclico, y de naturaleza básica

la planta que no se emplea para la elaboración de tabaco. La nicotina actúa bloqueando los receptores nicotínicos de la sinapsis del sistema nervioso central y periférico del insecto, compitiendo con la acetilcolina por ocupar el receptor nicotínico en el proceso sináptico. Al impedir la acción de la acetilcolina, produce problemas en el funcionamiento de los sistemas nervioso central y neuromuscular, provocando la muerte del insecto. Otro representante de este grupo es la rianodina, un alcaloide (diterpenoide) que interfiere con la liberación de calcio en los tejidos musculares de los insectos y que se obtiene a partir del tallo y la raíz del arbusto americano *Ryana speciosa*, perteneciente a la familia Flacourtiaceae. Los productores de manzanas ecológicas utilizan este compuesto de forma limitada para el control y la gestión de la polilla de la manzana (*Cydia pomonella*), también efectivo contra las polillas de la fruta y los trips de los cítricos.

Los compuestos fenólicos constituyen un grupo heterogéneo de metabolitos secundarios de las plantas, que incluyen más de 50.000 estructuras distintas. Estos compuestos son importantes en el contexto de los plaguicidas botánicos debido a su actividad biológica. En general, los compuestos fenólicos pueden clasificarse en dos grandes categorías: flavonoides (como antocianidinas, flavonas, flavonoles, flavanonas, isoflavonas, cumarinas y rotenoides) y no flavonoides (como alcoholes fenólicos, ácidos fenólicos, estilbenos y lignanos). Los compuestos fenólicos están involucrados en diversas funciones dentro de las plantas, como la atracción de polinizadores y la protección contra

la radiación UV, así como contra la invasión de microorganismos y especies herbívoras. Además, muchos de estos compuestos tienen propiedades antifúngicas y otras actividades bioplaguicidas, lo que los convierte en candidatos prometedores para el desarrollo de plaguicidas derivados de plantas. La diversidad en la estructura de los compuestos fenólicos y sus múltiples modos de acción hacen que sean un área interesante para la investigación en BP, aunque su producción a gran escala y el proceso de obtención pueden presentar desafíos importantes.

La rotenona ($C_{23}H_{22}O_6$) es un isoflavonoide, insecticida de origen natural extraído de determinadas leguminosas del género *Derris* y *Lonchocarpus* (*Derris elliptica*, *Lonchocarpus utilis* y *Lonchocarpus nicou*). Su acción insecticida se conoce desde hace cientos de años, cuando determinadas tribus de Asia, África y Sudamérica lo adicionaban al agua para envenenar a los peces e incrementar así la pesca. La rotenona funciona interfiriendo con la cadena de transporte de electrones en las mitocondrias, inhibiendo la transferencia de electrones desde los centros de hierro y azufre del complejo I a la ubiquinona. Esto interfiere con el dinuclétido de nicotinamida adenina (NADH) durante la creación de adenosín trifosfato (ATP). La rotenona se obtiene en forma industrial a partir de raíces desecadas de las citadas plantas mediante extracción con disolventes orgánicos. El componente químico activo fue aislado por primera vez en 1895 por un botánico francés (Emmanuel Geoffroy), quien lo llamó nicoulina, a partir de un espécimen de *Robinia nicou*, ahora llamado *Loncho-*

carpus nicou, mientras viajaba por la Guayana Francesa. En 1902, Kazuo Nagai, ingeniero químico japonés del Gobierno General de Taiwán, aisló un compuesto cristalino puro de *Derris elliptica* al que llamó rotenona, por el nombre taiwanés de la planta. En 1930 se estableció que la nicoulina y la rotenona eran químicamente iguales.

Los aceites esenciales (AE) son compuestos volátiles que se derivan de más de 17.500 especies de plantas aromáticas, principalmente pertenecientes a las familias Asteraceae, Lamiaceae, Myrtaceae, Rutaceae y Zingiberaceae. Los AE pertenecen principalmente a dos grupos, terpenoides y fenilpropanoides que contienen terpenos, terpenoides (derivados oxigenados de los terpenos), alcaloides, polifenoles y glucósidos cianogénicos. Los terpenos, caracterizados por la mezcla de unidades de isopreno (C_5H_8), se clasifican en función del número de unidades unidas en su estructura (hemiterpeno con una unidad de isopreno, monoterpeno con dos unidades de isopreno). Estos aceites se obtienen de las flores, hojas, raíces o semillas de las plantas, principalmente mediante hidrodestilación. Aunque los AE han sido ampliamente utilizados en la industria de la perfumería y alimentaria debido a sus propiedades sensoriales, muchos de sus componentes también exhiben una actividad plaguicida significativa. Los AE son aleloquímicos desarrollados durante el curso de la coevolución como parte del sistema de defensa química de las plantas. Pueden afectar al crecimiento de los insectos al actuar como repelentes, disuasivos de la oviposición, inhibidores del desarrollo, la muda

y la emergencia de adultos en los insectos. Los AE son conocidos por sus propiedades insecticidas y repelentes. Los principios activos que se encuentran en estos aceites incluyen terpenos como eucaliptol, β-cariofileno, linalool y D-limoneno, entre otros, los cuales han demostrado efectividad en el control de plagas. Los AE interfieren con varios receptores de neurotransmisores en las células nerviosas, actuando así como neurotoxinas y convirtiéndolos en insecticidas de acción rápida. Estos aceites actúan uniéndose a receptores, como los de octopamina, los de canales de cloruro activados por ácido gamma-aminobutírico y los nicotínicos de acetilcolina, así como a los receptores de acetilcolin esterasa en el caso de los terpenoides y los fenoles ligados biogénicamente. La mayoría de los AE son fácilmente absorbidos por los insectos mediante contacto, lo que los convierte en potentes bioinsecticidas. Sin embargo, en espacios cerrados, su naturaleza volátil y sus componentes los convierten en fumigantes eficientes. Los AE tienen una actividad residual mínima como insecticidas de contacto y hay pruebas de que, después de su aplicación, las plagas pueden ser disuadidas o repelidas durante un período de tiempo prolongado. Se están utilizando diversas tecnologías, como nanoformulaciones y microencapsulación, con el fin de suministrar una liberación lenta de terpenoides para aumentar su eficiencia en condiciones de campo. Además, estos compuestos pueden presentar efectos fitotóxicos y mecanismos de acción variados. Por ejemplo, algunos aceites esenciales pueden inhibir el crecimiento de plantas competidoras (malezas) y también pueden tener propiedades anti-fúngicas. En la actualidad, se pueden encontrar aceites de eucalipto, canela, clavo, tomillo, menta, romero, etc. (Tabla 3.9). En el contexto de la agricultura sostenible, los aceites esenciales son considerados como herramientas prometedoras para el manejo de insectos y patógenos, ofreciendo una alternativa potencial a los plaguicidas sintéticos.

Los limonoides incluyen diversos compuestos bioactivos que se encuentran principalmente en plantas de las familias Meliaceae y Rutaceae, como el neem (*Azadirachta indica*). Estos compuestos son conocidos por sus propiedades insecticidas y forman parte de los metabolitos secundarios de las plantas. Los limonoides se caracterizan por su estructura compleja, que generalmente incluye cuatro anillos de carbono de seis miembros y una fracción tipo furanolactona. Uno de los limonoides más conocidos y estudiados es la azadiractina, que es el principio activo en muchos bioinsecticidas comerciales. Se puede aislar de todas las partes del árbol de neem, especialmente de sus semillas, con concentraciones que varían entre 4 y 6 mg g^{-1} de semilla. La azadiractina y otros limonoides (salamina, meliantriol o nimbina) afectan el desarrollo y la reproducción de diversas plagas, interrumpiendo sus ciclos de vida y causan-

Tabla 3.9. Ejemplos de aceites esenciales, fuentes y principales constituyentes (Singha *et al*., 2024)

AE	Fuente (familia)	Composición
Canela	*Cinnamomum verum* (Lauraceae)	55%–76% Cinamaldehido, 5%–18% Eugenol
Eucaliptus	*Eucalyptus globules* (Myrtaceae)	67%–84% 1,8-Cineol
Clavo	*Syzygium aromaticum* (Myrtaceae)	89% Eugenol
Limón	*Cymbopogon citrates* (Poaceae)	34%–45% Geranial, 5%–51% Neral, 9%–25% Mirceno
Menta	*Mentha piperita* (Lamiaceae)	7%–48% Mentol, 20%–46% Mentona
Naranja	*Citrus sinensis* (Rutaceae)	91%–97% d-Limoneno
Romero	*Rosmarinus officinalis* (Lamiaceae)	52% 1,8-Cineol, 10%, α-Pineno, 9% Camfor
Árbol de té	*Melaleuca alternifolia* (Myrtaceae)	35%–48% Terpinen-4-ol, 14%–28% α-Terpineno
Tomillo	*Thymus vulgaris* (Lamiaceae)	50% Timol, 33% p-Cimeno
Citronela	*Cymbopogon winterianus o nardus* (Poaceae)	27%–33% Citronela, 10%–16% Citronelol, 24%–40% Geraniol

do efectos tóxicos. Los limonoides han mostrado actividad contra insectos como *Pieris brassicae, Spodoptera* spp., *Plutella xylostella*, pulgones, minadores de hojas y moscas blancas y han sido objeto de investigación por su potencial en el desarrollo de productos BP, lo que los convierte en una alternativa atractiva a los plaguicidas químicos sintéticos. Dada su eficacia y su origen natural, su uso en prácticas agrícolas sostenibles se está explorando cada vez más.

Las piretrinas están constituidas por una mezcla de compuestos orgánicos que se encuentran de modo natural en las flores de plantas del género *Chrysanthemum*, como *Chrysanthemum cinerariaefolium* (denominado piretro o pelitre) o *Chrysanthemum coronarium,* usados desde el año 1850. Este grupo de compuestos se considera uno de los insecticidas botánicos más utilizados en agricultura para el control de plagas debido a su efectividad y bajo perfil toxicológico para humanos y animales. Hasta un 25% del extracto seco de estas flores está formado por piretrinas, cuyos constituyentes se clasifican en dos grupos: las piretrinas I ($C_nH_{28}O_3$), ésteres del ácido crisantémico (piretrina I, cinerina I y jasmolina I) y las piretrinas II ($C_nH_{28}O_5$), ésteres del ácido pirétrico (piretrina II, cinerina II y jasmolina II), donde n = 20, 21 o 22. Su concentración típica en la planta puede oscilar entre 10 y 30 mg g^{-1} de materia seca. El modo de acción de las piretrinas se basa en la alteración de la transmisión de los impulsos nerviosos en los insectos, perturbando el intercambio de sodio y potasio en las fibras nerviosas, lo que lleva a la parálisis de los insectos. Este mecanismo de acción, junto con su efi-

cacia rápida, ha contribuido a su popularidad en el manejo de plagas en diversas aplicaciones agrícolas y en el control de insectos domésticos. Los piretroides son un grupo de compuestos sintéticos desarrollados para controlar las poblaciones de insectos plaga con el fin de emular los efectos insecticidas de las piretrinas naturales. Además, las piretrinas son a menudo utilizadas en formulaciones sinérgicas, en las que se combinan con otros compuestos como el butóxido de piperonilo ($C_{19}H_{30}O_5$), para potenciar su efectividad y prolongar su acción insecticida. Sin embargo, su uso también plantea preocupaciones sobre la toxicidad para polinizadores como las abejas, lo que ha llevado a la regulación y restricción de su aplicación en algunos contextos.

Los poliquétidos pertenecen a una clase de compuestos bioactivos que se consideran importantes en el ámbito de los BP debido a su diversidad estructural y propiedades insecticidas. Se sintetizan a partir de unidades de acetil-CoA, mediante la acción de proteínas conocidas como sintetasas de poliquétidos. Estos compuestos son producidos por una gran variedad de especies vegetales y tienen un amplio espectro de actividad contra diferentes plagas. Un ejemplo típico de poliquétido es la β-tricetona (leptorspermona), que ha demostrado su eficacia en el control de insectos. La estructura química de los poliquétidos les confiere propiedades específicas que pueden interferir con el crecimiento y desarrollo de los insectos o afectar a sus sistemas nerviosos, imitando hormonas o interrumpiendo procesos biológicos esenciales. Además, los poliquétidos constituyen parte de las defensas naturales de las plantas contra herbívoros y patógenos, lo que los convierte en un área de interés en el desarrollo de herramientas de manejo sostenible de plagas. Con el avance de las tecnologías analíticas y biológicas, se está investigando más sobre cómo optimizar y aplicar estos compuestos en la agricultura. Su actividad biológica, junto con su origen natural, hace que los poliquétidos sean considerados como alternativas viables a los plaguicidas sintéticos, contribuyendo a un enfoque más sostenible en el manejo de plagas.

Los ácidos grasos son compuestos lipídicos que, además de su función como componentes estructurales de las membranas celulares, también desempeñan un papel importante en el ámbito de los BP. Algunos ácidos grasos, especialmente los conjugados, han demostrado propiedades insecticidas, lo que los hace interesantes para el desarrollo de soluciones ecológicas para el control de plagas. Por ejemplo, los ácidos grasos conjugados pueden actuar directamente sobre plagas como el escarabajo de la patata (*Leptinotarsa decemlineata*), donde se ha observado que inducen mortalidad larval, efectos antialimentarios y reducción en las tasas de supervivencia de los huevos. Un ácido graso específico que se ha estudiado en este contexto es el ácido ruménico, que es un tipo de ácido linoleico conjugado. Además, los ácidos grasos también se utilizan como disolventes en la formulación de BP comerciales, junto con emulsionantes, para estabilizar principios activos, como azadiractina o piretrinas, lo que asegura la eficacia del BP en su aplicación. En resumen, los ácidos grasos no solo son cruciales para la estructura y función celular en organismos, sino que también presentan características que pueden ser aprovechadas en el desarrollo de BP sostenibles, proporcionando una alternativa a los plaguicidas sintéticos y ayudando a promover prácticas agrícolas más ecológicas.

3.2.3. Semioquímicos

El término feromona fue propuesto originalmente por Karlson y Luscher (1959) para denominar a aquellas sustancias que son secretadas al exterior por un individuo y recibidas por un segundo individuo, en el que liberan una reacción específica. Se deriva de las palabras griegas, *pherin* (transferir) y *hormon* (excitar). Ese mismo año, Adolf Butenandt, bioquímico alemán que recibió el Premio Nobel de Química en 1939 (compartido con Leopold Ruzicka) por la síntesis química de hormonas sexuales, identificó químicamente la primera feromona, el bombicol (Butenandt, 1959). Esta feromona (atracción sexual) es emitida por las hembras desde una glándula situada en el abdomen y es responsable de anunciar la disponibilidad y ubicación de la hembra. Sorprendentemente, concentraciones tan bajas como 200 moléculas cm^3 (en el aire) son capaces de atraer a los machos. Desde entonces, se han realizado numerosos avances en la comprensión y modo de acción de las propiedades funcionales de las feromonas.

Los semioquímicos son sustancias o mezclas de sustancias emitidas de forma natural por las plantas, animales y otros organismos para crear una respuesta conductual o fisiológica en otros individuos de la misma especie o de especies diferentes. Incluyen las feromonas, que tienen un efecto intraespecífico (misma especie) y las alelomonas que tienen un efecto interespecífico (distinta especie) (Figura 3.18). En términos generales, estos compuestos son utilizados en el ámbito de la ecología química y la etología para describir cómo los organismos intercambian información a través de señales químicas (Yew y Chung, 2015).

1. Feromonas (comunicación intraespecífica):

Son sustancias químicas liberadas por un organismo que afectan el comportamiento o las funciones fisiológicas de otros individuos de la misma especie. Los ejemplos incluyen feromonas sexuales que atraen a otros miembros de la misma especie para la reproducción, feromonas de alarma que advierten a otros individuos de un peligro cercano o feromonas que marcan el territorio.

2. Alomonas (comunicación interespecífica, beneficiosa para el emisor):

Compuestos químicos señalizadores emitidos por una especie para influir en otra de manera que beneficie al emisor. Un ejemplo típico sería el caso de las plantas que emiten compuestos

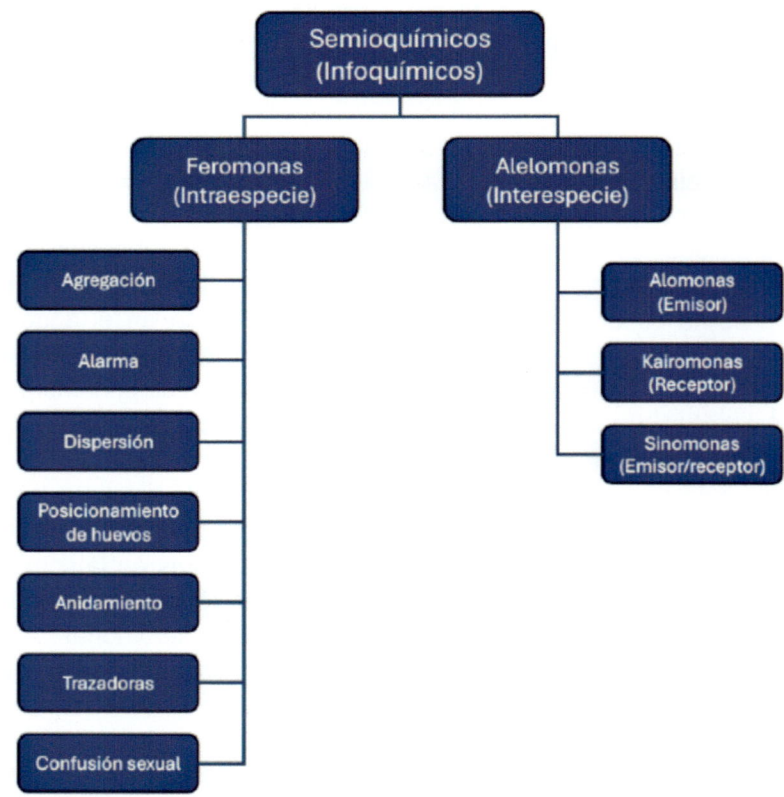

Figura 3.18. Tipos de compuestos semioquímicos.

para atraer a los polinizadores o dispersores de semillas. También incluyen sustancias que un organismo produce para repeler a los predadores o para atraer a presas (por ejemplo, el uso de secreciones por parte de las hormigas para atraer a otros insectos que les sirven de alimento).

3. Kairomonas (comunicación interespecífica, beneficiosa para el receptor):
   Sustancias que afectan el comportamiento de otro organismo, pero en este caso, el receptor se beneficia. Un ejemplo serían los compuestos que emiten algunas plantas para atraer insectos que luego se alimentan de plagas que las afectan.

4. Sinomonas (comunicación interespecífica, beneficiosa para ambas partes):
   Señales químicas que benefician tanto al emisor como al receptor. Un ejemplo es la relación entre ciertas plantas y los insectos que polinizan sus flores. El insecto recibe néctar como recompensa, mientras que la planta se beneficia de la polinización.

Los semioquímicos actúan enviando señales químicas que desencadenan respuestas biológicas en los receptores, ya sea para atraer, repeler, advertir o inducir ciertos comportamientos. Este proceso ocurre a través de la percepción de las moléculas químicas en el ambiente, las cuales se captan mediante receptores específicos en los organismos. Una vez que se detectan, los semioquímicos generan una señal que puede alterar el comportamiento o las respuestas fisiológicas de los organismos involucrados. En el caso de las feromonas, los receptores químicos en los pueden activar ciertos circuitos neuronales que llevan a la respuesta deseada (atracción sexual, por ejemplo) (Figura 3.19). En el caso de las alomonas, como las que utilizan las plantas

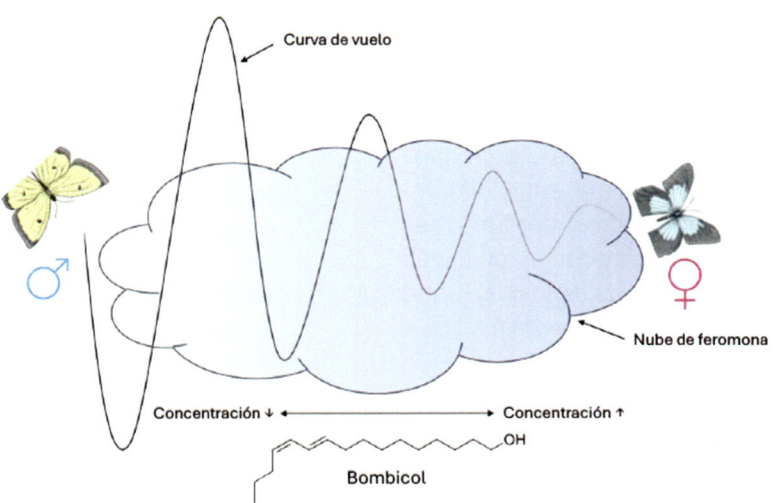

Figura 3.19. Esquema del modo de comunicación de *Bombyx mori* (gusano de seda).

para atraer polinizadores, las moléculas químicas son percibidas por los insectos, lo que provoca que estos se acerquen a las flores. En la Figura 3.20 y en el Anexo 4.3.5 se muestran algunos ejemplos de feromonas emitidas por diversos insectos.

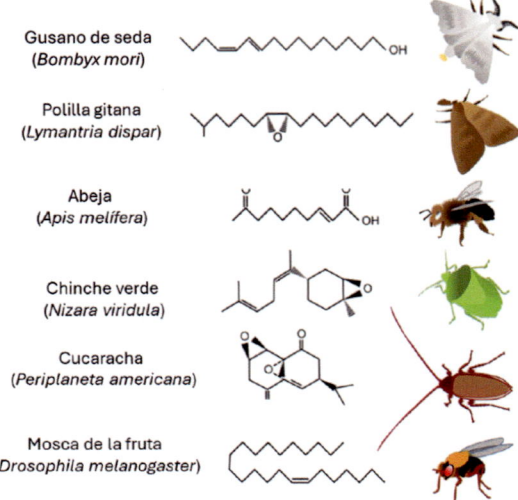

Figura 3.20. Ejemplos de feromonas comunes.

Las feromonas poseen estructuras químicas diversas y complejas, lo que permite a los insectos comunicarse de manera efectiva en sus respectivos entornos. La estructura de las feromonas varía considerablemente entre diferentes especies de insectos, pero muchas feromonas están compuestas principalmente de compuestos lipídicos, entre los que destacan los siguientes:

– *Ésteres*. Compuestos comunes en las feromonas, a menudo utilizados en sistemas de atracción y agregación. Estos compuestos suelen ser de bajo peso molecular y se caracterizan por la combinación de ácidos grasos y alcoholes.

– *Alquenos y alcoholes*. Estructuras, típicamente encontradas en feromonas sexuales; pueden presentar dobles enlaces que influyen en su volatilidad y capacidad para actuar como señales químicas. Un ejemplo es el bombicol (alcohol).

– *Cetonas y ácidos grasos*. Estructuras también comunes en diversas feromonas y fundamentales en la biosíntesis de compuestos más complejos. Los ácidos grasos suelen ser el bloque de construcción de muchas feromonas, que luego son modificados por determinadas enzimas para producir las formas finales.

– *Terpenos*. Algunas feromonas de alarma y de agregación son sesquiterpenos, que contienen tres unidades de isopreno y pueden tener estructuras cíclicas. Un ejemplo es el (E)-β-farneseno, utilizado por algunas especies de pulgones.

– *Combinaciones de compuestos*. Muchas feromonas no son simples y consisten en mezclas de varios tipos de compuestos químicos, lo que crea un perfil único que puede ser específico para una especie. Estos perfiles complejos contribuyen a la efectividad de la señalización en el contexto del comportamiento social y reproductivo.

La biosíntesis de feromonas en insectos es un proceso complejo que involucra varias etapas y tipos de enzimas. A continuación, se describen los aspectos clave de este proceso:

- *Precursores*. La biosíntesis de muchas feromonas comienza con ácidos grasos y otros compuestos lipídicos obtenidos mediante la alimentación. Estos compuestos básicos son cruciales para la formación de feromonas más complejas.
- *Modificaciones enzimáticas*. La conversión de los precursores en feromonas activas requiere diversas modificaciones enzimáticas. Diferentes clases de enzimas son responsables de transformar los ácidos grasos en componentes específicos, a menudo a través de reacciones como desaturación, hidroxilación, o la adición de grupos funcionales, como, por ejemplo: i) desaturasas, introducen dobles enlaces en la cadena de carbono, ii) acil-transferasas, facilitan la formación de ésteres, iii) alcohol deshidrogenasas, pueden transformar aldehídos en alcoholes, un paso común en la biosíntesis de feromonas.
- *Sistemas glandulares*. Las feromonas se producen principalmente en glándulas especializadas. Por ejemplo, las hembras de varias especies de polillas producen feromonas sexuales en glándulas situadas en segmentos abdominales, mientras que, en otras especies, como las abejas, múltiples glándulas están involucradas en la producción de diferentes tipos de feromonas.
- *Regulación hormonal*. La producción de feromonas está estrechamente regulada por hormonas que pueden activar o desactivar la actividad enzimática necesaria para la síntesis de las feromonas. Un ejemplo notable es el papel de los neuropéptidos que inducen la biosíntesis en especies como el gusano de seda.
- *Especificidad del comportamiento*. A menudo, los componentes de las feromonas se combinan en proporciones específicas que son cruciales para su función en el comportamiento, como la atracción sexual o las señales de alarma. Esto se traduce en que la biosíntesis no solo produce un compuesto único, sino una mezcla compleja que puede cambiar con factores como la edad, el estado reproductivo o el entorno del insecto.

Por último, los métodos analíticos para detectar feromonas incluyen varias técnicas efectivas, entre las cuales destacan:

- Cromatografía de Gases (GC). Es el método más ampliamente utilizado para la detección, cuantificación y caracterización estructural de feromonas volátiles. Se basa en la separación de compuestos según su presión de vapor y afinidad por la fase estacionaria de la columna, y comúnmente se detecta mediante ionización de llama (FID) o espectrometría de masas (MS). Esta última proporciona información detallada sobre el peso molecular y la estructura a través de patrones de fragmentación. Es esencial para identificar y caracterizar las feromonas. Por su parte, la Cromatografía de Gases acoplada a la Detección Electroantenográfica (GC-EAD) permite la identificación química simultánea y la evaluación funcional mediante la medición de la respuesta de las neuronas sensoriales de los insectos a los componentes de la feromona. Es altamente sensible y capaz de detectar cantidades muy pequeñas de compuestos.

- Espectroscopía de Resonancia Magnética Nuclear (NMR). Aunque requiere muestras más grandes, la NMR es efectiva para la elucidación estructural y se ha adaptado para el cribado utilizando sondas de volumen reducido. Ha sido útil para identificar moléculas señalizadoras en mezclas complejas.

3.2.4. Reguladores del crecimiento de insectos

El primer relato del uso potencial de los reguladores del crecimiento de los insectos (*Insect Growth Regulators*, IGR) en el control de insectos data de 1956, cuando se aisló la hormona juvenil (HJ) del extracto crudo abdominal de las polillas de *Hyalophora cecropia*. Sin embargo, hasta 1965 no se identificó el compuesto responsable, juvabiona ($C_6H_{23}O_6$), compuesto conocido como "factor de papel", un sesquiterpeno derivado del ácido todomatuico ($C_{15}H_{24}O_3$), ambos presentes en la resina de los abetos del género *Abies*, y que ha demostrado ser una hormona juvenil muy específica que imita a la familia de los hemípteros (Pyrrhocoridae) (Figura 3.21). El descubrimiento de esta sustancia tan específica llevó a que la industria se interesara por la HJ como herramienta en el desarrollo de IGR (Tunaz y Uygun, 2004).

La HJ es una hormona insecto-específica que juega un papel crucial en el desarrollo y la metamorfosis de los insectos. Se produce principalmente en las glándulas *corpora allata*, que están ubicadas detrás del cerebro del insecto.

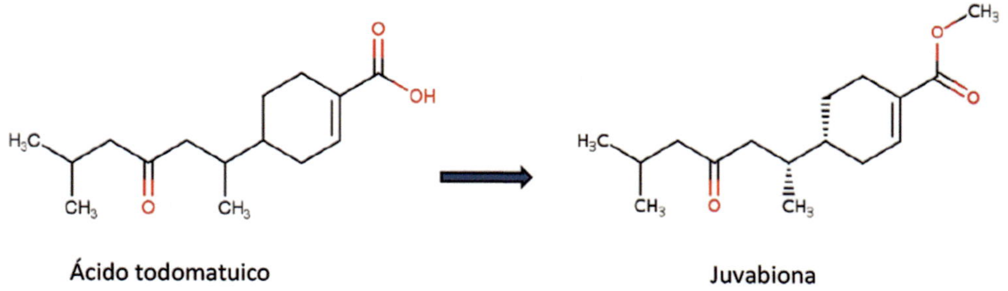

Ácido todomatuico   Juvabiona

Figura 3.21. Estructuras del ácido todomatuico y juvabiona.

Entre sus funciones, destacan las siguientes: i) la regulación del desarrollo. La HJ es esencial para mantener las etapas larvales de los insectos. Su presencia asegura que los insectos continúen en su estado larval en lugar de transformarse inmediatamente en pupas o adultos, ii) el control de la metamorfosis. Si la HJ está presente, impide que los insectos pasen a etapas de desarrollo más avanzadas. Cuando los niveles de la HJ disminuyen, se desencadena la metamorfosis y el insecto puede transformarse en pupa o adulto y iii) las influencias reproductivas. En los insectos adultos, la HJ también está involucrada en la maduración de los ovarios en las hembras y puede influir en el comportamiento reproductivo.

Para adaptarse al crecimiento, los insectos deben someterse a mudas repetidas. El cambio de forma en los insectos holometábolos y hememimetábolos se lleva a cabo por metamorfosis. Tanto la muda como la metamorfosis están reguladas por dos hormonas principales: las hormonas juveniles sesquiterpenoides y los esteroides (ecdisterioides). Durante la muda y la metamorfosis, los insectos mudan su antiguo exoesqueleto y sintetizan uno nuevo. Los complejos de proteínas y quitina, un polímero de N-acetil-D-glucosamina, son los principales componentes del exoesqueleto.

Los IGR son compuestos que interfieren con el crecimiento, desarrollo y metamorfosis de los insectos. Los IGR incluyen análogos sintéticos de hormonas de insectos (ecdisoides y juvenoides) y compuestos no hormonales como precocenos (Anti HJ) e inhibidores de la síntesis de quitina. Estos compuestos tienen un efecto específico sobre los insectos, afectando su desarrollo y, en muchos casos, impidiendo la formación de adultos reproductivos, lo que ayuda a controlar las poblaciones de plagas. Los IGR son considerados una alternativa menos tóxica en el manejo de plagas, ya que son selectivos y suelen tener un bajo impacto en organismos no objetivos, como depredadores naturales y humanos (Masih y Ahmad, 2019). Entre los principales grupos, cabe destacar los siguientes:

- *Ecdisoides*. Análogos sintéticos de la ecdisona, que es la hormona de la muda en los insectos. Estos compuestos inducen el desarrollo defectuoso en los insectos al causar la formación de una cutícula inadecuada durante la muda.
- *Juvenoides*. Análogos de la HJ que mimetizan su acción y suelen interferir con la metamorfosis, impidiendo que los insectos alcancen la etapa adulta. Esto resulta en el desarrollo de insectos que no pueden reproducirse.
- *Inhibidores de la síntesis de quitina*. Compuestos que afectan a la formación del exoesqueleto de los insectos, que se compone de proteínas y quitina. Al inhibir la síntesis de quitina, se impide que los insectos desarrollen una cutícula adecuada, lo que puede llevar a su muerte.
- *Precocenos*. Compuestos que actúan como antagonistas de la HJ, causando efectos adversos en el desarrollo de los insectos, incluidas anomalías en su crecimiento y en su capacidad reproductiva.

Los análogos sintéticos de la hormona juvenil como las benzoil fenil ureas (diflubenzuron, lufenuron, hexaflumuron, etc.) o las diacilhidracinas (halofenocida, tebufenozida, etc.) son utilizados como IGR, ya que pueden interferir con el ciclo de vida de los insectos plaga, evitando que alcancen la etapa adulta y, por lo tanto, su capacidad de reproducción (Figura 3.22).

En conclusión, los IGR y la hormonología asociada representan un avance significativo en la ciencia del control de plagas, ofreciendo métodos innovadores que promueven tanto la seguridad ambiental como la eficacia en la protección de cultivos.

3.2.5. Rizobacterias

Bishnoi (2015) definió las rizobacterias promotoras del crecimiento vegetal (PGPR) como una amplia colección de bacterias del sistema suelo-planta, donde interactúan activa y eficazmente en la rizosfera, regulando el desarrollo y el rendimiento de las plantas a través de distintos procesos, tal y como se ha comentado en el Apartado 2.3.6. Se pueden clasificar en dos grupos según su hábitat: i) i-PGPR (bacterias simbióticas), que residen dentro de las células vegetales, generan nódulos y están confinadas en estructuras específicas, y ii) e-PGPR (rizobacterias de vida libre), que viven fuera de las células vegetales, no producen nódulos, pero estimulan el desarrollo de las plantas. En general, la función de las PGPR se puede resumir en las siguientes: i) producción de ciertos productos químicos necesarios para las plantas, ii) aumento de la resistencia de las plantas y iii) promoción de la absorción de ciertos minerales del suelo. Diversas especies de *Bacillus*, *Paenibacillus*, *Brevibacillus*, *Pseudomonas*, *Serratia*, *Burkholderia* y *Streptomyces* son típicas PGPR que se utilizan en tratamientos de semillas de-

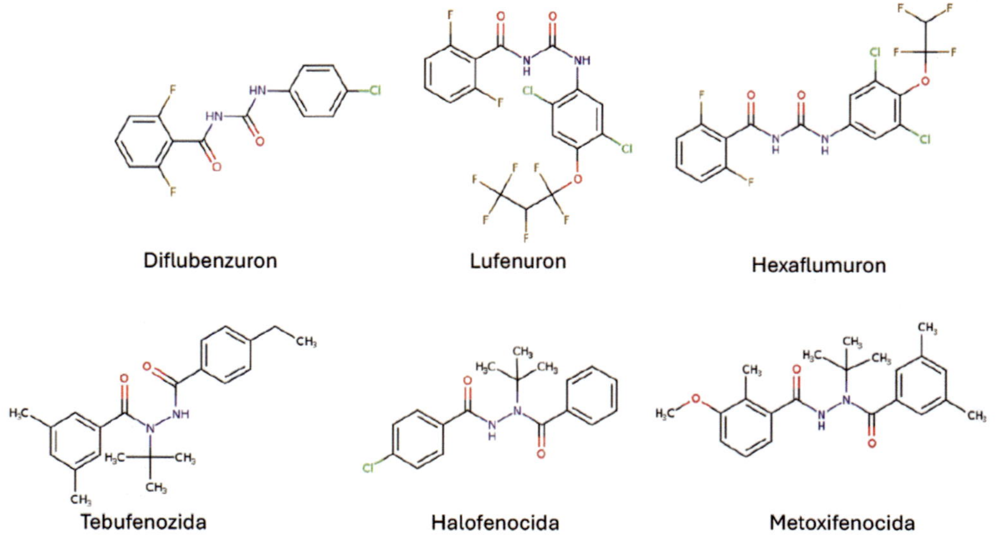

Diflubenzuron   Lufenuron   Hexaflumuron

Tebufenozida   Halofenocida   Metoxifenocida

Figura 3.22. Ejemplos de análogos sintéticos de la HJ.

bido a su efecto adverso sobre los microorganismos responsables de crear enfermedades y a su capacidad de producir antibióticos (Kokalis-Burelle *et al.* 2006). La síntesis de estos, la competencia con sustratos y la resistencia sistémica inducida en el huésped son algunos de los procesos implicados en la supresión de parásitos de plantas por PGPR (Nivya 2015). En consecuencia, se hace necesario explorar métodos innovadores y ecológicamente aceptables, como el uso de PGPR, para controlar las poblaciones de parásitos de plantas como los nematodos (Aioub *et al.*, 2022).

3.2.6. Protectores incorporados a las plantas

Los protectores incorporados a las plantas (*Plant Incorporated Protectants*, PIP) constituyen el material genético necesario para que una planta produzca sustancias biocidas. Así, un gen para una proteína bioplaguicida *Bt* específica puede introducirse en el genoma de la planta. Posteriormente, la planta fabrica la proteína que hace que la planta sea resistente al ataque de plagas. Algunos cultivos en los que se han incorporado genes con propiedades plaguicidas son maíz, soja, tabaco, caña de azúcar, patata, alfalfa, tomate y algodón (Usta, 2013). Los genes protectores provienen principalmente de aislados de *Bt* (Bravo *et al.*, 2011). Una amplia información sobre los cultivos modificados genéticamente para producir toxinas insecticidas y la evolución de la resistencia a las plagas se puede encontrar en los trabajos de Tabashnik *et al.*, 2009 y Gassmann *et al.*, 2011.

En 2010 se plantaron cultivos transgénicos modificados para producir toxinas insecticidas derivadas de *Bt* en más de 58 millones de hectáreas en todo el mundo. Los beneficios de los cultivos *Bt* incluyen la reducción del uso de insecticidas dañinos y la supresión regional de algunas plagas agrícolas clave. En la mayor parte el mundo, se siembra más superficie de maíz (*Zea mays* L.) *Bt* que de cualquier otro cultivo *Bt*. A partir de 2003, el maíz *Bt* se comercializó para el control de las larvas del gusano de la raíz del maíz occidental y fue rápidamente adoptado por los agricultores, constituyendo más del 45% de la cosecha de maíz en Estados Unidos durante 2009. Sin embargo, la evolución de la resistencia del gusano occidental de la raíz del maíz podría truncar los beneficios del maíz *Bt* (Moshi y Matoju, 2017).

3.2.7. Otros

La tierra de diatomeas es un mineral de origen vegetal a base de algas marinas, concretamente de las llamadas *diatomeas*, algas unicelulares (pueden vivir en aguas dulces y saladas) fosilizadas que cuentan con una cobertura de sílice. La tierra de diatomeas es un recurso natural ampliamente utilizado en agricultura para combatir las plagas. En España, diversos cultivos se benefician de las propiedades insecticidas y fungicidas de este producto, lo que contribuye a mejorar la calidad de los cultivos (hortícolas, cereales, leguminosas y/o frutales) y reducir la dependencia de los plaguicidas tradicionales. El producto entra en contacto directo con el insecto penetrando a través de su capa de queratina y, como consecuencia, provocando su muerte por deshidratación. Tiene un aspecto de polvo blanco, muy parecido al talco, y se puede aplicar espolvoreando o pulverizando en una dosis aproximada de 20 g L^{-1}. Al estar compuesto por algas, es completamente biodegradable y no deja residuos, lo que representa una gran ventaja si lo que deseamos es combatir plagas de manera natural y totalmente inocua, no afectando ni a personas ni a animales. Tiene múltiples aplicaciones como insecticida y fungicida y no genera resistencia alguna en los insectos. Es un producto efectivo contra multitud de artrópodos (orugas, pulgón, babosas, caracoles, hormigas, cucarachas, ácaros, trips, etc.) y hongos (mildiu, oídio o roya). La aplicación de la tierra de diatomeas como fertilizante natural e insecticida es bastante fácil.

3.3. Normativa

FAO y OMS

La FAO y la OMS describen los BP, o "plaguicidas biológicos" como:

> un término genérico, aplicado a una sustancia derivada de la naturaleza, como un microorganismo, botánico o semioquímico, que puede formularse y aplicarse de manera similar a un plaguicida químico convencional y que normalmente se usa para el control de plagas a corto plazo.

Según FAO (2017) se pueden clasificar, dejando a un lado los protectores PIP, en tres grandes grupos de sustancias activas:

1. *Microorganismos*: Protozoos, hongos, bacterias, virus u otras entidades bióticas microscópicas autorreplicantes y cualquier metabolito asociado, a los que se atribuyen los efectos del control de plagas. Pueden contener metabolitos/toxinas relevantes producidos durante la proliferación celular (crecimiento) y material del medio de crecimiento, siempre que ninguno de estos componentes haya sido alterado intencionadamente.

2. *Botánicos*: Sustancias que se encuentran de forma natural en las plantas para protegerse del ataque de los herbívoros (incluidos los insectos) y los patógenos. Son también denominados compuestos derivados del metabolismo secundario de las plantas, que incluyen compuestos volátiles como alcoholes, terpenos y compuestos aromáticos. Los principios activos botánicos pueden contener uno o varios de estos compuestos extraídos y luego concentrados y/o purificados, siempre que la naturaleza química de los componentes no se modifique o altere intencionadamente mediante procesos químicos y/o microbianos.

3. *Semioquímicos*: Sustancias o mezclas de sustancias emitidas de forma natural por las plantas, animales y otros organismos para crear una respuesta conductual o fisiológica en otros indivi-

duos de la misma especie o de especies diferentes. Incluyen las feromonas, que tienen un efecto intraespecífico (misma especie), y las alelomonas que tienen un efecto interespecífico (distinta especie). En términos generales, estos compuestos son utilizados en el ámbito de la ecología química y la etología para describir cómo los organismos intercambian información a través de señales químicas.

En 2017, la FAO y la OMS elaboraron el *Código internacional de conducta sobre el manejo de plaguicidas: directrices para el registro de agentes de control de plagas microbianos, botánicos y semioquímicos para usos fitosanitarios y de salud pública*. El objetivo era proporcionar un marco de referencia de orientaciones prácticas para facilitar el registro de BP centrándose en los requisitos de datos y los enfoques para su evaluación que garantizasen una protección adecuada de la salud humana y animal y del medio ambiente (FAO, 2017).

OCDE

El Grupo de Expertos en BP (*Expert Group on BioPesticides,* EGBP) perteneciente a la Organización para la Cooperación y el Desarrollo Económico (OCDE), se creó en 1999 para ayudar a los países miembros a armonizar los métodos y enfoques utilizados para evaluar los plaguicidas biológicos o BP.

En el resumen del informe del 11º Seminario de la OCDE (2022), sobre diferentes aspectos de la evaluación de la eficacia de los BP se expone que :

- Los "plaguicidas biológicos" o "agentes de control biológico" incluyen: microbios (bacterias, algas, virus protozoos y hongos), feromonas y otros semioquímicos, extractos de plantas (botánicos), agentes invertebrados, como insectos y nematodos, y extractos vegetales/botánicos.

- Los "microbianos" se definen generalmente como cualquier entidad microbiológica celular o no celular, capaz de replicarse o de transferir material genético, por ejemplo, bacterias, hongos, protozoos, virus, viroides y micoplasmas. En algunas normativas, los "microbianos" también incluyen microorganismos no viables[9], mientras que en otras se excluyen.

- Las "sustancias activas semioquímicas" se refieren a las sustancias activas que emiten las plantas, los animales y otros organismos y que utilizan para comunicarse.

- El término "extracto vegetal" o "sustancia activa botánica" abarca un grupo extremadamente heterogéneo de sustancias que van desde simples polvos vegetales hasta extractos vegetales procesados y sin procesar. Además, los extractos vegetales pueden ser muy refinados (es decir, una única sustancia activa) o representar una mezcla compleja de componentes de los

---

[9] Un microorganismo viable es aquel capaz de replicarse o transferir material genético.

que todos o solo algunos son biológicamente activos.

- Los "invertebrados" se refieren en general a los enemigos naturales y a los nematodos.

EPA

Desde el punto de vista normativo y de registro a nivel mundial, la definición más aceptada del término "bioplaguicida" es la dada por la Agencia de Protección Ambiental de EE UU (*United States Environmental Protection Agency*, US EPA), para la cual son:

> aquellos productos fitosanitarios que incluyen sustancias naturales derivadas de animales, plantas, bacterias y ciertos minerales, que sirven para controlar las plagas (Gupta y Dikshit, 2010).

Por ejemplo, el aceite de colza y el bicarbonato de sodio tienen aplicaciones como plaguicidas, pero se consideran BP. A 31 de agosto de 2020, había 390 ingredientes activos registrados como BP y más de 1.250 productos BP comerciales (US EPA, 2024). La EPA ha clasificado los BP en tres grandes categorías:

1. *Plaguicidas bioquímicos*: Sustancias naturales como las feromonas y algunos extractos de plantas que actúan a través de mecanismos no tóxicos.
2. *Microorganismos entomopatógenos*: Plaguicidas microbianos en los que el ingrediente activo es, por ejemplo, una bacteria, un hongo, un virus o un protozoo.
3. *Protectores incorporados a las plantas (PIP)*: Sustancias plagui-

cidas producidas por las plantas a partir de material genético que se ha añadido a la planta como el famoso "maíz *Bt*"[10].

La División de BP y Prevención de la Contaminación (*The Biopesticides and Pollution Prevention Division*, BPPD) integrada en la EPA, es la responsable de todas las actividades regulatorias asociadas con los BP. La EPA los considera globalmente como "plaguicidas de riesgo reducido" frente a los convencionales, y se regulan de forma diferente a ellos. El proceso de registro, una vez salvada la consulta de solicitud previa, se inicia con una revisión científica formal (incluyendo ensayos fisicoquímicos, toxicológicos y ecotoxicológicos). Este proceso puede durar entre 12 y 18 meses en comparación con aproximadamente los 36 que requieren los plaguicidas convencionales, lo cual es debido a una menor exigencia de datos, además de tener unas tarifas de registro más bajas. Por ejemplo, en el caso de los plaguicidas bioquímicos (semioquímicos) como las feromonas no se requiere registro al considerarse que provocan un impacto mínimo en el medio ambiente o la salud humana. Los PIP se evalúan caso por caso según el microorganismo, el patrón de uso pro-

---

[10] El maíz *Bt* es un maíz que ha sido modificado genéticamente para protegerlo contra los insectos plaga conocidos como taladros (*Ostrinia nubilalis* y *Sesamia nonagrioides*), gracias a una proteína (plaguicida) procedente de una bacteria natural del suelo llamada *Bacillus thuringiensis* (*Bt*) que ha sido introducida en el material genético de la propia planta. Es entonces la planta, en lugar de la bacteria, la que fabrica la sustancia que destruye la plaga.

puesto y la naturaleza de la modificación genética.

Sin embargo, no todos los productos naturales pueden registrarse como BP. En este caso la EPA tiene claro que no todos son necesariamente inocuos a pesar de su origen natural. Por ejemplo, aquellos que forman toxinas producidas por plantas, piretrinas, espinosad y abamectina, a pesar de su origen natural, están registrados como plaguicidas convencionales debido a su modo de acción neurotóxico. Por el contrario, la azadiractina, metabolito secundario extraído del aceite presente en las semillas del árbol de neem (árbol de hoja perenne que puede alcanzar hasta los 30 metros de altura), está registrado como BP, aunque no en el caso de la UE.

La EPA también clasifica determinadas sustancias que plantean poco o ningún riesgo para la salud humana o el medio ambiente como "plaguicidas de riesgo mínimo" lo que las ha eximido del requisito de registro con arreglo a la Ley Federal de insecticidas, fungicidas y rodenticidas (FIFRA, 1996) que son revisadas en el punto 3.5 de este capítulo.

UE

En la Unión Europea (UE) no hay una definición específica regulada de "bioplaguicida" en el sentido estricto. El término utilizado actualmente es el de "agentes de control biológico" o "plaguicidas de origen biológico" en lugar de BP. Su regulación se basa en el Reglamento (CE) 1107/2009, aplicable a "las sustancias, incluidos los microorganismos, que ejerzan una acción general o específica contra los organismos nocivos o en los vegetales, partes de vegetales o productos vegetales", y donde se establecen los criterios y disposiciones para la evaluación y autorización de productos fitosanitarios, incluidos los de origen biológico, como los BP. Dichas sustancias se denominan, en conjunto, "sustancias activas". También, en ese año 2009, los Estados miembros de la UE adoptaron la Directiva 2009/128/CE sobre el uso sostenible de los plaguicidas, cuyo objetivo era garantizar un alto grado de protección de la salud humana, animal y del medio ambiente, del efecto de los productos fitosanitarios, donde se promociona el MIP, que pretende conseguir el desarrollo de cultivos sanos con la mínima alteración posible de los agroecosistemas e impulsar mecanismos naturales de control de plagas con métodos y técnicas alternativas, como los medios de control no químicos, entre ellos con el uso de los plaguicidas de origen biológico. El artículo 4 de la Directiva exigía a los Estados miembros planes de acción nacionales que incluyeran dichos objetivos.

Actualmente la UE, a pesar de utilizar el término "bioplaguicida", no distingue a estos agentes como grupo separado del grupo de plaguicidas convencionales (químicos de síntesis), por lo que las sustancias activas de los BP deben cumplir los criterios de aprobación establecidos en dicho reglamento y, en su mayor parte, los requisitos de datos generales, ideados para los plaguicidas químicos convencionales, aunque se menciona que, en el caso de los extractos de plantas y los semioquímicos, "se pueden hacer exenciones justificadas" o "se puede adoptar un enfoque diferente si se justifica adecuadamente".

Recientemente, a través del Reglamento (UE) 2022/1438 y el Reglamento (UE) 2022/1439 que modifican el anexo II del R (CE) 1107/2009 y el R (UE) 283/2013 se aprobaron nuevas normas para acelerar la aprobación y autorización de productos fitosanitarios que contengan microorganismos destinados a sustituir a los plaguicidas químicos. Los cambios tienen por objeto acelerar el proceso de aprobación, ya que la UE busca formas de cumplir con las ambiciones del "Pacto Verde Europeo" y contribuir a la consecución de los objetivos de la Estrategia "De la Granja a la Mesa"

La UE, como comentábamos anteriormente, sí tiene establecida, a través de la Resolución 2018/C 252/18 del Parlamento Europeo, la consideración de que, por "plaguicidas de origen biológico",

> se entienden en general productos fitosanitarios basados en microorganismos, sustancias botánicas, bioderivados químicos o semioquímicos (como las feromonas y diversos aceites esenciales) y sus subproductos.

Así, dentro del marco regulatorio, se considera que un BP es un producto fitosanitario que contiene ingredientes activos de origen biológico, como microorganismos, compuestos naturales o extractos botánicos, y que se utiliza para el control de plagas en los cultivos. De acuerdo con esta definición, el Reglamento (CE) 1107/2009 es aplicable a las sustancias o productos que comprenden microorganismos, semioquímicos y sustancias naturales, quedando excluidos los macroorganismos (como

insectos, ácaros y nematodos entomopatógenos[11] utilizados para combatir y controlar las poblaciones de plagas en los cultivos aprovechando sus relaciones naturales depredador-presa o parásito-huésped) y los PIP (protectores incorporados a las plantas), que sí están clasificados por la EPA como BP. Esta consideración sigue en sintonía con las restrictivas políticas actuales sobre organismos modificados genéticamente (OMG) adoptadas por la UE, frente a las más tolerantes seguidas en EE.UU.

La Autoridad Europea de Seguridad Alimentaria (EFSA) tampoco recoge el término bioplaguicida, solo la Agencia Europea de Medio Ambiente (AEMA), en el apartado Glosario de términos, incluye la definición de BP de las siguientes formas:

> un plaguicida elaborado a partir de fuentes biológicas, es decir, de toxinas que se producen de forma natural; agentes biológicos de origen natural utilizados para matar plagas causando efectos biológicos específicos en lugar de inducir el envenenamiento químico; plaguicida en el que el ingrediente activo es un virus, hongo o bacteria, o un producto natural derivado de una fuente vegetal (AEMA, 2024).

Aunque los BP no existen como categoría reglamentaria en la UE, sí existen las condiciones para que una sustancia activa pueda ser aprobada como de "bajo riesgo toxicológico" y como

---

[11] El término entomopatógenos se refiere a los microorganismos capaces de causar una enfermedad al insecto plaga, conduciéndolo a su muerte después de un corto período de incubación (García y González, 2013).

"sustancia básica" para ser utilizadas como medios de defensa fitosanitaria al presentar un bajo o nulo riesgo toxicológico y que se discuten en los puntos 3.4 y 3.6. De esta forma, en la UE se utiliza un enfoque de aprobación basado en el riesgo.

Australia

La Autoridad Australiana de Plaguicidas y Medicamentos Veterinarios (*Australian Pesticides and Veterinary Medicines Authority, APVMA*) no utiliza el término "bioplaguicida" para referirse a los productos plaguicidas de origen biológico, sino que utiliza el término "*biological agricultural products*" (productos biológicos agrícolas), que define como:

> Un producto químico agrícola cuyo constituyente activo comprende o se deriva de un organismo vivo (planta, animal, microorganismo, etc.), con o sin modificación. Esto incluye muchos productos que suelen denominarse "botánicos", "orgánicos" o "herbáceos" (cuando el constituyente activo comprende un extracto derivado de un organismo y no el organismo entero y puede ir acompañado de componentes no identificados) (APVMA, 2024).

La APVMA incluye cuatro grandes grupos de productos biológicos:

– Grupo 1: Productos químicos de naturaleza biológica: semioquímicos (feromonas), hormonas y reguladores del crecimiento, enzimas y vitaminas.
– Grupo 2: Extractos vegetales y de otro tipo (extractos de plantas, aceites esenciales, productos considerados alimentos y extractos derivados de organismos).
– Grupo 3: Agentes microbianos (bacterias, hongos, virus, protozoos).
– Grupo 4: Otros organismos vivos (insectos microscópicos, plantas y animales, además de algunos organismos modificados genéticamente).

No se consideran dentro de este tipo de productos los organismos (insectos y ácaros) depredadores y parásitos macroscópicos, así como las plantas superiores con genes insertados que codifican para la producción de sustancias plaguicidas y productos basados en OMG.

La APVMA reconoce que, en muchos casos, los plaguicidas biológicos tienen propiedades diferentes de las de los químicos convencionales y, por lo tanto, las directrices y requisitos de utilización y registro tiene que tratarse de manera independiente. De esta manera, Australia posee un marco normativo específico para abordar los riesgos potenciales que puedan plantear los productos agrícolas biológicos.

Reino Unido

El Reino Unido, a través de la Dirección General de Salud y Seguridad (*Health and Safety Executive*, HSE) indica que los BP abarcan un amplio espectro de posibles productos utilizados como productos fitosanitarios y que se pueden dividir en cuatro grandes grupos:

1. *Productos basados en feromonas y otros semioquímicos*. Se

considera que una feromona es una sustancia activa de un producto fitosanitario si su objetivo es proteger la planta o los productos vegetales, por ejemplo, si se utiliza para la confusión sexual o en el caso de la captura masiva, pero no en el caso de que solo se utilicen para controlar el ciclo de población de los insectos.

2. *Productos que contienen microorganismos.* Plaguicidas microbianos en los que el ingrediente activo es, por ejemplo, una bacteria, un hongo, un virus, un viroide o un protozoo.

3. *Productos a base de extractos vegetales.* Aquellos que representan un amplio espectro de extractos de plantas sin procesar que representan un *grupo de sustancias* o muy refinados que contienen una sola sustancia activa.

4. *Otros productos alternativos novedosos.* Se trata de productos potenciales que no encajan fácilmente en una categoría específica.

El gobierno británico ha adoptado un papel activo en el fomento del desarrollo y la aplicación de los BP, ofreciendo asesoramiento gratuito y un equipo de especialistas que se ocupa de los registros.

Canadá

Canadá, a través de la Agencia Reguladora del Control de Plagas (*Pest Management Regulatory Agency*, PMRA) del Ministerio de Sanidad, utiliza el término "bioplaguicida o plaguicidas bioló-

gicos" y la definición establecida por la EPA, afirmando que este tipo de sustancias pueden constituir una alternativa a los productos químicos sintéticos utilizados para el control de plagas y pueden ser utilizados por cualquiera que busque un método alternativo de control de plagas, aunque, al igual que los plaguicidas químicos sintéticos, los BP deben ser previamente registrados por la PMRA. Sin embargo, a diferencia de la EPA, también los clasifica en tres grandes grupos, pero con distinta denominación:

1. *Plaguicidas microbianos.* Aquellos que contienen microorganismos vivos, como bacterias, hongos, virus, protozoos, algas, micoplasmas, rickettsias y organismos afines, y metabolitos asociados (o subproductos), que se utilizan para controlar las plagas.

2. *Semioquímicos.* Sustancias químicas portadoras de mensajes producidas por un organismo que provocan una respuesta de comportamiento en otro organismo de la misma especie o de especies diferentes. Los equivalentes producidos sintéticamente de estas sustancias químicas también se consideran BP semioquímicos. Los más comunes son las feromonas sexuales de insectos, que se utilizan en trampas de control, para atraer y matar o para interrumpir el apareamiento de las plagas objetivo.

3. *Productos no convencionales (Non-conventional products).* Sustancias utilizadas por el público en general para diversos fines,

pero que también pueden utilizarse como productos para el control de plagas. Algunos ejemplos son los alimentos o conservantes, como el ajo en polvo o la sal de mesa, el vinagre, los extractos y aceites vegetales o minerales. Por ejemplo, se sabe que el vinagre elimina las malas hierbas, mientras que el aceite mineral y el azúcar en polvo se utilizan para controlar los ácaros.

Para aumentar la eficiencia y permitir registros simultáneos en América del Norte, la EPA y la PMRA tienen un proceso conjunto para la revisión de los productos BP.

IBMA

La IBMA (*International Biocontrol Manufacturers Association*), que agrupa a empresas dedicadas a la producción y/o comercialización de productos para control biológico de plagas y enfermedades agrícolas, basados en microorganismos, insectos auxiliares benéficos, feromonas y sustancias naturales, considera que el término "bioplaguicida" describe esencialmente "el uso de una sustancia derivada de la naturaleza que puede formularse y usarse como un plaguicida convencional". Sin embargo, la IBMA prefiere usar el término de "bioprotectores" en lugar de "BP" y los define como "una herramienta biológica de protección vegetal para el manejo de plagas, malezas y enfermedades". Los bioprotectores incluyen en particular (IBMA, 2024):

1. *Semioquímicos*. Sustancias emitidas por plantas animales y otros organismos que se utilizan para la comunicación intraespecífica y/o interespecífica y tienen un modo de acción específico y no tóxico.

2. *Microbianos*. Basados en microorganismos, incluidos, pero no limitados, bacterias, hongos, protozoos, virus viroides, micoplasmas, y pueden incluir microorganismos enteros, células vivas y muertas, cualquier otro metabolito microbiano asociado, materiales de fermentación y fragmentos celulares.

3. *Sustancias naturales*. Consisten en uno o más componentes que proceden de la naturaleza, incluidos, pero no limitados, plantas, algas/microalgas, animales, minerales, bacterias, hongos, protozoos, virus, viroides péptidos y micoplasmas. "Pueden proceder de la naturaleza o ser idénticos a la naturaleza si han sido sintetizados". Esta definición excluye los semioquímicos y los microbianos.

4. *Agentes invertebrados*. También llamados macrobianos, son enemigos naturales como insectos, ácaros y nematodos que controlan las poblaciones de plagas mediante la depredación o el parasitismo.

De esta forma, la IBMA utiliza el concepto de "biocontrol" o "control biológico" como:

una estrategia esencial dentro de la agricultura sostenible que utiliza organismos vivos y derivados naturales para el control de plagas y enfermedades en cultivos agrícolas y ornamentales. Esta práctica promueve un equilibrio ecológico, reduciendo la dependencia de plaguicidas químicos y preservando la biodiversidad y la salud de los ecosistemas.

Así, según la IBMA (2024), entre sus principales ventajas destacan las siguientes:

1. Método duradero y eficiente. Los agentes de biocontrol pueden autoperpetuarse año tras año, ofreciendo un control efectivo y sostenible de las plagas sin la preocupación de desarrollar resistencias.
2. No genera resistencias. Asegurando una efectividad a largo plazo sin inhabilitar el agente de control.
3. Elimina o reduce significativamente la necesidad de productos fitosanitarios de origen químico, promoviendo un ambiente más seguro y saludable.
4. Método seguro. La especificidad de los enemigos naturales asegura que solo las especies perjudiciales sean afectadas, protegiendo a otros organismos y contribuyendo a la biodiversidad.
5. No es nocivo para los usuarios y el entorno, minimizando los riesgos de intoxicaciones y protegiendo la salud del suelo y del agua, lo que favorece la conservación de ecosistemas saludables y la biodiversidad.
6. Económico. La relación costo/beneficio del uso del biocontrol ofrece una solución más econó-

mica a largo plazo que el control químico.
7. Estimula a la investigación científica. El campo del biocontrol estimula a que los científicos estén constantemente descubriendo nuevas especies de insectos, hongos y bacterias que puedan utilizarse para combatir plagas específicas.

Sin embargo, hay que señalar o puntualizar que, inicialmente, se denominó "biocontrol", o "control biológico" al uso exclusivo de organismos vivos (beneficiosos) para el control de plagas, conocidos como "enemigos naturales de una plaga", y que definía la denominada "lucha biológica", si bien el uso del término tiene hoy en día un significado más amplio, extendido a otros productos naturales.

3.4. Plaguicidas de bajo riesgo toxicológico

Aunque en la UE no hay una definición específica regulada de "bioplaguicida", lo que sí está establecido por la CE con arreglo al artículo 47, apartado 1 del citado Reglamento (CE) 1107/2009 son las condiciones para que una sustancia activa pueda ser aprobada como de "bajo riesgo toxicológico" y por lo tanto queda esperar que los productos fitosanitarios que las contengan solo presenten un bajo riesgo para la salud humana y animal y para el medio ambiente. Una sustancia activa puede aprobarse como sustancia de "bajo riesgo" si cumple los criterios de aprobación ordinarios y, además, cumple los criterios especificados en el Anexo II, punto 5, del citado Reglamento. Entre esas condiciones se especifica que un producto fitosanitario de bajo riesgo toxicológico no debe contener ninguna sustancia preocupante, tiene que ser suficientemente eficaz, no debe causar sufrimientos ni dolores innecesarios a los vertebrados que vayan a ser controlados, no debe estar catalogada como carcinógena, mutágena y tóxica para la reproducción, no debe ser persistente ($t_{1/2}$ en el suelo sea inferior a los 60 días) ni bioacumulable (factor de bioconcentración inferior a 100), etc.

Las sustancias activas de bajo riesgo toxicológico (SABRT) se aprueban durante 15 años en lugar de los 10 años del resto. Además, el Reglamento considera un procedimiento de autorización de productos fitosanitarios de bajo riesgo con plazos reducidos (120 días en lugar de un año) lo que garantiza que los productos de bajo riesgo puedan comercializarse rápidamente, aunque esto no excluya la demostración de su eficacia.

De esta manera, a priori, para la UE todas las sustancias activas procedentes de sustancias naturales son de alto riesgo y es el solicitante de registro el que debe demostrar lo contrario.

Posteriormente, en 2017 y, debido a los nuevos conocimientos científicos y técnicos, en lo que respecta a los criterios para la aprobación de sustancias activas de bajo riesgo, se aprobó el Reglamento (UE) 2017/1432 que modifica el punto 5 del anexo II del Reglamento 1107/2009 para:

i) Evitar que los anteriores criterios de persistencia y bioconcen-tración pudieran impedir que se aprobaran como sustancias de bajo riesgo determinadas sustancias naturales, como algunas plantas o minerales, que presentaban riesgos considerablemente menores que otras sustancias activas

ii) Considerar sustancias de bajo riesgo a los semioquímicos, ya que tienen un modo de acción específico y no tóxico y se producen de forma natural. En general, son eficaces en cantidades muy bajas, a menudo comparables con los niveles que se producen de forma natural.

iii) Considerar sustancias de bajo riesgo a los microorganismos, salvo cuando a nivel de la cepa quede demostrada su resistencia múltiple a los antimicrobianos utilizados en medicina o veterinaria, ya que sus propiedades difieren de las de las sustancias químicas por lo que no se podían aplicar para su aprobación los criterios anteriores. Según el Reglamento (UE) 283/2013, los microorganismos deben identificarse y caracterizarse a nivel de la cepa, ya que las propiedades toxicológicas de diferentes cepas pertenecientes a la misma especie de microorganismo pueden variar de manera considerable.

iv) Considerar sustancias de bajo riesgo a los baculovirus[12], a me-

_____

[12] Familia específica hospedadora de virus que infectan exclusivamente a los artrópodos y, principalmente, a los insectos lepidópteros. (UE) 2017/1432.

nos que se demuestre, a nivel de cepa, que tienen efectos adversos en insectos no objetivo, ya que no hay pruebas científicas de que tengan efectos negativos en los animales ni en los seres humanos.

Hasta abril del año 2015 no se autorizaron las primeras sustancias activas consideradas de bajo riesgo toxicológico (COS-OGA y cerevisane) a través de los Reglamentos de Ejecución (UE) 2015/543 y 2015/553 respectivamente. Ambas sustancias pertenecen al grupo de los bioderivados químicos:

i) COS-OGA: COS (*Chito-Oligo-Saccharides*) y OGA (*Oligo-Galacturonic Acid*), es decir, un complejo de oligosacáridos natural procedente de quitina[13] y pectina[14]. Según la IUPAC, un copolímero lineal de ácidos α-1,4-D-galactopiranosilurónicos y ácidos galactopiranosilurónicos metilesterificados (9 a 20 residuos) con copolímero lineal de 2-amino-2-deoxi-D-glucopiranosa y 2-acetamido-2-deoxi-D-glucopiranosa unidas mediante enlaces α-1,4 (5 a 10 residuos), presentes de forma

natural en plantas y en determinados microorganismos y utilizado como fungicida y elicitor (inductor de resistencia sistémica) para el control del mildiu (*Sphaerotheca fuliginea*) en cucurbitáceas cultivadas en invernaderos.

ii) Cerevisane: Un producto, cuyo principio activo y componente principal son las paredes celulares de *Saccharomyces cerevisiae* (cepa LAS117), una levadura muy extendida en la naturaleza y comúnmente utilizada para la producción de alimentos (panadería, bebidas alcohólicas o complementos nutricionales) y usado como elicitor contra hongos y bacterias en lechuga y otros cultivos.

En agosto del mismo año, se aprueba la tercera y última sustancia, en este caso el primer microorganismo, el virus del mosaico del pepino (cepa CH2, aislado 1906), que pertenece a la familia Alphaflexiviridae, género *Potexvirus*, con actividad fungicida y elicitor en cultivos de tomate en invernadero por el mecanismo de "protección cruzada[15]" contra todos los demás aislados del virus del mosaico del pepino (PepMV) en tomates cultivados bajo invernadero.

Hasta 2019 solo se habían aprobado 14 sustancias activas clasificadas como de bajo riesgo (Anexo 4.3.6), me-

---

[13] La quitina es el componente principal de las paredes celulares de los hongos y del resistente exoesqueleto que tienen la mayoría de los insectos y otros artrópodos, y algunos otros animales. (Tanget *et al.,* 2015)

[14] La pectina es una mezcla compleja de polisacáridos que constituye aproximadamente un tercio de las paredes celulares de las plantas superiores. (Crispín *et al.,* 2012).

---

[15] Un fenómeno en el que la infección de una planta con un virus leve o una cepa de viroide la protege de enfermedades resultantes de un encuentro posterior con una cepa grave del mismo virus o viroide. (Ziebell y Carr, 2010)

nos del 3% de todas las sustancias activas registradas, de las cuales 10 eran de origen microbiológico, un compuesto químico (fosfato férrico) y tres bioderivados químicos (COS-OGA, cerevisane y laminarina).

Actualmente (julio de 2024), según la base de datos de plaguicidas de la UE, existen 71 sustancias activas aprobadas como de bajo riesgo toxicológico, de las cuales 27 son microorganismos (cinco bacterias, 14 hongos, siete virus y una levadura) (Anexo 4.3.7), seis compuestos de naturaleza química (Anexo 4.3.8) y 38 que estarían dentro de los bioderivados químicos (Anexo 4.3.9) o semioquímicos (Anexo 4.3.10). De estas últimas, 27 son semioquímicos, integrados fundamentalmente por el grupo de 26 feromonas de lepidópteros de cadena lineal (*Straight Chain Lepidopteran Pheromones*, SCLPS) que comparten una definición estructural común[16] y el senecioato de lavandulilo. Las SCLPS son sustancias volátiles producidas de forma natural por insectos del orden de los lepidópteros (mariposas y polillas). La Comisión considera que solo las feromonas de cadena lineal de lepidópteros (acetatos) son sustancias activas de bajo riesgo ya que no son sustancias preocupantes y cumplen las condiciones establecidas en el punto 5 del Anexo II de Reglamento (CE) 1107/2009. Las feromonas de cadena lineal de lepidópteros (alde-

hídos y alcoholes) están aprobadas como sustancias activas, pero no de bajo riesgo de acuerdo con el Reglamento de Ejecución (UE) 2022/1251. El senecioato de lavandulilo es una feromona artrópoda natural utilizada para controlar las poblaciones de *Planococcus ficus* (cochinilla de la vid) mediante la alteración del apareamiento en uva de mesa, vinificación, pasas y cualquier otro cultivo donde *P. ficus* pueda ser una plaga en el sur de Europa (EFSA, 2020). El resto (Anexo 4.3.11) son distintos bioderivados naturales: COS-OGA, Cerevisane, Laminarina, ABE-IT 56, 24-epibrasinólida, *blood meal* o harina de sangre, extracto acuoso de semillas germinadas de *Lupinus albus* dulce, dos repelentes de origen animal (aceite de pescado y grasa de oveja), heptamaloxiloglucano y un residuo de destilación de grasas. En el Anexo 4.3.12 se pueden observar las sustancias clasificadas como de bajo riesgo toxicológico de origen químico registradas en España (MAPA, 2024).

A menudo, en la UE se utiliza erróneamente el término BP para referirse a los productos o sustancias clasificadas como de "bajo riesgo toxicológico". La diferencia principal radica en su origen. Las SABRT podrían ser plaguicidas convencionales que cumplen con los requisitos del reglamento antes comentado, y se caracterizan por ser menos tóxicos para la salud humana y el medio ambiente que otros "plaguicidas tradicionales" independientemente de su origen. Los BP, en cambio, son plaguicidas derivados de materiales naturales u origen biológico.

---

[16] Sustancia alifática no ramificada con una cadena de nueve a dieciocho carbonos, que contiene hasta tres dobles enlaces y que termina en un grupo funcional alcohol, acetato o aldehído. (DOUE, 2022).

3.5. Plaguicidas de riesgo mínimo

La EPA también clasifica determinadas sustancias que plantean poco o ningún riesgo para la salud humana o el medio ambiente como "plaguicidas de riesgo mínimo (PRM)", por lo que las ha eximido del requisito de registro con arreglo a la Ley Federal de insecticidas, fungicidas y rodenticidas (FIFRA, 1996). Para ello, dicha sustancia debe estar incluida como uno de los ingredientes activos que figuran en la lista de la regulación de exención 40 CFR 152.25(f) que se pueden consultar en el Anexo 4.3.13. Al publicar la regulación final, la EPA se planteó los siguientes aspectos al considerar qué ingredientes activos serían elegibles como exentos (US EPA, 2024):

- Si el ingrediente activo estaba ampliamente disponible para el público en general para otros usos.
- Si se trataba de un alimento común o constituyente de un alimento común.
- Si tenía un modo de acción no tóxico.
- Si estaba reconocido como seguro por la FDA.
- Si no hay información que demostrase efectos adversos significativos para la salud humana o el medio ambiente.
- Si su pauta de uso diera lugar a una exposición significativa.
- Si era probable que persistiese en el medio ambiente.

Actualmente hay listadas 31 sustancias procedentes de sustancias botánicas y/o derivados bioquímicos, pero también hay sustancias sintéticas como sorbato de potasio, lauril sulfato, lauril sulfato de sodio y propionato de 2-feniletilo (ya que el ácido cítrico y el málico se pueden encontrar en la naturaleza, o pueden derivarse de procesos de fermentación), el cloruro sódico (sal común) y un elemento metálico como el zinc, normalmente usado en tiras como alguicida.

La mayoría de las sustancias incluidas en el Anexo 4.3.13 están autorizadas por la regulación de exención 40 CFR 152.25(f) en producción ecológica según el Programa Orgánico Nacional del Departamento de Agricultura de Estados Unidos (*USDA's National Organic Program*), a excepción del lauril sulfato, lauril sulfato de sodio, sorbato de potasio, propionato de 2-feniletilo, las tiras metálicas de zinc y eugenol y ácido málico siempre que procedan de una fuente sintética. Muchas sustancias son también alimentos de consumo habitual o aditivos alimentarios generalmente reconocidos como seguros por la FDA (ajo, canela, clavo, sésamo, cloruro sódico, harina de gluten de maíz, soja, pimienta blanca, etc.) y autorizados para su uso en alimentos y cultivos alimentarios.

Por lo tanto, se puede observar un criterio y denominación diferente entre ambos organismos (EPA y EFSA), ya que muchas de las sustancias consideradas por la EPA como de "riesgo mínimo" no están incluidas en la lista de sustancias de "bajo riesgo" de la CE. Algunas de ellas sí están registradas como sustancias activas por la CE, pero no tienen esa categoría (bajo riesgo) aunque tengan un origen biológico, como es el caso del eugenol, geraniol, romero, aceite de clavo, aceite de menta, extracto de ajo, etc. Otras no han sido aprobadas como sustancias activas en ninguna categoría por parte de la CE, como los aceites de soja, ajo, maíz, limoncillo, citronela, etc. sino que fueron rechazadas en su proceso de evaluación. Sin, embargo, algunas de ellas sí han sido categorizadas como sustancias básicas, como el aceite de girasol o el cloruro sódico.

3.6. Sustancias básicas

La UE, en el Artículo 23 del Reglamento (CE) 1107/2009 establece los criterios para la aprobación de otro grupo de sustancias utilizadas tradicionalmente por los agricultores como medios de defensa fitosanitaria denominadas "sustancias básicas" (Anexo 4.3.14). Así, una sustancia básica es aquella que:

a) No es una sustancia preocupante.
b) No tiene la capacidad intrínseca de producir alteraciones endocrinas o efectos neurotóxicos o inmunotóxicos.
c) No se utiliza principalmente para fines fitosanitarios, pero resulta útil para dichos fines, y se emplea directamente o en un producto formado por la sustancia y un simple diluyente.
d) No se comercializa como producto fitosanitario.

Es decir, estas últimas sustancias ejercen una acción general o específica contra los agentes nocivos en los vegetales, partes de vegetales o productos vegetales empleados con uso alimenta-rio. No se les considera plaguicidas y, por lo tanto, no se comercializan como tales. Tampoco necesitan registro, por lo que no tienen fecha límite de autorización, frente a las de bajo riesgo cuyo periodo de aprobación es de 15 años, en lugar de los 10 años concedidos a los plaguicidas de síntesis química. No obstante, es necesaria una evaluación, previa solicitud, por parte de la Comisión Europea a través de la Dirección General de Salud y Seguridad Alimentaria (SANTE) para aprobarlas y autorizar su uso conforme al documento guía SANCO/10363/2012[17]. Una vez la sustancia básica está aprobada tiene que estar listada en el Reglamento de Ejecución (UE) 540/2011, en la parte C, específica de sustancias básicas aprobadas. Además, están reconocidas como estimuladores de los mecanismos de defensa naturales de la planta (defensa biótica) y, por lo tanto, contribuyen a su bienestar y desarrollo. Realmente, son sustancias muy comunes, algunas definidas como alimentos o componentes de estos: cerveza (actividad molusquicida), aceite de girasol y cloruro sódico (fungicida), fructosa, sacarosa y vinagre (estimulador de los mecanismos de defensa naturales), aceite de cebolla (repelente), etc.

El Artículo 23 establece, además, que una sustancia activa que cumpla los

---

[17] Documento de trabajo SANCO/10363/2012. rev. 10. de 25 de enero de 2021 sobre el procedimiento para la aplicación de las sustancias básicas que deben aprobarse de conformidad con el artículo 23 del Reglamento (CE) nº 1107/2009. www.biotopio.gr/datafiles/file/pesticides_ppp_app-proc_guide_doss_swd-10363-2012.pdf.

Tabla 3.10. Clasificación por fecha de las sustancias básicas no aprobadas bajo el Artículo 23 del Reglamento (CE) 1107/2009

Nombre	Reglamento de no aprobación
Aceite esencial de limón	Reglamento 2023/200
Propionato de calcio	Reglamento 2022/1443
Jabón negro E470a	Reglamento 2022/1444
Sulfuro de dimetilo	Reglamento 2021/1451
Capsicum anuum L. var. *Anuum*, grupo *Longum*	Reglamento 2021/464
Extracto de propóleo	Reglamento 2020/640
Raíces de *Saponaria officinalis* L.	Reglamento 2020/643
Taninos de sarmientos de *Vitis vinifera*	Reglamento 2020/29
Brea de pino de las Landas	Reglamento 2018/1294
Extracto de pimentón (capsantina, capsorrubina) E160c)	Reglamento 2017/2067
Sorbato potásico	Reglamento 2017/2068
Achillea millefolium L.	Reglamento 2017/2057
Aceite esencial de *Satureja montana* L.	Reglamento 2017/240
Aceite esencial de *Origanum vulgare* L.	Reglamento 2017/241
Arctium lappa L. (partes aéreas)	Reglamento 2015/2082
Artemisia absinthium L.	Reglamento 2015/2046
Artemisia vulgaris L.	Reglamento 2015/1191
Extracto de raíces de *Rheum officinale*	Reglamento 2015/707
Tanacetum vulgare L.	Reglamento 2015/2083

criterios de un "producto alimenticio"[18], tal como se define en el Artículo 2 del Reglamento (CE) 178/2002, se considerará una sustancia básica. Aunque no todas las sustancias básicas propuestas para su autorización son aprobadas. Si no es posible demostrar su seguridad para la salud humana o el medio ambiente cuando se usa en protección fitosanitaria, la CE no aprueba la sustancia y así queda reflejado en el reglamento correspondiente. Algunas de las últimas sustancias no autorizadas solamente en los dos últimos años han sido el aceite esencial de limón, el propionato de calcio y el jabón negro E470a, a través de los Reglamentos UE 2023/200, 2022/1443, 2022/1444 respectivamente. Aunque desde 2012 son 19 las sustancias no autorizadas, como se puede observar en la Tabla 3.10.

_____

[18] Cualquier sustancia o producto destinados a ser ingeridos por los seres humanos o con probabilidad razonable de serlo, tanto si han sido transformados entera o parcialmente como si no.

Actualmente la CE tiene pendiente resolver los expedientes del extracto de madera de la especie de planta *Quassia amara* L. para su uso como insecticida y repelente, y del hipoclorito sódico (NaClO) como bactericida, fungicida y virucida en setas, hortalizas, ornamentales y cultivos herbáceos.

3.7. Formulación y aplicación

Una etapa importante en el desarrollo de los BP es la preformulación, es decir, el conjunto de actuaciones conducentes a la determinación del principio activo y los cambios físicos, químicos y/o biológicos que este pueda sufrir, bien por degradación, bien por su combinación con los auxiliares de fabricación necesarios para obtener el formulado final (compuesto de una o varias sustancias o ingredientes activo-técnicos y, en

su caso, ingredientes inertes, coadyuvantes y aditivos, en proporción fija) (Figura 3.23).

Los BP pueden ser formulados de diferentes maneras:

- El polvo para espolvoreo (DP) se aplica directamente a la planta o al suelo. El principio activo se encuentra disperso con un vehículo inerte como talco o caolín.
- Los polvos mojables (WP) son aquellos capaces de ser mojados y de mantenerse en suspensión en el vehículo de aplicación, normalmente agua.
- Los concentrados emulsionables (EC) contienen el principio activo suspendido en un líquido oleoso junto a los coadyuvantes necesarios para mantener la emulsión estable, con gotas cuyo tamaño varía de 0,1 a 1,0 µm de diámetro.

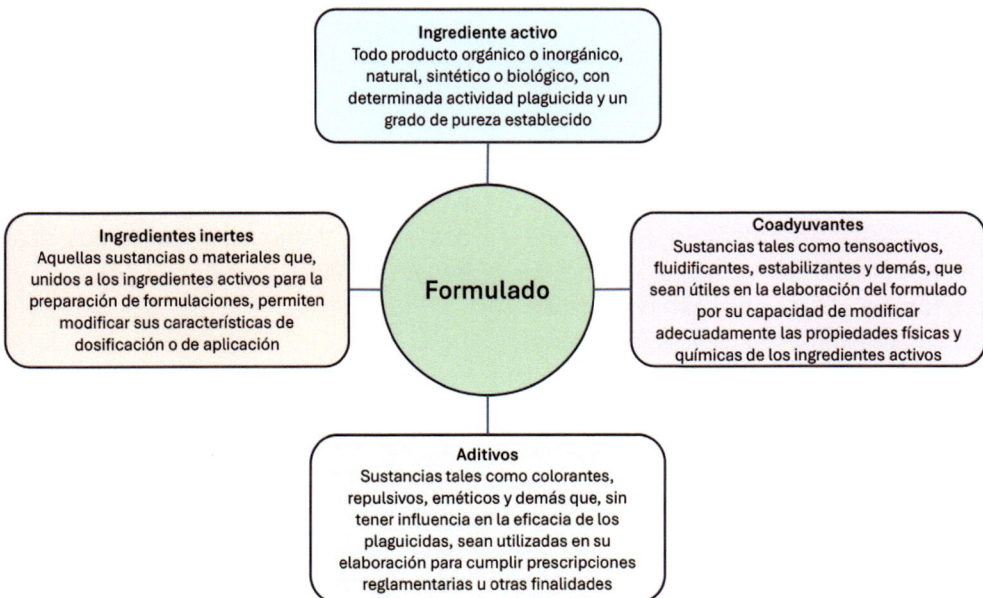

Figura 3.23. Componentes de una formulación de BP.

- Los líquidos solubles (SL) constituyen la forma más sencilla entre todos los tipos de formulaciones BP. Un líquido o concentrado soluble es una formulación que se aplica solo después de la dilución en agua. Los concentrados solubles utilizan agua o un disolvente miscible en agua.
- Los gránulos contienen partículas de tamaño comprendido entre 0,2-1,5 mm y se aplican al suelo, lo que aumenta la facilidad de manejo.

El tipo de formulación a emplear dependerá de la plaga, el sitio de aplicación, el tipo de cultivo, las condiciones ambientales y la experiencia del agricultor. La aplicación se puede realizar por vía foliar, directamente al suelo o junto con el agua de riego, siempre y cuando los compuestos a aplicar sean los suficientemente solubles.

Para tener éxito en el control de plagas mediante el uso de feromonas es necesario identificar adecuadamente la especie (biología y ecología), la feromona a emplear, así como seleccionar una trampa efectiva. Las feromonas formuladas comercialmente vienen listas para su uso, pero siempre debe procurarse comprar la cantidad exacta de producto a utilizar en el campo para evitar su almacenamiento. Las trampas se colocan a la altura de los cultivos y si existe un árbol, se puede emplear una de las ramas inferiores como soporte. La eficacia de las trampas con feromonas para la captura de adultos depende de distintos factores como el tipo de trampa, color, tamaño, la altura a la que se coloca, el número de trampas y la distribución dentro del terreno. Asimismo, es necesario emplear un dispositivo que libere gradualmente la sustancia para tener un control exitoso. Las trampas se pueden utilizar como cebo para atraer a los machos a una trampa, evitar que se apareen o desorientarlos.

Existen diversos tipos de trampas como: i) trampas cromáticas adhesivas (diversos colores) para pequeños insectos voladores (pulgón, mosca blanca o trips), ii) trampas de agua, muy eficaces en la captura masiva del minador del tomate (tuta absoluta), iii) trampas triangulares (con fondo engomado), para casi todo tipo de plagas, iv) mosqueros, con orificios de entrada por abajo, para la captura de dípteros (moscas), v) polilleros, con aperturas de entrada, por arriba para atrapar lepidópteros (noctuidos), vi) barreras de tronco, para limitar el acceso de insectos andadores (hormigas) y vii) trampas específicas, ideadas para la captura de un determinado insecto y basadas en el estudio de su comportamiento etológico. Las trampas cromáticas tienen que ser colocadas en función del color y de la plaga. Los insectos se sienten atraídos por colores específicos y de esta manera, con su pegamento adhesivo y/o feromona, quedan retenidos en las trampas, evitando que acaben en los cultivos (Figura 3.24).

3.8. Mercado de bioplaguicidas e investigación científica

Varios factores han precipitado la necesidad de desarrollar BP como estrategia de control de plagas en sustitución de

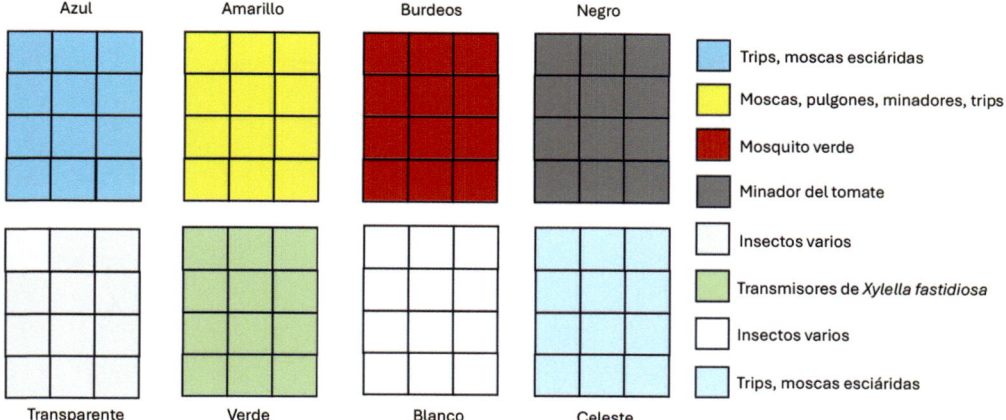

Figura 3.24. Colores de las trampas cromáticas e insectos que captan.

los plaguicidas sintéticos. Entre ellos figuran la cancelación del registro o la eliminación gradual de los productos químicos más antiguos para la protección de cultivos agrícolas por parte de los organismos responsables, lo que ha generado una demanda de BP. Otra preocupación importante relacionada con los productos químicos tradicionales para el control de plagas es el desarrollo de resistencia a los plaguicidas tradicionales, lo que los hace ineficaces para las plagas a controlar (Hawkins *et al.*, 2019). Además, el uso continuo de productos químicos de síntesis conlleva la contaminación del suelo, del agua y de los alimentos, lo cual ejerce más presión sobre la industria para que proporcione productos adecuados para el manejo de plagas, obligando a la industria a evaluar las prácticas actuales de manejo de plagas y cómo la presencia de productos químicos ha afectado a nuestro entorno ambiental. La aceptación de los BP por parte de los consumidores está impulsando la necesidad de su utilización y están liderando las

iniciativas hacia el desarrollo de tecnologías "verdes". Sin embargo, no hay suficientes BP para reemplazar a los sintéticos cuyo uso ha sido prohibido. Por lo tanto, existe una necesidad aún más urgente de realizar investigaciones para descubrir, desarrollar y registrar nuevos productos BP (Boyetchko, 2020).

La incorporación de los BP a la agricultura requiere una mejor comprensión de los mecanismos de acción para mejorar su espectro de actividad contra las plagas y su rendimiento en el campo, para avanzar en el sistema de administración, en una mayor vida útil, un bajo costo de producción, una fácil disponibilidad, la concienciación de los agricultores y una política de registro y regulación sencilla (Figura 3.25).

La obtención de un nuevo BP es similar a la que se realiza para los BE y se especifica en la Figura 2.43, incluyendo la generación de nuevas ideas de productos, desarrollo del proceso de producción, pruebas precisas de productos en un entorno controlado para evaluar la actividad y comprender sus

Figura 3.25. Factores influyentes en la promoción del mercado de BP.

modos de acción a nivel fisiológico y molecular, control de calidad durante el proceso de producción y del producto terminado, ensayos en invernadero y campo sobre efectividad contra plagas, junto con pruebas moleculares y bioquímicas para optimizar la dosis, el momento y el método de aplicación de los productos en diferentes sistemas de cultivo registro, fabricación y comercialización. El coste de desarrollar un nuevo plaguicida sintético se evalúa en más de 250 millones de dólares y se necesitan al menos 10 años para el lanzamiento de un producto (Kelly y Allen, 2011). Por el contrario, el desarrollo de un nuevo BP puede costar aproximadamente entre tres y cinco millones de dólares y tardar tres años en llegar al mercado.

Esta alternativa ecológica a los plaguicidas químicos tradicionales está experimentando un enorme crecimiento y se alinea con la creciente demanda de productos orgánicos, con las estrictas regulaciones ambientales y con el deseo de reducir los residuos químicos en los alimentos. Entre 2005 y 2010, el mercado mundial de los BP creció en torno al 10%, pasando de 670 millones a 1.000 millones de dólares, según cifras de BPIA, el organismo que agrupa a los principales productores de BP del mundo[19]. El tamaño del mercado de BP se estimó en 6.100 millones de dólares en 2024, y se espera que alcance los 10.300 millones de dólares en 2029, creciendo a una tasa compuesta anual del 11,1% durante el período previsto (2024-2029)[20].

En la Figura 3.26 se puede observar la evolución del mercado (según el CAGR) de BP por tipos para los próximos años. Asia-Pacífico y América del Norte fueron las regiones que más BP consumieron en 2022. El crecimiento en el continente asiático ha sido impulsado por la creciente demanda de opciones alimentarias sostenibles y más saludables y por una mayor conciencia sobre los efectos nocivos de los plaguicidas convencionales. La superficie de cultivos orgánicos en la región aumentó de 3,1 millones de hectáreas en 2017 a 3,6 millones de hectáreas en 2021, lo que representa un crecimiento del 15,5% durante el período. América del Norte es la segunda región que más BP consume, con una participación del 38,5% del total en 2021. La demanda

de alimentos orgánicos en la región está creciendo rápidamente. El gasto promedio per cápita en productos alimenticios orgánicos en América del Norte se registró en 109,7 millones de dólares en 2021. Los agricultores de la región se están adaptando a las nuevas tecnologías biológicas a un ritmo muy rápido. Se espera que la tendencia hacia la AS impulse el uso de BP en la región. Las iniciativas gubernamentales y la promoción de la agricultura orgánica en diferentes regiones intensifican aún más esta tendencia de enfoques sostenibles. Por ejemplo, la Comisión Europea ha presentado un plan de acción para aumentar la superficie orgánica en los países miembros hasta ocupar el 25% de la superficie agrícola de la región para 2030. Las autoridades gubernamentales de países sudamericanos como Perú y Argentina han prohibido el uso de plaguicidas químicos, impulsando así el mercado sudamericano de BP. En España, el mercado de BP en 2024 ascendió hasta los 512 millones de dólares y se espera que alcance los 673 millones de dólares en 2029, con una tasa anual de crecimiento estimada del 5,6% en el periodo 2024-2029 según pronóstico de Mordor Intelligence[21].

Los organismos reguladores de todo el mundo están endureciendo las restricciones al uso de plaguicidas químicos debido a sus efectos adversos sobre el medio ambiente y la salud humana. La Directiva de Uso Sostenible

---

[19] La Alianza de la Industria de Productos Biológicos (BPIA) promueve el desarrollo responsable de productos biológicos seguros y efectivos, incluidos biopesticidas, bioestimulantes y biofertilizantes como herramientas beneficiosas para la agricultura comercial, la silvicultura, los campos de golf, los huertos domésticos, la horticultura, las plantas ornamentales, la salud pública y más a través de actividades de educación, divulgación y defensa a nivel estatal, federal e internacional. https://www.bpia.org/.

[20] Morder Intelligence. 2025. Análisis de tamaño y participación del mercado de biopesticidas. Tendencias de crecimiento y previsiones hasta 2029. https://www.mordorintelligence.com/es/industry-reports/global-biopesticides-market-industry.

[21] Morder Intelligence. 2025. Análisis de participación y tamaño del mercado de biopesticidas en España. Tendencias de crecimiento y pronósticos (2024-2029). https://www.mordorintelligence.com/es/industry-reports/spain-biopesticides-market-industry.

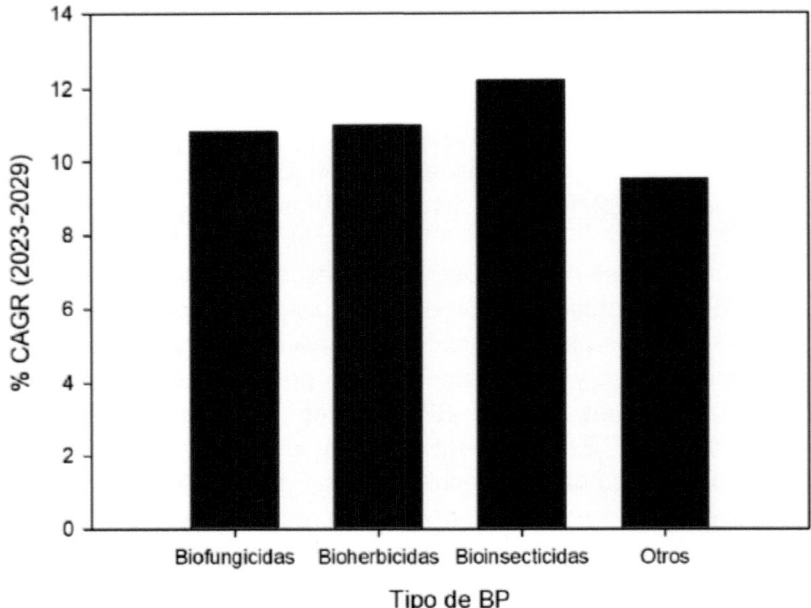

Figura 3.26. Evolución del mercado de BP de acuerdo con el CAGR para el periodo 2023-2029.

de la Unión Europea y el proceso de registro de BP por parte de la EPA de EE UU han alentado a los agricultores a realizar la transición a alternativas ecológicas. Además, los gobiernos están ofreciendo subsidios e incentivos para promover el uso de BP, lo que impulsa aún más el crecimiento del mercado.

El futuro de los BP como industria emergente y como herramienta viable para la producción sostenible de cultivos es muy prometedor. Debemos alentar a investigadores, industria y organismos reguladores a trabajar juntos para crear una transición fluida desde el descubrimiento científico básico hasta el desarrollo, el registro y su aplicación. Para ello, es fundamental contar con una hoja de ruta eficaz para guiar a los investigadores a través del proceso.

Al igual que ocurre con los BE, el incremento observado en el uso de BP está directamente relacionado con el intenso desarrollo de la investigación realizada en los últimos años. A partir de la siguiente búsqueda: título "*biopesticid*" OR "*bio-pesticid**" AND "*plant*" realizada en la WoS, se han encontrado 909 publicaciones en la última década (2015-2025), con un incremento significativo en el último lustro (Figura 3.27).

En cuanto a los principales países que han publicado los trabajos figuran por orden: USA (159), India (111), China (76), Brasil (75), Inglaterra (63) y España (45). Con respecto a las publicaciones españolas, la mayoría están firmadas por investigadores de la Universidad Autónoma de Barcelona, como Raquel Barrena, Adriana Artola y Antoni Sánchez.

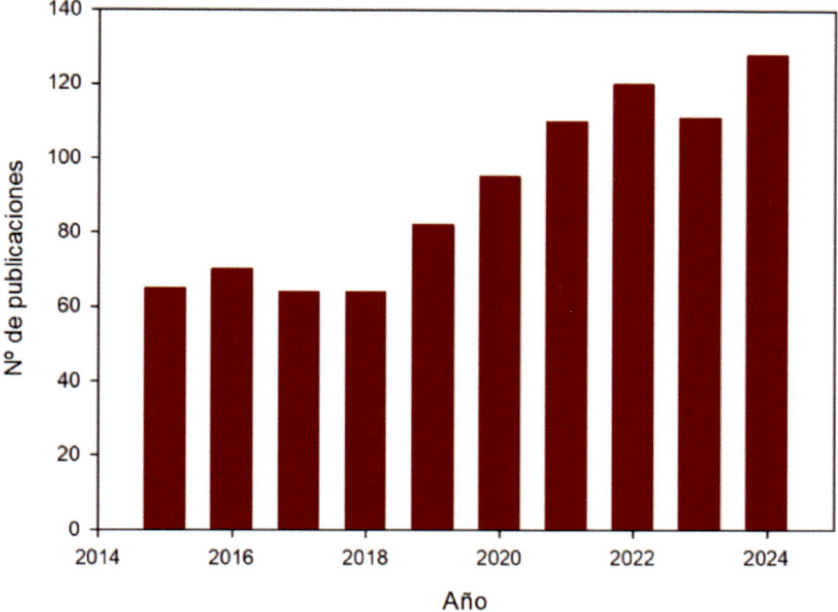

Figura 3.27. Número de publicaciones indexadas en la WoS® sobre BP en el periodo 2015-2024.

Glare *et al.* (2012) se plantearon hace ya algunos años la siguiente pregunta: "¿Han alcanzado la mayoría de edad los BP?" La respuesta es categóricamente: "¡Sí!" En primer lugar, el ciudadano es mucho más consciente y está más educado en biotecnología. La inocuidad de los alimentos con respecto a los residuos de plaguicidas químicos y los problemas de salud ambiental relacionados con la calidad y la contaminación del suelo y el agua son factores sociales importantes que impulsan el desarrollo biotecnológico. La adquisición de pequeñas y medianas empresas de BP por parte de multinacionales está mejorando la inversión en investigación y desarrollo (I+D) en productos BP. Además, los cambios legislativos gubernamentales que están afectando a la industria de los plaguicidas sintéti-

cos están generando una necesidad urgente de crear productos más respetuosos con el medio ambiente. El futuro de los BP está llegando a ser una realidad, pero todas las partes interesadas deben estar unidas y trabajar hacia un objetivo común. La simplicidad y la facilidad de uso de los productos químicos tradicionales se han utilizado a menudo como una solución rápida para el control de plagas, pero todos tenemos la obligación, como administradores del medio ambiente, de utilizar los productos químicos y otras estrategias de control de plagas de manera juiciosa y responsable.

Para terminar, y en relación directa con lo anterior, hay que destacar que la inversión actual en I+D evidencia el compromiso de la industria de agroquímicos con la innovación, lo que se traduce en llevar al mercado mejores productos, es decir, más seguros con la salud y el medio ambiente y a la vez más eficientes en la protección de los cultivos frente a las afecciones por plagas, malezas o enfermedades. Así, la investigación en biotecnología agrícola tuvo importantes avances en 2024, debido fundamentalmente a: i) el enfoque internacional, ii) la adopción de normativa y iii) la seguridad jurídica del comercio biotecnológico.

3.9. Referencias

Abdourahime, H., Anastassiadou, M., Arena, M., Auteri, D., Barmaz, S., et al. 2020. Peer review of the pesticide risk assessment of the active substance lavandulyl senecioate. *EFSA Journal*, 18, 05588.

Acheuk, F., Basiouni, S., Shehata, A. A., Dick, K., Hajri, H., Lasram, S. et al. 2022. Status and prospects of botanical biopesticides in Europe and Mediterranean countries. *Biomolecules*, 12, 311.

Aioub, A.A., Elesawy, A.E., Ammar, E.E. 2022. Plant growth promoting rhizobacteria (PGPR) and their role in plantparasitic nematodes control: a fresh look at an old issue. *Journal of Plant Diseases and Protection*, 129, 1305-1321.

Ali, F., Neha, K., Ali, H., Sharma, A.K. 2024. Plant-Incorporated Protectants. En Nollet, L.M., Mir, S.R. (eds.). *Biopesticides Handbook*. 2ª ed. (pp. 163-169). CRC Press, NY, EE UU.

Altieri, M., Nicholls, C. 2004. *Biodiversity of pest management in agroecosystems*. 2ª ed. CRC Press, NY, EE UU.

Angus TA. 1954. A bacterial toxin paralyzing silkworm larvae. *Nature*, 173, 545-546.

APVMA, 2024. Australian Pesticides and Veterinary Medicines Authority (APVMA). Guideline for the regulation of biological agricultural products. https://www.apvma.gov.au/registrations-and-permits/data-requirements/agricultural-data-guidelines/biological.

Arakere, U.C., Jagannath, S., Krishnamurthy, S., Chowdappa, S., Konappa, N. 2022. Microbial bio-pesticide as sustainable solution for management of pests: achievements and prospects. En Rakshit, A., Meena, V.S., Abhilash, P.C., Sarma, B.K., Singh, H.B., Fraceto, L., Parihar, M., Singh, A.K. (eds.). *Biopesticides. Volume 2: Advances in Bio-Inoculants*, (pp. 183-200). Woodhead Publishing. Sawston, GB.

Areco, V.A., Peralta, C., Palma, L. 2019. *Bacillus thuringiensis* se hace mayor, más de medio siglo como alternativa a los insecticidas de síntesis. *Boletín de la Sociedad Española de Entomología Aplicada*. 4, 10-17.

Argôlo-Filho, R.C., Loguercio, L.L., 2014. *Bacillus thuringiensis* is an environmental pathogen and host-specificity has developed as an adaptation to human-generated ecological niches. *Insects*, 5, 62-91.

Arora, N. K., Verma, M., Prakash, J., Mishra, J. 2016. Regulation of biopesticides: global concerns and policies. En Arora, N.K., Mehnaz, S., Balestrini, R. (eds.). *Bioformulations: for sustainable agriculture*. (pp. 283-299). Springer Nature, Singapur.

Ascuasiati, A.A. 2012. *Plagas domésticas: Historia patologías plaguicidas control*. Palibrio. Bloomington, IN, EE UU.

Barberá, C. 1974. *Pesticidas agrícolas*. Omega, Barcelona, España.

Basnet, P., Dhital, R., Rakshit, A. 2022. Biopesticides: a genetics, genomics, and molecular biology perspective. En Rakshit, A., Meena, V.S., Abhilash, P.C., Sarma, B.K., Singh, H.B., Fraceto, L., Parihar, M., Singh, A.K. (eds.). *Biopesticides. Volume 2: Advances in Bio-Inoculant.* (pp. 107-116). Woodhead Publishing. Sawston, GB.

Berliner E. 1915. Uber die schlaffsucht der mehlmottenraupe (*Ephestia kuhniella*, Zell.) und ihren erreger *B. thuringiensis* sp. *Z. Angewandte Entomologie*, 2, 29-56.

Bhar, A., Jain, A., Das, S. 2022. Development and regulation of microbial pesticides in the post-genomic era. En Rakshit, A., Meena, V.S., Abhilash, P.C., Sarma, B.K., Singh, H.B., Fraceto, L., Parihar, M., Singh, A.K. (eds.). *Biopesticides. Volume 2: Advances in Bio-Inoculant* (pp. 285-299). Woodhead Publishing. Sawston, GB.

Bishnoi, U. 2015. PGPR interaction: an eco-friendly approach promoting the sustainable agriculture system. *Advances in Botanical Research*, 75, 81-113.

Bonaterra, A., Badosa, E., Daranas, N., Francés, J., Roselló, G., Montesinos, E. 2022. Bacteria as biological control agents of plant diseases. *Microorganisms*, 10, 1759.

Boyetchko, S.M. 2020. Improving methods for developing new microbial biopesticides. En Birch, N., Hutton, J., Glare, T. (eds.). *Biopesticides for sustainable agriculture*. (pp. 3-20). Burleigh Dodds Science Publishing Limited. Cambridge, GB.

Bravo, A., Likitvivatanavong, S., Gill, S.S., Oberón, M. 2011. *Bacillus thuringiensis*: a story of a successful bioinsecticide. *Insect Biochemistry and Molecular Biology*, 41, 423-431.

Butenandt, V.A., Beckmann, R., Stamm, D., Hecker, E. 1959. Uber den Sexual-Lockstoff des Seidenspinners Bombyx mori - Reindarstellung und Konstitution. *Z. Naturforsch*, 14, 283-284.

Butu, M., Rodino, S., Butu, A. 2022. Biopesticide formulations-current challenges and future perspectives. En Rakshit, A., Meena, V.S., Abhilash, P.C., Sarma, B.K., Singh, H.B., Fraceto, L., Parihar, M., Singh, A.K. (eds.). *Biopesticides. Volume 2*: Advances in Bio-inoculants. (pp. 19-29). Woodhead Publishing. Sawston, GB.

Caballero P, Williams T. 2008. Virus entomopatógenos. En Jacas Miret, J.A., Urbaneja García, A. (eds.). *Control Biologico de Plagas Agricolas*. (pp. 121-135). Ed. Phytoma. Madrid, España.

Carson, R. 1962. *Silent Spring*. Fawcett Publications Inc., Greenwich, CT, EE UU.

Carson, R. 2002. *Silent Spring*. 40th anniversary. Houghton Mifflin, Mariner Books/Houghton, Orlando, FL, EE UU. Ed. esp.: 2023. *Primavera silenciosa,* Ros, J. (ed. y trad.), Ed. Crítica. Barcelona. España.

CE. 2024. EU Pesticides Database. European Commission. Food Safety. https://food.ec.europa.eu/plants/pesticides/eu-pesticides-database_en.

Chaube, H.S., Pundhir, V.S. 2009. *Crop Diseases and their Management*. PHI Learning, Nueva Dehli.

Colborn, T. Dumanoski, D., Myers, J.P. 1996. *Our stolen future*. Penguin Books, New York. Ed. esp.: *Nuestro futuro robado*, 1997. Ecoespaña y Gaia-Proyecto 2050, Madrid, España.

Crispín, P. L. M., Caro, R. R., Ochoa, M. D.V. 2012. Pectina: usos farmacéuticos y aplicaciones terapéuticas. *Anales de la Real Academia Nacional de Farmacia*, 78, 82-97.

da Silva, I.H.S., de Freitas, M.M., Polanczyk, R.A. 2022. *Bacillus thuringiensis*, a remarkable biopesticide: from lab to the field. En Rakshit, A., Meena, V.S., Abhilash, P.C., Sarma, B.K., Singh, H.B., Fraceto, L., Parihar, M., Singh, A.K. (eds.) *Biopesticides. Volume 2*: Advances in Bio-inoculants. (pp. 117-131). Woodhead Publishing. Sawston, GB.

FAO. 2015. Código Internacional de Conducta para la Gestión de Plaguicidas. Organización Mundial de la Salud y Organización de las Naciones Unidas para la Alimentación y la Agricultura. Roma. http://www.fao.org/3/a-i3604s.pdf.

FAO. 2017. International Code of Conduct on Pesticide Management. Guidelines for the registration of microbial, botanical and semiochemical pest control agents for plant protection and public health uses. https://www.fao.org/3/i8091e/i8091e.pdf.

FAO. 2021. Climate change fans spread of pests and threatens plants and crops, new FAO study. https://www.fao.org/newsroom/detail/Climate-change-fans-spread-of-pests-and-threatens-plants-and-crops-new-FAO-study/en.

Ferragut, F., García Marí, F. 2020. *Plagas agrícolas*. Phytoma-España S.L. Madrid, España.

Ferreyra-Suarez, D., García-Depraect, O., Castro-Muñoz, R. 2024. A review on fungal-based biopesticides and biofertilizers production. *Ecotoxicology and Environmental Safety*, 283, 116945.

FIFRA, 1996. Summary of the Federal Insecticide, Fungicide, and Rodenticide Act. 7 U.S.C. §136. https://www.epa.gov/laws-regulations/summary-federal-insecticide-fungicide-and-rodenticide-act.

Fishel, F.M. 2013. Pest management and pesticides: a historical perspective. Publication PI219. Agronomy Department, Florida Cooperative Extension Service, Institute of Food and Agricultural Sciences, University of Florida, Gainesville, FL, EE UU.

Gassmann, A.J., Petzold-Maxwell, J.L., Keweshan, R.S., Dunbar, M.W. 2011. Field-evolved resistance to Bt maize by western corn rootworm. *PloS One*, 6, 22629.

Glare, T.R., Nollet, L.M. 2024. Types of biopesticides. En Nollet, L.M., Mir, S. (eds.). *Biopesticides handbook* (2ª Ed.). (pp. 7-24). CRC Press. NY, EE UU.

Glare, T.R., Caradus, J., Gelernter, W., Jackson, T., Keyhani, N., Köhl, J., Marrone, P., Morin, L. Stewart, A. 2012. Have biopesticides come of age? *Trends in Biotechnology*, 30, 250-258.

Glare, T.R., Gwynn, R.L., Morán-Diez, M.E. 2016. Development of biopesticides and future opportunities. En Glare, T. R., Morán-Diez, M.E. (eds), Microbial-Based Biopesticides: Methods and Protocols, Methods in Molecular Biology (Vol. 1477). (pp. 211-221). Springer Science + Business Media. NY, EE UU.

Gómez-Orea, D., Gómez-Villarino, M.T. 2013. *Evaluación de impacto ambiental*. Editorial Agrícola Española S.A, Madrid, España.

González, J.M.J., Dulmage, H.T., Carlton, B.C. 1981. Correlation between specific plasmids and deltaendotoxin production in *Bacillus thuringiensis*. *Plasmid*, 5, 351-365.

Gupta P.K. 2007. Toxicity of herbicides. En Gupta, R.C. (ed) *Veterinary toxicology: Basic and Clinic Principles*. (pp. 567-586). Elsevier, NY, EE UU.

Gupta, S., Dikshit, A.K. 2010. Biopesticides: An eco-friendly approach for pest control. *Journal of Biopesticides*, 3, 186-188.

Hannay, C.L., Fitz-James, P. 1955. The protein crystals of *Bacillus thuringiensis* Berliner. *Canadian Journal of Microbiology*, 1, 694-710.

Haroon, Z., Haroon, H., Shabbir, A., Haroon, I., Sadiq, Y. 2024. Microbial Biopesticides. En Nollet, L.M., Mir, S. (eds.). *Biopesticides Handbook* (2ª ed.). (pp. 153-161). CRC Press. Atlanta, EE UU.

Hawkins, N.J., Bass, C., Dixon, A.,Neve, P. 2019. The evolutionary origins of pesticide resistance. *Biological Reviews,* 94, 135-155.

Husz, B. 1928. *Bacillus thuringiensis* Berl., a bacterium pathogenic to corn borer larvae. A preliminary report. International Corn Borer Investigations. *Scientific Reports*, pp. 1927-1928.

IBMA. 2024. International Biocontrol Manufacturers Association. https://ibma-global.org/.

Ishiwata S. 1901. On a kind of flacherie (sotto disease). *Dainihon Sanshi Keiho*, 114, 1-5.

Ishiwata S. 1905. About sottokin, a bacillus of a disease of the silk-worm. *Dainihon Sanshi Keiho*, 161, 1-5.

Karlson P, Luscher M. 1959. Pheromones: a new term for a class of biologically active substances. *Nature*, 183, 55-56.

Kelly, I.D., Allen, R. 2011. An industry perspective on challenges and hurdles faced in the development of agrochemicals. En Harker, K.N. (ed.). *The Politics of Weeds. Topics in Canadian Weed Science* (Vol. 7). (pp. 3-12). Canadian Weed Science Society. Pinawa, Manitoba, Canadá.

Kennepohl, E., Munro, I.C. Bus, J.S. 2010. Phenoxy herbicides (2,4-D). En Krieger, R. (ed.). *Hayes' Handbook of Pesticide Toxicology*, pp. 1829-1847.3ª Ed. Academic Press, NY, EE UU.

Kokalis-Burelle, N. 2015. *Pasteuria penetrans* for control of *Meloidogyne incognita* on tomato and cucumber, and *M. arenaria* on snapdragon. *Journal of Nematology*, 47, 207.

Koul, O., 2011. Microbial biopesticides: opportunities and challenges. *CAB Reviews*, 6, 1-26.

Kumar, D., Singh, M.K., Singh, H.K., Singh, K.N. 2019. Fungal biopesticides and their uses for control of insect pest and diseases. En Kaushik, B.D., Kumar, D., Shamim, M.D. (eds.). *Biofertilizers and Biopesticides in Sustainable Agriculture* (pp. 43-70). Apple Academic Press. NY, EE UU.

Kumari, I., Hussain, R., Sharma, S., Ahmed, M. 2022. Microbial biopesticides for sustainable agricultural practices. En *Biopesticides* (pp. 301-317). Woodhead Publishing. Sawston, GB.

Lacey, L.A., Grzywacz, D., Shapiro-Ilan, D.I., Frutos, R., Brownbridge, M, Goettel, M.S. 2015. Insect pathogens as biological control agents: Back to the future. *Journal of Invertebrate Pathology*. 132, 1-41.

LeBlanc, N. 2022. Bacteria in the genus *Streptomyces* are effective biological control agents for management of fungal plant pathogens: A meta-analysis. *BioControl*, 67, 111-112.

Lieber, E. Ainsworth, G.C. 1982. *Introduction to the history of plant pathology*. Cambridge University Press. Cambridge, GB.

MAPA, 2024. *Base de datos con el registro de productos fitosanitarios*. Ministerio de Agricultura, Pesca y Alimentación (MAPA). Madrid, España.

Masih, S.C., Ahmad, B.R. 2019. Insect growth regulators for insect pest control. *International Journal of Current Microbiology Applied Sciences*, 8, 208-218.

Matthews, G.A. 2018. *A History of Pesticides*. CAB International (CABI), Wallingford, GB.

Meshram, S., Bisht, S., Gogoi, R. 2022. Current development, application and constraints of biopesticides in plant disease management. In *Biopesticides* (pp. 207-224). Woodhead Publishing. Sawston, UK.

Miller, G.T., Spoolman, S. 2009. *Living in the Environment. Principles, Connections, and Solutions* (16ª ed). Thomson Brooks/Cole. Belmont, CA, EE UU.

Mishra, J., Tewari, S., Singh, S., Arora, N.K., 2015. Biopesticides: where we stand? En Arora, N.W. (ed.) *Plant Microbes Symbiosis. Applied Facets.* (pp. 37-75). Springer. Nueva Delhi, India.

Moshi, A.P., Matoju, I. 2017. The status of research on and application of biopesticides in Tanzania. Review. *Crop Protection*, 92, 16-28.

Navarro, S., Pérez-Lucas, G., Navarro, G. 2023. *Plaguicidas y medio ambiente*. Aula Magna-McGraw Hill Interamericana de España S.L. Sevilla, España.

Nazari, M.T., Schommer, V.A., Braun, J.C.A., dos Santos, L.F., Lopes, S.T., Simon, V., et al. 2023. Using *Streptomyces* spp. as plant growth promoters and biocontrol agents. *Rhizosphere*, 27, 100741.

Nivya, R. 2015. A study on plant growth promoting activity of the endophytic bacteria isolated from the root nodules of Mimosa pudica plant. *International Journal of Research in Science and Technology*, 4, 6959-6968.

Nollet, L.M. 2024. Metabolism of biopesticides. En Nollet, L.M., Mir, S. (eds.). *Biopesticides handbook* (2ª Ed.). (pp. 25-47). CRC Press. NY, EE UU.

OCDE, 2022. Report Of The 11th Expert Group on Biopesticides Seminar on Different Aspects of Efficacy Evaluation of Biopesticides. Environment Directorate Organisation for Economic Cooperation and Development. Paris 2022. https://one.oecd.org/document/env/cbc/mono(2022)8/en/pdf.

Ortiz, A., Sansinenea, E. 2022. *Bacillus thuringiensis* based biopesticides for integrated crop management. En *Biopesticides* (pp. 1-6). Woodhead Publishing. Sawston, GB.

Manoharachary, C. 2022. *Trichoderma:* agricultural applications and beyond. Woodhead Publishing. Sawston, UK.

Peralta, C., Palma L. 2017. Is the insect world overcoming the efficacy of *Bacillus thuringiensis*? *Toxins*, 9, 1-5.

Pérez-Lucas, G., Navarro, G., Navarro, S. 2024. Adapting agriculture and pesticide use in Mediterranean regions under climate change scenarios: A comprehensive review. *European Journal of Agronomy*. 161, 127337.

Pimentel, D. 1980. Environmental and social costs of pesticides: a preliminary assessment. *Oikos*, 34, 126-140.

Razaq, M., Shah, F.M. 2022. Biopesticides for management of arthropod pests and weeds. En Rakshit, A., Meena, V.S., Abhilash, P.C., Sarma, B.K., Singh, H.B., Fraceto, L., Parihar, M., Singh, A.K. (eds.). *Biopesticides Volume 2: Advances in Bio-inoculants.* (pp. 7-18). Woodhead Publishing. Sawston, GB.

Reddy, G.V.P., Guerrero, A. 2020. Advances in the use of semiochemicals in integrated pest management: pheromones. En Birch, N., Glare, T. (eds.). *Biopesticides for sustainable agriculture.* (pp. 1-31). Burleigh Dodds Science Publishing Limited. Cambridge, GB.

Rivera, M., Wright, E.R. 2020. *Apuntes de patología vegetal: fundamentos y prácticas para la salud de las plantas*. Facultad de Agronomía, Universidad de Buenos Aires. Argentina.

Ruiu, L. 2018. Microbial biopesticides in agroecosystems. *Agronomy*, 8, 235.

Salvador, R., Niz. J., Pedarros, A., Quintana, G. 2021. Utilización regional de baculovirus en el control de plagas hortícolas. *Revista de Investigaciones Agropecuarias*, 47, 354-360.

Sanahuja, G., Banakar, R., Twyman, R.M., Capell, T., Christou, P. 2011. *Bacillus thuringiensis*: a century of research, development and commercial applications. *Plant Biotechnology*. 9, 283-300.

Sherwani, S.I., Khan, H.A. 2024. Biopesticides and their mode of action: communicating substainable agricultural practices amid climate change threats. In Nollet, L.M., Mir, S. (eds.). *Biopesticides handbook* (2ª ed.). (pp. 49-69). CRC Press. NY, EE UU.

Singh, P., Mazumdar, P. 2022. Microbial pesticides: trends, scope and adoption for plant and soil improvement. En Rakshit, A., Meena, V.S., Abhilash, P.C., Sarma, B.K., Singh, H.B., Fraceto, L., Parihar, M., Singh, A.K. (eds.). *Biopesticides Volume 2: Advances in Bio-inoculants* (pp. 37-71). Woodhead Publishing. Sawston, GB.

Singha, S., Purib, S., Sohal, S.K. 2024. Alternatives to chemical pesticides: Current trends and future implications. En Sharma, A., Kumar, V., Zheng, V. (eds.). *Pesticides in the Environment: Impact, Assessment, and Remediation.* (pp. 307-333). Elsevier. Ámsterdam, Holanda.

Soytong, K., Kahonokmedhakul, S., Song, J., Tongon, R. 2021. *Chaetomium application in agriculture. Technology in Agriculture.* IntechOpen. Londres, GB.

Stockholm Convention COP-12 Bureau meeting. At its eleventh meeting held from 1 to 12 May 2023. https://chm.pops.int/TheConvention/ThePOPs/TheNewPOPs/tabid/2511/Default.aspx

Tabashnik, B.E., Van Rensburg, J.B.J., Carrière, Y. 2009. Field-evolved insect resistance to Bt crops: definition, theory, and data. *Journal of Economic Entomo*logy, 102, 2011-2025.

Tang, W.J., Fernandez, J.G., Sohn, J.J., Amemiya, C.T. 2015. Chitin is endogenously produced in vertebrates. *Current Biology*, 25, 897-900.

Tienda, S., Vida, C., Lagendijk, E., De Weert, S., Linares, I., González-Fernández, J. et al. 2020. Soil application of a formulated biocontrol rhizobacterium, *Pseudomonas chlororaphis* PCL1606, induces soil suppressiveness by impacting specific microbial communities. *Frontiers in Microbiology*, 11, 1874.

Tunaz, H., Uygun, N. 2004. Insect growth regulators for insect pest control. *Turkish Journal of Agriculture and Forestry*, 28, 377-387.

Unsworth, J 2010. History of pesticide use. International union of pure and applied chemistry (IUPAC). https://agrochemicals.iupac.org/index.php?option=com_sobi2&sobi2Task=sobi2Details&sobi2Id=31&Itemld=19.

US EPA. 2024. Active ingredients eligible for minimum risk pesticide products. United States Environmental Protection Agency Washington, D.C. 20460. https://www.epa.gov/sites/default/files/2018-01/documents/minrisk-active-ingredients-tolerances-jan-2018.pdf.

US EPA. 2024. Biopesticides. United States Environmental Protection Agency. Washington. https://www.epa.gov/pesticides/biopesticides.

Usta, C., 2013. Microorganisms in biological pest controle a review. Bacterial toxin application and effect of environmental factors. En Silva-Opps, M. (ed.), *Current Progress in Biological Research*. InTech, Londres, GB.

Vedamurthy, A.B., Jogaiah, S., Shruthi, S.D. 2022. Insights into the genomes of microbial biopesticides. En Rakshit, A., Meena, V.S., Abhilash, P.C., Sarma, B.K., Singh, H.B., Fraceto, L., Parihar, M., Singh, A.K. (eds.). *Biopesticides. Volume 2: Advances in Bio-Inoculants* (pp. 225-236). Woodhead Publishing. Sawston, GB.

Villarreal-Delgado, M.F., Villa-Rodríguez, E.D., Cira-Chávez, L.A., Estrada-Alvarado, M.I., Parra-Cota, F.I., Santos-Villalobos, S.D.L. 2018. El género *Bacillus* como agente de control biológico y sus implicaciones en la bioseguridad agrícola. *Revista Mexicana de Fitopatología*, 36, 95-130.

Xia, Y., Liu, J., Chen, C., et al. 2022. The multifunctions and future prospects of endophytes and their metabolites in plant disease management. *Microorganisms*, 10, 1072.

Yadav, I.C., Devi, N.L., 2017. Pesticides classification and its impact on human and environment. *Environmental Science Engineering*, 6, 140-158

Yadav, R., Singh, S., Singh, A. 2022. Biopesticides: Current status and future prospects. *Proceedings of the International Academy of Ecology and Environmental Sciences*, 12, 211-233.

Yew, J.Y., Chung, H. 2015. Insect pheromones: An overview of function, form, and discovery. *Progress in Lipid Research*, 59, 88-105.

Ziebell, H., Carr, J.P. 2010. Cross-protection: a century of mystery. En Maramorosch, K., Shatkin, A.J., Murphy, F.A. (eds.). *Advances in virus research* (Vol. 76), (pp. 211-264). Academic Press, NY, EE UU.

Anexos

Anexo 4.2.1. Funciones y síntomas de deficiencia de los 17 elementos esenciales para las plantas

Elemento	Forma asimilable	% peso seco	Funciones	Síntomas deficiencia
6 12.011 **C** Carbon	CO_2	≈ 45	Esencial en el proceso fotosintético. Componente de carbohidratos, proteínas, lípidos, ácidos nucleicos, etc.	No observables debido a la abundancia de CO_2. En caso de que se presentara, afectaría al crecimiento y desarrollo vegetal.
1 1.0078 **H** Hydrogen	H_2O	≈ 45	Necesario para la síntesis de carbohidratos. Importante papel en la fotosíntesis.	No es limitante por su abundancia.
8 15.999 **O** Oxygen	H_2O, O_2	≈ 6	Fundamental en la fotosíntesis y la respiración celular.	No es limitante por su abundancia. En caso de restricción, los tejidos pueden morir, sobre todo las raíces.
7 14.007 **N** Nitrogen	NO_3^-, NH_4^+	1-4	Componente principal de las proteínas, hormonas, clorofila, vitaminas y enzimas esenciales para la vida de las plantas, así como material genético (ácidos nucleicos).	Amarilleo de las hojas, retraso en el crecimiento.
15 30.974 **P** Phosphorus	HPO_4^{2-}, $H_2PO_4^-$	0.1-0,8	Como componente del ATP, es esencial para todos los procesos que consumen energía en la planta. Componente principal de aminoácidos y de la membrana celular.	Los tallos y las hojas se vuelven morados, retraso en el crecimiento y la maduración, mala floración, caída prematura de flores y frutos.
19 39.098 **K** Potassium	K^+	0,5-6	Necesario para la formación de azúcares y almidón en la planta. Interviene en la síntesis de proteínas y en la división celular. Al ser un componente vital de la pared celular, mejora la rigidez y resistencia de la planta.	Hojas amarillentas entre los nervios, hojas moteadas, manchadas o rizadas, quemaduras en las hojas.

Elemento	Forma asimilable	% peso seco	Funciones	Síntomas deficiencia
16 32.065 **S** Sulfur	SO_4^{2-}	0,05-1	Componente de aminoácidos, proteínas y enzimas. También es esencial para la síntesis de clorofila.	Las hojas se vuelven de color verde claro.
20 40.078 **Ca** Calcium	Ca^{2+}	0,2-3,5	Componente estructural importante de las paredes celulares. Es necesario para el crecimiento y la división celular e influye en el movimiento del agua en las células. En algunas plantas es necesario para la absorción de nitrógeno.	Pudrición localizada de los tejidos y la consiguiente inhibición del crecimiento, quemaduras en las puntas de las hojas y en las puntas de las raíces.
12 24.305 **Mg** Magnesium	Mg^{2+}	0,1-0,8	Componente clave de la molécula de clorofila, por lo que es esencial para la fotosíntesis y la formación de carbohidratos. Participa en las reacciones enzimáticas y ayuda en la generación de energía.	Bandas amarillas entre los nervios de las hojas. Los síntomas aparecen primero en las hojas más viejas y luego en las hojas jóvenes a medida que empeora la deficiencia.
26 55.845 **Fe** Iron	Fe^{2+}, Fe^{3+}	< 0,01	Desempeña un papel importante en la formación de clorofila. Está involucrado en la división celular que apoya el crecimiento de la planta y en otras reacciones vitales en la planta.	Amarillamiento de las hojas jóvenes, clorosis intervenal.
30 65.390 **Zn** Zinc	Zn^{2+}	< 0,002	Componente (cofactor funcional) de muchas enzimas, incluidas las auxinas (hormonas de crecimiento de las plantas). Esencial para el metabolismo de los carbohidratos, la síntesis de proteínas y la elongación internodal.	Hojas moteadas con zonas cloróticas irregulares.
29 63.546 **Cu** Copper	Cu^{2+}	< 0,0005	interviene en el metabolismo del nitrógeno y los hidratos de carbono. Es un componente de varias enzimas, incluidas las que participan en la fotosíntesis y la respiración.	Manchas marrones en las hojas terminales. Las puntas de los brotes mueren.

Elemento	Forma asimilable	% peso seco	Funciones	Síntomas deficiencia
42 95.950 **Mo** Molybdenum	MoO_4^{2-}	< 0,0005	Involucrado en muchas enzimas y está estrechamente relacionado con el metabolismo del nitrógeno, ya que es un componente importante de las enzimas nitrato-reductasa y nitrogenasa.	Hojas de color verde pálido con márgenes enrollados o ahuecados.
25 54.938 **Mn** Manganese	Mn^{2+}, Mn^{3+}	< 0,005	Necesario para la fotosíntesis y la respiración. Mejora el color verde y aumenta el contenido de azúcar y proteínas. Mejora la tolerancia de las plantas a la alta intensidad de luz.	Patrones de mosaico clorótico en las hojas. Aparecen principalmente en las hojas jóvenes
5 10.811 **B** Boron	H_3BO_3, $H_2BO_3^-$	< 0,002	Necesario para la formación de la pared celular, la integridad de la membrana y la absorción de calcio. Ayuda en la translocación de azúcares y afecta a numerosas funciones de las plantas (floración, germinación del polen, fructificación, división celular, relaciones hídricas y transporte de hormonas).	Retraso en el crecimiento y tallos rotos, muerte de las puntas de los brotes, lo que da lugar a múltiples ramas laterales.
17 35.453 **Cl** Chlorine	Cl-	< 0,01	Esencial en la fotosíntesis, donde interviene en la evolución del oxígeno. Aumenta la presión osmótica celular y el contenido de agua de los tejidos vegetales. Reduce la gravedad de ciertas enfermedades fúngicas.	Clorosis de las hojas más jóvenes y marchitamiento de la planta.
28 58.693 **Ni** Nickel	Ni^{2+}	< 0,0005	Necesario en el metabolismo del nitrógeno y la germinación de la planta.	Acumulación de urea que provoca la presencia de manchas necróticas en las hojas. También afecta el metabolismo de los ureidos, aminoácidos, ácidos orgánicos y estimula la acumulación del ácido oxálico y láctico en las hojas.

Anexo 4.2.2. Características de los principales procesos de producción de BE proteicos.

Criterio	Hidrólisis enzimática	Hidrólisis química ácida	Hidrólisis química alcalina	Fermentación microbiana	Síntesis química
Proceso de obtención	Enzimas específicas, y selectivas	Ácido fuerte (HCl)	Base fuerte (NaOH o KOH)	Microorganismos fermentadores de MO, generando AA y metabolitos bioactivos	Se sintetizan AA a partir de precursores industriales
Composición	AA en configuración L y péptidos bioactivos	AA mezclas racémicas de configuración L y D con posibles productos de degradación	AA mezcla de formas L y D, con posibles productos de degradación	AA en forma L, ácidos orgánicos, enzimas, polisacáridos y metabolitos bioactivos	AA libres, normalmente de configuración L, sin péptidos ni otros compuestos bioactivos
Biodisponibilidad	Alta, debido a la presencia de Aas-L y péptidos bioactivos	Media, ya que algunos AA pueden degradarse o racemizarse	Media, con riesgo de degradación de AA	Muy alta, gracias a la sinergia con metabolitos adicionales	Variable, dependiendo de la forma química del AA sintetizado. Si todos son L será alta
Bioactividad adicional	Los péptidos bioactivos pueden mejorar respuestas fisiológicas de las plantas	Baja o nula, ya algunos AA pueden perder funcionalidad	Baja o nula, algunos AA pueden perder funcionalidad	Muy alta, contiene compuestos bioactivos adicionales (enzimas, polisacáridos, etc.)	Nula, solo aporta AA sin compuestos bioactivos
Sostenibilidad ambiental	Media, dependiendo de la fuente proteica utilizada	Baja, por el uso de ácidos fuertes y generación de residuos	Baja, debido al uso de álcalis fuertes y riesgo de contaminación	Alta, método biotecnológico con bajo impacto ambiental	Baja, puede generar residuos químicos no biodegradables.

Criterio	Hidrólisis enzimática	Hidrólisis química ácida	Hidrólisis química alcalina	Fermentación microbiana	Síntesis química
Coste de producción	Medio, depende del origen de la proteína y las enzimas	Bajo, aunque requiere neutralización del ácido	Bajo, pero puede ser costoso eliminar residuos alcalinos	Alto, requiere fermentación controlada y tiempo prolongado	Bajo, optimizado en producción a gran escala.
Aplicaciones recomendadas	Foliar y radicular, mejora de absorción de nutrientes y resistencia al estrés	Aplicaciones generales en suelos y cultivos con menos exigencias en calidad	Aplicaciones generales en suelos y cultivos donde la degradación de AA no sea un problema	Vía radicular, BE del crecimiento vegetal, mejora de la microbiota del suelo	Formulación de productos con AA específicos
Ventajas	• AA en forma L, altamente biodisponibles, • Contiene péptidos bioactivos. • Alta eficiencia en fertilización	• Método rápido y económico. • Puede producir altas concentraciones de AA libres	• Método barato y eficiente. • Puede producir altas concentraciones de AA libres	• Contiene otros compuestos bioactivos que potencian la acción BE • Mejora la microbiota del suelo. • Mayor eficiencia en la absorción	• AA específicos en concentraciones controladas. • Alta estabilidad en almacenamiento
Desventajas	• Costo mayor que la hidrólisis química • Depende de la calidad de la materia prima	• Algunos AA pueden degradarse • La forma D de los AA presenta bajo valor agronómico • Puede generar o aumentar la toxicidad del producto	• Algunos AA pueden degradarse. • La forma D de los AA presenta bajo valor agronómico • Puede generar o aumentar la toxicidad del producto	• Producción más costosa y lenta • Variabilidad en la composición según el microorganismo y sustrato	• No contienen péptidos ni otros compuestos bioactivos

Anexo 4.2.3. Comparativa entre las principales bacterias diazotróficas utilizadas como BEM en agricultura.

Criterio	Azospirillum spp.	Azotobacter spp.	Rhizobium spp. (incluye Bradyrhizobium)
Tipo de asociación	Rizosfera/endófito facultativo, simbiosis asociativa	Vida libre	Simbiótica (nódulos en leguminosas)
Hospedadores principales	Gramíneas: maíz, trigo, arroz, caña de azúcar, etc.	Diversas plantas (cereales, hortalizas, frutales)	Leguminosas: Leguminosas: soja, frijol, lentejas, garbanzos
Fijación de N_2 (kg ha^{-1} año^{-1})	20-40	5-20	50–300 (dependiendo del hospedador)
Ambiente óptimo de actuación	Suelos bien aireados, húmedos, con raíces activas	Suelos ricos en MO, bien oxigenados	Ambientes específicos para leguminosas
Producción de fitohormonas	Alta (auxinas, giberelinas, citoquininas)	Alta (auxinas, vitaminas del grupo B)	Limitada; depende del genotipo de planta y bacteria
Solubilización de fósforo	Moderada	Alta	Baja a moderada
Producción de sideróforos	Sí	Sí	Sí
Efectos sobre el crecimiento	Estimula raíces, absorción de nutrientes	Estimula crecimiento general y desarrollo radicular	Mejora nodulación y rendimiento en leguminosas
Inducción de tolerancia a estrés	Alta (hídrico, salino, térmico)	Moderada	Dependiente de la planta
Otros beneficios	Mayor eficiencia en uso de N	Solubiliza fósforo, mejora estructura del suelo	Aumenta contenido de proteínas en grano, sinergia en rotaciones
Uso en agricultura comercial	Muy extendido, especialmente en cereales	Ampliamente utilizado en hortalizas y cereales	Uso principal en leguminosas
Formulación comercial	Amplia: inoculantes líquidos y sólidos, consorcios microbianos	Amplia: formulaciones líquidas, polvo seco, mezclas	Específicos para cada leguminosa; inoculantes especializados
Ejemplos de productos comerciales	Biopron®, Nitrofix®, Contribute ibN®, Bulhnova® AzosPIN®, FERTTYBYO®	Vixeran®, NutribioN®, BN AZOS®	LEGUMEFIX®, VIBACTER® (mezcla)
Forma de aplicación	Recubrimiento de semillas, fertirrigación	Recubrimiento de semillas o al suelo	Inoculación directa a semillas o en siembra

Anexo 4.2.4. Principales técnicas ómicas para el estudio de los BE en plantas.

Técnica	Utilidad	Información	Ventajas	Inconvenientes	Aspectos a controlar	Técnicas analíticas
Genómica	Analiza la secuencia y variaciones del ADN de las plantas	Identificación de genes implicados en la respuesta a BE y posibles modificaciones genéticas	Permite identificar genes clave, útil en mejoramiento genético	No evalúa la expresión génica ni los efectos ambientales	Genes involucrados en el crecimiento, tolerancia a estrés y metabolismo	Secuenciación de nueva generación (NGS), PCR cuantitativa (qPCR), Microarrays de ADN, CRISPR/Cas9 para estudios funcionales
Transcriptómica	Analiza los ARN mensajeros expresados en respuesta a BE	Cambios en la expresión génica inducidos por BE en diferentes condiciones	Captura respuestas rápidas, proporciona una visión detallada de la regulación génica	Costosa, requiere análisis bioinformático avanzado	Genes diferencialmente expresados en condiciones tratadas y no tratadas	Secuenciación de ARN (RNA-Seq), Microarrays de expresión génica, qRT-PCR
Proteómica	Estudia el conjunto de proteínas expresadas en respuesta a los BE	Proteínas activadas o reprimidas por los BE y su función en el metabolismo vegetal	Permite identificar proteínas clave en los efectos BE	Difícil de correlacionar con datos transcriptómicos, técnicas de análisis complejas	Proteínas relacionadas con crecimiento, defensa y metabolismo secundario	Electroforesis bidimensional (2D-PAGE), Espectrometría de masas (LC-MS, MALDI-TOF), Western blot, Cromatografía de afinidad

Técnica	Utilidad	Información	Ventajas	Inconvenientes	Aspectos a controlar	Técnicas analíticas
Metabolómica	Analiza los metabolitos primarios y secundarios generados por la planta	Cambios en la composición química (azúcares, aminoácidos, compuestos fenólicos, etc.) inducidos por BE	Permite una visión directa del estado fisiológico de la planta	Requiere instrumentación costosa, difícil identificación de metabolitos desconocidos	Metabolitos relacionados con crecimiento, estrés, mecanismos de defensa y rendimiento	Espectrometría de masas (GC-MS, LC-MS), Resonancia Magnética Nuclear (RMN), Cromatografía de gases y líquidos, HPLC-DAD
Fenómica	Estudia los rasgos físicos y fisiológicos de la planta	Cambios en el crecimiento, rendimiento, fisiología y morfología inducidos por BE	No invasiva, permite evaluar muchas plantas en poco tiempo con sensores avanzados	Puede ser difícil relacionar los datos fenotípicos con los mecanismos moleculares subyacentes	Biomasa, fotosíntesis, resistencia a estrés, rendimiento	Imágenes hiperespectrales, Termografía infrarroja, LIDAR, Fluorometría de clorofila, Drones y sensores remotos, Modelado 3D

Anexo 4.2.5. Mecanismos de acción y efectos de los bioestimulantes en la producción agrícola (Nephali *et al.*, 2020; Araya *et al.*, 2025).

BE	Mecanismo de acción	Beneficio agronómico
SH	Posible aumento de la actividad de la glucólisis. Reducción de AA libres, lo que sugiere un aumento de la producción de proteínas y/o metabolitos secundarios relacionados con la defensa. Activan las ATPasas de bombeo de protones de la membrana plasmática, promueven la flexibilización de la pared celular y la elongación de las raíces. Aumentan la capacidad antioxidante bajo diversos tipos de estrés abiótico.	Mayor crecimiento de la biomasa radicular, aumento de la eficiencia en el uso de nutrientes.
HP	Mejoran del metabolismo del nitrógeno en las plantas. Mitigación del estrés oxidativo mediante el aumento de osmolitos y cambios en la composición de esteroles, glucosinolatos y terpenos. Estimulación de la enzima fenilalanina amonio liasa, la expresión génica y la producción de flavonoides en condiciones de estrés salino. Protección de los flavonoides contra los rayos UV y el daño oxidativo.	Mayor tolerancia de los cultivos al estrés abiótico (por ejemplo, al salino).
EAM	Estimulan la expresión de genes que codifican el transporte de micronutrientes (Cu, Fe, Zn). Acumulan maltosa, fumarato y malato. Reducen el nivel de lípidos como los triglicéridos, lo que induce la muerte celular y la degradación de los cloroplastos.	Aumento de la concentración y transporte de micronutrientes desde la raíz hasta los brotes. Mejora de la composición mineral de los tejidos vegetales.
Q	Inducen la acumulación de compuestos fenólicos. Mejora el sistema de eliminación de ROS y regula la conductancia estomática.	Aumento del crecimiento vegetativo y la producción. Protección contra podredumbres. Retraso en el ablandamiento y la senescencia del fruto.
PG-PR	Liberan auxinas y activan las vías de señalización involucradas en la morfogénesis de las raíces.	Incremento de la biomasa radicular y aumento de la eficiencia en el uso de nutrientes.
AMF	Mejoran la disponibilidad de fosfato en condiciones de deficiencia de nutrientes mediante la excreción de sustancias solubilizadoras de P.	Aumento del crecimiento y la actividad radicular. Mayor disponibilidad de nutrientes en el suelo.

Anexo 4.2.6. Principales asociaciones internacionales sobre BE.

Asociación	Funciones
European Biostimulants Industry Council (EBIC)  https://biostimulants.eu/	Promueve la contribución de los BE vegetales para hacer que la agricultura sea más sostenible y resiliente y, al hacerlo, promueve el crecimiento y el desarrollo de la industria europea de BE. EBIC se fundó en junio de 2011 como Consorcio de la Industria Europea de BE y cambió su nombre cuando obtuvo identidad legal en 2013.
Biostimulants LTD  https://www.biostimulants.co.uk/	Empresa británica respetuosa con el medio ambiente que ofrece BE microbianos para plantas, como *Bacillus subtilis* y *Trichoderma harzianum*, proporcionando un camino sostenible hacia la mejora del desarrollo, la productividad y el vigor de los cultivos con BE microbianos para plantas.
Biostimulant.com  https://www.biostimulant.com/	Asociación promotora del estudio e investigación sobre BE para cubrir la demanda social y los cambios en los modelos de producción.
Biological Products Industry Alliance  https://www.bpia.org/	Promueve el desarrollo responsable de productos biológicos seguros y efectivos, incluidos BP y BE como herramientas beneficiosas para la agricultura comercial, la silvicultura, los campos de golf, los huertos domésticos, la horticultura, las plantas ornamentales y la salud pública a través de actividades de educación, divulgación y defensa a nivel estatal, federal e internacional.
Biostimulant Coalition  https://www.biostimulantcoalition.org/	Grupo de partes interesadas sin ánimo de lucro que cooperan para abordar de manera proactiva cuestiones regulatorias y legislativas relacionadas con aditivos biológicos o de origen natural y/o productos similares, incluidos, entre otros, inóculos bacterianos o microbianos, materiales bioquímicos, aminoácidos, ácidos húmicos, ácido fúlvico, extracto de algas marinas y otros materiales similares.
AFAIA, Players in a Greener Land  https://www.afaia.fr/	Representante francés de las empresas proveedoras de fertilizantes e insumos innovadores para cultivos vegetales sostenibles. Es la asociación profesional de los actores de las industrias de sustratos de cultivo, mantillos, enmiendas orgánicas, fertilizantes orgánicos y organominerales y BE.
AEFA, Asociación Española de Fabricantes de Agronutrientes  https://aefa-agronutrientes.org/	Asociación sin ánimo de lucro integrada por fabricantes de fertilizantes, productos especiales de nutrición vegetal, BE y microorganismos, con sede e implantación en el territorio español, que trabaja contribuyendo eficazmente al desarrollo y expansión del sector de la fertilización avanzada.

Anexo 4.3.1. Bacterias aprobadas por la CE como sustancias activas (CE, 2024).

ID	Nombre	Fecha aprobación	Reglamento	SABRT*	Efecto
1257	*Bacillus amyloliquefaciens.* Cepa AH2	27/09/2021	Reg. (EU) 2021/1455	SI	Fungicida
1333	*Bacillus amyloliquefaciens.* Cepa IT-45	27/02/2022	Reg. (EU) 2022/159	SI	Fungicida
1197	*Bacillus amyloliquefaciens.* Cepa FZB24	01/06/2017	Reg. (EU) 2017/806	SI	Fungicida
1018	*Bacillus amyloliquefaciens* (antes *subtilis*) str. QST 713	01/02/2007	Directiva 2007/6/CE	NO	Fungicida
1198	*Bacillus amyloliquefaciens.* Cepa MBI 600	16/09/2016	Reg. (EU) 2016/1429	NO	Fungicida
1078	*Bacillus amyloliquefaciens subsp. plantarum* D747	01/04/2015	Reg. (EU) 1316/2014	NO	Fungicida
1285	*Bacillus subtilis.* Cepa IAB/BS03	20/10/2019	Reg. (EU) 2019/1605	SI	Fungicida/ Bactericida
1079	*Bacillus pumilus.* Cepa QST 2808	01/09/2014	Reg. (EU) 485/2014	NO	Fungicida
1269	*Bacillus thuringiensis subsp. Aizawai.* Cepa ABTS-1857	01/05/2009	Directiva 2008/113/CE	NO	Insecticida
1301	*Bacillus thuringiensis subsp. Aizawai.* Cepa GC-91	01/05/2009	Directiva 2008/113/CE	NO	Insecticida
861	*Bacillus thuringiensis subsp. Israelensis (serotype H-14).* Cepa AM65-52	01/05/2009	Directiva 2008/113/CE	NO	Insecticida
1270	*Bacillus thuringiensis subsp. Kurstaki.* Cepa ABTS-351	01/05/2009	Directiva 2008/113/CE	NO	Insecticida
1271	*Bacillus thuringiensis subsp. Kurstaki.* Cepa EG2348	01/05/2009	Directiva 2008/113/CE	NO	Insecticida

ID	Nombre	Fecha aprobación	Reglamento	SABRT*	Efecto
1272	*Bacillus thuringiensis subsp. Kurstaki*. Cepa PB 54	01/05/2009	Directiva 2008/113/CE	NO	Insecticida
1273	*Bacillus thuringiensis subsp. Kurstaki*. Cepa SA 11	01/05/2009	Directiva 2008/113/CE	NO	Insecticida
1463	*Bacillus thuringiensis subsp. Kurstaki*. Cepa SA 12	01/05/2009	Directiva 2008/113/CE	NO	Insecticida
716	*Pseudomonas chlororaphis*. Cepa MA342	01/10/2004	Directiva 2004/71/CE	NO	Fungicida
1084	*Pseudomonas sp*. Cepa DSMZ 13134	01/02/2014	Reg. (EU) 829/2013	NO	Fungicida
1081	*Streptomyces lydicus*. Cepa WYEC 108	01/01/2015	Reg. (EU) 917/2014	NO	Fungicida
1411	*Streptomyces*. Cepa K61 (antes *S. griseoviridis*)	01/07/2021	Reg (EU) 2021/853	NO	Fungicida
1196	*Pasteuria nishizawae*. Cepa Pn1	14/10/2018	Reg. (EU) 2018/1278	SI	Nematicida

*SABRT: Sustancia activa de bajo riesgo toxicológico

Anexo 4.3.2. Hongos aprobados por la CE como sustancias activas (CE, 2024).

ID	Nombre	Fecha aprobación	Reglamento	SABRT*	Efecto
265	Akanthomyces muscarius (antes Lecanicillium). Cepa Ve6	01/03/2021	Reg. (EU) 2021/134	SI	Insecticida
345	Ampelomyces quisqualis. Cepa AQ10	01/08/2018	Reg. (EU) 2018/1075	SI	Fungicida
1183	Beauveria bassiana. Cepa 147	06/06/2017	Reg. (EU) 2017/831	NO	Insecticida
1336	Beauveria bassiana. Cepa 203	19/04/2022	Reg. (EU) 2022/501	NO	Insecticida
1275	Beauveria bassiana. Cepa ATCC 74040	01/05/2009	Directive 2008/113/EC	NO	Insecticida
1339	Beauveria bassiana. Cepa GHA	01/05/2009	Directive 2008/113/EC	NO	Insecticida
1282	Beauveria bassiana. Cepa IMI389521	19/02/2019	Reg (EU) No. 2019/139	NO	Insecticida
1184	Beauveria bassiana. Cepa NPP111B005	07/06/2017	Reg. (EU) 2017/843	NO	Insecticida
1281	Beauveria bassiana. Cepa PPRI 5339	20/02/2019	Reg. (EU) 2019/147	NO	Insecticida
766	Clonostachys rosea (Gliocladium Catenulatum) Cepa J1446	01/04/2019	Reg. (EU) 2019/151	SI	Fungicida
569	Coniothyrium minitans. Cepa CON/M/91-08 (DSM 9660)	01/08/2017	Reg. (EU) 2017/842	SI	Fungicida
938	Isaria fumosorosea (antes Paecilomyces fumosoroseus). Cepa Apopka 97	01/01/2016	Reg. (EU) 2015/306	SI	Insecticida
939	Paecilomyces fumosoroseus. Cepa Fe 9901	01/10/2013	Reg. (EU) 378/2013	NO	Insecticida
1319	Metarhizium brunneum. Cepa Ma 43	01/05/2022	Reg. (EU) 2022/383	SI	Insecticida/Acaricida
1294	Phlebiopsis gigantea. Cepa FOC PG 410.3	01/09/2020	Reg. (EU) 2020/1003	SI	Fungicida
1295	Phlebiopsis gigantea. Cepa VRA 1835	01/09/2020	Reg. (EU) 2020/1003	SI	Fungicida
1296	Phlebiopsis gigantea. Cepa VRA 1984	01/09/2020	Reg. (EU) 2020/1003	SI	Fungicida

ID	Nombre	Fecha aprobación	Reglamento	SABRT*	Efecto
1285	*Purpureocillium lilacinum*. Cepa PL 11	25/01/2022	Reg. (EU) 2022/4	SI	Nematicida
864	*Purpureocillium lilacinum* (antes *Paecilomyces lilacinus*). Cepa 251	01/03/2022	Reg. (EU) 2022/19	NO	Nematicida
1231	*Trichoderma atroviride*. Cepa AGR2	22/02/2023	Reg. (EU) 2023/216	SI	Fungicida
1268	*Trichoderma atroviride*. Cepa AT10	20/02/2023	Reg. (EU) 2023/199	SI	Fungicida
1205	*Trichoderma atroviride*. Cepa SC1	06/07/2016	Reg. (EU) 2016/951	SI	Fungicida
192	*Verticillium albo-atrum*. Cepa WCS850	01/11/2019	Reg. (EU) 2019/1675	SI	Fungicida
1396	*Trichoderma asperellum* (antes *T. harzianum*). Cepa ICC012	01/05/2009	Reg. (EU) 2023/689	NO	Fungicida
1397	*Trichoderma asperellum* (antes *T. viride*) T25	01/05/2009	Reg. (EU) 2023/689	NO	Fungicida
1398	*Trichoderma asperellum* (antes *T. viride*) TV1	01/05/2009	Reg. (EU) 2023/689	NO	Fungicida
674	*Trichoderma asperellum*. Cepa T34	01/06/2013	Reg. (EU) 1238/2012	NO	Fungicida
1402	*Trichoderma atrobrunneum* (antes *T. harzianum*). Cepa ITEM 908	01/05/2009	Reg. (EU) 2023/689	NO	Fungicida
1297	*Trichoderma atroviride* (antes *T. harzianum*). Cepa IMI 206040	01/05/2009	Reg. (EU) 2020/421	NO	Fungicida
167	*Trichoderma atroviride*. Cepa I-1237	01/06/2013	Reg. (EU) 17/2013	NO	Fungicida
168	*Trichoderma gamsii* (antes *T. viride*). Cepa ICC080	01/05/2009	Reg. (EU) 2023/689	NO	Fungicida

*SABRT: Sustancia activa de bajo riesgo toxicológico

Anexo 4.3.3. Virus aprobados por la CE como sustancias activas (CE, 2024).

ID	Nombre	Fecha aprobación	Reglamento	SABRT*	Efecto
588	*Cydia pomonella*. Granulovirus. Aislado. CpGV	01/11/2023	Reg. (EU) 2023/1756	SI	Insecticida
1423	*Spodoptera exigua*. Nucleopoliedrovirus multicápside (SeMNPV). Cepa BV-0004	18/04/2022	Reg. (EU) 2022/496	SI	Insecticida
1173	*Spodoptera littoralis* Nucleopoliedrovirus (SpliNPV)	01/06/2013	Reg. (EU) 367/2013	NO	Insecticida
771	*Helicoverpa armigera* Nucleopoliedrovirus (HearNPV)	01/06/2013	Reg. (EU) 368/2013	NO	Insecticida
1187	Virus del mosaico del pepino. Cepa CH2, aislado 1906	07/08/2015	Reg. (EU) 2015/1176	SI	Fungicida/ Elicitor
1287	Virus del mosaico del pepino dulce. Cepa atenuada VC1	29/03/2017	Reg. (EU) 2017/408	SI	Fungicida/ Elicitor
1288	Virus del mosaico del pepino dulce. Cepa atenuada VX1	29/03/2017	Reg. (EU) 2017/406	SI	Fungicida/ Elicitor
1334	Virus del mosaico del pepino (PepMV). Cepa chilena (CH2) aislado atenuado Abp2 (PEPMVO)	28/06/2021	Reg. (EU) 2021/917	SI	Fungicida/ Elicitor
1335	Virus del mosaico del pepino (PepMV). Cepa europea (EU) aislado atenuado Abp1 (PEPMVO)	28/06/2021	Reg. (EU) 2021/917	SI	Fungicida/ Elicitor

*SABRT: Sustancia activa de bajo riesgo toxicológico

Anexo 4.3.4. Ejemplos de los principales grupos de bioplaguicidas botánicos (Acheuk *et al.*, 2022).

Grupo	Compuesto	Estructura
Alcaloides	Anabasina	
	Nicotina	
	Rianodina	
	Veratridina	

Grupo	Compuesto	Estructura
Compuestos fenólicos	Rotenona	
	Cumarina	
	Ácido úsnico	
Aceites esenciales	Limoneno	
	Timol	
	Carvacrol	
	Linalol	

Grupo	Compuesto	Estructura
Limonoides	Azadiractin	
	Limonina	
	Nomilina	
Piretrinas	Piretrina I: R = CH$_3$ Piretrina II: R = CO$_2$CH$_3$	
	Jasmolina I	
	Cinerina I	

Grupo	Compuesto	Estructura
Poliquétidos	Leptospermona	
	Mesotriona	
	Sulcotriona	
Ácidos grasos	Ácido pelargónico	
	Ácido ruménico	

Anexo 4.3.5. Principales feromonas emitidas por insectos
(Reddy y Guerrero, 2020).

Compuesto	Insecto
(Z)-11-hexadecenil trifluorometilcetona	*Sesamia nonagrioides* (Lepidoptera: Noctuidae), *Ostrinia nubilalis* (Lepidoptera: Pyralidae)
3-octiltio-1,1,1-trifluoro-2-propanona	*Sesamia nonagrioides* (Lepidoptera: Noctuidae), *Spodoptera littoralis* (Lepidoptera: Noctuidae)
n-deciltio trifluoropropanona	*Bombyx mori* (Lepidoptera: Bombycidae)
(E,Z,Z)-3,8,11-tetradecatrienil trifluorometilcetona, (E,Z,Z)-3,8,11-tetradecatrienil metilcetona	*Tuta absoluta* (Lepidoptera: Gelechiidae)
(Z)-9-14-formiato	*Cryptoblabes gnidiella* (Lepidoptera: Pyralidae)
(Z)-5-Decenil acetate, (Z)-9-tetradecenil acetato	*Autographa gamma* (Lepidoptera: Noctuidae)
(E,E)-8,10-dodecadienil trifluorometilcetona, (E,E)-8,10-dodecadienil metilcetona, (E,E)-11,13-pentadecadien-2,3-dione, metil (E,E)-10,12-2-oxo-tetradeca-dienoato	*Cydia pomonella* (Lepidoptera: Tortricidae)
(Z)-11-hexadecenal	*Ostrinia nubilalis* (Lepidoptera: Pyralidae)
(Z)-9-tetradecenil trifluorometilcetona	*Spodoptera frugiperda* (Lepidoptera: Noctuidae)
(E,Z)-2,13-octadecadienil trifluorometilcetona, (E,Z)-3,13-octadecadienil trifluorometilcetona	*Zeuzera pyrina* (Lepidoptera: Cossidae)
(Z)-11-hexadecenil trifluoroacetato, (Z)-11-hexadecenil	*Plutella xylostella* (Lepidóptera: Plutellidae)
(Z)-3-Hexen-1-ol	*Pityogenes chalcographus* (Coleoptera: Scolytidae)
(Z)-11-Tetradecenil acetato, (E)-11-tetradecenil acetato, (Z)-11-tetradecenol, (Z)-11-tetradecenal, (Z)-9-tetradecenil acetato	*Choristoneura rosaceana, Plodia interpunctella* (Lepidoptera: Pyralidae)

Anexo 4.3.6. Clasificación por fecha de aprobación de las sustancias activas clasificadas como de bajo riesgo (SABRT) hasta 2019 (CE, 2024).

ID	Nombre	Fecha aprobación	Tipo de sustancia	Función	Cultivo
1185	COS-OGA	22/04/2015	Bioderivado químico	Fungicida/Elicitor	Cucurbitáceas (invernadero).
1065	Cerevisane	23/04/2015	Bioderivado químico	Fungicida/Elicitor	Lechuga
1187	Virus del mosaico del pepino. Cepa CH2, aislado 1906	07/08/2015	Microorganismo (virus)	Fungicida/Elicitor	Tomate (invernadero)
23	Fosfato férrico	01/01/2016	Compuesto químico	Molusquicida	Babosas y caracoles
938	*Isaria fumosorosea.* Cepa Apopka 97	01/01/2016	Microorganismo (hongo)	Insecticida	Pepino y tomate (invernadero)
1196	*Saccharomyces cerevisiae.* Cepa LAS02	06/07/2016	Microorganismo (Levadura)	Fungicida	Frutas pepita (manzana, pera, membrillo, níspero)
1205	*Trichoderma atroviride.* Cepa SC1	06/07/2016	Microorganismo (hongo)	Fungicida	Colza
1287	Virus del mosaico del pepino dulce. Cepa atenuada VC1	29/03/2017	Microorganismo (virus)	Fungicida/Elicitor	Tomate (invernadero)
1288	Virus del mosaico del pepino dulce. Cepa atenuada VX1	29/03/2017	Microorganismo (virus)	Fungicida/Elicitor	Tomate (invernadero)
1197	*Bacillus amyloliquefaciens.* Cepa FZB24	01/06/2017	Bioderivado químico	Fungicida	Cucurbitáceas (pepino, calabacin y melón), patata y vid

ID	Nombre	Fecha aprobación	Tipo de sustancia	Función	Cultivo
569	*Coniothyrium minitans* Strain CON/M/91-08 (DSM 9660)	01/08/2017	Microorganismo (hongo)	Fungicida	Colza, lechuga, pepino, judías, y girasol (suelo)
260	Laminarina	01/03/2018	Bioderivado químico	Fungicida/Elicitor	Varios (1)
345	*Ampelomyces quisqualis*. Cepa AQ10	01/08/2018	Microorganismo (hongo)	Fungicida	Vid, tomate, pimiento y berenjena
1309	*Pasteuria nishizawae*. Cepa Pn1	14/10/2018	Microorganismo (bacteria)	Nematicida	Remolacha azucarera

(1)   Manzana, pera, vid, kiwi, judía verde, lechuga, fresa, tomate, berenjena pimiento y cucurbitáceas.

Anexo 4.3.7. Clasificación alfabética de las SABRT de origen microbiológico (CE, 2024).

ID	Nombre	Fecha aprobación	Reglamento	Taxonomía	Función
265	*Akanthomyces muscarius.* Cepa Ve6	01/03/2021	Reg. (EU) 2021/134	Hongo	Insecticida
345	*Ampelomyces Quisqualis.*Cepa AQ10	01/08/2018	Reg. (EU) 2018/1075	Hongo	Fungicida
1257	*Bacillus amyloliquefaciens.*Cepa AH2	27/09/2021	Reg. (EU) 2021/1455	Bacteria	Fungicida
1333	*Bacillus amyloliquefaciens.*Cepa IT-45	27/02/2022	Reg. (EU) 2022/159	Bacteria	Fungicida
1197	*Bacillus amyloliquefaciens.*Cepa FZB24	01/06/2017	Reg. (EU) 2017/806	Bacteria	Fungicida
1278	*Bacillus subtilis.* Cepa IAB/BS03	20/10/2019	Reg. (EU) 2019/1605	Bacteria	Fungicida/Bactericida
766	*Clonostachys rosea.* Cepa J1446	01/04/2019	Reg. (EU) 2019/151	Hongo	Fungicida
569	*Coniothyrium minitans.* Cepa CON/M/91-08 (DSM 9660)	01/08/2017	Reg. (EU) 2017/842	Hongo	Fungicida
588	*Cydia pomonella.* Granulovirus. Aislado. CpGV	01/11/2023	Reg. (EU) 2023/1756	Virus	Insecticida
938	*Isaria fumosorosea.* Cepa Apopka 97	01/01/2016	Reg. (EU) 2015/306	Hongo	Insecticida
1319	*Metarhizium brunneum.* Cepa Ma 43	01/05/2022	Reg. (EU) 2022/383	Hongo	Insecticida/Acaricida
1309	*Pasteuria nishizawae.* Cepa Pn1	14/10/2018	Reg. (EU) 2018/1278	Bacteria	Nematicida
1294	*Phlebiopsis gigantea.* Cepa FOC PG 410.3	01/09/2020	Reg. (EU) 2020/1003	Hongo	Fungicida
1295	*Phlebiopsis gigantea.*Cepa VRA 1835	01/09/2020	Reg. (EU) 2020/1003	Hongo	Fungicida
1296	*Phlebiopsis gigantea.* Cepa VRA 1984	01/09/2020	Reg. (EU) 2020/1003	Hongo	Fungicida
1285	*Purpureocillium lilacinum.* Cepa PL 11	25/01/2022	Reg. (EU) 2022/4	Hongo	Nematicida
1196	*Saccharomyces cerevisiae.* Cepa LAS02	06/07/2016	Reg. (EU) 2016/952	Levadura	Fungicida

ID	Nombre	Fecha aprobación	Reglamento	Taxonomía	Función
1423	*Spodoptera exigua.* Nucleopoliedrovirus multicápside (SeMNPV). Cepa BV-0004	18/04/2022	Reg. (EU) 2022/496	Virus	Insecticida
1231	*Trichoderma atroviride.* Cepa AGR2	22/02/2023	Reg. (EU) 2023/216	Hongo	Fungicida
1268	*Trichoderma atroviride.* Cepa AT10	20/02/2023	Reg. (EU) 2023/199	Hongo	Fungicida
1205	*Trichoderma atroviride.* Cepa SC1	06/07/2016	Reg. (EU) 2016/951	Hongo	Fungicida
192	*Verticillium albo-atrum.* Cepa WCS850	01/11/2019	Reg. (EU) 2019/1675	Hongo	Fungicida
1187	Virus del mosaico del pepino. Cepa CH2, aislado 1906	07/08/2015	Reg. (EU) 2015/1176	Virus	Fungicida/Elicitor
1287	Virus del mosaico del pepino dulce. Cepa atenuada VC1	29/03/2017	Reg. (EU) 2017/408	Virus	Fungicida/Elicitor
1288	Virus del mosaico del pepino dulce. Cepa atenuada VX1	29/03/2017	Reg. (EU) 2017/406	Virus	Fungicida/Elicitor
1334	Virus del mosaico del pepino (PepMV). Cepa chilena (CH2) aislado atenuado Abp2 (PEPMVO)	28/06/2021	Reg. (EU) 2021/917	Virus	Fungicida/Elicitor
1335	Virus del mosaico del pepino (PepMV), Cepa europea (EU) aislado atenuado Abp1 (PEPMVO)	28/06/2021	Reg. (EU) 2021/917	Virus	Fungicida/Elicitor

Anexo 4.3.8. Clasificación alfabética de las SABRT de origen químico (CE, 2024).

ID	Nombre	Fecha aprobación	Reglamento	Número CAS	Función
51	Bicarbonato de potasio	01/11/2021	Reg. (EU) 2021/1452	298-14-6	Fungicida
1235	Bicarbonato de sodio	01/10/2020	Reg. (EU) 2020/1263	144-55-8	Fungicida
495	Carbonato de calcio	01/11/2021	Reg. (EU) 2021/1448	471-34-1	Repelente
23	Fosfato férrico	01/01/2016	Reg. (EU) 2015/1166	10045-86-0	Molusquicida
1379	Limestone (Polvo piedra Caliza)	01/11/2021	Reg. (EU) 2023/962	1317-65-3	Repelente
1310	Pirofosfato férrico	03/08/2020	Reg. (EU) 2020/1018	10058-44-3	Molusquicida

Anexo 4.3.9. Clasificación por fecha de aprobación de las SABRT procedentes de bioderivados químicos (CE, 2024).

ID	Nombre	Fecha aprobación	Reglamento	Contenido/N° CAS	Función
1185	COS-OGA	22/04/2015	Reg. (EU) 2015/543	Oligosacáridos de quitina y pectina	Fungicida/Elicitor
1065	Cerevisane	23/04/2015	Reg. (EU) 2015/553	Paredes celulares de *Saccharomyces cerevisiae* (cepa LAS117)	Fungicida/Elicitor
260	Laminarin	01/03/2018	Reg. (EU) 2018/112	Polisacárido de algas pardas (*Laminaria digitata*) CAS:9008-22-4	Fungicida/Elicitor
1307	ABE-IT 56	20/05/2019	Reg. (EU) 2019/676	Fraccionamiento del lisado de *S. cerevisiae*. Cepa DDSF623	Fungicida
1337	24-epibrasinólida	31/03/2021	Reg. (EU) 2021/427	Brasinoesteroide procedente plantas. CAS: 78821-43-9	Elicitor
1260	Extracto acuoso de semillas germinadas de *Lupinus albus* dulce	27/04/2021	Reg. (EU) 2021/567	Extracto de altramuz dulce (proteína BLAD)	Fungicida
1120	Repelente de origen animal o vegetal (grasa de ovino)	01/11/2022	Reg. (EU) 2022/1474	Grasa de ovino 100% (Ácido palmítico, esteárico y oleico principalmente) CAS:98999-15-6	Repelente

ID	Nombre	Fecha aprobación	Reglamento	Contenido/Nº CAS	Función
856	Repelente de origen animal o vegetal (aceite de pescado)	01/03/2023	Reg. (EU) 2022/2305	Aceite de pescado (acil-glicéridos, ácidos grasos libres, y colesterol) CAS:100085-40-3	Repelente
772	Heptamaloxilo-glucano	01/03/2023	Reg. (EU) 2022/2315	Xilo-oligosacárido (torta liofilizada) CAS No 870721-81-6	Elicitor
110	Residuo de destilación de grasas	01/11/2023	Reg. (EU) 2023/1755	Ácidos grasos escindidos de, con al menos, el 19, 18 y 37% de palmítico, esteárico y oleico, respectivamente	Repelente

Anexo 4.3.10. Clasificación de semioquímicos por nº de identificación de SABRT (CE, 2024).

ID	Nombre	Fecha aprobación	Reglamento	Función
265	Senecioato de lavandulilo	03/06/2020	Reg. (EU) 2020/646	Atrayente
349	Acetato de (E,Z)-2,13-octadecadien-1-ilo	01/09/2022	Reg. (EU) 2022/1251	Atrayente
352	Acetato de (E,E)-7,9-dodecadien-1-ilo	01/09/2022	Reg. (EU) 2022/1251	Atrayente
353	Acetato de (Z,E)-7,11-hexadecadien-1-ilo	01/09/2022	Reg. (EU) 2022/1251	Atrayente
354	Acetato de (Z,Z)-7,11-hexadecadien-1-ilo	01/09/2022	Reg. (EU) 2022/1251	Atrayente
355	Acetato de (E,E)-8,10-dodecadien-1-ilo	01/09/2022	Reg. (EU) 2022/1251	Atrayente
356	Acetato de (Z,E)-9,12-Tetradecadien-1-ilo	01/09/2022	Reg. (EU) 2022/1251	Atrayente
357	Acetato de (E)-11-tetradecen-1-ilo	01/09/2022	Reg. (EU) 2022/1251	Atrayente
361	Acetato de (E)-8-dodecen-1-ilo	01/09/2022	Reg. (EU) 2022/1251	Atrayente
367	Acetato de (Z)-11-hexadecen-1-ilo	01/09/2022	Reg. (EU) 2022/1251	Atrayente
368	Acetato de (Z)-11-tetradecen-1-ilo	01/09/2022	Reg. (EU) 2022/1251	Atrayente
374	Acetato de (Z)-8-dodecen-1-ilo	01/09/2022	Reg. (EU) 2022/1251	Atrayente
375	Acetato de (Z)-9-dodecen-1-ilo	01/09/2022	Reg. (EU) 2022/1251	Atrayente
377	Acetato de (Z)-9-tetradecen-1-ilo	01/09/2022	Reg. (EU) 2022/1251	Atrayente
837	Acetato de dodecilo	01/09/2022	Reg. (EU) 2022/1251	Atrayente
1226	Acetato de (Z,E)-9,11-tetradecadien-1-ilo	01/09/2022	Reg. (EU) 2022/1251	Atrayente

ID	Nombre	Fecha aprobación	Reglamento	Función
1240	Acetato de (E,Z,Z)-3,8,11-tetradecatrien-1-ilo	01/09/2022	Reg. (EU) 2022/1251	Atrayente
1241	Acetato de (E,Z)-3,8-tetradecadien-1-ilo	01/09/2022	Reg. (EU) 2022/1251	Atrayente
1246	Acetato de (Z)-8-tetradecen-1-ilo	01/09/2022	Reg. (EU) 2022/1251	Atrayente
1253	n-tetradecilacetato	01/09/2022	Reg. (EU) 2022/1251	Atrayente
1328	Acetato de (E,Z)-7,9-dodecadien-1-ilo	01/09/2022	Reg. (EU) 2022/1251	Atrayente
1330	Acetato de (E)-5-Decen-1-ilo	01/09/2022	Reg. (EU) 2022/1251	Atrayente
1496	Acetato de (Z)-7-dodecen-1-ilo	01/09/2022	Reg. (EU) 2022/1251	Atrayente
1498	Acetato de hexadecilo	01/09/2022	Reg. (EU) 2022/1251	Atrayente
1499	Acetato de (E,Z)-3,13-octadecadien-1-ilo	01/09/2022	Reg. (EU) 2022/1251	Atrayente
1500	Acetato de (Z,Z)-3,13-octadecadien-1-ilo	01/09/2022	Reg. (EU) 2022/1251	Atrayente
1530	Feromonas de lepidópteros de cadena lineal	01/09/2022	Reg. (EU) 2022/1251	Atrayente

Anexo 4.3.11. Registro de SABRT en España procedente de bioderivados químicos (MAPA, 2024).

Sustancia Activa	Formulado	Nombre comercial	Fecha registro	Nº Registro	Titular/Fabricante
COS-OGA	1,25% [SL] P/V	FYTOSAVE	31-05-2016	ES-00209	FYTOFEND, S.A.
CEREVISANE	94,1% [WP] P/P	ROMEO	07-08-2019	ES-00519	AGRAUXINE
LAMINARIN	4,5% [SL] P/V	VACCIPLANT MAX, VACCISTAR	13-10-2015 15-09-2011	ES-00781 ES-00782	UPL IBERIA, S.A.
ABE-IT 56	32,56% [SC] P/V	BELVINE	09-12-2022	ES-01430	CÉRIENCE (Beaufort A)
GRASA DE OVINO	6,46% [EW] P/V	TRICO	20-05-2019	ES-00771	KWIZDA AGRO GMBH

Anexo 4.3.12. Registro de SABRT en España de origen químico (MAPA, 2024).

Sustancia activa	Formulado	Nombre comercial	Fecha registro	Nº registro	Titular
HIDROGENO CARBONATO DE POTASIO	0,425% [AL] P/V	DEXTOP	01-03-2019	ES-00765	AGRONATURALIS LTD.
	85% [SP] P/P	ANL-F004	28-09-2020	ES-01165	AGRONATURALIS LTD
		MALLEN	28-09-2020	ES-01166	AGRONATURALIS LTD
		KARBICURE 85	30/10/2013	25697	CERTIS BELCHIM B.V.
		ARMICARB GARDEN	21/11/2013	25698	CERTIS BELCHIM B.V.
	99% [SP] P/P	VITISAN	22-03-2018	ES-00445	ANDERMATT IBERIA SL
FOSFATO FÉRRICO	1% [RB] P/P	FERRAMOL Antilimacos	05-09-2006	ES-00325	NEUDORFF
	2,5% [GB] P/P	FERREX	28-11-2019	ES-00574	FRUNOL DELICIA GMBH
FOSFATO FÉRRICO (ANHIDRO)	0,81% [RB] P/P	FERRIMAX	30-10-2020	ES-01168	DE SANGOSSE S.A.S.
	1,25% [RB] P/P	COMPO Antilimacos Biológico	22-03-2016	ES-00099	COMPO IBERIA
	2,42% [RB] P/P	IRONMAX PRO	20-07-2020	ES-01169	DE SANGOSSE S.A.S
FOSFATO FÉRRICO HIDRATADO	1,24% [GB] P/P	NATUREN LIMEX	06-08-2020	ES-01140	EVERGREEN GARDEN
	2,97% [RB] P/P	SLUXX HP	04-02-2014	ES-00327	NEUDORFF
		MINIXX	03-08-2021	ES-01228	

Anexo 4.3.13: Clasificación de las sustancias denominadas "plaguicidas de riesgo mínimo" según la EPA (US EPA, 2018).

Nombre común	Nombre químico	Número CAS	Función
Aceite de ricino	Aceite de ricino	8001-79-4	Insecticida y Repelente
Aceite de madera de cedro (China[a], Texas[b] y Virginia[c])	Aceite de madera de cedro	85085-29-6[a] 68990-83-0[b] 8000-27-9[c]	Insecticida, Fungicida y Nematicida
Canela, aceite de canela	Canela, aceite de canela	N/A 8015-91-6	Fungicida e Insecticida
Ácido cítrico,	Ácido 2-hidroxipropano-1,2,3-tricarboxílico	77-92-9	Fungicida y Herbicida
Citronela, Aceite de citronela	Citronela, aceite de citronela	N/A 8000-29-1	Insecticida
Clavo, aceite de clavo	Clavo, aceite de clavo	N/A 8000-34-8	Fungicida, Herbicida e Insecticida
Harina de gluten de maíz	Harina de gluten de maíz	66071-96-3	Herbicida
Aceite de maíz	Aceite de maíz	8001-30-7	Insecticida
Aceite de menta (maíz y menta verde)	Aceite de menta maíz, aceite de menta verde	68917-18-0 8008-79-5	Fungicida e Insecticida
Aceite de algodón	Aceite de algodón	8001-29-4	Insecticida
Sangre seca	Sangre seca	68911-49-9	Repelente vertebrados
Eugenol	4-alil-2-metoxifenol	97-53-0	Insecticida
Ajo, aceite de ajo	Ajo, aceite de ajo	N/A 8000-78-0	Fungicida e Insecticida
Geraniol	(2E)-3,7-dimetilocta-2,6-dien-1-ol	106-24-1	Insecticida
Aceite de geranio	Aceite de geranio	8000-46-2	Insecticida
Lauril sulfato	Lauril sulfato	151-41-7	Insecticida
Aceite de limoncillo	Aceite de limoncillo	8007-02-1	Insecticida
Aceite de linaza	Aceite de linaza	8001-26-1	Fungicida e Insecticida

Nombre común	Nombre químico	Número CAS	Función
Ácido málico	Ácido 2-hidroxibutanodioico	6915-15-7	Fungicida
Menta, aceite de menta	Menta, aceite de menta	N/A 8006-90-4	Fungicida, Insecticida y Repelente vertebrados
Propionato de 2-feniletilo	Propionato de 2-feniletilo	122-70-3	Insecticida
Sorbato de potasio	(2E,4E)-hexa-2,4-dienoato de potasio	24634-61-5	Fungicida
Huevos duros fermentados	Huevos duros fermentados	51609-52-0	Repelente vertebrados
Romero, aceite de romero	Romero, aceite de romero	N/A 8000-25-7	Fungicida e Insecticida
Sésamo, aceite de Sésamo	Sésamo, aceite de sésamo	N/A 8000-25-7	Fungicida y Nematicida
Cloruro de sodio	Cloruro de sodio	7647-14-5	Fungicida y Herbicida
Lauril sulfato de sodio	Sal de sodio del éster del ácido sulfúrico Monododecil (1:1)	151-21-3	Insecticida
Aceite de soja	Aceite de soja	8001-22-7	Insecticida
Tomillo, aceite de tomillo	Tomillo, aceite de tomillo	N/A 8007-46-3	Fungicida, Acaricida y Nematicida
Pimienta blanca	Pimienta blanca	N/A	Repelente vertebrados
Zinc	Zinc	7440-66-6	Fungicida, Insecticida

Anexo 4.3.14. Clasificación alfabética de las sustancias básicas aprobadas bajo el Artículo 23 del Reglamento (CE) 1107/2009 (CE, 2024).

ID	Nombre	Fecha aprobación	Reglamento	Función
1304	Aceite de cebolla	17/10/2018	Reg. (EU) 2018/1295	Repelente
45	Aceite de girasol	02/12/2016	Reg. (EU) 2016/1978	Fungicida
1148	Bicarbonato de sodio	08/12/2015	Reg. (EU) 2015/2069	Fungicida, Herbicida
1225	Carbón vegetal arcilloso	31/03/2017	Reg. (EU) 2017/428	Fungicida, Protector
1415	Cerveza	05/12/2017	Reg. (EU) 2017/2090	Molusquicida
1193	Clorhidrato de quitosano	01/07/2014	Reg. (EU) 563/2014	Elicitor (efecto fungicida y bactericida)
1141	Cloruro de sodio (sal)	28/09/2017	Reg. (EU) 2017/1529 Reg. (EU) 2021/556	Fungicida, Insecticida, Herbicida,
106	*Equisetum arvense* (cola de caballo)	01/07/2014	Reg. (EU) 462/2014	Elicitor, Fungicida
1424	Extracto del bulbo de *Allium,* cepa L. (extracto bulbo cebolla)	17/02/2021	Reg. (EU) 2021/81	Fungicida
611	Fosfato diamónico	29/04/2016	Reg. (EU) 2016/548	Atrayente
1400	Fructosa	01/10/2015	Reg. (EU) 2015/1392	Elicitor (efecto fungicida e insecticida)
497	Hidróxido calcio (cal apagada)	01/07/2015	Reg. (EU) 2015/762	Fungicida
1291	L-cisteína	01/06/2020	Reg. (EU) 2020/642	Insecticida
1255	Leche de vaca	30/07/2020	Reg (EU) 2020/1004	Fungicida, Virucida
1208	Lecitina	01/07/2015	Reg. (EU) 2015/1116	Elicitor, Fungicida
131	Peróxido de hidrógeno (agua oxigenada)	29/03/2017	Reg. (EU) 2017/409	Fungicida, Bactericida

ID	Nombre	Fecha aprobación	Reglamento	Función
1416	Polvo de semillas de mostaza	04/12/2017	Reg. (EU) 2017/2066	Fungicida para semillas
1490	Quitosano	11/04/2022	Reg. (EU) 2022/456	Elicitor
1206	Sacarosa	01/01/2015	Reg. (EU) No 916/2014	Elicitor (efecto fungicida e insecticida)
874	*Salix* spp. *cortex* (corteza de sauce)	01/07/2015	Reg. (EU) 2015/1107	Elicitor, Fungicida
1399	Lactosuero	02/05/2016	Reg. (EU) 2016/560	Fungicida, Virucida
1419	Talco E553B (uso alimentario con <0,1% de sílice cristalina respirable)	28/05/2018	Reg (EU) 2018/691	Insecticida, Fungicida
1224	*Urtica* spp. (ortiga)	30/03/2017	Reg. (EU) 2017/419	Fungicida, Insecticida, Acaricida
1207	Vinagre	01/07/2015	Reg. (EU) 2015/1108 Reg. (EU) 2019/149	Fungicida, Bactericida, Acaricida

Índice de figuras y tablas

Tablas

El pasado 15 de noviembre de 2022, la población mundial marcó un punto de inflexión, al traspasar los 8.000 millones de personas. "Una ocasión para celebrar nuestra diversidad, reconocer nuestra humanidad común y maravillarnos de los avances en salud que han prolongado la esperanza de vida y reducido drásticamente las tasas de mortalidad materna e infantil", en palabras del Secretario General de la ONU, Antonio Guterres.

A partir de la de los años cincuenta del siglo pasado, la época conocida como la *Revolución Verde*, la aplicación de agroquímicos de síntesis fue un factor beneficioso y decisivo en la agricultura por la posibilidad de obtener alimentos más baratos, pero que no atendió a los posibles efectos perjudiciales que pudieran provocar sobre el medio ambiente y la salud humana. Este progreso, a menudo, vino acompañado de consecuencias medioambientales negativas, como la escasez de agua, la degradación y contaminación del suelo, la pérdida de biodiversidad, la disminución de la superficie forestal y unos altos niveles de emisiones de gases de efecto invernadero, entre otras.

Dado que la agricultura es la base de la alimentación mundial, si apostamos por una agricultura sostenible, tanto las generaciones presentes como las futuras serán capaces de alimentar a una población que crece en torno a un 2% anual. El desarrollo será sostenible si se logra el equilibrio entre los distintos factores que influyen en la calidad de vida en base a una explotación racional de los recursos, satisfaciendo las necesidades de las sociedades actuales sin comprometer las necesidades de las futuras.

El principal objetivo de la agricultura sostenible es proteger el medio ambiente. Para ello es fundamental mejorar la calidad del suelo, mantener la biodiversidad y realizar una gestión eficiente del agua. En este contexto, la naturaleza sostenible de los productos de origen biológico (*bio-based products*), ha hecho que los bioagroquímicos (bioestimulantes y bioplaguicidas, B&B) sean cada vez más populares y su grado de aceptación vaya en aumento en comparación con los agroquímicos tradicionales. Así, determinadas sustancias y microrganismos de origen natural son capaces de estimular los procesos de nutrición de las plantas independientemente de su contenido de nutrientes y protegerlas de sus enemigos naturales. Entre sus beneficios cabe destacar la eficiencia en el uso de nutrientes, la mejor tolerancia a los estreses biótico y abiótico, aumento del rendimiento y calidad de los cultivos, la mejora de la salud y fertilidad del suelo y una mayor resiliencia a plagas y enfermedades.

El uso de B&B presenta, hoy en día, un gran potencial para disminuir la dependencia de los agroquímicos sintéticos. Actualmente, constituyen una herramienta fundamental a utilizar en los sistemas integrados de producción agrícola. No obstante, es fundamental profundizar en el modo de acción y los beneficios agronómicos derivados de su uso. Por ello, resulta de vital importancia que la comunidad científica, la empresa y los organismos reguladores aúnen esfuerzos en el conocimiento del potencial de los B&B al objeto de mejorar la sostenibilidad agrícola, incrementar la seguridad alimentaria y aumentar la resiliencia de los cultivos ante el cambio climático.

"La primera y más respetable de las artes es la agricultura"
Jean-Jacques Rousseau (1712-1778)

Listado de normativas españolas y comunitarias citadas en el texto

Directiva 2005/2/CE de la Comisión, del 19 de enero de 2005, por la que se modifica la Directiva 91/414/CEE del Consejo a fin de incluir las sustancias activas *Ampelomyces quisqualis* y *Gliocladium catenulatum*. DOUE 20, 15-18.

Directiva 2008/98/CE del Parlamento Europeo y del Consejo, del 19 de noviembre de 2008, sobre los residuos y por la que se derogan determinadas Directivas DOUE, 312, 3-30.

Directiva 2009/128/CE del Parlamento Europeo y del Consejo del 21 de octubre de 2009 por la que se establece el marco de la actuación comunitaria para conseguir un uso sostenible de los plaguicidas. DOUE, 309, 71-86.

Real Decreto 506/2013, del 28 de junio, sobre productos fertilizantes. BOE, 164, 1-94.

Real Decreto 824/2005, del 8 de julio, sobre productos fertilizantes. BOE, 171, 25592-25669.

Real Decreto 999/2017, de 24 de noviembre, por el que se modifica el Real Decreto 506/2013, de 28 de junio, sobre productos fertilizantes. BOE, 96, 119396-119450.

Reglamento (CE) 178/2002 del Parlamento Europeo y del Consejo, del 28 de enero de 2002, por el que se establecen los principios y los requisitos generales de la legislación alimentaria, se crea la Autoridad Europea de Seguridad Alimentaria y se fijan procedimientos relativos a la seguridad alimentaria. DOUE, 31, 1-24.

Reglamento (CE) 1069/2009 del Parlamento Europeo y del Consejo del 21 de octubre de 2009 por el que se establecen las normas sanitarias aplicables a los subproductos animales y los productos derivados no destinados al consumo humano y por el que se deroga el Reglamento (CE) 1774/2002 (Reglamento sobre subproductos animales). DOUE, 300, 1-33.

Reglamento (CE) 1107/2009 del Parlamento Europeo y del Consejo, del 21 de octubre de 2009, relativo a la comercialización de productos fitosanitarios y por el que se derogan las Directivas 79/117/CEE y 91/414/CEE del Consejo. OJEU, 309, 1-50.

Reglamento (CE) 1907/2006 del Parlamento Europeo y del Consejo del 18 de diciembre de 2006 L 396/1 relativo al registro, la evaluación, la autorización y la restricción de las sustancias y preparados químicos (REACH), por el que se crea la Agencia Europea de Sustancias y Preparados Químicos, se modifica la Directiva 1999/45/CE y se derogan el Reglamento (CEE) 793/93 del Consejo y el Reglamento (CE) 1488/94 de la Comisión así como la Directiva 76/769/CEE del Consejo y las Directivas 91/155/CEE, 93/67/CEE, 93/105/CE y 2000/21/CE de la Comisión. DOUE, 396, 1-849.

Reglamento (CE) 2003/2003 del Parlamento Europeo y del Consejo del 13 de octubre de 2003 relativo a los abonos. DOUE, 304, 1-194.

Reglamento (UE) 283/2013 de la Comisión del 1 de marzo de 2013 que establece los requisitos sobre datos aplicables a las sustancias activas, de conformidad con el Reglamento (CE) 1107/2009 del Parlamento Europeo y del Consejo, relativo a la comercialización de productos fitosanitarios.

Reglamento (UE) 2017/1432 de la Comisión del 7 de agosto de 2017 que modifica el Reglamento (CE) 1107/2009 del Parlamento Europeo y del Consejo relativo a la comercialización de productos fitosanitarios por lo que respecta a los criterios para la aprobación de sustancias activas de bajo riesgo. DOUE, 205, 59-62.

Reglamento (UE) 2018/848 del Parlamento Europeo y del Consejo, del 30 de mayo de 2018, sobre producción ecológica y etiquetado de los productos ecológicos y por el que se deroga el Reglamento (CE) 834/2007 del Consejo. DOUE, 150, 1-92.

Reglamento (UE) 2019/515 del Parlamento Europeo y del Consejo de 19 de marzo de 2019 relativo al reconocimiento mutuo de mercancías comercializadas legalmente en otro Estado miembro y por el que se deroga el Reglamento (CE) 764/2008. DOUE, 91, 1-18.

Reglamento (UE) 2019/1009 del Parlamento Europeo y del Consejo del 5 de junio de 2019 por el que se establecen disposiciones relativas a la puesta a disposición en el mercado de los productos fertilizantes UE y se modifican los Reglamentos (CE) 1069/2009 y (CE) 1107/2009 y se deroga el Reglamento (CE) 2003/2003. DOUE, 170, 1-114.

Reglamento (UE) 2022/1438 de la Comisión del 31 de agosto de 2022 por el que se modifica el anexo II del Reglamento (CE) 1107/2009 del Parlamento Europeo y del Consejo en lo que se refiere a los criterios específicos para la aprobación de sustancias activas que son microorganismos. DOUE, 227, 2-7.

Reglamento (UE) 2022/1439 de la Comisión del 31 de agosto de 2022 por el que se modifica el anexo II del Reglamento (UE) 283/2013 en lo que se refiere a la información que debe presentarse en relación con las sustancias activas y a los requisitos específicos sobre datos aplicables a los microorganismos. DOUE, 304, 94-96.

Reglamento de Ejecución (UE) 354/2014 de la Comisión del 8 de abril de 2014 que modifica y corrige el Reglamento (CE) 889/2008, por el que se establecen disposiciones de aplicación del Reglamento (CE) 834/2007 del Consejo, sobre producción y etiquetado de los productos ecológicos, con respecto a la producción ecológica, su etiquetado y su control. DOUE, 106, 7-14.

Reglamento de Ejecución (UE) 369/2013 de la Comisión del 22 de abril de 2013 por el que se aprueba la sustancia activa fosfonatos de potasio, con arreglo al Reglamento (CE) 1107/2009 del Parlamento Europeo y del Consejo, relativo a la comercialización de productos fitosanitarios, y se modifica el anexo del Reglamento de Ejecución (UE) 540/2011 de la Comisión. DOUE, 111, 39-42.

Reglamento de Ejecución (UE) 540/2011 de la Comisión del 25 de mayo de 2011 por el que se aplica el Reglamento (CE) 1107/2009 del Parlamento Europeo y del Consejo en lo que respecta a la lista de sustancias activas autorizadas. DOUE, 1-186.

Reglamento de Ejecución (UE) 2015/543 de la Comisión del 1 de abril de 2015 por el que se aprueba la sustancia activa COS-OGA, de conformidad con el Reglamento (CE) 1107/2009 del Parlamento Europeo y del Consejo, relativo a la comercialización de productos fitosanitarios, y se modifica el anexo del Reglamento de Ejecución (UE) 540/2011 de la Comisión. DOUE, 90, 1-4.

Reglamento de Ejecución (UE) 2015/553 Reglamento de Ejecución del 7 de abril de 2015 por el que se aprueba la sustancia activa cerevisane, con arreglo al Reglamento (CE) 1107/2009 del Parlamento Europeo y del Consejo, relativo a la comercialización de productos fitosanitarios, y se modifica el anexo del Reglamento de Ejecución (UE) 540/2011 de la Comisión. DOUE, 92, 86-88.

Reglamento de Ejecución (UE) 2018/1075 de la Comisión, del 27 de julio de 2018, por el que se renueva la aprobación de la sustancia activa *Ampelomyces quisqualis*, cepa AQ10, como sustancia activa de bajo riesgo, de conformidad con el Reglamento (CE) 1107/2009 del Parlamento Europeo y del Consejo, relativo a la comercialización de productos fitosanitarios, y se modifica el anexo del Reglamento de Ejecución (UE) 540/2011 de la Comisión. DOUE, 194, 36-40.

Reglamento de Ejecución (UE) 2019/151 de la Comisión, del 30 de enero de 2019, por el que se renueva la aprobación de la sustancia activa *Clonostachys rosea*, cepa J1446, como sustancia activa de bajo riesgo, de conformidad con el Reglamento (CE) 1107/2009 del Parlamento Europeo y del Consejo, relativo a la comercialización de productos fitosanitarios, y se modifica el anexo del Reglamento de Ejecución (UE) 540/2011 de la Comisión.

Reglamento de Ejecución (UE) 2021/1165 de la Comisión del 15 de julio de 2021 por el que se autorizan determinados productos y sustancias para su uso en la producción ecológica y se establecen sus listas. DOUE, 253, 13-48.

Reglamento de Ejecución (UE) 2022/1251 de la Comisión del 19 de julio de 2022 por el que se renueva la aprobación de las sustancias activas feromonas de cadena lineal de lepidópteros (acetatos) como sustancias activas de bajo riesgo y las feromonas de cadena lineal de lepidópteros (aldehídos y alcoholes) con arreglo al Reglamento (CE) 1107/2009 del Parlamento Europeo y del Consejo, y se modifica el anexo del Reglamento de Ejecución (UE) 540/2011 de la Comisión. DOUE, 191, 35-40.

Reglamento de Ejecución (UE) 2022/1443 de la Comisión del 31 de agosto de 2022 relativo a la no aprobación del propionato de calcio como sustancia básica de conformidad con el Reglamento (CE) 1107/2009 del Parlamento Europeo y del Consejo, relativo a la comercialización de productos fitosanitarios. DOUE, 227, 123-124.

Reglamento de Ejecución (UE) 2022/1444 de la Comisión del 31 de agosto de 2022 sobre la no aprobación del jabón negro E470a como sustancia básica de conformidad con el Reglamento (CE) 1107/2009 del Parlamento Europeo y del Consejo, relativo a la comercialización de productos fitosanitarios. DOUE, 227, 125-126.

Reglamento de Ejecución (UE) 2022/2314 de la Comisión del 25 de noviembre de 2022 por el que se renueva la aprobación de la sustancia activa *Pythium oligandrum*, cepa M1, con arreglo al Reglamento (CE) 1107/2009 del Parlamento Europeo y del Consejo, relativo a la comercialización de productos fitosanitarios, y se modifica el anexo del Reglamento de Ejecución (UE) 540/2011 de la Comisión. DOUE, 307, 47-51.

Reglamento de Ejecución (UE) 2023/200 de la Comisión del 30 de enero de 2023 por el que se establece la no aprobación del aceite esencial de limón (aceite esencial de *Citrus limon*) como sustancia básica de conformidad con el Reglamento (CE) 1107/2009 del Parlamento Europeo y del Consejo, relativo a la comercialización de productos fitosanitario.

Reglamento de Ejecución (UE) 2025/102 de la Comisión del 21 de enero de 2025 por el que se aprueba la sustancia activa *Pythium oligandrum* B301 con arreglo al Reglamento (CE) 1107/2009 del Parlamento Europeo y del Consejo y por el que se modifica el Reglamento de Ejecución (UE) 540/2011 de la Comisión.

Reglamento Delegado (UE) 2021/2086 de la Comisión de la Comisión del 5 de julio de 2021 que modifica los anexos II y IV del Reglamento (UE) 2019/1009 del Parlamento Europeo y del Consejo con el fin de añadir las sales de fosfato precipitadas y sus derivados como categoría de materiales componentes en los productos fertilizantes UE. DOUE-L-2021-81641.

Reglamento Delegado (UE) 2021/2087 de la Comisión del 6 de julio de 2021 que modifica los anexos II, III y IV del Reglamento (UE) 2019/1009 del Parlamento Europeo y del Consejo con el fin de añadir los materiales de oxidación térmica y sus derivados como categoría de materiales componentes en los productos fertilizantes UE. DOUE-L-2021-81642.

Reglamento Delegado (UE) 2021/2088 de la Comisión del 7 de julio de 2021 que modifica los anexos II, III y IV del Reglamento (UE) 2019/1009 del Parlamento Europeo y del Consejo con el fin de añadir los materiales de pirólisis y gasificación como categoría de materiales componentes en los productos fertilizantes UE. DOUE-L-2021-81643.

Resolución 2018/C 252/18. Resolución del Parlamento Europeo, del 15 de febrero de 2017, sobre los plaguicidas de bajo riesgo de origen biológico (2016/2903(RSP)) (2018/C 252/18). DOUE, 252, 184-188.